重庆市房屋建筑
与装饰工程计价定额

CQJZZSDE—2018

第一册 建筑工程

批准部门：重庆市城乡建设委员会

主编部门：重庆市城乡建设委员会

主编单位：重庆市建设工程造价管理总站

参编单位：重庆建工第三建设有限责任公司

　　　　　重庆建工第二建设有限公司

　　　　　重庆建工住宅建设有限公司

　　　　　重庆港庆建筑装饰有限公司

　　　　　重庆江厦置业有限公司

　　　　　重庆华迅地产发展有限公司

　　　　　重庆正平工程造价咨询有限责任公司

　　　　　重庆金汇工程造价咨询事务所有限公司

施行日期：2018年8月1日

重庆大学出版社

图书在版编目(CIP)数据

重庆市房屋建筑与装饰工程计价定额.第一册,建筑
工程/重庆市建设工程造价管理总站主编.－－重庆:
重庆大学出版社,2018.7(2022.8重印)
ISBN 978-7-5689-1220-4

Ⅰ.①重… Ⅱ.①重… Ⅲ.①建筑工程—工程造价—
重庆 Ⅳ.①TU723.3

中国版本图书馆 CIP 数据核字(2018)第 141170 号

重庆市房屋建筑与装饰工程计价定额
CQJZZSDE—2018
第一册 建筑工程
重庆市建设工程造价管理总站 主编

责任编辑:王 婷 版式设计:王 婷
责任校对:邬小梅 责任印制:张 策

*

重庆大学出版社出版发行
出版人:饶帮华
社址:重庆市沙坪坝区大学城西路 21 号
邮编:401331
电话:(023)88617190 88617185(中小学)
传真:(023)88617186 88617166
网址:http://www.cqup.com.cn
邮箱:fxk@cqup.com.cn(营销中心)
全国新华书店经销
重庆市正前方彩色印刷有限公司印刷

*

开本:890mm×1240mm 1/16 印张:23.5 字数:746 千
2018 年 7 月第 1 版 2022 年 8 月第 3 次印刷
ISBN 978-7-5689-1220-4 定价:90.00 元

前　言

　　为合理确定和有效控制工程造价,提高工程投资效益,维护发承包人合法权益,促进建设市场健康发展,我们组织重庆市建设、设计、施工及造价咨询企业,编制了2018年《重庆市房屋建筑与装饰工程计价定额》CQJZZSDE—2018。

　　在执行过程中,请各单位注意积累资料,总结经验,如发现需要修改和补充之处,请将意见和有关资料提交至重庆市建设工程造价管理总站(地址:重庆市渝中区长江一路58号),以便及时研究解决。

领导小组
组　　　长:乔明佳
副 组 长:李　明
成　　　员:夏太凤　张　琦　罗天菊　杨万洪　冉龙彬　刘　洁　黄　刚

综 合 组
组　　　长:张　琦
副 组 长:杨万洪　冉龙彬　刘　洁　黄　刚
成　　　员:刘绍均　邱成英　傅　煜　娄　进　王鹏程　吴红杰　任玉兰　黄　怀
　　　　　　李　莉

编 制 组
组　　　长:刘绍均
编制人员:余焕娟　彭海于　王晓平　苟婷婷　杨文军　马　蓉　王荣川　陈远航

材 料 组
组　　　长:邱成英
编制人员:徐　进　吕　静　李现峰　刘　芳　刘　畅　唐　波　王　红

审查专家:潘绍荣　牟　洁　吴生久　王　东　吴学伟　蒋文泽　范陵江　刘国权
　　　　　　徐国芳　余　霞　杨荣华　邹　缨　张国兰　杨华钧

计算机辅助:成都鹏业软件股份有限公司　杨　浩　张福伦

重庆市城乡建设委员会

渝建〔2018〕200 号

重庆市城乡建设委员会
关于颁发 2018 年《重庆市房屋建筑与装饰工程计价定额》
等定额的通知

各区县(自治县)城乡建委,两江新区、经开区、高新区、万盛经开区、双桥经开区建设局,有关单位:

为合理确定和有效控制工程造价,提高工程投资效益,规范建设市场计价行为,推动建设行业持续健康发展,结合我市实际,我委编制了 2018 年《重庆市房屋建筑与装饰工程计价定额》、《重庆市仿古建筑工程计价定额》、《重庆市通用安装工程计价定额》、《重庆市市政工程计价定额》、《重庆市园林绿化工程计价定额》、《重庆市构筑物工程计价定额》、《重庆市城市轨道交通工程计价定额》、《重庆市爆破工程计价定额》、《重庆市房屋修缮工程计价定额》、《重庆市绿色建筑工程计价定额》和《重庆市建设工程施工机械台班定额》、《重庆市建设工程施工仪器仪表台班定额》、《重庆市建设工程混凝土及砂浆配合比表》(以上简称 2018 年计价定额),现予以颁发,并将有关事宜通知如下:

一、2018 年计价定额于 2018 年 8 月 1 日起在新开工的建设工程中执行,在此之前已发出招标文件或已签订施工合同的工程仍按原招标文件或施工合同执行。

二、2018 年计价定额与 2018 年《重庆市建设工程费用定额》配套执行。

三、2008 年颁发的《重庆市建筑工程计价定额》、《重庆市装饰工程计价定额》、《重庆市安装工程计价定额》、《重庆市市政工程计价定额》、《重庆市仿古建筑及园林工程计价定额》、《重庆市房屋修缮工程计价定额》,2011 年颁发的《重庆市城市轨道交通工程计价定额》,2013 年颁发的《重庆市建筑安装工程节能定额》,以及有关配套定额、解释和规定,自 2018 年 8 月 1 日起停止使用。

四、2018 年计价定额由重庆市建设工程造价管理总站负责管理和解释。

重庆市城乡建设委员会
2018 年 5 月 2 日

目　　录

P 措施项目

总 说 明

一、《重庆市房屋建筑与装饰工程计价定额 第一册 建筑工程》(以下简称"本定额")是根据《房屋建筑与装饰工程消耗量定额》(TY-31-2015)、《房屋建筑与装饰工程工程量计算规范》(GB 50854-2013)、《重庆市建设工程工程量计算规则》(CQJLGZ-2013)、《重庆市建筑工程计价定额》(CQJZDE-2008),以及现行有关设计规范、施工验收规范、质量评定标准、国家产品标准、安全操作规程等相关规定,并参考了行业、地方标准及代表性的设计、施工等资料,结合本市实际情况进行编制的。

二、本定额适用于本市行政区域内的新建、扩建、改建的房屋建筑工程。

三、本定额是本市行政区域内国有资金投资的建设工程编制和审核施工图预算、招标控制价(最高投标限价)、工程结算的依据,是编制投标报价的参考,也是编制概算定额和投资估算指标的基础。

非国有资金投资的建设工程可参照本定额规定执行。

四、本定额是按正常施工条件,大多数施工企业采用的施工方法、机械化程度和合理的劳动组织及工期进行编制的,反映了社会平均人工、材料、机械消耗水平。本定额中的人工、材料、机械消耗量除规定允许调整外,均不得调整。

五、本定额综合单价是指完成一个规定计量单位的分部分项工程项目或措施项目所需的人工费、材料费、施工机具使用费、企业管理费、利润及一般风险费。综合单价计算程序见下表:

定额综合单价计算程序表

序号	费用名称	计费基础	
		定额人工费+定额机械费	定额人工费
	定额综合单价	1+2+3+4+5+6	1+2+3+4+5+6
1	定额人工费		
2	定额材料费		
3	定额机械费		
4	企业管理费	(1+3)×费率	1×费率
5	利 润	(1+3)×费率	1×费率
6	一般风险费	(1+3)×费率	1×费率

(一)人工费:

本定额人工以工种综合工表示,内容包括基本用工、超运距用工、辅助用工、人工幅度差,定额人工按8小时工作制计算。

定额人工单价为:土石方综合工100元/工日,建筑、混凝土、砌筑、防水综合工115元/工日,钢筋、模板、架子、金属制安、机械综合工120元/工日,木工、抹灰综合工125元/工日,镶贴综合工130元/工日。

(二)材料费:

1.本定额材料消耗量已包括材料、成品、半成品的净用量以及从工地仓库、现场堆放地点或现场加工地点至操作或安装地点的运输损耗、施工操作损耗、施工现场堆放损耗。

2.本定额材料已包括施工中消耗的主要材料、辅助材料和零星材料,辅助材料和零星材料合并为其他材料费。

3.本定额已包括材料、成品、半成品从工地仓库、现场堆放地点或现场加工地点至操作或安装地点的水平运输。

4.本定额已包括工程施工的周转性材料30km以内,从甲工地(或基地)至乙工地的搬迁运输费和场内运输费。

(三)施工机具使用费:

1.本定额不包括机械原值(单位价值)在2000元以内、使用年限在一年以内、不构成固定资产的工具用具性小型机械费用,该"工具用具使用费"已包含在企业管理费用中,但其消耗的燃料动力已列入材料内。

2.本定额已包括工程施工的中小型机械的30km以内,从甲工地(或基地)至乙工地的搬迁运输费和场内运输费。

(四)企业管理费、利润:

本定额企业管理费、利润的费用标准是按公共建筑工程取定的,使用时应按实际工程和《重庆市建设工程费用定额》所对应的专业工程分类及费用标准进行调整。

(五)一般风险费:

本定额除人工土石方定额项目外,均包含了《重庆市建设工程费用定额》所指的一般风险费,使用时不作调整。

六、人工、材料、机械燃料动力价格调整:

本定额人工、材料、成品、半成品和机械燃料动力价格,是以定额编制期市场价格确定的,建设项目实施阶段市场价格与定额价格不同时,可参照建设工程造价管理机构发布的工程所在地的信息价格或市场价格进行调整,价差不作为计取企业管理费、利润、一般风险费的计费基础。

七、本定额的自拌混凝土强度等级、砌筑砂浆强度等级、抹灰砂浆配合比以及砂石品种,如设计与定额不同时,应根据设计和施工规范要求,按"混凝土及砂浆配合比表"进行换算,但粗骨料的粒径规格不作调整。

八、本定额中所采用的水泥强度等级是根据市场生产与供应情况和施工操作规程考虑的,施工中实际采用水泥强度等级不同时不作调整。

九、本定额土石方运输、构件运输及特大型机械进出场中已综合考虑了运输道路等级、重车上下坡等多种因素,但不包括过路费、过桥费和桥梁加固、道路拓宽、道路修整等费用,发生时另行计算。

十、本定额未包括的绿色建筑定额项目,按《重庆市绿色建筑工程计价定额》执行。

十一、本定额的缺项,按其他专业计价定额相关项目执行;再缺项时,由建设、施工、监理单位共同编制一次性补充定额。

十二、本定额的工作内容已说明了主要的施工工序,次要工序虽未说明,但均已包括在内。

十三、本定额中未注明单位的,均以"mm"为单位。

十四、本定额中注有"×××以内"或者"×××以下"者,均包括×××本身;"×××以外"或者"×××以上"者,则不包括×××本身。

十五、本定额总说明未尽事宜,详见各章说明。

建筑面积计算规则

一、本定额建筑面积计算规则,执行 2013 年国家标准《建筑工程建筑面积计算规范》(GB/T 50353－2013)(以下简称"规范")。本定额仅列出规范中"计算建筑面积的规定"内容,其他未列出内容详见规范。

二、建筑面积计算规则

1.建筑物的建筑面积应按自然层外墙结构外围水平面积之和计算。结构层高在 2.20m 及以上的,应计算全面积;结构层高在 2.20m 以下的,应计算 1/2 面积。

2.建筑物内设有局部楼层时,对于局部楼层的二层及以上楼层,有围护结构的应按其围护结构外围水平面积计算,无围护结构的应按其结构底板水平面积计算。结构层高在 2.20m 及以上的,应计算全面积,结构层高在 2.20m 以下的,应计算 1/2 面积。

3.形成建筑空间的坡屋顶,结构净高在 2.10m 及以上的部位应计算全面积;结构净高在 1.20m 及以上至 2.10m 以下的部位应计算 1/2 面积;结构净高在 1.20m 以下的部位不应计算建筑面积。

4.场馆看台下的建筑空间,结构净高在 2.10m 及以上的部位应计算全面积;结构净高在 1.20m 及以上至 2.10m 以下的部位应计算 1/2 面积;结构净高在 1.20m 以下的部位不应计算建筑面积。室内单独设置的有围护设施的悬挑看台,应按看台结构底板水平投影面积计算建筑面积。有顶盖无围护结构的场馆看台应按其顶盖水平投影面积的 1/2 计算面积。

5.地下室、半地下室应按其结构外围水平面积计算。结构层高在 2.20m 及以上的,应计算全面积;结构层高在 2.20m 以下的,应计算 1/2 面积。

6.出入口外墙外侧坡道有顶盖的部位,应按其外墙结构外围水平面积的 1/2 计算面积。

7.建筑物架空层及坡地建筑物吊脚架空层,应按其顶板水平投影计算建筑面积。结构层高在 2.20m 及以上的,应计算全面积;结构层高在 2.20m 以下的,应计算 1/2 面积。

8.建筑物的门厅、大厅应按一层计算建筑面积,门厅、大厅内设置的走廊应按走廊结构底板水平投影面积计算建筑面积。结构层高在 2.20m 及以上的,应计算全面积;结构层高在 2.20m 以下的,应计算 1/2 面积。

9.建筑物间的架空走廊,有顶盖和围护结构的,应按其围护结构外围水平面积计算全面积;无围护结构、有围护设施的,应按其结构底板水平投影面积计算 1/2 面积。

10.立体书库、立体仓库、立体车库,有围护结构的,应按其围护结构外围水平面积计算建筑面积;无围护结构、有围护设施的,应按其结构底板水平投影面积计算建筑面积。无结构层的应按一层计算,有结构层的应按其结构层面积分别计算。结构层高在 2.20m 及以上的,应计算全面积;结构层高在 2.20m 以下的,应计算 1/2 面积。

11.有围护结构的舞台灯光控制室,应按其围护结构外围水平面积计算。结构层高在 2.20m 及以上的,应计算全面积;结构层高在 2.20m 以下的,应计算 1/2 面积。

12.附属在建筑物外墙的落地橱窗,应按其围护结构外围水平面积计算。结构层高在 2.20m 及以上的,应计算全面积;结构层高在 2.20m 以下的,应计算 1/2 面积。

13.窗台与室内楼地面高差在 0.45m 以下且结构净高在 2.10m 及以上的凸(飘)窗,应按其围护结构外围水平面积计算 1/2 面积。

14.有围护设施的室外走廊(挑廊),应按其结构底板水平投影面积计算 1/2 面积;有围护设施(或柱)的檐廊,应按其围护设施(或柱)外围水平面积计算 1/2 面积。

15.门斗应按其围护结构外围水平面积计算建筑面积,结构层高在 2.20m 及以上的,应计算全面积,结构层高在 2.20m 以下的,应计算 1/2 面积。

16.门廊应按其顶板的水平投影面积的 1/2 计算建筑面积;有柱雨篷应按其结构板水平投影面积的 1/2 计算建筑面积;无柱雨篷的结构外边线至外墙结构外边线的宽度在 2.10m 及以上的,应按雨篷结构板的水平投影面积的 1/2 计算建筑面积。

17.设在建筑物顶部的、有围护结构的楼梯间、水箱间、电梯机房等,结构层高在 2.20m 及以上的应计算全面积;结构层高在 2.20m 以下的,应计算 1/2 面积。

18.围护结构不垂直于水平面的楼层,应按其底板面的外墙外围水平面积计算。结构净高在 2.10m 及以上的部位,应计算全面积;结构净高在 1.20m 及以上至 2.10m 以下的部位,应计算 1/2 面积;结构净高在 1.20m 以下的部位,不应计算建筑面积。

19.建筑物的室内楼梯、电梯井、提物井、管道井、通风排气竖井、烟道,应并入建筑物的自然层计算建筑面积。有顶盖的采光井应按一层计算面积,结构净高在 2.10m 及以上的,应计算全面积;结构净高在 2.10m 以下的,应计算 1/2 面积。

20.室外楼梯应并入所依附建筑物自然层,并应按其水平投影面积的 1/2 计算建筑面积。

21.在主体结构内的阳台,应按其结构外围水平面积计算全面积;在主体结构外的阳台,应按其结构底板水平投影面积计算 1/2 面积。

22.有顶盖无围护结构的车棚、货棚、站台、加油站、收费站等,应按其顶盖水平投影面积的 1/2 计算建筑面积。

23.以幕墙作为围护结构的建筑物,应按幕墙外边线计算建筑面积。

24.建筑物的外墙外保温层,应按其保温材料的水平截面积计算,并计入自然层建筑面积。

25.与室内相通的变形缝,应按其自然层合并在建筑物建筑面积内计算。对于高低联跨的建筑物,当高低跨内部连通时,其变形缝应计算在低跨面积内。

26.对于建筑物内的设备层、管道层、避难层等有结构层的楼层,结构层高在 2.20m 及以上的,应计算全面积;结构层高在 2.20m 以下的,应计算 1/2 面积。

27.下列项目不应计算建筑面积:

(1)与建筑物内不相连通的建筑部件;

(2)骑楼、过街楼底层的开放公共空间和建筑物通道;

(3)舞台及后台悬挂幕布和布景的天桥、挑台等;

(4)露台、露天游泳池、花架、屋顶的水箱及装饰性结构构件;

(5)建筑物内的操作平台、上料平台、安装箱和罐体的平台;

(6)勒脚、附墙柱、垛、台阶、墙面抹灰、装饰面、镶贴块料面层、装饰性幕墙,主体结构外的空调室外机搁板(箱)、构件、配件,挑出宽度在 2.10m 以下的无柱雨篷和顶盖高度达到或超过两个楼层的无柱雨篷;

(7)窗台与室内地面高差在 0.45m 以下且结构净高在 2.10m 以下的凸(飘)窗,窗台与室内地面高差在 0.45m 及以上的凸(飘)窗;

(8)室外爬梯、室外专用消防钢楼梯;

(9)无围护结构的观光电梯;

(10)建筑物以外的地下人防通道,独立的烟囱、烟道、地沟、油(水)罐、气柜、水塔、贮油(水)池、贮仓、栈桥等构筑物。

A 土石方工程
(0101)

说　明

一、一般说明：

1.土壤及岩石定额子目,均按天然密实体积编制。

2.人工及机械土方定额子目是按不同土壤类别综合考虑的,实际土壤类别不同时不作调整;岩石按照不同分类按相应定额子目执行,岩石分类详见分类表。

岩石分类表

名称	代表性岩石	岩石单轴饱和抗压强度（MPa）	开挖方法
软质岩	1.全风化的各种岩石; 2.各种半成岩; 3.强风化的坚硬岩; 4.弱风化～强风化的较坚硬岩; 5.未风化的泥岩等; 6.未风化～微风化的:凝灰岩、千枚岩、砂质泥岩、泥灰岩、粉砂岩、页岩等	＜30	用手凿工具、风镐、机械凿打及爆破法开挖
较硬岩	1.弱风化的坚硬岩; 2.未风化～微风化的:熔结凝灰岩、大理岩、板岩、白云岩、石灰岩、钙质胶结的砂岩等	30～60	用机械切割、水磨钻机、机械凿打及爆破法开挖
坚硬岩	未风化～微风化的:花岗岩、正长岩、闪长岩、辉绿岩、玄武岩、安山岩、片麻岩、石英片岩、硅质板岩、石英岩、硅质胶结的砾岩、石英砂岩、硅质石灰岩等	＞60	用机械切割、水磨钻机及爆破法开挖

注：①软质岩综合了极软岩、软岩、较软岩;
　　②岩石分类按代表性岩石的开挖方法或者岩石单轴饱和抗压强度确定,满足其中之一即可。

3.干、湿土的划分以地下常水位进行划分,常水位以上为干土、以下为湿土;地表水排出后,土壤含水率＜25％为干土,含水率≥25％为湿土。

4.淤泥指池塘、沼泽、水田及沟坑等呈膏质(流动或稀软)状态的土壤,分粘性淤泥与不粘附工具的砂性淤泥。流砂指含水饱和,因受地下水影响而呈流动状态的粉砂土、亚砂土。

5.凡设计图示槽底宽(不含加宽工作面)在7m以内,且槽底长大于底宽三倍以上者,执行沟槽项目;凡长边小于短边三倍者,且底面积(不含加宽工作面)在150m²以内,执行基坑定额子目;除上述规定外执行一般土石方定额子目。

6.松土是未经碾压,堆积时间不超过一年的土壤。

7.土方天然密实体积、夯实后体积、松填体积和虚方体积,按下表所列值换算。

土方体积折算表

天然密实体积	夯实后体积	松填体积	虚方体积
1.00	0.87	1.08	1.30

注：本表适用于计算挖填平衡工程量。

8.石方体积折算时,按下表所列值换算。

石方体积折算表

石方类别	天然密实体积	夯实后体积	松填体积	虚方体积
石方	1	1.18	1.31	1.54
块石	1	1.43	1.75	
砂夹石	1		1.05	1.07

注：本表适用于计算挖填平衡工程量。

9.本章未包括有地下水时施工的排水费用,发生时按实计算。

10.平整场地系指平整至设计标高后,在±300mm 以内的局部就地挖、填、找平;挖填土石方厚度>±300mm 时,全部厚度按照一般土石方相应规定计算。场地厚度在±300mm 以内的全挖、全填土石方,按挖、填一般土石方相应定额子目乘以系数1.3。

二、人工土石方:

1.人工土方定额子目是按干土编制的,如挖湿土时,人工乘以系数1.18。

2.人工平基挖土石方定额子目是按深度1.5m 以内编制,深度超过1.5m 时,按下表增加工日。

单位:100m³

类别	深2m 以内	深4m 以内	深6m 以内
土方	2.1	11.78	21.38
石方	2.5	13.90	25.21

注:深度在6m 以上时,在原有深6m 以内增加工日基础上,土方深度每增加1m,增加4.5 工日/100m³,石方深度每增加1m,增加5.6 工日/100m³;其增加用工的深度以主要出土方向的深度为准。

3.人工挖沟槽、基坑土方,深度超过8m 时,按8m 相应定额子目乘以系数1.20;超过10m 时,按8m 相应定额子目乘以系数1.5。

4.人工凿沟槽、基坑石方,深度超过8m 时,按8m 相应定额子目乘以系数1.20;超过10m 时,按8m 相应定额子目乘以系数1.5。

5.人工挖基坑,深度超过8m 时,断面小于2.5m² 时执行挖孔桩定额子目,断面大于2.5m² 并小于5m² 时执行挖孔桩定额子目乘以系数0.9。

6.人工挖沟槽、基坑淤泥、流砂按土方相应定额子目乘以系数1.4。

7.在挡土板支撑下挖土方,按相应定额子目人工乘以系数1.43。

8.人工平基、沟槽、基坑石方的定额子目已综合各种施工工艺(包括人工凿打、风镐、水钻、切割),实际施工不同时不作调整。

9.人工凿打混凝土构件时,按相应人工凿较硬岩定额子目执行;凿打钢筋混凝土构件时,按相应人工凿较硬岩定额子目乘以系数1.8。

10.人工垂直运输土石方时,垂直高度每1m 折合10m 水平运距计算。

11.人工级配碎石土按外购材料考虑,利用现场开挖土石方作为碎石土回填时,若设计明确要求粒径需另行增加岩石解小的费用,按人工或机械凿打岩石相应定额乘以系数0.25。

12.挖沟槽、基坑上层土方深度超过3m 时,其下层石方按下表增加工日。

单位:100m³

土方深度(m 以内)	4	6	8
增加工日	0.67	0.99	1.32

三、机械土石方:

1.机械土石方项目是按各类机型综合编制的,实际施工不同时不作调整。

2.土石方工程的全程运距,按以下规定计算确定:

(1)土石方场外全程运距按挖方区重心至弃方区重心之间的可以行驶的最短距离计算。

(2)土石方场内调配运输距离按挖方区重心至填方区重心之间循环路线的二分之一计算。

3.人装(机装)机械运土、石渣定额项目中不包括开挖土石方的工作内容。

4.机械挖运土方定额子目是按干土编制的,如挖、运湿土时,相应定额子目人工、机械乘以系数1.15。采用降水措施后,机械挖、运土不再乘以系数。

5.机械开挖、运输淤泥、流砂时,按相应机械挖、运土方定额子目乘以系数1.4。

6.机械作业的坡度因素已综合在定额内,坡度不同时不作调整。

7.机械不能施工的死角等部分需采用人工开挖时,应按设计或施工组织设计规定计算,如无规定时,按下表计算。

挖土石方工程量(m³)	1万以内	5万以内	10万以内	50万以内	100万以内	100万以上
占挖土石方工程量(%)	8	5	3	2	1	0.6

注:上表所列工程量系指一个独立的施工组织设计所规定范围的挖方总量。

8.机械不能施工的死角等土石方部分,按相应的人工挖土定额子目乘以系数1.5;人工凿石定额子目乘以系数1.2。

9.机械碾压回填土石方,是以密实度达到85%~90%编制的。如90%＜设计密实度≤95%时,按相应机械回填碾压土石方相应定额子目乘以系数1.4;如设计密实度大于95%时,按相应机械回填碾压土石方相应定额子目乘以系数1.6。回填土石方压实定额子目中,已综合了所需的水和洒水车台班及人工。

10.机械在垫板上作业时,按相应定额子目人工和机械乘以系数1.25,搭拆垫板的人工、材料和辅助机械费用按实计算。

11.开挖回填区及堆积区的土石方按照土夹石考虑。机械运输土夹石按照机械运输土方相应定额子目乘以系数1.2。

12.机械挖沟槽、基坑土石方,深度超过8m时,其超过部分按8m相应定额子目乘以系数1.20,超过10m时,其超过部分按8m相应定额子目乘以系数1.5。

13.机械进入施工作业面,上下坡道增加的土石方工程量并入相应定额子目工程量内。

14.机械凿打平基、槽(坑)石方,施工组织设计(方案)采用人工摊座或者上面有结构物的,应计算人工摊座费用,执行人工摊座相应定额子目乘以系数0.6。

15.机械挖混凝土、钢筋混凝土执行机械挖石渣相应定额子目。

工程量计算规则

一、土石方工程:

1.平整场地工程量按设计图示尺寸以建筑物首层建筑面积计算。建筑物地下室结构外边线突出首层结构外边线时,其突出部分的建筑面积合并计算。

2.土石方的开挖、运输,均按开挖前的天然密实体积以"m³"计算。

3.挖土石方:

(1)挖一般土石方工程量按设计图示尺寸体积加放坡工程量计算。

(2)挖沟槽、基坑土石方工程量,按设计图示尺寸以基础或垫层底面积乘以挖土深度加工作面及放坡工程量以"m³"计算。

(3)开挖深度按图示槽、坑底面至自然地面(场地平整的按平整后的标高)高度计算。

(4)人工挖沟槽、基坑如在同一沟槽、基坑内,有土有石时,按其土层与岩石不同深度分别计算工程量,按土层与岩石对应深度执行相应定额子目。

4.挖淤泥、流砂工程量按设计图示位置、界限以"m³"计算。

5.挖一般土方、沟槽、基坑土方放坡应根据设计或批准的施工组织设计要求的放坡系数计算。如设计或批准的施工组织设计无规定时,放坡系数按下表规定计算;石方放坡应根据设计或批准的施工组织设计要求的放坡系数计算。

人工挖土	机械开挖土方		放坡起点深度(m)
土方	在沟槽、坑底	在沟槽、坑边	土方
1:0.3	1:0.25	1:0.67	1.5

(1)计算土方放坡时,在交接处所产生的重复工程量不予扣除。

(2)挖沟槽、基坑土方垫层为原槽浇筑时,加宽工作面从基础外缘边起算;垫层浇筑需支模时,加宽工作面从垫层外缘边起算。

(3)如放坡处重复量过大,其计算总量等于或大于大开挖方量时,应按大开挖规定计算土方工程量。

(4)槽、坑土方开挖支挡土板时,土方放坡不另行计算。

6.沟槽、基坑工作面宽度按设计规定计算,如无设计规定时,按下表计算。

建筑工程		构筑物	
基础材料	每侧工作面宽(mm)	无防潮层(mm)	有防潮层(mm)
砖基础	200		
浆砌条石、块(片)石	250		
混凝土基础支模板者	400	400	600
混凝土垫层支模板者	150		
基础垂面做砂浆防潮层	400(自防潮层面)		
基础垂面做防水防腐层	1000(自防水防腐层)		
支挡土板100(另加)			

7.外墙基槽长度按图示中心线长度计算,内墙基槽长度按槽底净长计算,其突出部分的体积并入基槽工程量计算。

8.人工摊座和修整边坡工程量,以设计规定需摊座和修整边坡的面积以"m²"计算。

二、回填:

1.场地(含地下室顶板以上)回填:回填面积乘以平均回填厚度以"m³"计算。

2.室内地坪回填:主墙间面积(不扣除间隔墙,扣除连续底面积 2m² 以上的设备基础等面积)乘以回填厚度以"m³"计算。

　　3.沟槽、基坑回填:挖方体积减自然地坪以下埋设的基础体积(包括基础、垫层及其他构筑物)。

　　4.场地原土碾压,按图示尺寸以"m²"计算。

　　三、余方工程量按下式计算:

　　余方运输体积＝挖方体积－回填方体积(折合天然密实体积),总体积为正,则为余土外运;总体积为负,则为取土内运。

A.1　土方工程(编码:010101)

A.1.1　人工土方工程

A.1.1.1　人工平整场地(编码:010101001)

工作内容:厚度±30cm以内的就地挖、填、找平、工作面内排水。　　　　　　　　　　　　　　　　计量单位:100m²

定　额　编　号					AA0001	
项　目　名　称					人工平整场地	
综　合　单　价　(元)					**409.19**	
费用	其中	人　工　费　(元)			357.90	
		材　料　费　(元)			—	
		施工机具使用费　(元)			—	
		企　业　管　理　费　(元)			38.58	
		利　　　润　(元)			12.71	
		一　般　风　险　费　(元)			—	
	编码	名　　称	单位	单价(元)	消　耗　量	
人工	000300040	土石方综合工	工日	100.00	3.579	

A.1.1.2　人工挖土方(编码:010101002)

工作内容:挖土、修理边底。　　　　　　　　　　　　　　　　　　　　　　　　　　　　　　　　计量单位:100m³

定　额　编　号					AA0002	
项　目　名　称					人工挖土方	
综　合　单　价　(元)					**3701.54**	
费用	其中	人　工　费　(元)			3237.60	
		材　料　费　(元)			—	
		施工机具使用费　(元)			—	
		企　业　管　理　费　(元)			349.01	
		利　　　润　(元)			114.93	
		一　般　风　险　费　(元)			—	
	编码	名　　称	单位	单价(元)	消　耗　量	
人工	000300040	土石方综合工	工日	100.00	32.376	

A.1.1.3 人工挖淤泥、流砂(编码:010101006)

工作内容:挖淤泥、流砂、修理边底。

计量单位:100m³

定 额 编 号			AA0003	
项 目 名 称			人工挖淤泥、流砂	
费用	综 合 单 价 (元)		**6663.15**	
	其中	人 工 费 (元)	5828.00	
		材 料 费 (元)	—	
		施 工 机 具 使 用 费 (元)	—	
		企 业 管 理 费 (元)	628.26	
		利 润 (元)	206.89	
		一 般 风 险 费 (元)	—	
	编码	名 称	单位	单价(元)	消 耗 量
人工	000300040	土石方综合工	工日	100.00	58.280

A.1.1.4 人工挖沟槽土方(编码:010101003)

工作内容:1.人工挖槽土方,将土置于槽边 1m 以外、5m 以内。
2.沟槽底夯实。

计量单位:100m³

定 额 编 号			AA0004	AA0005	AA0006	AA0007
项 目 名 称			人工挖沟槽土方			
			槽深(m 以内)			
			2	4	6	8
费用	综 合 单 价 (元)		**5753.09**	**6683.73**	**7775.59**	**9036.64**
	其中	人 工 费 (元)	5032.00	5846.00	6801.00	7904.00
		材 料 费 (元)	—	—	—	—
		施 工 机 具 使 用 费 (元)	—	—	—	—
		企 业 管 理 费 (元)	542.45	630.20	733.15	852.05
		利 润 (元)	178.64	207.53	241.44	280.59
		一 般 风 险 费 (元)	—	—	—	—
	编码	名 称	单位	单价(元)	消 耗 量			
人工	000300040	土石方综合工	工日	100.00	50.320	58.460	68.010	79.040

A.1.1.5　人工挖基坑土方(编码:010101004)

工作内容:1.人工挖坑土方,将土置于坑边1m以外、5m以内。
2.基坑底夯实。

计量单位:100m³

定　额　编　号					AA0008	AA0009	AA0010	AA0011
项　目　名　称					人工挖基坑土方			
					坑深(m以内)			
					2	4	6	8
费用	综　合　单　价(元)				**6108.66**	**7045.01**	**8143.73**	**9413.94**
	其中	人　　工　　费(元)			5343.00	6162.00	7123.00	8234.00
		材　　料　　费(元)			—	—	—	—
		施 工 机 具 使 用 费(元)			—	—	—	—
		企 业 管 理 费(元)			575.98	664.26	767.86	887.63
		利　　　　润(元)			189.68	218.75	252.87	292.31
		一 般 风 险 费(元)			—	—	—	—
	编码	名　　称	单位	单价(元)	消　　　　耗　　　　量			
人工	000300040	土石方综合工	工日	100.00	53.430	61.620	71.230	82.340

A.1.1.6　人工运土方、淤泥、流砂(编码:010103002)

工作内容:装、运、卸土(淤泥、流砂)及平整。

计量单位:100m³

定　额　编　号					AA0012	AA0013	AA0014	AA0015
项　目　名　称					人工运土方		人工运淤泥、流砂	
					运距20m以内	每增加20m	运距20m以内	每增加20m
费用	综　合　单　价(元)				**1954.58**	**408.39**	**3053.30**	**641.74**
	其中	人　　工　　费(元)			1709.60	357.20	2670.60	561.30
		材　　料　　费(元)			—	—	—	—
		施 工 机 具 使 用 费(元)			—	—	—	—
		企 业 管 理 费(元)			184.29	38.51	287.89	60.51
		利　　　　润(元)			60.69	12.68	94.81	19.93
		一 般 风 险 费(元)			—	—	—	—
	编码	名　　称	单位	单价(元)	消　　　　耗　　　　量			
人工	000300040	土石方综合工	工日	100.00	17.096	3.572	26.706	5.613

工作内容:装、运、卸土(淤泥、流砂)及平整。计量单位:100m³

定 额 编 号					AA0016	AA0017	AA0018	AA0019
项 目 名 称					单(双)轮车运土		单(双)轮车运淤泥、流砂	
					运距50m以内	每增加50m	运距50m以内	每增加50m
费用	综 合 单 价 (元)				**1410.03**	**340.36**	**2206.45**	**534.84**
	其中	人 工 费 (元)			1233.30	297.70	1929.90	467.80
		材 料 费 (元)			—	—	—	—
		施 工 机 具 使 用 费 (元)			—	—	—	—
		企 业 管 理 费 (元)			132.95	32.09	208.04	50.43
		利 润 (元)			43.78	10.57	68.51	16.61
		一 般 风 险 费 (元)			—	—	—	—
	编码	名 称	单位	单价(元)	消 耗 量			
人工	000300040	土石方综合工	工日	100.00	12.333	2.977	19.299	4.678

A.1.1.7 人工整理边坡

工作内容:整理边坡:厚度15cm以内挖、填、拍打、清理弃土。计量单位:100m²

定 额 编 号					AA0020	AA0021
项 目 名 称					整理挖方边坡	整理填方边坡
费用	综 合 单 价 (元)				**378.09**	**204.65**
	其中	人 工 费 (元)			330.70	179.00
		材 料 费 (元)			—	—
		施 工 机 具 使 用 费 (元)			—	—
		企 业 管 理 费 (元)			35.65	19.30
		利 润 (元)			11.74	6.35
		一 般 风 险 费 (元)			—	—
	编码	名 称	单位	单价(元)	消 耗 量	
人工	000300040	土石方综合工	工日	100.00	3.307	1.790

A.1.1.8　人工挖格构、肋柱、肋梁土方(编码:10101003)

工作内容: 1.人工挖格构、肋柱、肋梁土方,将土置于槽边 1m 以外、5m 以内。

2.沟槽底夯实。

计量单位:100m³

定　额　编　号				AA0022		
项　目　名　称				人工挖格构、肋柱、肋梁土方		
费用	其中	综　合　单　价（元）		**6903.70**		
		人　工　费（元）		6038.40		
		材　料　费（元）		—		
		施工机具使用费（元）		—		
		企　业　管　理　费（元）		650.94		
		利　　润（元）		214.36		
		一　般　风　险　费（元）		—		
	编码	名　称	单位	单价（元）	消　耗　量	
人工	000300040	土石方综合工	工日	100.00	60.384	

A.1.2　机械土方工程

A.1.2.1　机械平整场地(编码:010101001)

工作内容: 厚度±30cm 以内的就地挖、填、找平、工作面内排水。

计量单位:100m²

定　额　编　号				AA0023		
项　目　名　称				机械平整场地		
费用	其中	综　合　单　价（元）		**167.06**		
		人　工　费（元）		8.50		
		材　料　费（元）		—		
		施工机具使用费（元）		122.79		
		企　业　管　理　费（元）		24.16		
		利　　润（元）		10.03		
		一　般　风　险　费（元）		1.58		
	编码	名　称	单位	单价（元）	消　耗　量	
人工	000300040	土石方综合工	工日	100.00	0.085	
机械	990101015	履带式推土机 75kW	台班	818.62	0.150	

A.1.2.2 机械挖土方(编码:010101002)

工作内容:1.挖土、土夹石,将土堆在一边,清理机下余土。
2.工作面内排水,清理边坡。

计量单位:1000m³

定　额　编　号					AA0024	AA0025
项　目　名　称					挖一般土方	挖回填区域土夹石方
					不装车	
综　合　单　价　(元)					**3574.32**	**4026.60**
费用	其中	人　工　费　(元)			400.00	400.00
		材　料　费　(元)			—	—
		施工机具使用费　(元)			2409.11	2764.58
		企　业　管　理　费　(元)			516.88	582.28
		利　　润　(元)			214.62	241.77
		一　般　风　险　费　(元)			33.71	37.97
	编码	名　称	单位	单价(元)	消　耗　量	
人工	000300040	土石方综合工	工日	100.00	4.000	4.000
机	990106030	履带式单斗液压挖掘机 1m³	台班	1078.60	0.448	0.527
	990106040	履带式单斗液压挖掘机 1.25m³	台班	1253.33	1.000	1.120
械	990106050	履带式单斗液压挖掘机 1.6m³	台班	1331.81	0.505	0.595

A.1.2.3 机械挖沟槽土方(编码:010101003)

工作内容:1.挖土,将土堆在 1m 以外、5m 以内,清理机下余土。
2.工作面内排水,清理边坡。

计量单位:1000m³

定　额　编　号					AA0026	AA0027
项　目　名　称					机械挖沟槽土方	
					深度(m 以内)	
					4	8
综　合　单　价　(元)					**5347.81**	**9626.44**
费用	其中	人　工　费　(元)			600.00	1080.00
		材　料　费　(元)			—	—
		施工机具使用费　(元)			3602.93	6485.57
		企　业　管　理　费　(元)			773.34	1392.07
		利　　润　(元)			321.10	578.01
		一　般　风　险　费　(元)			50.44	90.79
	编码	名　称	单位	单价(元)	消　耗　量	
人工	000300040	土石方综合工	工日	100.00	6.000	10.800
机	990106010	履带式单斗液压挖掘机 0.6m³	台班	766.15	1.887	3.397
械	990106030	履带式单斗液压挖掘机 1m³	台班	1078.60	2.000	3.600

· 17 ·

工作内容:1.挖土,将土堆在1m以外、5m以内,清理机下余土。
　　　　　2.工作面内排水,清理边坡。

计量单位:1000m³

定　额　编　号					AA0028	AA0029
项　目　名　称					机械挖基坑土方	
					深度(m以内)	
					4	8
综　合　单　价　(元)					**5882.87**	**10589.37**
费用中	其中	人　工　费　(元)			660.00	1188.00
		材　料　费　(元)			—	—
		施 工 机 具 使 用 费　(元)			3963.45	7134.36
		企 业 管 理 费　(元)			850.71	1531.31
		利　　润　(元)			353.23	635.83
		一 般 风 险 费　(元)			55.48	99.87
	编码	名　　称	单位	单价(元)	消　耗　量	
人工	000300040	土石方综合工	工日	100.00	6.600	11.880
机械	990106010	履带式单斗液压挖掘机 0.6m³	台班	766.15	2.076	3.737
	990106030	履带式单斗液压挖掘机 1m³	台班	1078.60	2.200	3.960

A.1.2.5　人工装机械运土方(编码:010103002)

工作内容:装、运、卸、平整、空回、修理边坡、现场清理、工作面内排水、洒水及道路维护。

计量单位:1000m³

定　额　编　号					AA0030
项　目　名　称					人工装机械运土方
					运距 1000m 以内
综　合　单　价　(元)					**25899.62**
费用中	其中	人　工　费　(元)			9817.50
		材　料　费　(元)			53.04
		施 工 机 具 使 用 费　(元)			10495.75
		企 业 管 理 费　(元)			3737.64
		利　　润　(元)			1551.93
		一 般 风 险 费　(元)			243.76
	编码	名　　称	单位	单价(元)	消　耗　量
人工	000300040	土石方综合工	工日	100.00	98.175
材料	341100100	水	m³	4.42	12.000
机械	990101025	履带式推土机 105kW	台班	945.95	0.080
	990402015	自卸汽车 5t	台班	484.95	14.560
	990402025	自卸汽车 8t	台班	583.29	5.297
	990409020	洒水车 4000L	台班	449.19	0.600

A.1.2.6 机械装运土方(编码:010103002)

工作内容:集土、装土、运土、卸土、平整、空回、修理边坡、现场清理、工作面内排水、洒水及道路维护。　　　　**计量单位:**1000m³

定　额　编　号					AA0031
项　目　名　称					机械装运土方
					运距 1000m 以内
综　合　单　价（元）					10654.55
费用	其中	人　工　费（元）			400.00
		材　料　费（元）			53.04
		施工机具使用费（元）			7931.90
		企　业　管　理　费（元）			1533.07
		利　润（元）			636.56
		一　般　风　险　费（元）			99.98
	编码	名　称	单位	单价（元）	消　耗　量
人工	000300040	土石方综合工	工日	100.00	4.000
材料	341100100	水	m³	4.42	12.000
机械	990402035	自卸汽车 12t	台班	816.75	5.289
	990402040	自卸汽车 15t	台班	913.17	0.448
	990402045	自卸汽车 18t	台班	954.78	0.181
	990101025	履带式推土机 105kW	台班	945.95	0.427
	990106030	履带式单斗液压挖掘机 1m³	台班	1078.60	0.444
	990106040	履带式单斗液压挖掘机 1.25m³	台班	1253.33	0.982
	990106050	履带式单斗液压挖掘机 1.6m³	台班	1331.81	0.525
	990409020	洒水车 4000L	台班	449.19	0.484

A.1.2.7 机械挖运土方(编码:010103002)

工作内容:集土、挖土、装土、运土、卸土、平整、空回、修理边坡、现场清理、工作面内排水、洒水及道路维护。　　　　**计量单位:**1000m³

定　额　编　号				AA0032	AA0033	AA0034	AA0035	AA0036
项　目　名　称				机械挖运土方　全程运距				
				100m 以内		500m 以内		500m 以外
				运距≤20m 以内	每增加 20m	运距≤200m 以内	每增加 100m	运距≤1000m 以内
综　合　单　价（元）				3223.70	1307.38	7734.31	414.82	11234.81
费用	其中	人　工　费（元）		400.00	—	400.00	—	400.00
		材　料　费（元）		—	—	26.52	13.26	53.04
		施工机具使用费（元）		2133.56	1027.49	5657.68	315.59	8387.93
		企　业　管　理　费（元）		466.18	189.06	1114.61	58.07	1616.98
		利　润（元）		193.56	78.50	462.81	24.11	671.40
		一　般　风　险　费（元）		30.40	12.33	72.69	3.79	105.46
	编码	名　称	单位 单价（元）	消　　耗　　量				
人工	000300040	土石方综合工	工日 100.00	4.000	—	4.000	—	4.000
材料	341100100	水	m³ 4.42	—	—	6.000	3.000	12.000
机械	990101025	履带式推土机 105kW	台班 945.95	—	—	0.509	—	0.509
	990101035	履带式推土机 135kW	台班 1105.36	0.542	0.259	—	—	—
	990101040	履带式推土机 165kW	台班 1370.05	1.120	0.541	—	—	—
	990106030	履带式单斗液压挖掘机 1m³	台班 1078.60	—	—	0.521	—	0.521
	990106040	履带式单斗液压挖掘机 1.25m³	台班 1253.33	—	—	1.155	—	1.155
	990106050	履带式单斗液压挖掘机 1.6m³	台班 1331.81	—	—	0.584	—	0.584
	990402035	自卸汽车 12t	台班 816.75	—	—	2.380	0.239	5.289
	990402040	自卸汽车 15t	台班 913.17	—	—	0.209	0.023	0.448
	990402045	自卸汽车 18t	台班 954.78	—	—	0.078	0.010	0.181
	990409020	洒水车 4000L	台班 449.19	—	—	0.400	0.200	0.484

工作内容:运土、洒水及道路维护。　　　　　　　　　　　　　　　　　　　　　计量单位:1000m³

定　额　编　号			AA0037	AA0038
项　目　名　称			机械装运土方	人工装机械运土方
			全程运距1000m以外	
			每增加1000m	
费用	综　合　单　价　(元)		**2461.70**	**3706.71**
	其中	人　工　费　(元)	—	—
		材　料　费　(元)	26.52	26.52
		施工机具使用费　(元)	1913.84	2892.32
		企　业　管　理　费　(元)	352.15	532.19
		利　　润　(元)	146.22	220.97
		一　般　风　险　费　(元)	22.97	34.71
	编码	名　称	单位	单价(元)	消　耗　量	
材料	341100100	水	m³	4.42	6.000	6.000
机械	990402015	自卸汽车5t	台班	484.95	—	3.935
	990402025	自卸汽车8t	台班	583.29	—	1.225
	990402035	自卸汽车12t	台班	816.75	1.796	—
	990402040	自卸汽车15t	台班	913.17	0.174	—
	990402045	自卸汽车18t	台班	954.78	0.074	—
	990409020	洒水车4000L	台班	449.19	0.484	0.600

A.2　石方工程(编码:010102)

A.2.1　人工石方工程
A.2.1.1　人工凿石(编码:010102001)

工作内容:人工凿打、修边捡底。　　　　　　　　　　　　　　　　　　　　　计量单位:100m³

定　额　编　号			AA0039	AA0040	AA0041
项　目　名　称			人工凿石		
			软质岩	较硬岩	坚硬岩
费用	综　合　单　价　(元)		**11079.04**	**19330.52**	**29627.45**
	其中	人　工　费　(元)	9527.60	16705.40	25674.60
		材　料　费　(元)	110.02	136.19	161.34
		施工机具使用费　(元)	76.11	95.05	112.34
		企　业　管　理　费　(元)	1027.08	1800.84	2767.72
		利　　润　(元)	338.23	593.04	911.45
		一　般　风　险　费　(元)	—	—	—
	编码	名　称	单位	单价(元)	消　耗　量		
人工	000300040	土石方综合工	工日	100.00	95.276	167.054	256.746
材料	340900620	刀片D1000	片	854.70	0.107	0.134	0.158
	341100100	水	m³	4.42	4.200	4.900	5.950
机械	990772010	岩石切割机3kW	台班	47.48	1.603	2.002	2.366

工作内容: 人工凿打,修边捡底,将石方运出槽边 1m 以外、5m 以内。　　　　　　　　　　　　　　　　　计量单位:100m³

定 额 编 号					AA0042	AA0043	AA0044	AA0045
项 目 名 称					人工沟槽			
					软质岩			
					槽深(m 以内)			
					2	4	6	8
综 合 单 价 (元)					**16881.73**	**18732.38**	**20600.75**	**22603.56**
费用	其中	人 工 费 (元)			13238.50	14827.10	16415.70	18136.80
		材 料 费 (元)			—	—	—	—
		施 工 机 具 使 用 费 (元)			1746.15	1780.56	1832.68	1867.75
		企 业 管 理 费 (元)			1427.11	1598.36	1769.61	1955.15
		利 润 (元)			469.97	526.36	582.76	643.86
		一 般 风 险 费 (元)			—	—	—	—
	编码	名 称	单位	单价(元)	消 耗 量			
人工	000300040	土石方综合工	工日	100.00	132.385	148.271	164.157	181.368
机械	990129010	风动凿岩机 手持式	台班	12.25	27.768	28.323	29.156	29.712
	991003060	电动空气压缩机 9m³/min	台班	324.86	4.328	4.413	4.542	4.629

工作内容: 人工凿打,修边捡底,将石方运出槽边 1m 以外、5m 以内。　　　　　　　　　　　　　　　　　计量单位:100m³

定 额 编 号					AA0046	AA0047	AA0048	AA0049
项 目 名 称					人工沟槽			
					较硬岩			
					槽深(m 以内)			
					2	4	6	8
综 合 单 价 (元)					**23438.15**	**25313.20**	**27181.53**	**29036.42**
费用	其中	人 工 费 (元)			19912.50	21505.50	23098.50	24691.50
		材 料 费 (元)			—	—	—	—
		施 工 机 具 使 用 费 (元)			672.19	725.96	773.01	806.63
		企 业 管 理 费 (元)			2146.57	2318.29	2490.02	2661.74
		利 润 (元)			706.89	763.45	820.00	876.55
		一 般 风 险 费 (元)			—	—	—	—
	编码	名 称	单位	单价(元)	消 耗 量			
人工	000300040	土石方综合工	工日	100.00	199.125	215.055	230.985	246.915
机械	990224010	φ150 水磨钻 2.5kW	台班	14.34	46.875	50.625	53.906	56.250

工作内容：人工凿打,修边捡底,将石方运出槽边 1m 以外、5m 以内。 计量单位:100m³

定 额 编 号					AA0050	AA0051	AA0052	AA0053
项 目 名 称					人工沟槽			
					坚硬岩			
					槽深(m 以内)			
					2	4	6	8
费用	综 合 单 价 (元)				**43524.22**	**46126.08**	**49144.73**	**52167.87**
	其中	人 工 费 (元)			37228.20	39461.90	42067.80	44673.80
		材 料 费 (元)			—	—	—	—
		施工机具使用费 (元)			961.22	1009.29	1048.61	1092.31
		企 业 管 理 费 (元)			4013.20	4253.99	4534.91	4815.84
		利 润 (元)			1321.60	1400.90	1493.41	1585.92
		一 般 风 险 费 (元)			—	—	—	—
	编码	名 称	单位	单价(元)	消 耗 量			
人工	000300040	土石方综合工	工日	100.00	372.282	394.619	420.678	446.738
机械	990224010	φ150 水磨钻 2.5kW	台班	14.34	67.031	70.383	73.125	76.172

A.2.1.3　人工基坑石方(编码:010102003)

工作内容：人工凿打,修边捡底,将石方运出坑边 1m 以外、5m 以内。 计量单位:100m³

定 额 编 号					AA0054	AA0055	AA0056	AA0057
项 目 名 称					人工基坑			
					软质岩			
					坑深(m 以内)			
					2	4	6	8
费用	综 合 单 价 (元)				**17481.15**	**19556.20**	**21498.97**	**23580.26**
	其中	人 工 费 (元)			13610.00	15392.00	17041.10	18827.70
		材 料 费 (元)			—	—	—	—
		施工机具使用费 (元)			1920.83	1958.52	2015.88	2054.55
		企 业 管 理 费 (元)			1467.16	1659.26	1837.03	2029.63
		利 润 (元)			483.16	546.42	604.96	668.38
		一 般 风 险 费 (元)			—	—	—	—
	编码	名 称	单位	单价(元)	消 耗 量			
人工	000300040	土石方综合工	工日	100.00	136.100	153.920	170.411	188.277
机械	990129010	风动凿岩机 手持式	台班	12.25	30.545	31.155	32.072	32.683
	991003060	电动空气压缩机 9m³/min	台班	324.86	4.761	4.854	4.996	5.092

工作内容:人工凿打,修边捡底,将石方运出坑边 1m 以外、5m 以内。　　　　　　　　　　　　　　计量单位:100m³

定　额　编　号					AA0058	AA0059	AA0060	AA0061
项　　目　　名　　称					人工基坑			
					较硬岩			
					坑深(m 以内)			
					2	4	6	8
费用	综　合　单　价　(元)				24347.17	26294.90	28234.99	30159.52
	其中	人　　工　　费　(元)			20619.40	22268.90	23918.50	25568.00
		材　　料　　费　(元)			—	—	—	—
		施 工 机 具 使 用 费 (元)			773.01	834.86	888.97	927.63
		企　业　管　理　费　(元)			2222.77	2400.59	2578.41	2756.23
		利　　　　润　　(元)			731.99	790.55	849.11	907.66
		一　般　风　险　费　(元)			—	—	—	—
	编码	名　　称	单位	单价(元)	消　　　耗　　　量			
人工	000300040	土石方综合工	工日	100.00	206.194	222.689	239.185	255.680
机械	990224010	φ150 水磨钻 2.5kW	台班	14.34	53.906	58.219	61.992	64.688

工作内容:人工凿打,修边捡底,将石方运出坑边 1m 以外、5m 以内。　　　　　　　　　　　　　　计量单位:100m³

定　额　编　号					AA0062	AA0063	AA0064	AA0065
项　　目　　名　　称					人工基坑			
					坚硬岩			
					槽深(m 以内)			
					2	4	6	8
费用	综　合　单　价　(元)				50052.83	53045.00	56516.48	59993.08
	其中	人　　工　　费　(元)			42812.40	45381.20	48378.00	51374.90
		材　　料　　费　(元)			—	—	—	—
		施 工 机 具 使 用 费 (元)			1105.41	1160.68	1205.91	1256.16
		企　业　管　理　费　(元)			4615.18	4892.09	5215.15	5538.21
		利　　　　润　　(元)			1519.84	1611.03	1717.42	1823.81
		一　般　风　险　费　(元)			—	—	—	—
	编码	名　　称	单位	单价(元)	消　　　耗　　　量			
人工	000300040	土石方综合工	工日	100.00	428.124	453.812	483.780	513.749
机械	990224010	φ150 水磨钻 2.5kW	台班	14.34	77.086	80.940	84.094	87.598

A.2.1.4 人工凿石支沟(编码:010102004)

工作内容:凿石,捡平边底,清理石渣,弃渣于槽边 1m 以外、5m 以内。

计量单位:100m

定 额 编 号				AA0066	AA0067	AA0068
项 目 名 称				人工凿石支沟(断面 300×300 内)		
				软质岩	较硬岩	坚硬岩
综 合 单 价(元)				**1852.15**	**2407.79**	**3250.41**
费用	其中	人 工 费(元)		1620.00	2106.00	2843.00
		材 料 费(元)		—	—	—
		施工机具使用费(元)				
		企 业 管 理 费(元)		174.64	227.03	306.48
		利 润(元)		57.51	74.76	100.93
		一 般 风 险 费(元)				
	编码	名 称	单位	单价(元)	消 耗 量	
人工	000300040	土石方综合工	工日	100.00	16.200	21.060	28.430

A.2.1.5 人工清理爆破基底

工作内容:在石方爆破或机械凿打的基底上进行摊座,1m 以外、5m 以内清理成堆,清底修边。

计量单位:100m²

定 额 编 号				AA0069	AA0070	AA0071	AA0072	AA0073	AA0074
项 目 名 称				地面摊座			槽(坑)摊座		
				软质岩	较硬岩	坚硬岩	软质岩	较硬岩	坚硬岩
综 合 单 价(元)				**1420.55**	**3361.19**	**6398.70**	**2156.95**	**4538.79**	**9004.51**
费用	其中	人 工 费(元)		1242.50	2939.90	5596.70	1886.60	3969.90	7875.90
		材 料 费(元)		—	—	—	—	—	—
		施工机具使用费(元)		—	—	—	—	—	—
		企 业 管 理 费(元)		133.94	316.92	603.32	203.38	427.96	849.02
		利 润(元)		44.11	104.37	198.68	66.97	140.93	279.59
		一 般 风 险 费(元)		—	—	—	—	—	—
	编码	名 称	单位	单价(元)	消 耗 量				
人工	000300040	土石方综合工	工日	100.00	12.425	29.399	55.967	18.866	39.699	78.759

A.2.1.6 人工修整爆破边坡

工作内容:在石方爆破的边坡上局部进行15cm以内修整、凿石,清理石渣或装车,清底修边。　　　　　　　　　　　　　　　　计量单位:100m²

定 额 编 号					AA0075	AA0076	AA0077
项 目 名 称					修整边坡		
					软质岩	较硬岩	坚硬岩
费用	综 合 单 价 (元)				**1734.61**	**4091.87**	**7771.24**
	其中	人 工 费 (元)			1517.20	3579.00	6797.20
		材 料 费 (元)			—	—	—
		施工机具使用费 (元)					
		企 业 管 理 费 (元)			163.55	385.82	732.74
		利 润 (元)			53.86	127.05	241.30
		一 般 风 险 费 (元)			—	—	—
	编码	名 称	单位	单价(元)	消 耗 量		
人工	000300040	土石方综合工	工日	100.00	15.172	35.790	67.972

A.2.1.7 人工挖格构、肋柱、肋梁石方(编码:010102002)

工作内容:开凿石方、打碎、修边捡底。　　　　　　　　　　　　　　　　计量单位:100m³

定 额 编 号					AA0078	AA0079
项 目 名 称					格构、肋柱、肋梁	
					软质岩	较硬岩
费用	综 合 单 价 (元)				**21383.83**	**29872.14**
	其中	人 工 费 (元)			18703.60	26128.00
		材 料 费 (元)			—	—
		施工机具使用费 (元)				
		企 业 管 理 费 (元)			2016.25	2816.60
		利 润 (元)			663.98	927.54
		一 般 风 险 费 (元)			—	—
	编码	名 称	单位	单价(元)	消 耗 量	
人工	000300040	土石方综合工	工日	100.00	187.036	261.280

工作内容:装渣、运渣、弃渣

计量单位:100m³

定 额 编 号					AA0080	AA0081	AA0082	AA0083
项 目 名 称					人力运石方		单(双)轮车运石方	
					运距20m以内	每增加20m	运距50m以内	每增加50m
综 合 单 价 (元)					**3020.60**	**632.24**	**2173.42**	**356.71**
费用	其中	人 工 费 (元)			2642.00	553.00	1901.00	312.00
		材 料 费 (元)			—	—	—	—
		施工机具使用费 (元)			—	—	—	—
		企 业 管 理 费 (元)			284.81	59.61	204.93	33.63
		利 润 (元)			93.79	19.63	67.49	11.08
		一 般 风 险 费 (元)			—	—	—	—
	编码	名 称	单位	单价(元)	消 耗 量			
人工	000300040	土石方综合工	工日	100.00	26.420	5.530	19.010	3.120

A.2.2 机械石方工程

A.2.2.1 机械挖石渣 平基(编码:010102001)

工作内容:挖石渣,将渣堆在5m以内,清理机下余渣。

计量单位:1000m³

定 额 编 号					AA0084
项 目 名 称					机械挖石渣
					不装车
综 合 单 价 (元)					**5526.42**
费用	其中	人 工 费 (元)			400.00
		材 料 费 (元)			—
		施工机具使用费 (元)			3943.30
		企 业 管 理 费 (元)			799.17
		利 润 (元)			331.83
		一 般 风 险 费 (元)			52.12
	编码	名 称	单位	单价(元)	消 耗 量
人工	000300040	土石方综合工	工日	100.00	4.000
机械	990106030	履带式单斗液压挖掘机 1m³	台班	1078.60	0.774
	990106050	履带式单斗液压挖掘机 1.6m³	台班	1331.81	0.833
	990106040	履带式单斗液压挖掘机 1.25m³	台班	1253.33	1.595

A.2.2.2　机械凿打岩石、混凝土及钢筋混凝土(编码:010102001)

工作内容:装、拆合金钎头,凿打岩石及混凝土,移动机械。　　　　　　　　　　　　　　　　　　　　　计量单位:100m³

定　额　编　号					AA0085	AA0086	AA0087	AA0088	AA0089
项　目　名　称					机械凿打				
					软质岩	较硬岩	坚硬岩	混凝土	钢筋混凝土
综　合　单　价　(元)					**4524.06**	**6149.88**	**8227.51**	**6867.53**	**9960.45**
费用	其中	人　工　费　(元)			180.00	180.00	180.00	180.00	600.00
		材　料　费　(元)			54.00	90.00	225.00	225.00	450.00
		施工机具使用费　(元)			3333.09	4582.56	6109.31	5040.47	6874.42
		企　业　管　理　费　(元)			646.41	876.31	1157.23	960.57	1375.29
		利　　润　(元)			268.40	363.86	480.50	398.84	571.05
		一　般　风　险　费　(元)			42.16	57.15	75.47	62.65	89.69
	编码	名　称	单位	单价(元)	消　耗　量				
人工	000300040	土石方综合工	工日	100.00	1.800	1.800	1.800	1.800	6.000
材料	002000010	其他材料费	元	—	54.00	90.00	225.00	225.00	450.00
机械	990149040	履带式单斗液压岩石破碎机	台班	1150.53	2.897	3.983	5.310	4.381	5.975

A.2.2.3　机械挖沟槽石渣、混凝土及钢筋混凝土(编码:010102002)

工作内容:1.挖渣,将渣堆在1m以外,5m以内,清理机下余渣。
　　　　　2.工作面内排水,清理边坡。　　　　　　　　　　　　　　　　　　　　　　　　　　　　计量单位:1000m³

定　额　编　号					AA0090	AA0091	AA0092
项　目　名　称					机械挖沟槽石渣、混凝土及钢筋混凝土		
					深度(m以内)		
					4	6	8
综　合　单　价　(元)					**7231.98**	**13017.15**	**15910.72**
费用	其中	人　工　费　(元)			1000.00	1800.00	2200.00
		材　料　费　(元)			—	—	—
		施工机具使用费　(元)			4683.73	8430.40	10304.50
		企　业　管　理　费　(元)			1045.81	1882.39	2300.83
		利　　润　(元)			434.24	781.60	955.34
		一　般　风　险　费　(元)			68.20	122.76	150.05
	编码	名　称	单位	单价(元)	消　耗　量		
人工	000300040	土石方综合工	工日	100.00	10.000	18.000	22.000
机械	990106010	履带式单斗液压挖掘机 0.6m³	台班	766.15	2.453	4.415	5.397
机械	990106030	履带式单斗液压挖掘机 1m³	台班	1078.60	2.600	4.680	5.720

A.2.2.4 机械挖基坑石渣、混凝土及钢筋混凝土(编码:010102003)

工作内容:1.挖渣,将渣堆在1m以外,5m以内,清理机下余渣。

2.工作面内排水,清理边坡。

计量单位:1000m³

定 额 编 号					AA0093	AA0094	AA0095
项 目 名 称					机械挖基坑石渣、混凝土及钢筋混凝土		
					深度(m以内)		
					4	6	8
综 合 单 价 (元)					**7954.87**	**14318.39**	**17501.12**
费用	其中	人 工 费 (元)			1100.00	1980.00	2420.00
		材 料 费 (元)			—	—	—
		施工机具使用费 (元)			5151.87	9273.06	11334.42
		企 业 管 理 费 (元)			1150.34	2070.56	2530.81
		利 润 (元)			477.64	859.73	1050.84
		一 般 风 险 费 (元)			75.02	135.04	165.05
	编码	名 称	单位	单价(元)	消 耗 量		
人工	000300040	土石方综合工	工日	100.00	11.000	19.800	24.200
机械	990106010	履带式单斗液压挖掘机 0.6m³	台班	766.15	2.698	4.856	5.936
	990106030	履带式单斗液压挖掘机 1m³	台班	1078.60	2.860	5.148	6.292

A.2.2.5 机械凿打沟槽(坑)岩石、混凝土及钢筋混凝土(编码:010102003)

工作内容:1.装、拆合金钎头,凿打岩石及混凝土,移动机械。

2.挖渣,将渣堆在1m以外,5m以内,清理机下余渣。

3.工作面内排水,清理边坡。

计量单位:100m³

定 额 编 号					AA0096	AA0097	AA0098	AA0099	AA0100
项 目 名 称					机械凿打沟槽(坑)				
					软质岩	较硬岩	坚硬岩	混凝土	钢筋混凝土
综 合 单 价 (元)					**5881.12**	**7995.00**	**10695.77**	**8927.35**	**12949.32**
费用	其中	人 工 费 (元)			234.00	234.00	234.00	234.00	780.00
		材 料 费 (元)			70.20	117.00	292.50	292.50	585.00
		施工机具使用费 (元)			4332.90	5957.44	7942.11	6552.27	8937.32
		企 业 管 理 费 (元)			840.31	1139.23	1504.40	1248.67	1787.99
		利 润 (元)			348.91	473.03	624.65	518.47	742.40
		一 般 风 险 费 (元)			54.80	74.30	98.11	81.44	116.61
	编码	名 称	单位	单价(元)	消 耗 量				
人工	000300040	土石方综合工	工日	100.00	2.340	2.340	2.340	2.340	7.800
材料	002000010	其他材料费	元	—	70.20	117.00	292.50	292.50	585.00
机械	990149040	履带式单斗液压岩石破碎机	台班	1150.53	3.766	5.178	6.903	5.695	7.768

A.2.2.6　人工装机械运石渣(编码:010103002)

工作内容:装、运、卸、平整、空回、修理边坡、现场清理、工作面内排水、洒水及道路维护。　　　　　　　　计量单位:1000m³

定　　额　　编　　号					AA0101	
项　目　名　称					人工装机械运石渣	
					运距1000m以内	
综　合　单　价　(元)					**35183.76**	
费用	其中	人　工　费　(元)			15384.90	
		材　料　费　(元)			53.04	
		施工机具使用费　(元)			12224.91	
		企 业 管 理 费　(元)			5080.20	
		利　　　润　(元)			2109.39	
		一 般 风 险 费　(元)			331.32	
	编码	名　　称	单位	单价(元)	消　耗　量	
人工	000300040	土石方综合工	工日	100.00	153.849	
材料	341100100	水	m³	4.42	12.000	
机械	990402025	自卸汽车 8t	台班	583.29	6.759	
	990402015	自卸汽车 5t	台班	484.95	16.178	
	990101025	履带式推土机 105kW	台班	945.95	0.120	
	990409020	洒水车 4000L	台班	449.19	0.720	

A.2.2.7　机械装运石渣(编码:010103002)

工作内容:装、运、卸、平整、空回、修理边坡、现场清理、工作面内排水、洒水及道路维护。　　　　　　　　计量单位:1000m³

定　　额　　编　　号					AA0102	
项　目　名　称					机械装运石渣	
					运距1000m以内	
综　合　单　价　(元)					**12856.15**	
费用	其中	人　工　费　(元)			400.00	
		材　料　费　(元)			53.04	
		施工机具使用费　(元)			9662.17	
		企 业 管 理 费　(元)			1851.44	
		利　　　润　(元)			768.75	
		一 般 风 险 费　(元)			120.75	
	编码	名　　称	单位	单价(元)	消　耗　量	
人工	000300040	土石方综合工	工日	100.00	4.000	
材料	341100100	水	m³	4.42	12.000	
机械	990402035	自卸汽车 12t	台班	816.75	5.289	
	990402040	自卸汽车 15t	台班	913.17	0.560	
	990402045	自卸汽车 18t	台班	954.78	0.215	
	990106030	履带式单斗液压挖掘机 1m³	台班	1078.60	0.674	
	990106040	履带式单斗液压挖掘机 1.25m³	台班	1253.33	1.498	
	990106050	履带式单斗液压挖掘机 1.6m³	台班	1331.81	0.746	
	990101025	履带式推土机 105kW	台班	945.95	0.859	
	990409020	洒水车 4000L	台班	449.19	0.479	

A.2.2.8　机械挖运石渣(编码:010103002)

工作内容:集渣、挖渣、装渣、运渣、卸渣、空回、平整,工作面内排水、洒水及道路维护。　　　　　　　　　　　　计量单位:1000m³

定　额　编　号					AA0103	AA0104	AA0105	AA0106	AA0107
项　目　名　称					机械挖运石渣　全程运距				
					100m 以内		500m 以内		500m 以外
					运距≤ 20m 以内	每增加 20m	运距≤ 200m 以内	每增加 100m	运距≤ 1000m 以内
费 用		综　合　单　价　(元)			**5406.97**	**1967.71**	**11515.58**	**435.43**	**14260.09**
	其 中	人　工　费　(元)			400.00	—	400.00	—	400.00
		材　料　费　(元)			—	—	26.52	13.26	53.04
		施工机具使用费　(元)			3849.43	1546.45	8629.44	331.79	10765.55
		企业管理费　(元)			781.89	284.55	1661.42	61.05	2054.46
		利　润　(元)			324.66	118.15	689.85	25.35	853.05
		一般风险费　(元)			50.99	18.56	108.35	3.98	133.99
	编码	名　称	单位	单价(元)	消		耗		量
人工	000300040	土石方综合工	工日	100.00	4.000	—	4.000	—	4.000
材料	341100100	水	m³	4.42	—	—	6.000	3.000	12.000
机 械	990101025	履带式推土机 105kW	台班	945.95	—	—	1.074	—	1.074
	990101035	履带式推土机 135kW	台班	1105.36	1.073	0.405	—	—	—
	990101040	履带式推土机 165kW	台班	1370.05	1.944	0.802	—	—	—
	990106030	履带式单斗液压挖掘机 1m³	台班	1078.60	—	—	0.843	—	0.843
	990106040	履带式单斗液压挖掘机 1.25m³	台班	1253.33	—	—	1.873	—	1.873
	990106050	履带式单斗液压挖掘机 1.6m³	台班	1331.81	—	—	0.932	—	0.932
	990402035	自卸汽车 12t	台班	816.75	—	—	3.173	0.261	5.289
	990402040	自卸汽车 15t	台班	913.17	—	—	0.273	0.025	0.560
	990402045	自卸汽车 18t	台班	954.78	—	—	0.107	0.010	0.215
	990409020	洒水车 4000L	台班	449.19	—	—	0.384	0.192	0.479

A.2.2.9　机械运渣增运(编码:010103002)

工作内容:运渣、卸渣、空回、平整,工作面内排水、洒水及道路维护。　　　　　　　　　　　　　　　　　　计量单位:1000m³

定　额　编　号					AA0108	AA0109
项　目　名　称					机械装运石渣	人工装机械运石渣
					全程运距 1000m 以外	
					每增加 1000m	
费 用		综　合　单　价　(元)			**2982.46**	**4266.10**
	其 中	人　工　费　(元)			—	—
		材　料　费　(元)			26.52	26.52
		施工机具使用费　(元)			2323.12	3331.96
		企业管理费　(元)			427.45	613.08
		利　润　(元)			177.49	254.56
		一般风险费　(元)			27.88	39.98
	编码	名　称	单位	单价(元)	消　耗	量
材料	341100100	水	m³	4.42	6.000	6.000
机 械	990402015	自卸汽车 5t	台班	484.95	—	4.550
	990402025	自卸汽车 8t	台班	583.29	—	1.375
	990402035	自卸汽车 12t	台班	816.75	2.240	—
	990402040	自卸汽车 15t	台班	913.17	0.215	—
	990402045	自卸汽车 18t	台班	954.78	0.086	—
	990409020	洒水车 4000L	台班	449.19	0.479	0.720

A.3 回填(编码:010103)

A.3.1 人工回填、夯实(编码:010103001)

工作内容:1.松填土:5m以内的就地取土,铺平。
　　　　　2.夯填土方(石渣):5m以内的就地取土(石渣)、铺平、夯实、洒水等。
　　　　　3.回填、推平、夯实、工作面排水。

计量单位:100m³

定　额　编　号			AA0110	AA0111	AA0112
项　目　名　称			人工平基回填		
			松填土方	夯填土方	夯填石方
综　合　单　价　(元)			**767.15**	**2798.33**	**3260.20**
费用	其中	人　工　费　(元)	671.00	2249.10	2612.50
		材　料　费　(元)	—	6.85	8.84
		施工机具使用费　(元)	—	220.09	264.49
		企　业　管　理　费　(元)	72.33	242.45	281.63
		利　　　润　　(元)	23.82	79.84	92.74
		一　般　风　险　费　(元)	—	—	—
	编码	名　　　称	单位	单价(元)	消　　耗　　量
人工	000300040	土石方综合工	工日	100.00	6.710　22.491　26.125
材料	341100100	水	m³	4.42	—　1.550　2.000
机械	990123020	电动夯实机 200～620N·m	台班	27.58	—　7.980　9.590

工作内容:1.松填土:5m以内的就地取土,铺平。
　　　　　2.夯填土方(石渣):5m以内的就地取土(石渣)、铺平、夯实、洒水等。
　　　　　3.回填、推平、夯实、工作面排水。

计量单位:100m³

定　额　编　号			AA0113	AA0114	AA0115
项　目　名　称			人工槽、坑回填		
			松填土方	夯填土方	夯填石方
综　合　单　价　(元)			**897.49**	**3660.30**	**4394.30**
费用	其中	人　工　费　(元)	785.00	3024.50	3630.50
		材　料　费　(元)	—	6.85	8.84
		施工机具使用费　(元)	—	195.54	234.71
		企　业　管　理　费　(元)	84.62	326.04	391.37
		利　　　润　　(元)	27.87	107.37	128.88
		一　般　风　险　费　(元)	—	—	—
	编码	名　　　称	单位	单价(元)	消　　耗　　量
人工	000300040	土石方综合工	工日	100.00	7.850　30.245　36.305
材料	341100100	水	m³	4.42	—　1.550　2.000
机械	990123020	电动夯实机 200～620N·m	台班	27.58	—　7.090　8.510

工作内容:5m以内的就地取土(石渣)、铺平、夯实等。 计量单位:100m³

	定　　额　　编　　号				AA0116	AA0117
	项　目　名　称				人工室内地坪回填	
					夯填土方	夯填土夹石
费用	综　合　单　价（元）				**2044.79**	**2633.84**
	其中	人　　工　　费（元）			1590.00	2067.00
		材　　料　　费（元）			6.85	8.91
		施 工 机 具 使 用 费（元）			220.09	261.73
		企 业 管 理 费（元）			171.40	222.82
		利　　　　润（元）			56.45	73.38
		一 般 风 险 费（元）			—	—
	编码	名　　　　　称	单位	单价（元）	消　　耗　　量	
人工	000300040	土石方综合工	工日	100.00	15.900	20.670
材料	341100100	水	m³	4.42	1.550	2.015
机械	990123020	电动夯实机 200～620N·m	台班	27.58	7.980	9.490

A.3.2　机械回填、碾压(编码:010103001)

工作内容:回填、铺平、碾压、洒水等。

	定　　额　　编　　号				AA0118	AA0119	AA0120	AA0121
	项　目　名　称				机械回填、碾压			
					砂石	人工级配碎石土	平基土方	平基石方
	单　　　　　　　　　位				100m³		1000m³	
费用	综　合　单　价（元）				**10312.86**	**12256.70**	**5566.89**	**8037.28**
	其中	人　　工　　费（元）			824.40	1082.00	400.00	480.00
		材　　料　　费（元）			8898.55	10489.61	66.30	44.20
		施工机具使用费（元）			287.13	306.78	3923.00	5801.89
		企 业 管 理 费（元）			204.52	255.54	795.43	1155.87
		利　　　　润（元）			84.92	106.10	330.28	479.94
		一 般 风 险 费（元）			13.34	16.67	51.88	75.38
	编码	名　称	单位	单价（元）	消　　耗　　量			
人工	000300040	土石方综合工	工日	100.00	8.244	10.820	4.000	4.800
材料	341100100	水	m³	4.42	1.550	1.015	15.000	10.000
	040900900	粘土	m³	17.48	—	34.500	—	—
	040500030	碎石 综合	m³	101.94	—	96.940	—	—
	040501350	级配砂石	m³	73.79	120.500	—	—	—
机械	990122030	钢轮振动压路机 10t	台班	607.40	—	—	1.073	1.639
	990120040	钢轮内燃压路机 15t	台班	566.96	—	—	1.573	2.052
	990122050	钢轮振动压路机 15t	台班	964.80	0.240	0.240	1.623	2.704
	990101040	履带式推土机 165kW	台班	1370.05	—	—	0.363	0.524
	990409020	洒水车 4000L	台班	449.19	0.080	0.080	0.704	0.704
	990101015	履带式推土机 75kW	台班	818.62	0.024	0.048	—	—

B 地基处理、边坡支护工程
(0102)

说　　明

一、一般说明：

（一）强夯地基：

1.强夯加固地基是指在天然地基上或在填土地基上进行作业。本定额子目不包括强夯前的试夯工作费用，如设计要求试夯，另行计算。

2.地基强夯需要用外来土（石）填坑，另按相应定额子目执行。

3."每一遍夯击次数"指夯击机械在一个点位上不移位连续夯击的次数。当要求夯击面积范围内的所有点位夯击完成后，即完成一遍夯击；如需要再次夯击，则应再次根据一遍的夯击次数套用相应子目。

4.本节地基强夯项目按专用强夯机械编制，如采用其他非专用机械进行强夯，则应换为非专用机械，但机械消耗量不作调整。

5.强夯工程量应区分不同夯击能量和夯点密度，按设计图示夯击范围及夯击遍数分别计算。

（二）锚杆（锚索）工程：

1.钻孔锚杆孔径是按照150mm内编制的，孔径大于150mm时执行市政定额相应子目。

2.钻孔锚杆（索）的单位工程量小于500m时，其相应定额子目人工、机械乘以系数1.1。

3.钻孔锚杆（索）单孔深度大于20m时，其相应定额子目人工、机械乘以系数1.2；深度大于30m时，其相应定额子目人工、机械乘以系数1.3。

4.钻孔锚杆（索）、喷射混凝土、水泥砂浆项目如需搭设脚手架，按单项脚手架相应定额子目乘以系数1.4。

5.钻孔锚杆（索）土层与岩层孔壁出现裂隙、空洞等严重漏浆情况时，采取补救措施的费用按实计算。

6.钻孔锚杆（索）的砂浆配合比与设计规定不同时，可以换算。

7.预应力锚杆套用锚具安装定额子目时，应扣除导向帽、承压板、压板的消耗量。

8.钻孔锚杆土层项目中未考虑土层塌孔采用水泥砂浆护壁的工料，发生时按实计算。

9.土钉、砂浆土钉定额子目的钢筋直径按22mm编制，如设计与定额用量不同时，允许调整钢筋耗量。

（三）挡土板：

1.支挡土板定额子目是按密撑和疏撑钢支撑综合编制的，实际间距及支撑材质不同时，不作调整。

2.支挡土板定额子目是按槽、坑两侧同时支撑挡土板编制的，如一侧支挡土板时，按相应定额子目人工乘以系数1.33。

工程量计算规则

一、地基处理：

强夯地基：按设计图示处理范围以"m²"计算。

二、基坑与边坡支护：

1.土钉、砂浆锚钉：按照设计图示钻孔深度以"m"计算。

2.锚杆（锚索）工程：

（1）锚杆（索）钻孔根据设计要求，按实际钻孔土层和岩层深度以"延长米"计算。

（2）当设计图示中已明确锚固长度时，锚索按设计图示长度以"t"计算；若设计图示中未明确锚固长度时，锚索按设计图示长度另加1000mm以"t"计算。

（3）非预应力锚杆根据设计要求，按实际锚固长度（包括至护坡内的长度）以"t"计算。当设计图示中已明确预应力锚杆的锚固长度时，预应力锚杆按设计图示长度以"t"计算；若设计图示中未明确预应力锚杆的锚固长度时，预应力锚杆按设计图示长度另加600mm以"t"计算。

（4）锚具安装按设计图示数量以"套"计算。

（5）锚孔注浆土层按设计图示孔径加20mm充盈量，岩层按设计图示孔径以"m³"计算。

（6）修整边坡按经批准的施工组织设计中明确的垂直投影面积以"m²"计算。

（7）土钉按设计图示钻孔深度以"m"计算。

3.喷射混凝土按设计图示面积以"m²"计算。

4.挡土板按槽、坑垂直的支撑面积以"m²"计算。如一侧支撑挡土板时，按一侧的支撑面积计算工程量。支挡板工程量和放坡工程量不得重复计算。

B.1 地基处理(编码:010201)

B.1.1 强夯地基(编码:010201004)

工作内容:机具准备、按设计要求布置锤位线、夯击、夯锤移位、施工道路平整。 计量单位:100m²

定 额 编 号					AB0001	AB0002	AB0003	AB0004
项 目 名 称					点夯			
					夯击能量 1200kN·m 以内			
					每100m² 夯点			
					9 以内		每增加 1 夯点	
					4击以下	每增 1 击	4击以下	每增 1 击
费用		综 合 单 价 (元)			**918.40**	**120.37**	**102.60**	**13.16**
	其中	人 工 费 (元)			208.50	38.99	23.23	4.37
		材 料 费 (元)			—	—	—	—
		施工机具使用费 (元)			454.51	47.91	50.84	5.13
		企 业 管 理 费 (元)			159.78	20.94	17.85	2.29
		利 润 (元)			85.66	11.23	9.57	1.23
		一 般 风 险 费 (元)			9.95	1.30	1.11	0.14
	编码	名 称	单位	单价(元)	消 耗 量			
人工	000300010	建筑综合工	工日	115.00	1.813	0.339	0.202	0.038
机械	990127010	强夯机械 1200kN·m	台班	855.62	0.278	0.056	0.031	0.006
	990101035	履带式推土机 135kW	台班	1105.36	0.196	—	0.022	—

工作内容:机具准备、按设计要求布置锤位线、夯击、夯锤移位、施工道路平整。 计量单位:100m²

定 额 编 号					AB0005	AB0006	AB0007	AB0008
项 目 名 称					点夯			
					夯击能量 2000kN·m 以内			
					每100m² 夯点			
					9 以内		每增加 1 夯点	
					4击以下	每增 1 击	4击以下	每增 1 击
费用		综 合 单 价 (元)			**1324.44**	**164.36**	**147.89**	**17.60**
	其中	人 工 费 (元)			236.67	43.24	26.34	4.83
		材 料 费 (元)			—	—	—	—
		施工机具使用费 (元)			719.47	75.41	80.43	7.88
		企 业 管 理 费 (元)			230.43	28.60	25.73	3.06
		利 润 (元)			123.53	15.33	13.79	1.64
		一 般 风 险 费 (元)			14.34	1.78	1.60	0.19
	编码	名 称	单位	单价(元)	消 耗 量			
人工	000300010	建筑综合工	工日	115.00	2.058	0.376	0.229	0.042
机械	990127020	强夯机械 2000kN·m	台班	1125.57	0.377	0.067	0.042	0.007
	990101035	履带式推土机 135kW	台班	1105.36	0.267	—	0.030	—

工作内容: 机具准备、按设计要求布置锤位线、夯击、夯锤移位、施工道路平整。 计量单位:100m²

定 额 编 号					AB0009	AB0010	AB0011	AB0012
项 目 名 称					点夯			
					夯击能量 3000kN·m 以内			
					每100m² 夯点			
					9 以内		每增加 1 夯点	
					4 击以下	每增 1 击	4 击以下	每增 1 击
费用	综 合 单 价 (元)				**1785.24**	**256.70**	**197.92**	**28.81**
	其中	人 工 费 (元)			319.59	60.61	35.54	6.79
		材 料 费 (元)			—	—	—	—
		施工机具使用费 (元)			969.21	124.71	107.35	14.01
		企 业 管 理 费 (元)			310.60	44.66	34.43	5.01
		利 润 (元)			166.51	23.94	18.46	2.69
		一 般 风 险 费 (元)			19.33	2.78	2.14	0.31
	编码	名 称	单位	单价(元)	消 耗 量			
人工	000300010	建筑综合工	工日	115.00	2.779	0.527	0.309	0.059
机械	990127030	强夯机械 3000kN·m	台班	1401.18	0.444	0.089	0.049	0.010
	990101035	履带式推土机 135kW	台班	1105.36	0.314	—	0.035	—

工作内容: 机具准备、按设计要求布置锤位线、夯击、夯锤移位、施工道路平整。 计量单位:100m²

定 额 编 号					AB0013	AB0014	AB0015	AB0016
项 目 名 称					点夯			
					夯击能量 4000kN·m 以内			
					每100m² 夯点			
					9 以内		每增加 1 夯点	
					4 击以下	每增 1 击	4 击以下	每增 1 击
费用	综 合 单 价 (元)				**3651.51**	**565.35**	**405.79**	**63.61**
	其中	人 工 费 (元)			611.80	126.96	67.97	14.15
		材 料 费 (元)			—	—	—	—
		施工机具使用费 (元)			2024.29	281.18	224.98	31.77
		企 业 管 理 费 (元)			635.30	98.36	70.60	11.07
		利 润 (元)			340.58	52.73	37.85	5.93
		一 般 风 险 费 (元)			39.54	6.12	4.39	0.69
	编码	名 称	单位	单价(元)	消 耗 量			
人工	000300010	建筑综合工	工日	115.00	5.320	1.104	0.591	0.123
机械	990127040	强夯机械 4000kN·m	台班	1588.59	0.854	0.177	0.095	0.020
	990101035	履带式推土机 135kW	台班	1105.36	0.604	—	0.067	—

工作内容:机具准备、按设计要求布置锤位线、夯击、夯锤移位、施工道路平整。　　　　　　　　　**计量单位:100m²**

定　额　编　号					AB0017	AB0018	AB0019	AB0020
项　目　名　称					点夯			
					夯击能量 5000kN·m 以内			
					每 100m² 夯点			
					9 以内		每增加 1 夯点	
					4 击以下	每增 1 击	4 击以下	每增 1 击
费用	其中	综　合　单　价　(元)			4229.36	714.72	474.78	80.61
		人　工　费　(元)			680.92	153.87	76.36	17.37
		材　料　费　(元)			—	—	—	—
		施工机具使用费　(元)			2372.33	362.10	266.40	40.83
		企　业　管　理　费　(元)			735.83	124.35	82.60	14.02
		利　　　润　(元)			394.48	66.66	44.28	7.52
		一　般　风　险　费　(元)			45.80	7.74	5.14	0.87
	编码	名　称	单位	单价(元)	消　耗　量			
人工	000300010	建筑综合工	工日	115.00	5.921	1.338	0.664	0.151
机械	990127050	强夯机械 5000kN·m	台班	1775.02	0.928	0.204	0.104	0.023
	990101035	履带式推土机 135kW	台班	1105.36	0.656	—	0.074	—

工作内容:机具准备、按设计要求布置锤位线、夯击、夯锤移位、施工道路平整。　　　　　　　　　**计量单位:100m²**

定　额　编　号					AB0021	AB0022	AB0023	AB0024
项　目　名　称					点夯			
					夯击能量 6000kN·m 以内			
					每 100m² 夯点			
					9 以内		每增加 1 夯点	
					4 击以下	每增 1 击	4 击以下	每增 1 击
费用	其中	综　合　单　价　(元)			5030.06	915.09	565.72	102.94
		人　工　费　(元)			793.16	190.10	89.24	21.39
		材　料　费　(元)			—	—	—	—
		施工机具使用费　(元)			2838.13	470.52	319.16	52.93
		企　业　管　理　费　(元)			875.14	159.21	98.42	17.91
		利　　　润　(元)			469.16	85.35	52.77	9.60
		一　般　风　险　费　(元)			54.47	9.91	6.13	1.11
	编码	名　称	单位	单价(元)	消　耗　量			
人工	000300010	建筑综合工	工日	115.00	6.897	1.653	0.776	0.186
机械	990127060	强夯机械 6000kN·m	台班	1960.49	1.031	0.240	0.116	0.027
	990101035	履带式推土机 135kW	台班	1105.36	0.739	—	0.083	—

B.1.2 强夯地基满夯(编码:010201004)

工作内容:机具准备、布置锤位线、夯击、夯锤位移、施工场地平整。　　　　　　　　　　　　　　　　　计量单位:100m²

	定　额　编　号			AB0025	AB0026	AB0027	AB0028	AB0029	AB0030
				低垂满拍					
	项　目　名　称			夯击能量					
				≤1000 kN·m	≤2000 kN·m	≤3000 kN·m	≤4000 kN·m	≤5000 kN·m	≤6000 kN·m
	综　合　单　价　(元)			**1196.60**	**1790.33**	**2349.23**	**4783.38**	**5511.99**	**6422.52**
费用	其中	人　工　费　(元)		230.35	307.05	362.83	691.96	749.80	824.78
		材　料　费　(元)		—	—	—	—	—	—
		施工机具使用费　(元)		633.49	985.42	1333.12	2761.25	3229.40	3811.75
		企　业　管　理　费　(元)		208.19	311.48	408.72	832.22	958.99	1117.40
		利　　润　(元)		111.61	166.99	219.12	446.15	514.11	599.04
		一　般　风　险　费　(元)		12.96	19.39	25.44	51.80	59.69	69.55
	编码	名　称	单位	单价(元)	消	耗	量		
人工	000300010	建筑综合工	工日	115.00	2.003	2.670	3.155	6.017	6.520	7.172
机械	990127010	强夯机械 1200kN·m	台班	855.62	0.389	—	—	—	—	—
	990127020	强夯机械 2000kN·m	台班	1125.57	—	0.519	—	—	—	—
	990127030	强夯机械 3000kN·m	台班	1401.18	—	—	0.613	—	—	—
	990127040	强夯机械 4000kN·m	台班	1588.59	—	—	—	1.169	—	—
	990127050	强夯机械 5000kN·m	台班	1775.02	—	—	—	—	1.267	—
	990127060	强夯机械 6000kN·m	台班	1960.49	—	—	—	—	—	1.394
	990101035	履带式推土机 135kW	台班	1105.36	0.272	0.363	0.429	0.818	0.887	0.976

B.2　边坡支护(编码:010202)

B.2.1　土钉、砂浆锚钉(钻孔灌浆)(编码:010202008)

工作内容:1.土钉包括:土钉制作、钉入安装等。
　　　　　2.砂浆锚钉包括:钻孔、锚钉制作及安装、砂浆制作、灌浆等。　　　　　　　　　　　　　　　计量单位:100m

	定　额　编　号				AB0031	AB0032 .
	项　目　名　称				土钉	砂浆锚钉
					土层	岩层
	综　合　单　价　(元)				**1648.46**	**4663.08**
费用	其中	人　工　费　(元)			345.00	2052.75
		材　料　费　(元)			933.28	1091.77
		施工机具使用费　(元)			215.22	744.77
		企　业　管　理　费　(元)			103.42	516.42
		利　　润　(元)			43.14	215.41
		一　般　风　险　费　(元)			8.40	41.96
	编码	名　称	单位	单价(元)	消　　耗　　量	
人工	000300010	建筑综合工	工日	115.00	3.000	17.850
材料	810304010	锚固砂浆 M30	m³	382.05	—	0.150
	010100010	钢筋 综合	kg	3.07	304.000	304.000
	011500020	六角空心钢 综合	kg	3.93	—	3.300
	031391310	合金钢钻头一字型	个	25.56	—	3.000
	172700820	高压胶皮风管 φ25-6P-20m	m	7.69	—	1.500
机械	990128010	风动凿岩机 气腿式	台班	14.30	—	1.770
	990610010	灰浆搅拌机 200L	台班	187.56	—	0.890
	990702010	钢筋切断机 40mm	台班	41.85	0.100	0.080
	991003050	电动空气压缩机 6m³/min	台班	211.03	1.000	2.420
	990766010	风动锻钎机	台班	25.46	—	0.100
	990219010	电动灌浆机	台班	24.79	—	1.450

B.2.2 边坡喷射混凝土(编码:010202009)

工作内容:基层清理、喷射混凝土制作、运输、喷射、养护。 计量单位:100m²

定 额 编 号					AB0033	AB0034	AB0035	AB0036
项 目 名 称					喷射混凝土			
					初喷厚50mm	每增减10mm	初喷厚50mm	每增减10mm
					垂直面素喷		斜面素喷	
综 合 单 价 (元)					**4981.54**	**756.50**	**4710.59**	**718.81**
费用	其中	人 工 费 (元)			1914.75	204.13	1824.48	196.65
		材 料 费 (元)			1495.57	287.78	1420.22	268.55
		施工机具使用费 (元)			815.92	163.03	752.97	156.05
		企 业 管 理 费 (元)			504.08	67.78	475.80	65.11
		利 润 (元)			210.26	28.27	198.46	27.16
		一 般 风 险 费 (元)			40.96	5.51	38.66	5.29
	编码	名 称	单位	单价(元)	消 耗 量			
人工	000300080	混凝土综合工	工日	115.00	16.650	1.775	15.865	1.710
材料	800224020	砼 C20(塑、特、碎5~31.5,坍75~90)	m³	236.80	6.062	1.180	5.750	1.100
	172700830	高压胶皮风管 φ50	m	20.51	1.500	0.200	1.500	0.200
	002000020	其他材料费	元	—	29.32	4.25	27.85	3.97
机械	990602020	双锥反转出料混凝土搅拌机 350L	台班	226.31	1.120	0.223	0.996	0.223
	990609010	混凝土湿喷机 5m³/h	台班	367.25	0.849	0.170	0.755	0.151
	991003070	电动空气压缩机 10m³/min	台班	363.27	0.690	0.138	0.689	0.138

工作内容:基层清理、喷射混凝土制作、运输、喷射、养护。 计量单位:100m²

定 额 编 号					AB0037	AB0038	AB0039	AB0040
项 目 名 称					喷射混凝土			
					初喷厚50mm	每增减10mm	初喷厚50mm	每增减10mm
					垂直面网喷		斜面网喷	
综 合 单 价 (元)					**6019.89**	**5064.11**	**5565.42**	**819.26**
费用	其中	人 工 费 (元)			2482.39	273.01	2280.57	245.18
		材 料 费 (元)			1584.48	287.78	1509.12	268.55
		施工机具使用费 (元)			992.00	3468.44	896.86	186.21
		企 业 管 理 费 (元)			641.37	690.67	586.55	79.63
		利 润 (元)			267.53	288.09	244.66	33.22
		一 般 风 险 费 (元)			52.12	56.12	47.66	6.47
	编码	名 称	单位	单价(元)	消 耗 量			
人工	000300080	混凝土综合工	工日	115.00	21.586	2.374	19.831	2.132
材料	800224020	砼 C20(塑、特、碎5~31.5,坍75~90)	m³	236.80	6.062	1.180	5.750	1.100
	172700830	高压胶皮风管 φ50	m	20.51	5.750	0.200	5.750	0.200
	002000020	其他材料费	元	—	31.07	4.25	29.59	3.97
机械	990602020	双锥反转出料混凝土搅拌机 350L	台班	226.31	1.180	0.240	1.049	0.240
	990609010	混凝土湿喷机 5m³/h	台班	367.25	1.062	0.212	0.944	0.189
	991003070	电动空气压缩机 10m³/min	台班	363.27	0.922	9.184	0.861	0.172

B.2.3 挂网、锚头制作、安装、张拉、锁定

工作内容：1.锚头制作、安装、张拉、锁定。
2.钢筋网制作、挂网、绑扎点焊等。

	定 额 编 号				AB0041	AB0042
	项 目 名 称				锚头制作、安装、张拉、锁定	喷射混凝土挂网制作、安装
	单 位				10 套	t
	综 合 单 价 （元）				**2650.64**	**4314.78**
费用	其中	人 工 费 （元）			1242.58	725.16
		材 料 费 （元）			342.70	3075.86
		施 工 机 具 使 用 费 （元）			565.30	245.32
		企 业 管 理 费 （元）			333.73	179.15
		利 润 （元）			139.21	74.73
		一 般 风 险 费 （元）			27.12	14.56
	编码	名 称	单位	单价（元）	消 耗 量	
人工	000300070	钢筋综合工	工日	120.00	—	6.043
	000300010	建筑综合工	工日	115.00	10.805	—
材料	010100300	钢筋 φ10 以内	t	2905.98	0.061	1.020
	012900030	钢板 综合	kg	3.21	0.350	—
	030145240	六角螺母 M16	个	0.25	20.400	—
	031350010	低碳钢焊条 综合	kg	4.19	28.000	—
	143901010	乙炔气	m³	14.31	1.700	—
	010302110	镀锌铁丝 综合	kg	3.08	2.000	0.800
	031350810	合金钢焊条	kg	7.73	—	10.200
	143900700	氧气	m³	3.26	3.498	—
	002000020	其他材料费	元	—	—	30.45
机械	990701010	钢筋调直机 14mm	台班	36.89	—	0.165
	990702010	钢筋切断机 40mm	台班	41.85	—	0.157
	990304004	汽车式起重机 8t	台班	705.33	0.600	—
	990901020	交流弧焊机 32kV·A	台班	85.07	1.400	2.681
	990316020	立式油压千斤顶 200t	台班	11.50	2.000	—
	990919010	电焊条烘干箱 450×350×450	台班	17.13	—	0.268

B.2.4　格构混凝土

工作内容:1.自拌混凝土:搅拌混凝土、水平运输、浇捣。
2.商品混凝土:浇捣。
3.模板及支撑制作、安装、拆除、整理堆放及水平运输。
4.清理模板粘结物及模内杂物、刷隔离剂等。

定　额　编　号					AB0043	AB0044	AB0045
项　目　名　称					格构混凝土		
					自拌砼	商品砼	模板
单　　位					10m³		100m²
综　合　单　价　(元)					**5058.65**	**4195.64**	**8223.31**
费用其中		人　工　费　(元)			1902.68	1152.30	4121.28
		材　料　费　(元)			2415.90	2724.62	2960.88
		施 工 机 具 使 用 费　(元)			167.47	—	0.95
		企　业　管　理　费　(元)			382.15	212.71	760.96
		利　　润　(元)			159.40	88.73	317.41
		一　般　风　险　费　(元)			31.05	17.28	61.83
	编码	名　称	单位	单价(元)	消　　耗　　量		
人工	000300080	混凝土综合工	工日	115.00	16.545	10.020	—
	000300060	模板综合工	工日	120.00	—	—	34.344
材料	840201140	商品砼	m³	266.99	—	10.150	—
	800224020	砼 C20(塑、特、碎5~31.5、坍75~90)	m³	236.80	10.100	—	—
	350100011	复合模板	m²	23.93	—	—	39.818
	341100100	水	m³	4.42	5.480	3.320	—
	050303800	木材 锯材	m³	1547.01	—	—	1.238
	032130010	铁件 综合	kg	3.68	—	—	17.150
	143502500	隔离剂	kg	0.94	—	—	10.000
	010302020	镀锌铁丝 22#	kg	3.08	—	—	0.180
	002000010	其他材料费	元	—	—	—	19.77
机械	990706010	木工圆锯机 直径500mm	台班	25.81	—	—	0.037
	990602020	双锥反转出料混凝土搅拌机 350L	台班	226.31	0.740	—	—

B.2.5　支　挡　土　板

工作内容:制作、运输、安装、拆除、堆放指定地点。　　　　　　　　　　　　　　　　　　计量单位:100m²

定　额　编　号					AB0046	AB0047	AB0048
项　目　名　称					钢支撑		
					竹挡土板	木挡土板	钢挡土板
综　合　单　价　(元)					**2552.06**	**2730.99**	**2765.97**
费用其中		人　工　费　(元)			1635.30	1646.69	1667.50
		材　料　费　(元)			464.43	628.83	637.24
		施 工 机 具 使 用 费　(元)			—	—	—
		企　业　管　理　费　(元)			301.88	303.98	307.82
		利　　润　(元)			125.92	126.79	128.40
		一　般　风　险　费　(元)			24.53	24.70	25.01
	编码	名　称	单位	单价(元)	消　　耗　　量		
人工	000300010	建筑综合工	工日	115.00	14.220	14.319	14.500
材料	050303800	木材 锯材	m³	1547.01	0.060	0.060	0.060
	053300450	竹挡土板	m²	23.08	5.030	—	—
	350500300	木挡土板	m³	799.14	—	0.351	—
	012900010	钢板 综合	t	3210.00	—	—	0.090
	041300010	标准砖 240×115×53	千块	422.33	0.030	0.030	0.030
	032102830	支撑钢管及扣件	kg	3.68	15.610	15.610	15.610
	002000010	其他材料费	元	—	185.40	185.40	185.40

B.2.6　钻孔(编码:010202007)

工作内容:钻孔定位、成孔清孔、弃渣(运距40m以内)。　　　　　　　　　　　　　　　　计量单位:100m

定　额　编　号					AB0049	AB0050	AB0051	AB0052
项　目　名　称					钻孔　孔径(mm)			
					φ100 内		φ130 内	
					土层	岩层	土层	岩层
综　合　单　价　(元)					**5639.07**	**7364.00**	**6561.07**	**8740.82**
费用	其中	人　工　费　(元)			562.35	997.05	727.26	1322.62
		材　料　费　(元)			1005.58	1269.37	1161.75	1432.24
		施工机具使用费　(元)			3067.20	3777.06	3502.19	4402.41
		企　业　管　理　费　(元)			670.02	881.30	780.76	1056.84
		利　　　润　(元)			279.48	367.61	325.67	440.83
		一　般　风　险　费　(元)			54.44	71.61	63.44	85.88
	编码	名　　称	单位	单价(元)	消　　耗　　　　量			
人工	000300010	建筑综合工	工日	115.00	4.890	8.670	6.324	11.501
材料	050303800	木材 锯材	m³	1547.01	0.020	0.020	0.026	0.026
	010302010	镀锌铁丝 20#～22#	kg	3.08	0.260	0.260	0.260	0.260
	030100650	铁钉	kg	7.26	1.860	1.860	1.860	1.860
	290601510	钻孔钢套管	kg	4.27	19.050	25.400	23.310	29.210
	032102660	钻杆	kg	17.61	19.580	29.380	22.520	33.780
	031395220	锚孔合金钻头	个	427.35	1.250	—	1.430	—
	351500030	冲击器	个	2991.45	—	0.200	—	0.220
机械	990220010	锚孔钻机 φ150 以内	台班	274.34	2.119	2.564	2.418	3.001
	990221010	液压拔管机	台班	246.18	1.000	1.477	1.150	1.654
	991004050	内燃空气压缩机 17m³/min	台班	1056.96	2.119	2.564	2.418	3.001

工作内容:钻孔定位、成孔清孔、弃渣(运距40m以内)。　　　　　　　　　　　　　　　　计量单位:100m

定　额　编　号					AB0053	AB0054
项　目　名　称					钻孔　孔径(mm)	
					φ150 内	
					土层	岩层
综　合　单　价　(元)					**7584.34**	**10018.45**
费用	其中	人　工　费　(元)			848.47	1416.46
		材　料　费　(元)			1313.94	1590.79
		施工机具使用费　(元)			4063.32	5185.19
		企　业　管　理　费　(元)			906.72	1218.66
		利　　　润　(元)			378.21	508.33
		一　般　风　险　费　(元)			73.68	99.02
	编码	名　　称	单位	单价(元)	消　　耗　　　量	
人工	000300010	建筑综合工	工日	115.00	7.378	12.317
材料	050303800	木材 锯材	m³	1547.01	0.030	0.030
	010302010	镀锌铁丝 20#～22#	kg	3.08	0.260	0.260
	030100650	铁钉	kg	7.26	1.860	1.860
	290601510	钻孔钢套管	kg	4.27	25.400	31.750
	032102660	钻杆	kg	17.61	24.480	36.720
	031395220	锚孔合金钻头	个	427.35	1.670	—
	351500030	冲击器	个	2991.45	—	0.250
机械	990220010	锚孔钻机 φ150 以内	台班	274.34	2.821	3.525
	990221010	液压拔管机	台班	246.18	1.250	2.000
	991004050	内燃空气压缩机 17m³/min	台班	1056.96	2.821	3.525

B.2.7 锚杆制安(编码:010202007)

工作内容:1.调直、下料、组合、安装等。
2.调直、切断、连接、安装、张拉、封锚等。

计量单位:t

定 额 编 号					AB0055	AB0056
项 目 名 称					非预应力钢筋锚杆	预应力钢筋锚杆
综 合 单 价 (元)					**4519.06**	**7149.95**
费用	其中	人 工 费 (元)			776.28	1545.84
		材 料 费 (元)			3394.81	4847.92
		施工机具使用费 (元)			104.38	257.41
		企 业 管 理 费 (元)			162.57	332.88
		利 润 (元)			67.81	138.85
		一 般 风 险 费 (元)			13.21	27.05
	编码	名 称	单位	单价(元)	消 耗 量	
人工	000300070	钢筋综合工	工日	120.00	6.469	12.882
材料	010100013	钢筋	t	3070.18	1.030	—
	010101610	预应力钢筋	t	4358.97	—	1.060
	031350010	低碳钢焊条 综合	kg	4.19	2.440	1.220
	032131560	锚杆连接接头	个	8.55	26.000	26.000
机械	990304012	汽车式起重机 12t	台班	797.85	0.055	0.055
	990702010	钢筋切断机 40mm	台班	41.85	0.409	0.409
	990705020	预应力钢筋拉伸机 900kN	台班	39.93	—	1.093
	990811010	高压油泵 压力 50MPa	台班	106.91	—	1.230
	990901020	交流弧焊机 32kV·A	台班	85.07	0.510	0.250

B.2.8 锚索制安(编码:010202007)

工作内容:1.调直、切断。
2.编束、穿束。
3.支架安装。
4.张拉、锚固。
5.切除钢绞线、封锚等。

计量单位:t

定 额 编 号					AB0057	AB0058	AB0059	AB0060	AB0061	AB0062
项 目 名 称					后张法(OVM锚)					
					束长20m以内			束长40m以内		
					7孔以内	12孔以内	19孔以内	7孔以内	12孔以内	19孔以内
综 合 单 价 (元)					**7796.30**	**7075.96**	**6902.25**	**7076.69**	**6504.69**	**6414.75**
费用	其中	人 工 费 (元)			1651.56	1226.28	1177.44	1272.96	891.12	855.60
		材 料 费 (元)			5218.63	5205.46	5197.78	5203.71	5196.75	5192.70
		施工机具使用费 (元)			367.60	238.94	157.72	194.20	133.43	101.67
		企 业 管 理 费 (元)			372.74	270.48	246.47	270.84	189.13	176.71
		利 润 (元)			155.48	112.82	102.81	112.97	78.89	73.71
		一 般 风 险 费 (元)			30.29	21.98	20.03	22.01	15.37	14.36
	编码	名 称	单位	单价(元)	消 耗 量					
人工	000300070	钢筋综合工	工日	120.00	13.763	10.219	9.812	10.608	7.426	7.130
材料	010302010	镀锌铁丝 20#～22#	kg	3.08	0.320	0.180	0.101	0.320	0.180	0.101
	010700320	无粘结预应力钢绞线 φ15.24	t	4871.79	1.040	1.040	1.040	1.040	1.040	1.040
	290202400	塑料支架	个	1.71	70.400	70.400	70.400	70.400	70.400	70.400
	002000010	其他材料费	元	—	30.60	17.86	10.42	15.68	9.15	5.34
机械	990304012	汽车式起重机 12t	台班	797.85	0.055	0.055	0.055	0.055	0.055	0.055
	990785010	预应力拉伸机 YCW－150	台班	56.51	1.322	—	—	0.614	—	—
	990785020	预应力拉伸机 YCW－250	台班	64.56	—	0.771	0.450	—	0.354	0.228
	990811020	高压油泵 压力 80MPa	台班	167.57	1.486	0.867	0.506	0.690	0.398	0.257

B.2.9　锚　具　安　装(编码:010202007)

工作内容:锚具安装。　　　　　　　　　　　　　　　　　　　　　　　　　　　　　　　　　　　　　　　计量单位:套

定　　额　　编　　号						AB0063
项　　目　　名　　称						锚具安装
费用其中	综　合　单　价　(元)					**312.66**
	人　　工　　费　(元)					129.96
	材　　料　　费　(元)					146.75
	施 工 机 具 使 用 费 (元)					—
	企　业　管　理　费　(元)					23.99
	利　　　　润　(元)					10.01
	一　般　风　险　费　(元)					1.95
	编　码	名　　　　称	单位	单价(元)	消　　耗　　量	
人工	000300070	钢筋综合工	工日	120.00	1.083	
材料	370909200	压板	个	8.55	1.010	
	032134120	承压板	块	12.82	1.010	
	032300230	锚索锚具	套	102.56	1.010	
	373309000	导向帽	个	21.37	1.010	

B.2.10　锚　孔　注　浆(编码:010202007)

工作内容:调运砂浆、灌浆等。　　　　　　　　　　　　　　　　　　　　　　　　　　　　　　　　　计量单位:m³

定　　额　　编　　号						AB0064
项　　目　　名　　称						锚孔灌浆
费用其中	综　合　单　价　(元)					**746.24**
	人　　工　　费　(元)					165.95
	材　　料　　费　(元)					447.61
	施 工 机 具 使 用 费 (元)					67.98
	企　业　管　理　费　(元)					43.18
	利　　　　润　(元)					18.01
	一　般　风　险　费　(元)					3.51
	编　码	名　　　　称	单位	单价(元)	消　　耗　　量	
人工	000300080	混凝土综合工	工日	115.00	1.443	
材料	810304010	锚固砂浆 M30	m³	382.05	1.020	
	172507050	PVC 注浆管 φ32	m	4.11	13.125	
	341100100	水	m³	4.42	0.900	
机械	990610010	灰浆搅拌机 200L	台班	187.56	0.133	
	991138010	液压注浆泵 HYB50/50-1 型	台班	323.58	0.133	

C 桩基工程
(0103)

说　　明

1.机械钻孔时,若出现垮塌、流砂、二次成孔、排水、钢筋混凝土无法成孔等情况而采取的各项施工措施所发生的费用,按实计算。

2.桩基础成孔定额子目中未包括泥浆池的工料、废泥浆处理及外运运输费用,发生时按实计算。

3.灌注混凝土桩的混凝土充盈量已包括在定额子目内,若出现垮塌、漏浆等另行计算。

4.本章定额子目中未包括钻机进出场费用。

5.人工挖孔桩石方定额子目已综合各种施工工艺(包括人工凿打、风镐、水钻),实际施工不同时不作调整。

6.人工挖孔桩挖土石方定额子目未考虑边排水边施工的工效损失,如遇边排水边施工时,抽水机台班和排水用工按实签证,挖孔人工按相应挖孔桩土方定额子目人工乘以系数 1.3,石方定额子目人工乘以系数 1.2。

7.人工挖孔桩挖土方如遇流砂、淤泥,应根据双方签证的实际数量,按相应深度土方定额子目乘以系数 1.5。

8.人工挖孔桩孔径(含护壁)是按 1m 以上综合编制的,孔径≤1m 时,按相应定额子目人工乘以系数 1.2。

9.挖孔桩上层土方深度超过 3m 时,其下层石方按下表增加工日。

单位:工日/10m³

土方深度(mm)	4	6	8	10	12	16	20	24	28
增加工日	0.67	0.99	1.32	1.76	2.21	2.98	3.86	4.74	5.62

10.本章钢筋笼、铁件制安按混凝土及钢筋混凝土工程章节中相应定额子目执行。

11.灌注桩外露部分混凝土模板按混凝土及钢筋混凝土工程章节中相应柱模板定额子目乘以系数 0.85。

12.埋设钢护筒是指机械钻孔时若出现垮塌、流砂等情况而采取的施工措施,定额中钢护筒是按成品价格考虑,按摊销量计算;钢护筒无法拔出时,按实际埋入的钢护筒用量对定额用量进行调整,其余不变,如不是成品钢护筒,制作费另行计算。

13.钢护筒定额子目中未包括拔出的费用,其拔出费用另计,按埋设钢护筒定额相应子目乘以系数 0.4。

14.机械钻孔灌注混凝土桩若同一钻孔内有土层和岩层时,应分别计算。

15.旋挖钻机钻孔是按照干作业法编制的,若采用湿作业法钻孔,相应定额子目可以调整。

工程量计算规则

一、机械钻孔桩：

1.旋挖机械钻孔灌注桩土（石）方工程量按设计图示桩的截面积乘以桩孔中心线深度以"m³"计算；成孔深度为自然地面至桩底的深度；机械钻孔灌注桩土（石）方工程量按设计桩长以"m"计算。

2.机械钻孔灌注混凝土桩（含旋挖桩）工程量按设计截面面积乘以桩长（长度加600 mm）以"m³"计算。

3.钢护筒工程量按长度以"m"计算；可拔出时，其砼工程量按钢护筒外直径计算，成孔无法拔出时，其钻孔孔径按照钢护筒外直径计算，砼工程量按设计桩径计算。

二、人工挖孔桩：

1.截（凿）桩头按设计桩的截面积（含护壁）乘以桩头长度以"m³"计算，截（凿）桩头的弃渣费另行计算。

2.人工挖孔桩土石方工程量以设计桩的截面积（含护壁）乘以桩孔中心线深度以"m³"计算。

3.人工挖孔桩，如在同一桩孔内，有土有石时，按其土层与岩石不同深度分别计算工程量，执行相应定额子目。

挖孔桩深度示意图如下：

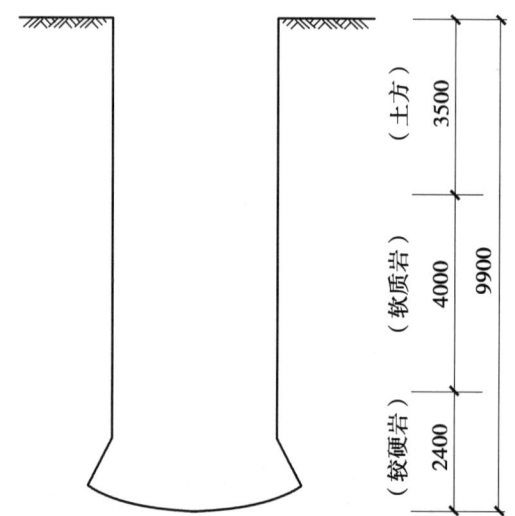

① 土方按6m内挖孔桩定额执行。

② 软质岩、较硬岩分别执行10m内人工凿软质岩、较硬岩挖孔桩相应子目。

4.人工挖孔灌注桩桩芯混凝土：工程量按单根设计桩长乘以设计断面以"m³"计算。

5.护壁模板按照模板接触面以"m²"计算。

C.1 机械钻孔桩(编码:010302)

C.1.1 钻机钻孔桩(编码:010302B01)

工作内容:钻机定位、准备钻孔机具、钻孔出渣、清孔、集渣、装渣、运渣20m以内等。　　　　　　　计量单位:10m

定 额 编 号					AC0001	AC0002	AC0003	AC0004	AC0005	AC0006
项 目 名 称					土层	岩层	土层	岩层	土层	岩层
					机械钻孔					
					ϕ400mm		ϕ600mm		ϕ800mm	
综 合 单 价 (元)					837.93	1741.36	1232.87	2874.74	1944.71	3486.51
费用 其中		人 工 费 (元)			158.70	320.39	225.17	521.99	361.33	839.62
		材 料 费 (元)			52.20	124.43	108.06	381.36	192.25	533.82
		施 工 机 具 使 用 费 (元)			408.53	846.90	586.85	1278.03	903.80	1291.98
		企 业 管 理 费 (元)			136.70	281.32	195.70	433.80	304.90	513.72
		利 润 (元)			73.29	150.81	104.91	232.56	163.45	275.40
		一 般 风 险 费 (元)			8.51	17.51	12.18	27.00	18.98	31.97
编码	名 称	单位	单价(元)		消		耗		量	
人工	000300010	建筑综合工	工日	115.00	1.380	2.786	1.958	4.539	3.142	7.301
材 料	050303800	木材 锯材	m³	1547.01	0.003	0.005	0.005	0.010	0.008	0.012
	040900900	粘土	m³	17.48	0.068	0.140	0.153	0.300	0.271	0.480
	031350010	低碳钢焊条 综合	kg	4.19	0.500	1.550	0.780	2.850	1.275	4.000
	280304800	铜芯聚氯乙烯绝缘导线 BV—2.5mm²	m	1.20	0.200	0.450	0.260	0.700	0.400	1.000
	031394810	钻头	kg	18.80	2.340	5.700	5.000	18.500	9.000	26.000
	341100120	水	t	4.42	0.010	0.011	0.016	0.015	0.025	0.023
机 械	990901020	交流弧焊机 32kV·A	台班	85.07	0.072	0.319	0.113	0.483	0.185	0.647
	990209010	回旋钻机 孔径 500mm	台班	574.87	0.700	1.426	—	—	—	—
	990209020	回旋钻机 孔径 800mm	台班	634.33	—	—	0.910	1.950	1.400	1.950

C.2 旋挖钻机钻孔(编码:010302)

C.2.1 旋挖钻机钻孔(编码:010302B01)

工作内容:钻机定位、准备钻孔机具、孔口护筒埋设、布孔、钻孔、提钻、出渣、清土堆放、清孔、运渣20m以内等。　　　　　　　计量单位:10m³

定 额 编 号					AC0007	AC0008	AC0009	AC0010	AC0011	AC0012
项 目 名 称					旋挖钻机钻孔					
					$\phi \leqslant$1000mm,$H \leqslant$20m			$\phi \leqslant$1000mm,$H \leqslant$40m		
					土、砂砾石	岩层	土石回填区	土、砂砾石	岩层	土石回填区
综 合 单 价 (元)					3853.22	7978.62	5047.22	4231.02	8756.17	5538.31
费用 其中		人 工 费 (元)			682.53	1348.49	895.97	750.84	1483.39	985.55
		材 料 费 (元)			108.05	230.86	164.28	110.86	234.93	167.25
		施 工 机 具 使 用 费 (元)			2021.17	4244.75	2629.11	2223.58	4668.25	2891.91
		企 业 管 理 费 (元)			651.59	1347.97	849.54	716.83	1482.54	934.47
		利 润 (元)			349.32	722.65	455.44	384.29	794.79	500.97
		一 般 风 险 费 (元)			40.56	83.90	52.88	44.62	92.27	58.16
编码	名 称	单位	单价(元)		消		耗		量	
人工	000300010	建筑综合工	工日	115.00	5.935	11.726	7.791	6.529	12.899	8.570
材 料	032134815	加工铁件	kg	4.06	6.100	6.100	6.100	6.100	6.100	6.100
	031394810	钻头	kg	18.80	2.909	8.683	5.774	2.909	8.683	5.774
	002000010	其他材料费	元	—	28.59	42.85	30.96	31.40	46.92	33.93
机 械	990212020	履带式旋挖钻机 孔径 1000mm	台班	1797.51	0.792	1.663	1.030	0.871	1.829	1.133
	990106030	履带式单斗液压挖掘机 1m³	台班	1078.60	0.554	1.164	0.721	0.610	1.280	0.793

工作内容:钻机定位、准备钻孔机具、孔口护筒埋设、布孔、钻孔、提钻、出渣、清土堆放、清孔、运渣20m以内等。

计量单位:10m³

定 额 编 号				AC0013	AC0014	AC0015	AC0016	AC0017	AC0018
项 目 名 称				旋挖钻机钻孔					
				$\phi \leqslant 1500$mm,$H \leqslant 20$m			$\phi \leqslant 1500$mm,$H \leqslant 40$m		
				土、砂砾石	岩层	土石回填区	土、砂砾石	岩层	土石回填区
综 合 单 价 (元)				**3654.80**	**7593.70**	**4769.17**	**4012.31**	**8333.88**	**5232.41**
费用	其中	人 工 费 (元)		477.71	943.92	621.00	525.44	1038.34	683.10
		材 料 费 (元)		109.50	230.61	163.48	112.47	235.23	166.67
		施工机具使用费 (元)		2081.70	4371.62	2703.93	2289.93	4808.22	2973.94
		企 业 管 理 费 (元)		616.82	1281.05	801.31	678.50	1409.02	881.35
		利 润 (元)		330.68	686.77	429.58	363.74	755.37	472.49
		一 般 风 险 费 (元)		38.39	79.73	49.87	42.23	87.70	54.86
	编码	名 称	单位	单价(元)	消 耗 量				
人工	000300010	建筑综合工	工日	115.00	4.154	8.208	5.400	4.569	9.029	5.940
材料	032134815	加工铁件	kg	4.06	5.800	5.800	5.800	5.800	5.800	5.800
	031394810	钻头	kg	18.80	2.764	8.251	5.487	2.764	8.251	5.487
	002000010	其他材料费	元	—	33.99	51.94	36.78	36.96	56.56	39.97
机械	990212040	履带式旋挖钻机 孔径1500mm	台班	2456.81	0.648	1.361	0.842	0.713	1.497	0.926
	990106030	履带式单斗液压挖掘机 1m³	台班	1078.60	0.454	0.953	0.589	0.499	1.048	0.648

工作内容:钻机定位、准备钻孔机具、孔口护筒埋设、布孔、钻孔、提钻、出渣、清土堆放、清孔、运渣20m以内等。

计量单位:10m³

定 额 编 号				AC0019	AC0020	AC0021	AC0022	AC0023	AC0024
项 目 名 称				旋挖钻机钻孔					
				$\phi \leqslant 2000$mm,$H \leqslant 20$m			$\phi \leqslant 2000$mm,$H \leqslant 40$m		
				土、砂砾石	岩层	土石回填区	土、砂砾石	岩层	土石回填区
综 合 单 价 (元)				**3616.35**	**7522.07**	**4713.46**	**3972.91**	**8258.69**	**5174.51**
费用	其中	人 工 费 (元)		391.69	774.07	509.22	430.91	851.46	560.17
		材 料 费 (元)		93.88	191.76	134.82	97.84	197.75	139.02
		施工机具使用费 (元)		2151.24	4517.81	2796.18	2366.58	4967.87	3075.04
		企 业 管 理 费 (元)		612.85	1275.34	796.60	674.19	1402.46	876.08
		利 润 (元)		328.55	683.71	427.06	361.43	751.86	469.67
		一 般 风 险 费 (元)		38.14	79.38	49.58	41.96	87.29	54.53
	编码	名 称	单位	单价(元)	消 耗 量				
人工	000300010	建筑综合工	工日	115.00	3.406	6.731	4.428	3.747	7.404	4.871
材料	031394810	钻头	kg	18.80	2.037	6.078	4.042	2.037	6.078	4.042
	032134815	加工铁件	kg	4.06	3.900	3.900	3.900	3.900	3.900	3.900
	002000010	其他材料费	元	—	39.75	61.66	43.00	43.71	67.65	47.20
机械	990212060	履带式旋挖钻机 孔径2000mm	台班	3228.75	0.540	1.134	0.702	0.594	1.247	0.772
	990106030	履带式单斗液压挖掘机 1m³	台班	1078.60	0.378	0.794	0.491	0.416	0.873	0.540

工作内容:钻机定位、准备钻孔机具、孔口护筒埋设、布孔、钻孔、提钻、出渣、清土堆放、清孔、运渣20m
以内等。

计量单位:10m³

定 额 编 号					AC0025	AC0026	AC0027	AC0028	AC0029	AC0030
项 目 名 称					旋挖钻机钻孔					
					大于 ϕ2000mm, H≤20m			大于 ϕ2000mm, H≤40m		
					土、砂砾石	岩层	土石回填区	土、砂砾石	岩层	土石回填区
费用	综 合 单 价 (元)				**3126.98**	**6570.29**	**4073.69**	**3434.16**	**7222.91**	**4480.15**
	其中	人 工 费 (元)			332.93	707.94	432.86	366.28	778.78	476.10
		材 料 费 (元)			86.20	169.85	118.17	86.59	182.26	126.56
		施工机具使用费 (元)			1862.26	3912.65	2422.70	2050.39	4303.99	2666.83
		企 业 管 理 费 (元)			529.04	1113.56	688.19	582.42	1224.95	757.45
		利 润 (元)			283.62	596.98	368.94	312.23	656.69	406.07
		一 般 风 险 费 (元)			32.93	69.31	42.83	36.25	76.24	47.14
	编码	名 称	单位	单价(元)	消	耗		量		
人工	000300010	建筑综合工	工日	115.00	2.895	6.156	3.764	3.185	6.772	4.140
材料	031394810	钻头	kg	18.80	1.746	5.210	3.464	1.746	5.210	3.464
	032134815	加工铁件	kg	4.06	2.500	2.500	2.500	2.500	2.500	2.500
	002000010	其他材料费	元	—	43.23	61.75	42.90	43.62	74.16	51.29
机械	990212062	履带式旋挖钻机 孔径2500mm	台班	3948.20	0.396	0.832	0.515	0.436	0.915	0.567
	990106030	履带式单斗液压挖掘机 1m³	台班	1078.60	0.277	0.582	0.361	0.305	0.641	0.397

C.3 人工挖孔桩(编码:010302)

C.3.1 人工挖孔桩土方(编码:010302004)

工作内容:挖土、打孔、胀孔、修整边、底、壁、装土、调运土出孔、运土100m以内,孔内照明、送风、安全设施
搭、拆等。

计量单位:10m³

定 额 编 号					AC0031	AC0032	AC0033	AC0034
项 目 名 称					人工挖孔桩 土方			
					深度(m以内)			
					6	8	10	12
费用	综 合 单 价 (元)				**1759.55**	**2122.91**	**2457.72**	**2761.65**
	其中	人 工 费 (元)			1482.00	1788.00	2070.00	2326.00
		材 料 费 (元)			65.18	78.69	91.08	102.34
		施工机具使用费 (元)			—	—	—	—
		企 业 管 理 费 (元)			159.76	192.75	223.15	250.74
		利 润 (元)			52.61	63.47	73.49	82.57
		一 般 风 险 费 (元)			—	—	—	—
	编码	名 称	单位	单价(元)	消	耗		量
人工	000300040	土石方综合工	工日	100.00	14.820	17.880	20.700	23.260
材料	002000140	照明及安全费用	元	—	65.18	78.69	91.08	102.34

工作内容:挖土、打孔、胀孔、修整边、底、壁,装土、调运土出孔、运土100m以内,孔内照明、送风、安全设施搭、拆等。

计量单位:10m³

定 额 编 号					AC0035	AC0036	AC0037	AC0038
项 目 名 称					人工挖孔桩 土方			
					深度(m以内)			
					16	20	24	28
费用	综 合 单 价 (元)				**3451.48**	**4141.32**	**4763.47**	**5330.98**
	其中	人 工 费 (元)			2907.00	3488.00	4012.00	4490.00
		材 料 费 (元)			127.91	153.49	176.55	197.56
		施工机具使用费 (元)			—	—	—	—
		企 业 管 理 费 (元)			313.37	376.01	432.49	484.02
		利 润 (元)			103.20	123.82	142.43	159.40
		一 般 风 险 费 (元)			—	—	—	—
	编码	名 称	单位	单价(元)	消 耗 量			
人工	000300040	土石方综合工	工日	100.00	29.070	34.880	40.120	44.900
材料	002000140	照明及安全费用	元	—	127.91	153.49	176.55	197.56

C.3.2 人工挖孔桩软质岩(编码:010302004)

工作内容:挖石、开凿石方、打碎,修整边、底、壁,运石于100m以内,孔内照明、送风,安全设施搭、拆等。　计量单位:10m³

定 额 编 号					AC0039	AC0040	AC0041	AC0042
项 目 名 称					人工挖孔桩 软质岩			
					深度(m以内)			
					6	8	10	12
费用	综 合 单 价 (元)				**2241.05**	**2691.73**	**3106.06**	**3481.79**
	其中	人 工 费 (元)			1855.00	2228.00	2571.00	2882.00
		材 料 费 (元)			78.21	93.98	108.42	121.55
		施工机具使用费 (元)			42.02	50.48	58.22	65.25
		企 业 管 理 费 (元)			199.97	240.18	277.15	310.68
		利 润 (元)			65.85	79.09	91.27	102.31
		一 般 风 险 费 (元)			—	—	—	—
	编码	名 称	单位	单价(元)	消 耗 量			
人工	000300040	土石方综合工	工日	100.00	18.550	22.280	25.710	28.820
材料	002000140	照明及安全费用	元	—	78.21	93.98	108.42	121.55
机械	990224010	φ150水磨钻 2.5kW	台班	14.34	2.930	3.520	4.060	4.550

工作内容：挖石、开凿石方、打碎，修整边、底、壁，运石于100m以内，孔内照明、送风，安全设施搭、拆等。**计量单位**：10m³

定　额　编　号				AC0043	AC0044	AC0045	AC0046
项　目　名　称				人工挖孔桩　软质岩			
				深度（m以内）			
				16	20	24	28
综　合　单　价　（元）				**4013.29**	**4732.12**	**5582.80**	**6393.44**
费用	其中	人　工　费　（元）		3322.00	3917.00	4621.00	5292.00
		材　料　费　（元）		140.11	165.20	194.93	223.21
		施工机具使用费　（元）		75.14	88.62	104.68	119.88
		企　业　管　理　费　（元）		358.11	422.25	498.14	570.48
		利　　　润　　　（元）		117.93	139.05	164.05	187.87
		一　般　风　险　费　（元）		—	—	—	—
	编码	名　　称	单位	单价（元）	消　　耗　　　量		
人工	000300040	土石方综合工	工日	100.00	33.220	39.170	46.210	52.920
材料	002000140	照明及安全费用	元	—	140.11	165.20	194.93	223.21
机械	990224010	φ150水磨钻 2.5kW	台班	14.34	5.240	6.180	7.300	8.360

工作内容：挖石、开凿石方、打碎，修整边、底、壁，运石于100m以内，孔内照明、送风，安全设施搭、拆等。**计量单位**：10m³

定　额　编　号				AC0047	AC0048	AC0049
项　目　名　称				人工挖孔桩　软质岩		
				深度（m以内）		
				32	36	40
综　合　单　价　（元）				**7322.46**	**8787.96**	**10545.66**
费用	其中	人　工　费　（元）		6061.00	7274.00	8729.00
		材　料　费　（元）		255.68	306.82	368.18
		施工机具使用费　（元）		137.23	164.77	197.61
		企　业　管　理　费　（元）		653.38	784.14	940.99
		利　　　润　　　（元）		215.17	258.23	309.88
		一　般　风　险　费　（元）		—	—	—
	编码	名　　称	单位	单价（元）	消　　耗　　　量		
人工	000300040	土石方综合工	工日	100.00	60.610	72.740	87.290
材料	002000140	照明及安全费用	元	—	255.68	306.82	368.18
机械	990224010	φ150水磨钻 2.5kW	台班	14.34	9.570	11.490	13.780

C.3.3　人工挖孔桩较硬岩(编码:010302004)

工作内容:挖石、开凿石方、打碎,修整边、底、壁,运石于100m以内,孔内照明、送风,安全设施搭、拆等。　计量单位:10m³

定　额　编　号					AC0050	AC0051	AC0052	AC0053
项　目　名　称					人工挖孔桩　较硬岩			
					深度(m以内)			
					6	8	10	12
综　合　单　价　(元)					3908.78	4488.23	5016.45	5492.50
费用	其中	人　工　费　(元)			3137.00	3602.00	4026.00	4408.00
		材　料　费　(元)			122.35	140.48	156.99	171.92
		施工机具使用费　(元)			199.90	229.58	256.54	280.92
		企　业　管　理　费　(元)			338.17	388.30	434.00	475.18
		利　　　润　(元)			111.36	127.87	142.92	156.48
		一　般　风　险　费　(元)			—	—	—	—
	编码	名　称	单位	单价(元)	消　　　耗　　　量			
人工	000300040	土石方综合工	工日	100.00	31.370	36.020	40.260	44.080
材料	002000140	照明及安全费用	元	—	122.35	140.48	156.99	171.92
机械	990224010	φ150 水磨钻 2.5kW	台班	14.34	13.940	16.010	17.890	19.590

工作内容:挖石、开凿石方、打碎,修整边、底、壁,运石于100m以内,孔内照明、送风,安全设施搭、拆等。　计量单位:10m³

定　额　编　号					AC0054	AC0055	AC0056	AC0057
项　目　名　称					人工挖孔桩　较硬岩			
					深度(m以内)			
					16	20	24	28
综　合　单　价　(元)					7001.42	8353.50	9965.85	11480.95
费用	其中	人　工　费　(元)			5619.00	6704.00	7998.00	9214.00
		材　料　费　(元)			219.15	261.49	311.95	359.36
		施工机具使用费　(元)			358.07	427.33	509.79	587.22
		企　业　管　理　费　(元)			605.73	722.69	862.18	993.27
		利　　　润　(元)			199.47	237.99	283.93	327.10
		一　般　风　险　费　(元)			—	—	—	—
	编码	名　称	单位	单价(元)	消　　　耗　　　量			
人工	000300040	土石方综合工	工日	100.00	56.190	67.040	79.980	92.140
材料	002000140	照明及安全费用	元	—	219.15	261.49	311.95	359.36
机械	990224010	φ150 水磨钻 2.5kW	台班	14.34	24.970	29.800	35.550	40.950

工作内容:挖石、开凿石方、打碎、修整边、底、壁,运石于100m以内,孔内照明、送风,安全设施搭、拆等。 **计量单位:10m³**

定 额 编 号					AC0058	AC0059	AC0060
项 目 名 称					人工挖孔桩 较硬岩		
					深度(m以内)		
					32	36	40
费用	综 合 单 价 (元)				**13150.57**	**15781.06**	**18936.00**
	其中	人 工 费 (元)			10554.00	12665.00	15197.00
		材 料 费 (元)			411.63	493.96	592.75
		施 工 机 具 使 用 费 (元)			672.55	807.20	968.52
		企 业 管 理 费 (元)			1137.72	1365.29	1638.24
		利 润 (元)			374.67	449.61	539.49
		一 般 风 险 费 (元)			—	—	—
	编码	名 称	单位	单价(元)	消 耗 量		
人工	000300040	土石方综合工	工日	100.00	105.540	126.650	151.970
材料	002000140	照明及安全费用	元	—	411.63	493.96	592.75
机械	990224010	φ150 水磨钻 2.5kW	台班	14.34	46.900	56.290	67.540

C.4 混凝土灌注桩(编码:010302)

C.4.1 人工挖孔桩混凝土(编码:010302005)

工作内容:1.自拌混凝土:搅拌混凝土、水平运输、浇捣。
　　　　　2.商品混凝土:浇捣。
　　　　　3.模板:制作、安装、涂脱模剂、拆除、修理、堆放。 **计量单位:10m³**

定 额 编 号					AC0061	AC0062	AC0063	AC0064
项 目 名 称					人工挖孔桩混凝土			
					有护壁		无护壁	
					自拌砼	商品砼	自拌砼	商品砼
费用	综 合 单 价 (元)				**4010.50**	**3266.23**	**4333.07**	**3549.54**
	其中	人 工 费 (元)			951.74	392.15	1026.95	423.20
		材 料 费 (元)			2366.69	2723.02	2585.07	2963.32
		施 工 机 具 使 用 费 (元)			234.96	—	234.96	—
		企 业 管 理 费 (元)			285.99	94.51	304.12	101.99
		利 润 (元)			153.32	50.67	163.04	54.68
		一 般 风 险 费 (元)			17.80	5.88	18.93	6.35
	编码	名 称	单位	单价(元)	消 耗 量			
人工	000300080	混凝土综合工	工日	115.00	8.276	3.410	8.930	3.680
材料	800206020	砼 C20(塑、特、碎5~31.5,坍10~30)	m³	229.88	10.100	—	11.050	—
	840201140	商品砼	m³	266.99	—	10.150	—	11.050
	341100100	水	m³	4.42	9.310	2.110	9.310	2.110
	002000010	其他材料费	元	—	3.75	3.75	3.75	3.75
机械	990602020	双锥反转出料混凝土搅拌机 350L	台班	226.31	0.390	—	0.390	—
	990406010	机动翻斗车 1t	台班	188.07	0.780	—	0.780	—

工作内容:1.自拌混凝土:搅拌混凝土、水平运输、浇捣。
2.商品混凝土:浇捣。
3.模板:制作、安装、涂脱模剂、拆除、修理、堆放。

定 额 编 号					AC0065	AC0066	AC0067
项 目 名 称						砼护壁	
					自拌砼	商品砼	模板
单 位					10m³		100m²
综 合 单 价 (元)					**5161.83**	**3877.03**	**6943.11**
费用	其中	人 工 费 (元)			1190.25	582.94	3960.00
		材 料 费 (元)			3052.58	3069.54	1330.88
		施工机具使用费 (元)			332.46	—	91.57
		企 业 管 理 费 (元)			366.97	140.49	976.43
		利 润 (元)			196.73	75.32	523.46
		一 般 风 险 费 (元)			22.84	8.74	60.77
	编码	名 称	单位	单价(元)	消 耗 量		
人工	000300080	混凝土综合工	工日	115.00	10.350	5.069	—
	000300060	模板综合工	工日	120.00	—	—	33.000
材料	800212040	砼 C30(塑、特、碎 5～31.5,坍 35～50)	m³	264.64	11.413	—	—
	840201140	商品砼	m³	266.99	—	11.470	—
	350100011	复合模板	m²	23.93	—	—	26.675
	050303800	木材 锯材	m³	1547.01	—	—	0.370
	010302020	镀锌铁丝 22#	kg	3.08	—	—	0.100
	341100100	水	m³	4.42	6.620	1.620	—
	133502500	模板嵌缝料	kg	1.69	—	—	3.000
	032130010	铁件 综合	kg	3.68	—	—	3.540
	002000010	其他材料费	元	—	2.98	—	101.75
机械	990602020	双锥反转出料混凝土搅拌机 350L	台班	226.31	0.530	—	—
	990706010	木工圆锯机 直径 500mm	台班	25.81	—	—	0.064
	990406010	机动翻斗车 1t	台班	188.07	1.130	—	—
	990401025	载重汽车 6t	台班	422.13	—	—	0.213

C.4.2 钻孔灌注桩混凝土(编码:010302B02)

工作内容:1.安装、拆除导管,漏斗。
2.自拌混凝土:搅拌混凝土、水平运输、浇捣。
3.商品混凝土:浇捣。

计量单位:10m³

定 额 编 号					AC0068	AC0069	AC0070	AC0071
项 目 名 称					桩芯混凝土			
					土层、岩层	土石回填区	土层、岩层	土石回填区
					自拌砼		商品砼	
综 合 单 价 (元)					**5519.62**	**5977.41**	**4246.05**	**4670.65**
费用	其中	人 工 费 (元)			1309.85	1440.84	706.10	776.71
		材 料 费 (元)			2784.46	3060.80	3267.96	3594.75
		施工机具使用费 (元)			664.71	664.71	—	—
		企 业 管 理 费 (元)			475.87	507.44	170.17	187.19
		利 润 (元)			255.11	272.04	91.23	100.35
		一 般 风 险 费 (元)			29.62	31.58	10.59	11.65
	编码	名 称	单位	单价(元)	消 耗 量			
人工	000300080	混凝土综合工	工日	115.00	11.390	12.529	6.140	6.754
材料	800224020	砼 C20(塑、特、碎 5～31.5,坍 75～90)	m³	236.80	11.670	12.837	—	—
	840201140	商品砼	m³	266.99	—	—	12.240	13.464
	002000010	其他材料费	元	—	21.00	21.00	—	—
机械	990602020	双锥反转出料混凝土搅拌机 350L	台班	226.31	0.810	0.810	—	—
	990406010	机动翻斗车 1t	台班	188.07	1.310	1.310	—	—
	990301020	履带式电动起重机 5t	台班	228.18	1.030	1.030	—	—

C.4.3 泥浆制作、运输

工作内容:泥浆制作、运输,清桩孔泥浆。

计量单位:10m³

定 额 编 号					AC0072	AC0073	AC0074
项 目 名 称					泥浆制作	泥浆运输	
						运距在1km以内	每增加1km
费用	其中	综 合 单 价 (元)			**453.90**	**674.55**	**80.60**
		人 工 费 (元)			208.15	231.84	—
		材 料 费 (元)			116.20	—	—
		施工机具使用费 (元)			35.64	255.13	58.19
		企 业 管 理 费 (元)			58.75	117.36	14.02
		利 润 (元)			31.50	62.92	7.52
		一 般 风 险 费 (元)			3.66	7.30	0.87
	编码	名 称	单位	单价(元)	消 耗 量		
人工	000300010	建筑综合工	工日	115.00	1.810	2.016	—
材料	040900420	膨润土200目	kg	0.09	800.000	—	—
	341100100	水	m³	4.42	10.000	—	—
机械	990610010	灰浆搅拌机200L	台班	187.56	0.190	—	—
	990402015	自卸汽车5t	台班	484.95	—	0.504	0.120
	990806010	泥浆泵 出口直径50mm	台班	42.53	—	0.252	—

C.5 钢护筒

C.5.1 钢护筒

工作内容:准备工作,挖土,吊装、就位、埋设、接护筒,定位下沉,还土、夯实,材料运输,拆除,清洗堆放等
全部操作过程。

计量单位:10m

定 额 编 号					AC0075	AC0076	AC0077	AC0078	AC0079
项 目 名 称					埋设钢护筒				
					φ≤800mm	φ≤1000mm	φ≤1500mm	φ≤2000mm	大于2000mm
费用	其中	综 合 单 价 (元)			**1505.72**	**1763.52**	**2709.83**	**3252.67**	**3852.45**
		人 工 费 (元)			287.50	287.50	287.50	287.50	287.50
		材 料 费 (元)			91.08	106.25	193.54	303.59	398.46
		施工机具使用费 (元)			733.75	908.91	1529.05	1841.49	2206.00
		企 业 管 理 费 (元)			246.12	288.33	437.79	513.09	600.93
		利 润 (元)			131.95	154.58	234.70	275.07	322.16
		一 般 风 险 费 (元)			15.32	17.95	27.25	31.93	37.40
	编码	名 称	单位	单价(元)	消 耗 量				
人工	000300010	建筑综合工	工日	115.00	2.500	2.500	2.500	2.500	2.500
材料	032301110	钢护筒	t	3794.87	0.022	0.026	0.049	0.078	0.103
	050100500	原木	m³	982.30	0.003	0.003	0.003	0.003	0.003
	050303800	木材 锯材	m³	1547.01	0.003	0.003	0.003	0.003	0.003
机械	990304001	汽车式起重机5t	台班	473.39	1.550	1.920	3.230	3.890	4.660

C.5.2 钢护筒制作

工作内容:1.准备工作。
　　　　2.切割、坡口、压头、卷圆、组对、焊口处理、焊接、透油、堆放。

计量单位:t

定 额 编 号					AC0080	
项 目 名 称					钢护筒制作	
		综 合 单 价 (元)			**5494.83**	
费用	其中	人 工 费 (元)			696.00	
		材 料 费 (元)			4032.66	
		施 工 机 具 使 用 费 (元)			359.57	
		企 业 管 理 费 (元)			254.39	
		利 润 (元)			136.38	
		一 般 风 险 费 (元)			15.83	
	编码	名 称	单位	单价(元)	消 耗 量	
人工	000300160	金属制安综合工	工日	120.00	5.800	
材料	032301110	钢护筒	t	3794.87	1.050	
	031352820	电焊条 L—60 φ3.2	kg	4.70	10.223	
机械	990919020	电焊条烘干箱 550×450×550	台班	21.80	0.311	
	990904020	直流弧焊机 14kV·A	台班	55.23	2.640	
	990736010	刨边机 加工长度9000mm	台班	488.77	0.098	
	990734015	卷板机 20×2500	台班	249.71	0.170	
	990732035	剪板机 厚度20×宽度2500	台班	306.05	0.065	
	990307010	电动单梁起重机 5t	台班	203.09	0.143	
	990304001	汽车式起重机 5t	台班	473.39	0.143	

C.6 截(凿)桩头(编码:010301)

C.6.1 截(凿)桩头(编码:010301004)

工作内容:截(凿)桩头。

计量单位:10m³

定 额 编 号					AC0081
项 目 名 称					截(凿)桩头
		综 合 单 价 (元)			**2619.68**
费用	其中	人 工 费 (元)			1574.12
		材 料 费 (元)			—
		施 工 机 具 使 用 费 (元)			317.07
		企 业 管 理 费 (元)			455.78
		利 润 (元)			244.34
		一 般 风 险 费 (元)			28.37
	编码	名 称	单位	单价(元)	消 耗 量
人工	000300010	建筑综合工	工日	115.00	13.688
机械	991003030	电动空气压缩机 1m³/min	台班	51.10	5.005
	990129010	风动凿岩机 手持式	台班	12.25	5.005

D　砌筑工程
(0104)

说　　明

一、一般说明：

1.本章各种规格的标准砖、砌块和石料按常用规格编制,规格不同时不作调整。

2.定额所列砌筑砂浆种类和强度等级,如设计与定额不同时,按砂浆配合比表进行换算。

3.定额中各种砌体子目均未包含勾缝。

4.定额中的墙体砌筑高度是按3.6m进行编制的,如超过3.6m时,其超过部分工程量的定额人工乘以系数1.3。

5.定额中的墙体砌筑均按直形砌筑编制,如为弧形时,按相应定额子目人工乘以系数1.2,材料乘以系数1.03。

6.砌体钢筋加固,执行"砌体加筋"定额子目。钢筋制作、安装用工以及钢筋损耗已包括在定额子目内,不另计算。

7.砌体加筋采用植筋方法的钢筋并入"砌体加筋"工程量。

8.成品烟(气)道定额子目未包含风口、风帽、止回阀,发生时执行相应定额子目。

二、砖砌体、砌块砌体：

1.各种砌筑墙体,不分内、外墙、框架间墙,均按不同墙体厚度执行相应定额子目。

2.基础与墙(柱)身的划分：

(1)基础与墙(柱)身使用同一种材料时,以设计室内地面为界(有地下室者,以地下室室内设计地面为界),以下为基础,以上为墙(柱)身。

(2)基础与墙(柱)身使用不同材料时,位于设计室内地面高度≤±300mm时,以不同材料为分界线,高度>±300mm时,以设计室内地面为分界线。

(3)砖砌地沟不分墙基和墙身,按不同材质合并工程量套用相应定额。

(4)砖围墙以设计室外地坪为界,以下为基础,以上为墙身;当内外地坪标高不同时,以其较低标高为界,以下为基础,以上为墙身。

3.页岩空心砖、页岩多孔砖、混凝土空心砌块、轻质空心砌块、加气混凝土砌块等墙体所需的配砖(除底部三匹砖和顶部斜砌砖外)已综合在定额子目内,实际用量不同时不得换算;其底部三匹砖和顶部斜砌砖,执行零星砌砖定额子目。

4.砖围墙材料运距按100m以内编制,超出100m时超出部分按实计算。

5.围墙采用多孔砖等其他砌体材料砌筑时,按相应材质墙体子目执行,人工乘以系数1.5,砌体材料乘以系数1.07,砂浆乘以系数0.95,其余不变。

6.贴砌砖项目适用于地下室外墙保护墙部位的贴砌砖;框架外表面的镶贴砖部分执行零星砌体项目,砂浆用量及机械耗量乘以系数1.5,其余不变。

7.实心砖柱采用多孔砖等其他砌体材料砌筑时,按相应材质墙体子目执行,矩形砖柱人工乘以系数1.3、砌体材料乘以系数1.05,砂浆乘以系数0.95,异型砖柱人工乘以系数1.6,砌体材料乘以系数1.35,砂浆乘以系数1.15。

8.零星砌体子目适用于砖砌小便池槽、厕所蹲台、水槽腿、垃圾箱、梯带、阳台栏杆(栏板)、花台、花池、屋顶烟囱、污水斗、锅台、架空隔热板砖墩,以及石墙的门窗立边、钢筋砖过梁、砖平碹、砖胎模、宽度<300的门垛、阳光窗或空调板上砌体或单个体积在0.3m³以内的砌体。

9.砖砌台阶子目内不包括基础、垫层和填充部分的工料,需要时应分别计算工程量执行相应子目。

10.基础混凝土构件如设计或经施工方案审批同意采用砖模时执行砖基础定额子目。如砖需重复利用,拆除及清理人工费另行计算。

三、石砌体、预制块砌体：

1.石墙砌筑以双面露面为准，如一面露面者，执行石挡土墙、护坡相应子目。

2.石基础、石勒脚、石墙的划分：基础与勒脚应以设计室外地坪为界，勒脚与墙身应以设计室内地面为界。石围墙内外地坪标高不同时，应以较低地坪标高为界，以下为基础；内外标高之差为挡土墙时，挡土墙以上为墙身。

3.石踏步、梯带平台的隐蔽部分执行石基础相应子目。

四、垫层：

本章垫层子目适用于楼地面工程，如沟槽、基坑垫层执行本章相应子目时，人工乘以系数1.2，材料乘以系数1.05。

工程量计算规则

一、一般规则：

标准砖砌体计算厚度，按下表规定计算。

设计厚度(mm)	60	100	120	180	200	240	370
计算厚度(mm)	53	95	115	180	200	240	365

二、砖砌体、砌块砌体：

1.砖基础工程量按设计图示体积以"m³"计算。

（1）包括附墙垛基础宽出部分体积，扣除地梁（圈梁）、构造柱所占体积，不扣除基础大放脚T形接头处的重叠部分及嵌入基础内的钢筋、铁件、管道、基础砂浆防潮层和单个面积≤0.3m² 的孔洞所占体积，靠墙暖气沟的挑檐不增加。

（2）基础长度：外墙按外墙中心线，内墙按内墙净长线计算。

2.实心砖墙、多孔砖墙、空心砖墙、砌块墙按设计图示体积以"m³"计算。扣除门窗、洞口、嵌入墙内的钢筋混凝土柱、梁、板、圈梁、挑梁、过梁及凹进墙内的壁龛、管槽、暖气槽、消火栓箱所占体积，不扣除梁头、板头、檩头、垫木、木楞头、沿缘木、木砖、门窗走头、砖墙内加固钢筋、木筋、铁件、钢管及单个面积≤0.3m² 的孔洞所占的体积。凸出墙面的腰线、挑檐、压顶、窗台线、虎头砖、门窗套的体积亦不增加。凸出墙面的砖垛并入墙体体积内计算。

（1）墙长度：外墙按中心线、内墙按净长线计算。

（2）墙高度：

①外墙：按设计图示尺寸计算，斜（坡）屋面无檐口天棚者算至屋面板底；有屋架且室内外均有天棚者算至屋架下弦底另加 200mm；无天棚者算至屋架下弦底另加 300mm，出檐宽度超过 600mm 时按实砌高度计算；有钢筋混凝土楼板隔层者算至板顶。平屋顶算至钢筋混凝土板底。有框架梁时算至梁底。

②内墙：位于屋架下弦者，算至屋架下弦底；无屋架者算至天棚底另加 100mm；有钢筋混凝土楼板隔层者算至楼板顶；有框架梁时算至梁底。

③女儿墙：从屋面板上表面算至女儿墙顶面（如有混凝土压顶时，算至压顶下表面）。

④内、外山墙：按其平均高度计算。

（3）框架间墙：不分内外墙按墙体净体积以"m³"计算。

（4）围墙：高度算至压顶上表面（如有混凝土压顶时算至压顶下表面），围墙柱并入围墙体积内。

3.砖砌挖孔桩护壁及砖砌井圈按图示体积以"m³"计算。

4.空花墙按设计图示尺寸以空花部分外形体积以"m³"计算，不扣除空花部分体积。

5.砖柱按设计图示体积以"m³"计算，扣除混凝土及钢筋混凝土梁垫，扣出伸入柱内的梁头、板头所占体积。

6.砖砌检查井、化粪池、零星砌体、砖地沟、砖烟（风）道按设计图示体积以"m³"计算。不扣除单个面积≤0.3m²的孔洞所占的体积。

7.砖砌台阶（不包含梯带）按设计图示尺寸水平投影面积以"m²"计算。

8.成品烟（气）道按设计图示尺寸以"延长米"计算，风口、风帽、止回阀按个计算。

9.砌体加筋按设计图示钢筋长度乘以单位理论质量以"t"计算。

10.墙面勾缝按墙面垂直投影面积以"m²"计算，应扣除墙裙的抹灰面积，不扣除门窗洞口面积、抹灰腰线、门窗套所占面积，但附墙垛和门窗洞口侧壁的勾缝面积亦不增加。

三、石砌体、预制块砌体：

1.石基础、石墙的工程量计算规则参照砖砌体、砌块砌体相应规定执行。

2.石勒脚按设计图示体积以"m³"计算，扣除单个面积＞0.3m²的孔洞所占面积；石挡土墙、石柱、石护坡、石台阶按设计图示体积以"m³"计算。

3.石栏杆按设计图示体积以"m³"计算。

4.石坡道按设计图示尺寸水平投影面积以"m²"计算。

5.石踏步、石梯带按设计图示长度以"m"计算,石平台按设计图示面积以"m²"计算,踏步、梯带平台的隐蔽部分按设计图示体积以"m³"计算,执行本章基础相应子目。

6.石检查井按设计图示体积以"m³"计算。

7.砂石滤沟、滤层按设计图示体积以"m³"计算。

8.条石镶面按设计图示体积以"m³"计算。

9.石表面加工倒水扁光按设计图示长度以"m"计算;扁光、钉麻面或打钻路、整石扁光按设计图示面积以"m²"计算。

10.勾缝、挡墙沉降缝按设计图示面积以"m²"计算。

11.泄水孔按设计图示长度以"m"计算。

12.预制块砌体按设计图示体积以"m³"计算。

四、垫层:

垫层按设计图示体积以"m³"计算,其中原土夯入碎石按设计图示面积以"m²"计算。

D.1 砖砌体(编码:010401)

D.1.1 砖基础(编码:010401001)

工作内容:1.清理基槽坑、调运砂浆、铺砂浆、运砖、砌砖。
　　　　2.清理基槽坑、调运干混商品砂浆、铺砂浆、运砖、砌砖。
　　　　3.清理基槽坑、运湿拌商品砂浆、铺砂浆、运砖、砌砖。

计量单位:10m³

定　额　编　号					AD0001	AD0002	AD0003
项　目　名　称					砖基础		
					240 砖		
					水泥砂浆		
					现拌砂浆 M5	干混商品砂浆	湿拌商品砂浆
综　合　单　价　(元)					**4399.30**	**4722.37**	**4395.51**
费用	其中	人　工　费　(元)			1175.53	1070.19	1014.99
		材　料　费　(元)			2667.04	3162.68	2989.55
		施工机具使用费　(元)			75.02	55.78	—
		企　业　管　理　费　(元)			301.38	271.36	244.61
		利　　润　(元)			161.57	145.47	131.14
		一　般　风　险　费　(元)			18.76	16.89	15.22
	编码	名　称	单位	单价(元)	消	耗	量
人工	000300100	砌筑综合工	工日	115.00	10.222	9.306	8.826
材料	041300010	标准砖 240×115×53	千块	422.33	5.262	5.262	5.262
	810104010	M5.0 水泥砂浆(特 稠度 70～90mm)	m³	183.45	2.399	—	—
	850301010	干混商品砌筑砂浆 M5	t	228.16	—	4.078	—
	850302010	湿拌商品砌筑砂浆 M5	m³	311.65	—	—	2.447
	341100100	水	m³	4.42	1.050	2.250	1.050
机械	990610010	灰浆搅拌机 200L	台班	187.56	0.400	—	—
	990611010	干混砂浆罐式搅拌机 20000L	台班	232.40	—	0.240	—

工作内容:1.清理基槽坑、调运砂浆、铺砂浆、运砖、砌砖。
　　　　2.清理基槽坑、调运干混商品砂浆、铺砂浆、运砖、砌砖。
　　　　3.清理基槽坑、运湿拌商品砂浆、铺砂浆、运砖、砌砖。

计量单位:10m³

定　额　编　号					AD0004	AD0005	AD0006
项　目　名　称					砖基础		
					200 砖		
					水泥砂浆		
					现拌砂浆 M5	干混商品砂浆	湿拌商品砂浆
综　合　单　价　(元)					**4589.73**	**4912.06**	**4583.63**
费用	其中	人　工　费　(元)			1292.49	1186.57	1131.14
		材　料　费　(元)			2692.86	3190.84	3016.78
		施工机具使用费　(元)			76.90	56.01	—
		企　业　管　理　费　(元)			330.02	299.46	272.60
		利　　润　(元)			176.92	160.54	146.14
		一　般　风　险　费　(元)			20.54	18.64	16.97
	编码	名　称	单位	单价(元)	消	耗	量
人工	000300100	砌筑综合工	工日	115.00	11.239	10.318	9.836
材料	041300030	标准砖 200×95×53	千块	291.26	7.710	7.710	7.710
	810104010	M5.0 水泥砂浆(特 稠度 70～90mm)	m³	183.45	2.410	—	—
	850301010	干混商品砌筑砂浆 M5	t	228.16	—	4.097	—
	850302010	湿拌商品砌筑砂浆 M5	m³	311.65	—	—	2.458
	341100100	水	m³	4.42	1.160	2.365	1.160
机械	990610010	灰浆搅拌机 200L	台班	187.56	0.410	—	—
	990611010	干混砂浆罐式搅拌机 20000L	台班	232.40	—	0.241	—

D.1.2　砖护壁及砖井圈(编码:010401002)

工作内容:1.调运砂浆、铺砂浆、运砖、砌砖。
2.调运干混商品砂浆、铺砂浆、运砖、砌砖。
3.运湿拌商品砂浆、铺砂浆、运砖、砌砖。

计量单位:10m³

定　额　编　号					AD0007	AD0008	AD0009
项　目　名　称					砖护壁		
					水泥砂浆		
					现拌砂浆 M5	干混商品砂浆	湿拌商品砂浆
综　合　单　价　(元)					6251.67	6512.05	6249.21
费用	其中	人　工　费　(元)			2248.37	2163.61	2119.22
		材　料　费　(元)			3054.09	3452.89	3313.67
		施工机具使用费　(元)			60.02	44.85	—
		企　业　管　理　费　(元)			556.32	532.24	510.73
		利　　　　润　(元)			298.24	285.33	273.80
		一　般　风　险　费　(元)			34.63	33.13	31.79
	编码	名　　称	单位	单价(元)	消　　耗　　量		
人工	000300100	砌筑综合工	工日	115.00	19.551	18.814	18.428
材料	041300010	标准砖 240×115×53	千块	422.33	6.380	6.380	6.380
	810104010	M5.0 水泥砂浆(特 稠度 70～90mm)	m³	183.45	1.930	—	—
	850301010	干混商品砌筑砂浆 M5	t	228.16	—	3.281	—
	850302010	湿拌商品砌筑砂浆 M5	m³	311.65	—	—	1.969
	341100100	水	m³	4.42	1.260	2.225	1.260
机械	990610010	灰浆搅拌机 200L	台班	187.56	0.320	—	—
	990611010	干混砂浆罐式搅拌机 20000L	台班	232.40	—	0.193	—

工作内容:1.调运砂浆、铺砂浆、运砖、砌砖。
2.调运干混商品砂浆、铺砂浆、运砖、砌砖。
3.运湿拌商品砂浆、铺砂浆、运砖、砌砖。

计量单位:10m³

定　额　编　号					AD0010	AD0011	AD0012	AD0013	AD0014	AD0015
项　目　名　称					砖井圈					
					240 砖			200 砖		
					水泥砂浆					
					现拌砂浆 M5	干混商品砂浆	湿拌商品砂浆	现拌砂浆 M5	干混商品砂浆	湿拌商品砂浆
综　合　单　价　(元)					6407.61	6667.83	6405.01	6735.23	7000.25	6727.75
费用	其中	人　工　费　(元)			2360.95	2276.08	2231.69	2596.93	2509.07	2463.07
		材　料　费　(元)			3054.09	3452.89	3313.67	3047.03	3460.30	3315.90
		施工机具使用费　(元)			60.02	44.85	—	65.65	46.48	—
		企　业　管　理　费　(元)			583.45	559.34	537.84	641.68	615.89	593.60
		利　　　　润　(元)			312.79	299.86	288.33	344.00	330.18	318.23
		一　般　风　险　费　(元)			36.31	34.81	33.48	39.94	38.33	36.95
	编码	名　　称	单位	单价(元)	消　　耗　　量					
人工	000300100	砌筑综合工	工日	115.00	20.530	19.792	19.406	22.582	21.818	21.418
材料	041300010	标准砖 240×115×53	千块	422.33	6.380	6.380	6.380	—	—	—
	041300030	标准砖 200×95×53	千块	291.26	—	—	—	9.180	9.180	9.180
	810104010	M5.0 水泥砂浆(特 稠度 70～90mm)	m³	183.45	1.930	—	—	2.000	—	—
	850301010	干混商品砌筑砂浆 M5	t	228.16	—	3.281	—	—	3.400	—
	850302010	湿拌商品砌筑砂浆 M5	m³	311.65	—	—	1.969	—	—	2.040
	341100100	水	m³	4.42	1.260	2.225	1.260	1.440	2.440	1.440
机械	990610010	灰浆搅拌机 200L	台班	187.56	0.320	—	—	0.350	—	—
	990611010	干混砂浆罐式搅拌机 20000L	台班	232.40	—	0.193	—	—	0.200	—

D.1.3 实心砖墙(编码:010401003)

工作内容:1.调运砂浆、铺砂浆,运砖,砌砖(包括窗台虎头砖、腰线、门窗套,安放木砖、铁件等)。
2.调运干混商品砂浆、铺砂浆,运砖,砌砖(包括窗台虎头砖、腰线、门窗套,安放木砖、铁件等)。
3.运湿拌商品砂浆、铺砂浆,运砖,砌砖(包括窗台虎头砖、腰线、门窗套,安放木砖、铁件等)。　　计量单位:10m³

定 额 编 号					AD0016	AD0017	AD0018	AD0019
项 目 名 称					370 砖墙			
					水泥砂浆			混合砂浆
					现拌砂浆 M5	干混商品砂浆	湿拌商品砂浆	现拌砂浆 M5
综 合 单 价 (元)					**4571.42**	**4899.95**	**4578.86**	**4550.71**
费用	其中	人 工 费 (元)			1284.44	1177.26	1129.30	1284.44
		材 料 费 (元)			2686.47	3190.66	3014.55	2665.76
		施工机具使用费 (元)			76.34	56.71	—	76.34
		企 业 管 理 费 (元)			327.95	297.38	272.16	327.95
		利 润 (元)			175.81	159.43	145.91	175.81
		一 般 风 险 费 (元)			20.41	18.51	16.94	20.41
	编码	名 称	单位	单价(元)	消 耗 量			
人工	000300100	砌筑综合工	工日	115.00	11.169	10.237	9.820	11.169
材料	041300010	标准砖 240×115×53	千块	422.33	5.290	5.290	5.290	5.290
	810104010	M5.0 水泥砂浆(特 稠度 70~90mm)	m³	183.45	2.440	—	—	—
	810105010	M5.0 混合砂浆	m³	174.96	—	—	—	2.440
	850301010	干混商品砌筑砂浆 M5	t	228.16	—	4.148	—	—
	850302010	湿拌商品砌筑砂浆 M5	m³	311.65	—	—	2.489	—
	341100100	水	m³	4.42	1.070	2.290	1.070	1.070
机械	990610010	灰浆搅拌机 200L	台班	187.56	0.407	—	—	0.407
	990611010	干混砂浆罐式搅拌机 20000L	台班	232.40	—	0.244	—	—

工作内容:1.调运砂浆、铺砂浆,运砖,砌砖(包括窗台虎头砖、腰线、门窗套,安放木砖、铁件等)。
2.调运干混商品砂浆、铺砂浆,运砖,砌砖(包括窗台虎头砖、腰线、门窗套,安放木砖、铁件等)。
3.运湿拌商品砂浆、铺砂浆,运砖,砌砖(包括窗台虎头砖、腰线、门窗套,安放木砖、铁件等)。　　计量单位:10m³

定 额 编 号					AD0020	AD0021	AD0022	AD0023
项 目 名 称					240 砖墙			
					水泥砂浆			混合砂浆
					现拌砂浆 M5	干混商品砂浆	湿拌商品砂浆	现拌砂浆 M5
综 合 单 价 (元)					**4618.89**	**4931.96**	**4616.61**	**4599.25**
费用	其中	人 工 费 (元)			1326.30	1224.64	1171.51	1326.30
		材 料 费 (元)			2682.98	3160.90	2993.84	2663.34
		施工机具使用费 (元)			71.27	53.92	—	71.27
		企 业 管 理 费 (元)			336.81	308.13	282.33	336.81
		利 润 (元)			180.57	165.19	151.36	180.57
		一 般 风 险 费 (元)			20.96	19.18	17.57	20.96
	编码	名 称	单位	单价(元)	消 耗 量			
人工	000300100	砌筑综合工	工日	115.00	11.533	10.649	10.187	11.533
材料	041300010	标准砖 240×115×53	千块	422.33	5.337	5.337	5.337	5.337
	810104010	M5.0 水泥砂浆(特 稠度 70~90mm)	m³	183.45	2.313	—	—	—
	810105010	M5.0 混合砂浆	m³	174.96	—	—	—	2.313
	850301010	干混商品砌筑砂浆 M5	t	228.16	—	3.932	—	—
	850302010	湿拌商品砌筑砂浆 M5	m³	311.65	—	—	2.359	—
	341100100	水	m³	4.42	1.060	2.217	1.060	1.060
机械	990610010	灰浆搅拌机 200L	台班	187.56	0.380	—	—	0.380
	990611010	干混砂浆罐式搅拌机 20000L	台班	232.40	—	0.232	—	—

工作内容:1.调运砂浆、铺砂浆,运砖,砌砖(包括窗台虎头砖、腰线、门窗套,安放木砖、铁件等)。
2.调运干混商品砂浆、铺砂浆,运砖,砌砖(包括窗台虎头砖、腰线、门窗套,安放木砖、铁件等)。
3.运湿拌商品砂浆、铺砂浆,运砖,砌砖(包括窗台虎头砖、腰线、门窗套,安放木砖、铁件等)。　计量单位:10m³

定　额　编　号					AD0024	AD0025	AD0026	AD0027
项　目　名　称					120 砖墙			
					水泥砂浆			混合砂浆
					现拌砂浆 M5	干混商品砂浆	湿拌商品砂浆	现拌砂浆 M5
综　合　单　价（元）					**5262.47**	**5528.86**	**5259.28**	**5245.68**
费用	其中	人　工　费（元）			1768.82	1681.88	1636.34	1768.82
		材　料　费（元）			2726.57	3135.38	2992.62	2709.78
		施工机具使用费（元）			61.89	46.02	—	61.89
		企　业　管　理　费（元）			441.20	416.42	394.36	441.20
		利　　　润（元）			236.53	223.24	211.41	236.53
		一　般　风　险　费（元）			27.46	25.92	24.55	27.46
	编码	名　　称	单位	单价（元）	消　　　耗　　　量			
人工	000300100	砌筑综合工	工日	115.00	15.381	14.625	14.229	15.381
材料	041300010	标准砖 240×115×53	千块	422.33	5.585	5.585	5.585	5.585
	810104010	M5.0 水泥砂浆(特稠度 70～90mm)	m³	183.45	1.978	—	—	—
	810105010	M5.0 混合砂浆	m³	174.96	—	—	—	1.978
	850301010	干混商品砌筑砂浆 M5	t	228.16	—	3.363	—	—
	850302010	湿拌商品砌筑砂浆 M5	m³	311.65	—	—	2.018	—
	341100100	水	m³	4.42	1.130	2.119	1.130	1.130
机械	990610010	灰浆搅拌机 200L	台班	187.56	0.330	—	—	0.330
	990611010	干混砂浆罐式搅拌机 20000L	台班	232.40	—	0.198	—	—

工作内容:1.调运砂浆、铺砂浆,运砖,砌砖(包括窗台虎头砖、腰线、门窗套,安放木砖、铁件等)。
2.调运干混商品砂浆、铺砂浆,运砖,砌砖(包括窗台虎头砖、腰线、门窗套,安放木砖、铁件等)。
3.运湿拌商品砂浆、铺砂浆,运砖,砌砖(包括窗台虎头砖、腰线、门窗套,安放木砖、铁件等)。　计量单位:10m³

定　额　编　号					AD0028	AD0029	AD0030	AD0031
项　目　名　称					180 砖墙			
					水泥砂浆			混合砂浆
					现拌砂浆 M5	干混商品砂浆	湿拌商品砂浆	现拌砂浆 M5
综　合　单　价（元）					**5172.59**	**5464.00**	**5168.94**	**5154.22**
费用	其中	人　工　费（元）			1713.04	1618.05	1568.26	1713.04
		材　料　费（元）			2705.90	3152.82	2996.59	2687.53
		施工机具使用费（元）			67.71	50.43	—	67.71
		企　业　管　理　费（元）			429.16	402.10	377.95	429.16
		利　　　润（元）			230.07	215.57	202.62	230.07
		一　般　风　险　费（元）			26.71	25.03	23.52	26.71
	编码	名　　称	单位	单价（元）	消　　　耗　　　量			
人工	000300100	砌筑综合工	工日	115.00	14.896	14.070	13.637	14.896
材料	041300010	标准砖 240×115×53	千块	422.33	5.456	5.456	5.456	5.456
	810104010	M5.0 水泥砂浆(特稠度 70～90mm)	m³	183.45	2.163	—	—	—
	810105010	M5.0 混合砂浆	m³	174.96	—	—	—	2.163
	850301010	干混商品砌筑砂浆 M5	t	228.16	—	3.677	—	—
	850302010	湿拌商品砌筑砂浆 M5	m³	311.65	—	—	2.206	—
	341100100	水	m³	4.42	1.100	2.182	1.100	1.100
机械	990610010	灰浆搅拌机 200L	台班	187.56	0.361	—	—	0.361
	990611010	干混砂浆罐式搅拌机 20000L	台班	232.40	—	0.217	—	—

工作内容:1.调运砂浆、铺砂浆,运砖,砌砖(包括窗台虎头砖、腰线、门窗套,安放木砖、铁件等)。
　　　　 2.调运干混商品砂浆、铺砂浆,运砖,砌砖(包括窗台虎头砖、腰线、门窗套,安放木砖、铁件等)。
　　　　 3.运湿拌商品砂浆、铺砂浆,运砖,砌砖(包括窗台虎头砖、腰线、门窗套,安放木砖、铁件等)。　　　**计量单位:10m³**

定　额　编　号						AD0032	AD0033	AD0034	AD0035
项　目　名　称						200 砖墙			
						水泥砂浆			混合砂浆
						现拌砂浆 M5	干混商品砂浆	湿拌商品砂浆	现拌砂浆 M5
综　合　单　价　(元)						**5398.02**	**5718.60**	**5391.59**	**5377.64**
费用	其中	人　工　费　(元)				1883.47	1778.02	1722.82	1883.47
		材　料　费　(元)				2682.51	3178.42	3005.14	2662.13
		施工机具使用费　(元)				76.90	55.78	—	76.90
		企业管理费　(元)				472.45	441.94	415.20	472.45
		利　润　(元)				253.28	236.93	222.59	253.28
		一般风险费　(元)				29.41	27.51	25.84	29.41
	编码	名　称	单位	单价(元)		消　　耗　　量			
人工	000300100	砌筑综合工	工日	115.00		16.378	15.461	14.981	16.378
材料	041300030	标准砖 200×95×53	千块	291.26		7.680	7.680	7.680	7.680
	810104010	M5.0 水泥砂浆(特 稠度 70～90mm)	m³	183.45		2.400	—	—	—
	810105010	M5.0 混合砂浆	m³	174.96		—	—	—	2.400
	850301010	干混商品砌筑砂浆 M5	t	228.16		—	4.080	—	—
	850302010	湿拌商品砌筑砂浆 M5	m³	311.65		—	—	2.448	—
	341100100	水	m³	4.42		1.210	2.410	1.210	1.210
机械	990610010	灰浆搅拌机 200L	台班	187.56		0.410	—	—	0.410
	990611010	干混砂浆罐式搅拌机 20000L	台班	232.40		—	0.240	—	—

工作内容:1.调运砂浆、铺砂浆,运砖,砌砖(包括窗台虎头砖、腰线、门窗套,安放木砖、铁件等)。
　　　　 2.调运干混商品砂浆、铺砂浆,运砖,砌砖(包括窗台虎头砖、腰线、门窗套,安放木砖、铁件等)。
　　　　 3.运湿拌商品砂浆、铺砂浆,运砖,砌砖(包括窗台虎头砖、腰线、门窗套,安放木砖、铁件等)。　　　**计量单位:10m³**

定　额　编　号						AD0036	AD0037	AD0038	AD0039
项　目　名　称						100 砖墙			
						水泥砂浆			混合砂浆
						现拌砂浆 M5	干混商品砂浆	湿拌商品砂浆	现拌砂浆 M5
综　合　单　价　(元)						**5522.39**	**5790.00**	**5517.49**	**5505.41**
费用	其中	人　工　费　(元)				1944.65	1856.79	1810.79	1944.65
		材　料　费　(元)				2740.32	3153.59	3009.19	2723.34
		施工机具使用费　(元)				63.77	46.48	—	63.77
		企业管理费　(元)				484.03	458.69	436.40	484.03
		利　润　(元)				259.49	245.90	233.95	259.49
		一般风险费　(元)				30.13	28.55	27.16	30.13
	编码	名　称	单位	单价(元)		消　　耗　　量			
人工	000300100	砌筑综合工	工日	115.00		16.910	16.146	15.746	16.910
材料	041300030	标准砖 200×95×53	千块	291.26		8.130	8.130	8.130	8.130
	810104010	M5.0 水泥砂浆(特 稠度 70～90mm)	m³	183.45		2.000	—	—	—
	810105010	M5.0 混合砂浆	m³	174.96		—	—	—	2.000
	850301010	干混商品砌筑砂浆 M5	t	228.16		—	3.400	—	—
	850302010	湿拌商品砌筑砂浆 M5	m³	311.65		—	—	2.040	—
	341100100	水	m³	4.42		1.240	2.240	1.240	1.240
机械	990610010	灰浆搅拌机 200L	台班	187.56		0.340	—	—	0.340
	990611010	干混砂浆罐式搅拌机 20000L	台班	232.40		—	0.200	—	—

工作内容:1.调运砂浆、铺砂浆,运砖,砌砖(包括窗台虎头砖、腰线、门窗套,安放木砖、铁件等)。
　　　　2.调运干混商品砂浆、铺砂浆,运砖,砌砖(包括窗台虎头砖、腰线、门窗套,安放木砖、铁件等)。
　　　　3.运湿拌商品砂浆、铺砂浆,运砖,砌砖(包括窗台虎头砖、腰线、门窗套,安放木砖、铁件等)。　　计量单位:10m³

定　额　编　号					AD0040	AD0041	AD0042	AD0043
项　目　名　称					砖围墙 240			
					水泥砂浆			混合砂浆
					现拌砂浆 M5	干混商品砂浆	湿拌商品砂浆	现拌砂浆 M5
综　合　单　价　(元)					**5673.45**	**5976.23**	**5688.68**	**5655.53**
费用	其中	人　工　费　(元)			2003.65	1910.96	1862.43	2003.65
		材　料　费　(元)			2825.25	3261.24	3108.84	2807.33
		施 工 机 具 使 用 费 (元)			52.52	49.04	—	52.52
		企 业 管 理 费 (元)			495.53	472.36	448.84	495.53
		利　　润　(元)			265.66	253.23	240.63	265.66
		一 般 风 险 费 (元)			30.84	29.40	27.94	30.84
	编码	名　　称	单位	单价(元)	消　　耗　　量			
人工	000300100	砌筑综合工	工日	115.00	17.423	16.617	16.195	17.423
材料	041300010	标准砖 240×115×53	千块	422.33	5.750	5.750	5.750	5.750
	810104010	M5.0 水泥砂浆(特 稠度 70~90mm)	m³	183.45	2.110	—	—	—
	810105010	M5.0 混合砂浆	m³	174.96	—	—	—	2.110
	850301010	干混商品砌筑砂浆 M5	t	228.16	—	3.587	—	—
	850302010	湿拌商品砌筑砂浆 M5	m³	311.65	—	—	2.152	—
	341100100	水	m³	4.42	2.210	3.265	2.210	2.210
机械	990610010	灰浆搅拌机 200L	台班	187.56	0.280	—	—	0.280
	990611010	干混砂浆罐式搅拌机 20000L	台班	232.40	—	0.211	—	—

工作内容:1.调运砂浆、铺砂浆,运砖,砌砖(包括窗台虎头砖、腰线、门窗套,安放木砖、铁件等)。
　　　　2.调运干混商品砂浆、铺砂浆,运砖,砌砖(包括窗台虎头砖、腰线、门窗套,安放木砖、铁件等)。
　　　　3.运湿拌商品砂浆、铺砂浆,运砖,砌砖(包括窗台虎头砖、腰线、门窗套,安放木砖、铁件等)。　　计量单位:10m³

定　额　编　号					AD0044	AD0045	AD0046	AD0047
项　目　名　称					砖围墙 200			
					水泥砂浆			混合砂浆
					现拌砂浆 M5	干混商品砂浆	湿拌商品砂浆	现拌砂浆 M5
综　合　单　价　(元)					**6899.35**	**7269.85**	**6926.37**	**6877.96**
费用	其中	人　工　费　(元)			2844.87	2734.13	2676.17	2844.87
		材　料　费　(元)			2880.69	3401.41	3219.34	2859.30
		施 工 机 具 使 用 费 (元)			56.27	58.56	—	56.27
		企 业 管 理 费 (元)			699.17	673.04	644.96	699.17
		利　　润　(元)			374.83	360.82	345.76	374.83
		一 般 风 险 费 (元)			43.52	41.89	40.14	43.52
	编码	名　　称	单位	单价(元)	消　　耗　　量			
人工	000300100	砌筑综合工	工日	115.00	24.738	23.775	23.271	24.738
材料	041300030	标准砖 200×95×53	千块	291.26	8.270	8.270	8.270	8.270
	810104010	M5.0 水泥砂浆(特 稠度 70~90mm)	m³	183.45	2.520	—	—	—
	810105010	M5.0 混合砂浆	m³	174.96	—	—	—	2.520
	850301010	干混商品砌筑砂浆 M5	t	228.16	—	4.284	—	—
	850302010	湿拌商品砌筑砂浆 M5	m³	311.65	—	—	2.570	—
	341100100	水	m³	4.42	2.190	3.450	2.190	2.190
机械	990610010	灰浆搅拌机 200L	台班	187.56	0.300	—	—	0.300
	990611010	干混砂浆罐式搅拌机 20000L	台班	232.40	—	0.252	—	—

工作内容:1.调运砂浆、铺砂浆、运砖、砌砖(包括窗台虎头砖、腰线、门窗套,安放木砖、铁件等)。
　　　　2.调运干混商品砂浆、铺砂浆、运砖、砌砖(包括窗台虎头砖、腰线、门窗套,安放木砖、铁件等)。
　　　　3.运湿拌商品砂浆、铺砂浆、运砖、砌砖(包括窗台虎头砖、腰线、门窗套,安放木砖、铁件等)。　　**计量单位:**10m³

定　额　编　号					AD0048	AD0049	AD0050	AD0051	AD0052	AD0053
项　目　名　称					贴砌砖					
					60 砖			100 砖		
					水泥砂浆					
					现拌砂浆 M5	干混商品砂浆	湿拌商品砂浆	现拌砂浆 M5	干混商品砂浆	湿拌商品砂浆
费用	综　合　单　价（元）				**7347.44**	**7763.64**	**7342.69**	**6131.48**	**6536.38**	**6147.23**
	其中	人　工　费（元）			2914.79	2779.09	2708.02	2201.45	2068.74	1999.28
		材　料　费（元）			3176.08	3814.57	3591.54	2949.52	3573.55	3377.82
		施工机具使用费（元）			96.59	71.81	—	95.66	70.18	—
		企业管理费（元）			725.74	687.07	652.63	553.60	515.48	481.83
		利　润（元）			389.07	368.34	349.88	296.79	276.35	258.31
		一般风险费（元）			45.17	42.76	40.62	34.46	32.08	29.99
	编码	名　称	单位	单价（元）	消		耗		量	
人工	000300100	砌筑综合工	工日	115.00	25.346	24.166	23.548	19.143	17.989	17.385
材料	041300010	标准砖 240×115×53	千块	422.33	6.159	6.159	6.159	—	—	—
	041300030	标准砖 200×95×53	千块	291.26	—	—	—	8.197	8.197	8.197
	810104010	M5.0 水泥砂浆(特 稠度 70～90mm)	m³	183.45	3.090	—	—	3.020	—	—
	850301010	干混商品砌筑砂浆 M5	t	228.16	—	5.253	—	—	5.134	—
	850302010	湿拌商品砌筑砂浆 M5	m³	311.65	—	—	3.152	—	—	3.152
	341100100	水	m³	4.42	1.830	3.375	1.830	1.820	3.330	1.820
机械	990610010	灰浆搅拌机 200L	台班	187.56	0.515	—	—	0.510	—	—
	990611010	干混砂浆罐式搅拌机 20000L	台班	232.40	—	0.309	—	—	0.302	—

工作内容:1.调运砂浆、铺砂浆、运砖、砌砖(包括窗台虎头砖、腰线、门窗套,安放木砖、铁件等)。
　　　　2.调运干混商品砂浆、铺砂浆、运砖、砌砖(包括窗台虎头砖、腰线、门窗套,安放木砖、铁件等)。
　　　　3.运湿拌商品砂浆、铺砂浆、运砖、砌砖(包括窗台虎头砖、腰线、门窗套,安放木砖、铁件等)。　　**计量单位:**10m³

定　额　编　号					AD0054	AD0055	AD0056
项　目　名　称					贴砌砖		
					120 砖		
					水泥砂浆		
					现拌砂浆 M5	干混商品砂浆	湿拌商品砂浆
费用	综　合　单　价（元）				**5801.29**	**6182.17**	**5796.70**
	其中	人　工　费（元）			2002.61	1878.18	1813.09
		材　料　费（元）			2904.64	3489.41	3285.21
		施工机具使用费（元）			88.53	65.77	—
		企业管理费（元）			503.96	468.49	436.95
		利　润（元）			270.18	251.16	234.25
		一般风险费（元）			31.37	29.16	27.20
	编码	名　称	单位	单价（元）	消	耗	量
人工	000300100	砌筑综合工	工日	115.00	17.414	16.332	15.766
材料	041300010	标准砖 240×115×53	千块	422.33	5.631	5.631	5.631
	810104010	M5.0 水泥砂浆(特 稠度 70～90mm)	m³	183.45	2.830	—	—
	850301010	干混商品砌筑砂浆 M5	t	228.16	—	4.811	—
	850302010	湿拌商品砌筑砂浆 M5	m³	311.65	—	—	2.887
	341100100	水	m³	4.42	1.660	3.075	1.660
机械	990610010	灰浆搅拌机 200L	台班	187.56	0.472	—	—
	990611010	干混砂浆罐式搅拌机 20000L	台班	232.40	—	0.283	—

D.1.4 多孔砖墙(编码:010401004)

工作内容: 1.调运砂浆、铺砂浆,运砖,砌砖(包括窗台虎头砖、腰线、门窗套,安放木砖、铁件等)。
2.调运干混商品砂浆、铺砂浆,运砖,砌砖(包括窗台虎头砖、腰线、门窗套,安放木砖、铁件等)。
3.运湿拌商品砂浆、铺砂浆,运砖,砌砖(包括窗台虎头砖、腰线、门窗套,安放木砖、铁件等)。　计量单位:10m³

定 额 编 号					AD0057	AD0058	AD0059	AD0060
项 目 名 称					多孔砖墙			
					水泥砂浆			混合砂浆
					现拌砂浆 M5	干混商品砂浆	湿拌商品砂浆	现拌砂浆 M5
综 合 单 价 (元)					**5548.36**	**5771.07**	**5544.81**	**5534.26**
费用	其中	人 工 费 (元)			1630.01	1557.10	1518.92	1630.01
		材 料 费 (元)			3217.72	3560.73	3440.81	3203.62
		施工机具使用费 (元)			52.52	38.58	—	52.52
		企 业 管 理 费 (元)			405.49	384.56	366.06	405.49
		利 润 (元)			217.38	206.16	196.24	217.38
		一 般 风 险 费 (元)			25.24	23.94	22.78	25.24
	编码	名 称	单位	单价(元)	消 耗 量			
人工	000300100	砌筑综合工	工日	115.00	14.174	13.540	13.208	14.174
材料	041301340	多孔砖	m³	339.81	8.100	8.100	8.100	8.100
	041300030	标准砖 200×95×53	千块	291.26	0.540	0.540	0.540	0.540
	810104010	M5.0 水泥砂浆(特 稠度 70～90mm)	m³	183.45	1.660	—	—	—
	810105010	M5.0 混合砂浆	m³	174.96	—	—	—	1.660
	850301010	干混商品砌筑砂浆 M5	t	228.16	—	2.822	—	—
	850302010	湿拌商品砌筑砂浆 M5	m³	311.65	—	—	1.693	—
	341100100	水	m³	4.42	0.780	1.610	0.780	0.780
机械	990610010	灰浆搅拌机 200L	台班	187.56	0.280	—	—	0.280
	990611010	干混砂浆罐式搅拌机 20000L	台班	232.40	—	0.166	—	—

D.1.5 空心砖墙(编码:010401005)

工作内容: 1.调运砂浆、铺砂浆,运砖,砌砖(包括窗台虎头砖、腰线、门窗套,安放木砖、铁件等)。
2.调运干混商品砂浆、铺砂浆,运砖,砌砖(包括窗台虎头砖、腰线、门窗套,安放木砖、铁件等)。
3.运湿拌商品砂浆、铺砂浆,运砖,砌砖(包括窗台虎头砖、腰线、门窗套,安放木砖、铁件等)。　计量单位:10m³

定 额 编 号					AD0061	AD0062	AD0063	AD0064
项 目 名 称					页岩空心砖墙			
					水泥砂浆			混合砂浆
					现拌砂浆 M5	干混商品砂浆	湿拌商品砂浆	现拌砂浆 M5
综 合 单 价 (元)					**4142.96**	**4353.94**	**4138.79**	**4129.55**
费用	其中	人 工 费 (元)			1502.25	1432.79	1396.45	1502.25
		材 料 费 (元)			1991.90	2318.38	2204.43	1978.49
		施工机具使用费 (元)			50.64	36.72	—	50.64
		企 业 管 理 费 (元)			374.25	354.15	336.54	374.25
		利 润 (元)			200.63	189.86	180.42	200.63
		一 般 风 险 费 (元)			23.29	22.04	20.95	23.29
	编码	名 称	单位	单价(元)	消 耗 量			
人工	000300100	砌筑综合工	工日	115.00	13.063	12.459	12.143	13.063
材料	041301320	页岩空心砖	m³	165.05	6.480	6.480	6.480	6.480
	041300030	标准砖 200×95×53	千块	291.26	2.160	2.160	2.160	2.160
	810104010	M5.0 水泥砂浆(特 稠度 70～90mm)	m³	183.45	1.580	—	—	—
	810105010	M5.0 混合砂浆	m³	174.96	—	—	—	1.580
	850301010	干混商品砌筑砂浆 M5	t	228.16	—	2.686	—	—
	850302010	湿拌商品砌筑砂浆 M5	m³	311.65	—	—	1.612	—
	341100100	水	m³	4.42	0.770	1.560	0.770	0.770
机械	990610010	灰浆搅拌机 200L	台班	187.56	0.270	—	—	0.270
	990611010	干混砂浆罐式搅拌机 20000L	台班	232.40	—	0.158	—	—

D.1.6 空花墙(编码:010401007)

工作内容:1.调运砂浆、铺砂浆,运砖,砌砖(包括窗台虎头砖、腰线、门窗套,安放木砖、铁件等)。
2.调运干混商品砂浆、铺砂浆,运砖,砌砖(包括窗台虎头砖、腰线、门窗套,安放木砖、铁件等)。
3.运湿拌商品砂浆、铺砂浆,运砖,砌砖(包括窗台虎头砖、腰线、门窗套,安放木砖、铁件等)。　计量单位:10m³

定　额　编　号					AD0065	AD0066	AD0067
项　目　名　称					空花墙		
					水泥砂浆		
					现拌砂浆 M5	干混商品砂浆	湿拌商品砂浆
综　合　单　价　(元)					**4392.20**	**4553.59**	**4390.25**
费用	其中	人　工　费　(元)			1752.37	1699.70	1672.10
		材　料　费　(元)			1912.86	2160.54	2074.05
		施工机具使用费　(元)			37.51	27.89	—
		企业管理费　(元)			431.36	416.35	402.98
		利　　　润　(元)			231.25	223.20	216.04
		一　般　风　险　费　(元)			26.85	25.91	25.08
	编码	名　　称	单位	单价(元)	消　耗　量		
人工	000300100	砌筑综合工	工日	115.00	15.238	14.780	14.540
材料	041300010	标准砖 240×115×53	千块	422.33	4.000	4.000	4.000
	810104010	M5.0 水泥砂浆(特 稠度 70~90mm)	m³	183.45	1.199	—	—
	850301010	干混商品砌筑砂浆 M5	t	228.16	—	2.038	—
	850302010	湿拌商品砌筑砂浆 M5	m³	311.65	—	—	1.223
	341100100	水	m³	4.42	0.810	1.410	0.810
机械	990610010	灰浆搅拌机 200L	台班	187.56	0.200	—	—
	990611010	干混砂浆罐式搅拌机 20000L	台班	232.40	—	0.120	—

D.1.7 实心砖柱(编码:010401009)

工作内容:1.调运砂浆、铺砂浆,运砖,砌砖,安放木砖、铁件等。
2.调运干混商品砂浆、铺砂浆,运砖,砌砖,安放木砖、铁件等。
3.运湿拌商品砂浆、铺砂浆,运砖,砌砖,安放木砖、铁件等。　计量单位:10m³

定　额　编　号					AD0068	AD0069	AD0070	AD0071
项　目　名　称					矩形砖柱 240			
					水泥砂浆			混合砂浆
					现拌砂浆 M5	干混商品砂浆	湿拌商品砂浆	现拌砂浆 M5
综　合　单　价　(元)					**5244.13**	**5531.54**	**5240.03**	**5225.96**
费用	其中	人　工　费　(元)			1739.26	1645.31	1596.09	1739.26
		材　料　费　(元)			2741.38	3183.57	3029.13	2723.21
		施工机具使用费　(元)			67.52	49.73	—	67.52
		企业管理费　(元)			435.43	408.50	384.66	435.43
		利　　　润　(元)			233.44	219.00	206.21	233.44
		一　般　风　险　费　(元)			27.10	25.43	23.94	27.10
	编码	名　　称	单位	单价(元)	消　耗　量			
人工	000300100	砌筑综合工	工日	115.00	15.124	14.307	13.879	15.124
材料	041300010	标准砖 240×115×53	千块	422.33	5.550	5.550	5.550	5.550
	810104010	M5.0 水泥砂浆(特 稠度 70~90mm)	m³	183.45	2.140	—	—	—
	810105010	M5.0 混合砂浆	m³	174.96	—	—	—	2.140
	850301010	干混商品砌筑砂浆 M5	t	228.16	—	3.638	—	—
	850302010	湿拌商品砌筑砂浆 M5	m³	311.65	—	—	2.183	—
	341100100	水	m³	4.42	1.100	2.170	1.100	1.100
机械	990610010	灰浆搅拌机 200L	台班	187.56	0.360	—	—	0.360
	990611010	干混砂浆罐式搅拌机 20000L	台班	232.40	—	0.214	—	—

工作内容:1.调运砂浆、铺砂浆,运砖,砌砖,安放木砖、铁件等。
　　　　2.调运干混商品砂浆、铺砂浆,运砖,砌砖,安放木砖、铁件等。
　　　　3.运湿拌商品砂浆、铺砂浆,运砖,砌砖,安放木砖、铁件等。

计量单位:10m³

定 额 编 号					AD0072	AD0073	AD0074	AD0075
项 目 名 称					异型砖柱 240			
					水泥砂浆			混合砂浆
					现拌砂浆 M5	干混商品砂浆	湿拌商品砂浆	现拌砂浆 M5
综 合 单 价 (元)					**6659.37**	**7021.10**	**6655.16**	**6636.57**
费用	其中	人 工 费 (元)			2174.08	2056.09	1994.33	2174.08
		材 料 费 (元)			3531.44	4086.41	3892.62	3508.64
		施工机具使用费 (元)			84.03	62.52	—	84.03
		企 业 管 理 费 (元)			544.20	510.58	480.63	544.20
		利 润 (元)			291.75	273.72	257.67	291.75
		一 般 风 险 费 (元)			33.87	31.78	29.91	33.87
	编码	名 称	单位	单价(元)	消 耗 量			
人工	000300100	砌筑综合工	工日	115.00	18.905	17.879	17.342	18.905
材料	041300010	标准砖 240×115×53	千块	422.33	7.180	7.180	7.180	7.180
	810104010	M5.0 水泥砂浆(特 稠度 70~90mm)	m³	183.45	2.686	—	—	—
	810105010	M5.0 混合砂浆	m³	174.96	—	—	—	2.686
	850301010	干混商品砌筑砂浆 M5	t	228.16	—	4.566	—	—
	850302010	湿拌商品砌筑砂浆 M5	m³	311.65	—	—	2.740	—
	341100100	水	m³	4.42	1.440	2.783	1.440	1.440
机械	990610010	灰浆搅拌机 200L	台班	187.56	0.448	—	—	0.448
	990611010	干混砂浆罐式搅拌机 20000L	台班	232.40	—	0.269	—	—

工作内容:1.调运砂浆、铺砂浆,运砖,砌砖,安放木砖、铁件等。
　　　　2.调运干混商品砂浆、铺砂浆,运砖,砌砖,安放木砖、铁件等。
　　　　3.运湿拌商品砂浆、铺砂浆,运砖,砌砖,安放木砖、铁件等。

计量单位:10m³

定 额 编 号					AD0076	AD0077	AD0078	AD0079
项 目 名 称					矩形砖柱 200			
					水泥砂浆			混合砂浆
					现拌砂浆 M5	干混商品砂浆	湿拌商品砂浆	现拌砂浆 M5
综 合 单 价 (元)					**6263.05**	**6556.66**	**6254.06**	**6244.20**
费用	其中	人 工 费 (元)			2470.20	2372.57	2321.51	2470.20
		材 料 费 (元)			2740.00	3198.72	3038.31	2721.15
		施工机具使用费 (元)			73.15	51.59	—	73.15
		企 业 管 理 费 (元)			612.95	584.22	559.48	612.95
		利 润 (元)			328.60	313.20	299.94	328.60
		一 般 风 险 费 (元)			38.15	36.36	34.82	38.15
	编码	名 称	单位	单价(元)	消 耗 量			
人工	000300100	砌筑综合工	工日	115.00	21.480	20.631	20.187	21.480
材料	041300030	标准砖 200×95×53	千块	291.26	7.990	7.990	7.990	7.990
	810104010	M5.0 水泥砂浆(特 稠度 70~90mm)	m³	183.45	2.220	—	—	—
	810105010	M5.0 混合砂浆	m³	174.96	—	—	—	2.220
	850301010	干混商品砌筑砂浆 M5	t	228.16	—	3.774	—	—
	850302010	湿拌商品砌筑砂浆 M5	m³	311.65	—	—	2.264	—
	341100100	水	m³	4.42	1.260	2.370	1.260	1.260
机械	990610010	灰浆搅拌机 200L	台班	187.56	0.390	—	—	0.390
	990611010	干混砂浆罐式搅拌机 20000L	台班	232.40	—	0.222	—	—

工作内容:1.调运砂浆、铺砂浆、运砖、砌砖、安放木砖、铁件等。
　　　　2.调运干混商品砂浆、铺砂浆、运砖、砌砖、安放木砖、铁件等。
　　　　3.运湿拌商品砂浆、铺砂浆、运砖、砌砖、安放木砖、铁件等。

计量单位:10m³

定　额　编　号					AD0080	AD0081	AD0082	AD0083
项　目　名　称					异型砖柱 200			
					水泥砂浆			混合砂浆
					现拌砂浆 M5	干混商品砂浆	湿拌商品砂浆	现拌砂浆 M5
综　合　单　价　(元)					**7929.17**	**8300.97**	**7920.90**	**7905.48**
费用	其中	人　工　费　(元)			3087.41	2964.82	2900.65	3087.41
		材　料　费　(元)			3527.79	4104.29	3902.92	3504.10
		施工机具使用费　(元)			90.03	64.84	—	90.03
		企业管理费　(元)			765.76	730.15	699.06	765.76
		利　润　(元)			410.52	391.43	374.76	410.52
		一般风险费　(元)			47.66	45.44	43.51	47.66
	编码	名　称	单位	单价(元)	消　　耗　　量			
人工	000300100	砌筑综合工	工日	115.00	26.847	25.781	25.223	26.847
材料	041300030	标准砖 200×95×53	千块	291.26	10.330	10.330	10.330	10.330
	810105010	M5.0 混合砂浆	m³	174.96	—	—	—	2.790
	810104010	M5.0 水泥砂浆(特稠度 70~90mm)	m³	183.45	2.790	—	—	—
	850301010	干混商品砌筑砂浆 M5	t	228.16	—	4.743	—	—
	850302010	湿拌商品砌筑砂浆 M5	m³	311.65	—	—	2.846	—
	341100100	水	m³	4.42	1.640	3.035	1.640	1.640
机械	990610010	灰浆搅拌机 200L	台班	187.56	0.480	—	—	0.480
	990611010	干混砂浆罐式搅拌机 20000L	台班	232.40	—	0.279	—	—

D.1.8　砖检查井及井盖(座)、爬梯(编码:010401011)

工作内容:1.调运砂浆、铺砂浆、运砖、砌砖、安放木砖、铁件等。
　　　　2.调运干混商品砂浆、铺砂浆、运砖、砌砖、安放木砖、铁件等。
　　　　3.运湿拌商品砂浆、铺砂浆、运砖、砌砖、安放木砖、铁件等。

计量单位:10m³

定　额　编　号					AD0084	AD0085	AD0086	AD0087	AD0088	AD0089
项　目　名　称					砖砌检查井			砖砌化粪池		
					水泥砂浆					
					现拌砂浆 M5	干混商品砂浆	湿拌商品砂浆	现拌砂浆 M5	干混商品砂浆	湿拌商品砂浆
综　合　单　价　(元)					**5148.96**	**5458.81**	**5144.02**	**4405.67**	**4727.10**	**4401.52**
费用	其中	人　工　费　(元)			1679.00	1577.57	1524.44	1162.65	1057.66	1002.69
		材　料　费　(元)			2721.88	3199.20	3032.36	2691.24	3185.09	3012.59
		施工机具使用费　(元)			73.15	53.68	—	75.02	55.54	—
		企业管理费　(元)			422.27	393.13	367.39	298.28	268.28	241.65
		利　润　(元)			226.38	210.76	196.96	159.91	143.83	129.55
		一般风险费　(元)			26.28	24.47	22.87	18.57	16.70	15.04
	编码	名　称	单位	单价(元)	消　　耗　　量					
人工	000300100	砌筑综合工	工日	115.00	14.600	13.718	13.256	10.110	9.197	8.719
材料	041300010	标准砖 240×115×53	千块	422.33	5.430	5.430	5.430	5.323	5.323	5.323
	810104010	M5.0 水泥砂浆(特稠度 70~90mm)	m³	183.45	2.310	—	—	2.390	—	—
	850301010	干混商品砌筑砂浆 M5	t	228.16	—	3.927	—	—	4.063	—
	850302010	湿拌商品砌筑砂浆 M5	m³	311.65	—	—	2.356	—	—	2.438
	341100100	水	m³	4.42	1.100	2.255	1.100	1.070	2.265	1.070
机械	990610010	灰浆搅拌机 200L	台班	187.56	0.390	—	—	0.400	—	—
	990611010	干混砂浆罐式搅拌机 20000L	台班	232.40	—	0.231	—	—	0.239	—

工作内容: 成品安装(包括场内运输、安装)。

定　额　编　号					AD0090	AD0091
项　目　名　称					成品井盖井座安装	成品爬梯安装
单　　　　位					10 套	10 个
费用	综　合　单　价　(元)				**2368.83**	**151.21**
	其中	人　工　费　(元)			414.12	59.80
		材　料　费　(元)			1782.98	68.37
		施工机具使用费　(元)			8.82	—
		企　业　管　理　费　(元)			101.93	14.41
		利　　　润　(元)			54.64	7.73
		一　般　风　险　费　(元)			6.34	0.90
	编码	名　称	单位	单价(元)	消　耗　量	
人工	000300010	建筑综合工	工日	115.00	3.601	0.520
材料	360100800	井环盖、井座	套	170.94	10.010	—
	334100460	成品爬梯	个	6.83	—	10.010
	810201030	水泥砂浆 1:2 (特)	m³	256.68	0.280	—
机械	990610010	灰浆搅拌机 200L	台班	187.56	0.047	—

D.1.9　零星砌砖(编码:010401012)

工作内容: 1.调运砂浆、铺砂浆、运砖、砌砖、安放木砖、铁件等。
　　　　　　2.调运干混商品砂浆、铺砂浆、运砖、砌砖、安放木砖、铁件等。
　　　　　　3.运湿拌商品砂浆、铺砂浆、运砖、砌砖、安放木砖、铁件等。

计量单位:10m³

定　额　编　号					AD0092	AD0093	AD0094	AD0095	AD0096	AD0097
项　目　名　称					零星砌砖					
					240 砖			200 砖		
					水泥砂浆					
					现拌砂浆 M5	干混商品砂浆	湿拌商品砂浆	现拌砂浆 M5	干混商品砂浆	湿拌商品砂浆
费用	综　合　单　价　(元)				**5525.76**	**5814.44**	**5915.33**	**6659.60**	**6950.57**	**7054.00**
	其中	人　工　费　(元)			1953.85	1859.78	1810.45	2774.95	2678.70	2628.33
		材　料　费　(元)			2726.54	3169.05	3407.49	2717.02	3169.54	3413.24
		施工机具使用费　(元)			66.96	49.97	—	71.27	50.90	—
		企　业　管　理　费　(元)			487.01	460.25	436.32	685.94	657.83	633.43
		利　　　润　(元)			261.09	246.74	233.91	367.73	352.66	339.58
		一　般　风　险　费　(元)			30.31	28.65	27.16	42.69	40.94	39.42
	编码	名　称	单位	单价(元)	消　耗　量					
人工	000300100	砌筑综合工	工日	115.00	16.990	16.172	15.743	24.130	23.293	22.855
材料	041300010	标准砖 240×115×53	千块	422.33	5.514	5.514	5.514	—	—	—
	041300030	标准砖 200×95×53	千块	291.26	—	—	—	7.930	7.930	7.930
	810104010	M5.0 水泥砂浆(特 稠度70~90mm)	m³	183.45	2.142	—	2.142	2.190	—	2.190
	850301010	干混商品砌筑砂浆 M5	t	228.16	—	3.641	—	—	3.723	—
	850302010	湿拌商品砌筑砂浆 M5	m³	311.65	—	—	2.185	—	—	2.234
	341100100	水	m³	4.42	1.100	2.171	1.100	1.260	2.355	1.260
机械	990610010	灰浆搅拌机 200L	台班	187.56	0.357	—	—	0.380	—	—
	990611010	干混砂浆罐式搅拌机 20000L	台班	232.40	—	0.215	—	—	0.219	—

工作内容：1.调运砂浆、铺砂浆、运砖、砌砖、安放木砖、铁件等。
2.调运干混商品砂浆、铺砂浆、运砖、砌砖、安放木砖、铁件等。
3.运湿拌商品砂浆、铺砂浆、运砖、砌砖、安放木砖、铁件等。

计量单位：10m³

定　额　编　号				AD0098	AD0099	AD0100	AD0101	AD0102	AD0103
项　目　名　称				零星砌砖					
				多孔砖			页岩空心砖墙		
				水泥砂浆					
				现拌砂浆 M5	干混商品砂浆	湿拌商品砂浆	现拌砂浆 M5	干混商品砂浆	湿拌商品砂浆
综　合　单　价　（元）				**6581.39**	**6815.39**	**6577.85**	**5042.77**	**5265.20**	**5039.10**
费用	其中	人　工　费　（元）		2255.15	2178.56	2138.54	2078.05	2005.14	1966.96
		材　料　费　（元）		3381.18	3741.32	3615.54	2091.50	2434.23	2314.47
		施工机具使用费　（元）		55.14	40.67	—	52.52	38.58	—
		企　业　管　理　费　（元）		556.78	534.83	515.39	513.47	492.54	474.04
		利　　润　　（元）		298.49	286.72	276.30	275.27	264.05	254.13
		一　般　风　险　费　（元）		34.65	33.29	32.08	31.96	30.66	29.50
	编码	名　称	单位	单价（元）		消　　耗　　量			
人工	000300100	砌筑综合工	工日	115.00	19.610	18.944	18.596	18.070	17.436	17.104
材料	041300030	标准砖 200×95×53	千块	291.26	0.570	0.570	0.570	2.268	2.268	2.268
	041301340	多孔砖	m³	339.81	8.510	8.510	8.510	—	—	—
	041301320	页岩空心砖	m³	165.05	—	—	—	6.804	6.804	6.804
	810104010	M5.0 水泥砂浆（特 稠度70～90mm）	m³	183.45	1.743	—	—	1.659	—	—
	850301010	干混商品砌筑砂浆 M5	t	228.16	—	2.963	—	—	2.820	—
	850302010	湿拌商品砌筑砂浆 M5	m³	311.65	—	—	1.778	—	—	1.692
	341100100	水	m³	4.42	0.820	1.692	0.820	0.809	1.639	0.809
机械	990610010	灰浆搅拌机 200L	台班	187.56	0.294	—	—	0.280	—	—
	990611010	干混砂浆罐式搅拌机 20000L	台班	232.40	—	0.175	—	—	0.166	—

工作内容：1.调运砂浆、铺砂浆、运砖、砌砖。
2.调运干混商品砂浆、铺砂浆、运砖、砌砖。
3.运湿拌商品砂浆、铺砂浆、运砖、砌砖。

计量单位：10m²

定　额　编　号				AD0104	AD0105	AD0106	AD0107
项　目　名　称				砖砌台阶			
				水泥砂浆			混合砂浆
				现拌砂浆 M5	干混商品砂浆	湿拌商品砂浆	现拌砂浆 M5
综　合　单　价　（元）				**1270.68**	**1345.20**	**1270.26**	**1266.01**
费用	其中	人　工　费　（元）		463.45	439.30	426.65	463.45
		材　料　费　（元）		605.33	718.98	679.27	600.66
		施工机具使用费　（元）		16.88	12.78	—	16.88
		企　业　管　理　费　（元）		115.76	108.95	102.82	115.76
		利　　润　　（元）		62.06	58.41	55.12	62.06
		一　般　风　险　费　（元）		7.20	6.78	6.40	7.20
	编码	名　称	单位	单价（元）		消　　耗　　量	
人工	000300100	砌筑综合工	工日	115.00	4.030	3.820	3.710	4.030
材料	041300010	标准砖 240×115×53	千块	422.33	1.192	1.192	1.192	1.192
	810104010	M5.0 水泥砂浆（特 稠度70～90mm）	m³	183.45	0.550	—	—	—
	810105010	M5.0 混合砂浆	m³	174.96	—	—	—	0.550
	850301010	干混商品砌筑砂浆 M5	t	228.16	—	0.935	—	—
	850302010	湿拌商品砌筑砂浆 M5	m³	311.65	—	—	0.561	—
	341100100	水	m³	4.42	0.230	0.505	0.230	0.230
机械	990610010	灰浆搅拌机 200L	台班	187.56	0.090	—	—	0.090
	990611010	干混砂浆罐式搅拌机 20000L	台班	232.40	—	0.055		

D.1.10　砖地沟(编码:010401014)

工作内容:1.调运砂浆、铺砂浆、运砖、砌砖。
　　　　2.调运干混商品砂浆、铺砂浆、运砖、砌砖。
　　　　3.运湿拌商品砂浆、铺砂浆、运砖、砌砖。

计量单位:10m³

定　额　编　号					AD0108	AD0109	AD0110
项　目　名　称					砖地沟		
					水泥砂浆		
					现拌砂浆 M5	干混商品砂浆	湿拌商品砂浆
综　合　单　价　(元)					**4623.13**	**4961.21**	**4635.05**
费用	其中	人　工　费　(元)			1185.65	1075.37	1017.64
		材　料　费　(元)			2872.16	3390.81	3225.42
		施工机具使用费　(元)			78.40	58.33	—
		企　业　管　理　费　(元)			304.64	273.22	245.25
		利　　润　(元)			163.32	146.47	131.48
		一　般　风　险　费　(元)			18.96	17.01	15.26
	编码	名　称	单位	单价(元)	消　　耗　　量		
人工	000300100	砌筑综合工	工日	115.00	10.310	9.351	8.849
材料	041300010	标准砖 240×115×53	千块	422.33	5.700	5.700	5.700
	810104010	M5.0 水泥砂浆(特稠度70~90mm)	m³	183.45	2.510	—	—
	850301010	干混商品砌筑砂浆 M5	t	228.16	—	4.267	—
	850302010	湿拌商品砌筑砂浆 M5	m³	311.65	—	—	2.611
	341100100	水	m³	4.42	1.000	2.255	1.000
机械	990610010	灰浆搅拌机 200L	台班	187.56	0.418	—	—
	990611010	干混砂浆罐式搅拌机 20000L	台班	232.40	—	0.251	—

D.1.11　烟(风)道(编码:070202001)

工作内容:1.调运砂浆、铺砂浆、运砖、砌砖,安放铁件等。
　　　　2.调运干混商品砂浆、铺砂浆、运砖、砌砖,安放铁件等。
　　　　3.运湿拌商品砂浆、铺砂浆、运砖、砌砖,安放铁件等。

计量单位:10m³

定　额　编　号					AD0111	AD0112	AD0113	AD0114	AD0115	AD0116
项　目　名　称					砖烟(风)道					
					240 砖			200 砖		
					水泥砂浆					
					现拌砂浆 M5	干混商品砂浆	湿拌商品砂浆	现拌砂浆 M5	干混商品砂浆	湿拌商品砂浆
综　合　单　价　(元)					**5148.13**	**5513.40**	**5144.10**	**5576.56**	**5898.89**	**6012.58**
费用	其中	人　工　费　(元)			1408.29	1289.15	1226.82	2000.43	1894.51	1839.08
		材　料　费　(元)			3080.45	3640.43	3444.71	2699.04	3197.03	3465.08
		施工机具使用费　(元)			84.40	62.98	—	76.90	56.01	—
		企　业　管　理　费　(元)			359.74	325.86	295.66	500.64	470.07	443.22
		利　　润　(元)			192.86	174.70	158.51	268.39	252.01	237.61
		一　般　风　险　费　(元)			22.39	20.28	18.40	31.16	29.26	27.59
	编码	名　称	单位	单价(元)	消　　耗　　量					
人工	000300100	砌筑综合工	工日	115.00	12.246	11.210	10.668	17.395	16.474	15.992
材料	041300010	标准砖 240×115×53	千块	422.33	6.090	6.090	6.090	—	—	—
	041300030	标准砖 200×95×53	千块	291.26	—	—	—	7.710	7.710	7.710
	810104010	M5.0 水泥砂浆(特稠度70~90mm)	m³	183.45	2.710	—	—	2.410	—	2.410
	850301010	干混商品砌筑砂浆 M5	t	228.16	—	4.607	—	—	4.097	—
	850302010	湿拌商品砌筑砂浆 M5	m³	311.65	—	—	2.764	—	—	2.458
	341100100	水	m³	4.42	2.560	3.915	2.560	2.560	3.765	2.560
机械	990610010	灰浆搅拌机 200L	台班	187.56	0.450	—	—	0.410	—	—
	990611010	干混砂浆罐式搅拌机 20000L	台班	232.40	—	0.271	—	—	0.241	—

工作内容:1.砖烟(气)道包含调运粘结泥、运砖、砌砖等。
2.成品烟(气)道包括烟道场内转运、安装、接口灌缝。

定 额 编 号				AD0117	AD0118	AD0119
项 目 名 称				砖烟(风)道	成品烟(气)道安装	
				耐火砖	单孔	双孔
				耐火泥		
单 位				10m³	100m	
综 合 单 价 (元)				**8380.46**	**6979.91**	**7074.27**
费用其中	人 工 费 (元)			1643.12	597.08	661.60
	材 料 费 (元)			6104.41	6152.83	6157.83
	施 工 机 具 使 用 费 (元)			—	—	—
	企 业 管 理 费 (元)			395.99	143.90	159.44
	利 润 (元)			212.29	77.14	85.48
	一 般 风 险 费 (元)			24.65	8.96	9.92
	编码	名 称	单位	单价(元)	消 耗 量	
人工	000300100	砌筑综合工	工日	115.00	14.288	5.192	5.753
材料	155100020	耐火泥	kg	1.46	1430.000	—	—
	153100020	耐火砖	千块	679.63	5.910	—	—
	333900020	成品烟道	m	59.83	—	101.000	101.000
	002000010	其他材料费	元	—	—	110.00	115.00

D.2 砌块砌体(编码:010402)

D.2.1 砌块墙(编码:010402001)

工作内容:1.调运砂浆、铺砂浆、运砖,砌砖包括窗台虎头砖、腰线、门窗套,安放木砖、铁件等。
2.调运干混商品砂浆、铺砂浆、运砖,砌砖包括窗台虎头砖、腰线、门窗套,安放木砖、铁件等。
3.运湿拌商品砂浆、铺砂浆、运砖,砌砖包括窗台虎头砖、腰线、门窗套,安放木砖、铁件等。　　计量单位:10m³

定 额 编 号					AD0120	AD0121	AD0122	AD0123
项 目 名 称					砼实心砌块墙			
					水泥砂浆			混合砂浆
					现拌砂浆 M5	干混商品砂浆	湿拌商品砂浆	现拌砂浆 M5
综 合 单 价 (元)					**6134.95**	**6304.68**	**6082.14**	**6124.25**
费用其中	人 工 费 (元)				1546.18	1490.86	1461.88	1546.18
	材 料 费 (元)				3938.63	4198.99	4057.15	3927.93
	施 工 机 具 使 用 费 (元)				39.39	29.28	—	39.39
	企 业 管 理 费 (元)				382.12	366.35	352.31	382.12
	利 润 (元)				204.85	196.40	188.87	204.85
	一 般 风 险 费 (元)				23.78	22.80	21.93	23.78
	编码	名 称	单位	单价(元)	消 耗 量			
人工	000300100	砌筑综合工	工日	115.00	13.445	12.964	12.712	13.445
材料	041503400	混凝土块	m³	450.00	6.830	6.830	6.830	6.830
	041300030	标准砖 200×95×53	千块	291.26	2.160	2.160	2.160	2.160
	810104010	M5.0 水泥砂浆(特 稠度 70~90mm)	m³	183.45	1.260	—	—	—
	810105010	M5.0 混合砂浆	m³	174.96	—	—	—	1.260
	850301010	干混商品砌筑砂浆 M5	t	228.16	—	2.142	—	—
	850302010	湿拌商品砌筑砂浆 M5	m³	311.65	—	—	1.122	—
	341100100	水	m³	4.42	1.100	1.730	1.100	1.100
机械	990610010	灰浆搅拌机 200L	台班	187.56	0.210	—	—	0.210
	990611010	干混砂浆罐式搅拌机 20000L	台班	232.40	—	0.126	—	—

D.2.2 零星砌块(编码:010402B01)

工作内容:1.调运砂浆、铺砂浆、运砖、砌砖、安放木砖、铁件等。
2.调运干混商品砂浆、铺砂浆、运砖、砌砖、安放木砖、铁件等。
3.运湿拌商品砂浆、铺砂浆、运砖、砌砖、安放木砖、铁件等。　　　　　　　　　　计量单位:10m³

定　额　编　号					AD0124	AD0125	AD0126
项　目　名　称					零星砌块		
					砼实心砌块墙		
					水泥砂浆		
					现拌砂浆 M5	干混商品砂浆	湿拌商品砂浆
综　合　单　价　(元)					**7348.66**	**7527.23**	**7346.55**
费用	其中	人　工　费　(元)			2278.15	2220.08	2189.60
		材　料　费　(元)			4135.81	4409.16	4313.52
		施工机具使用费　(元)			41.26	30.91	—
		企　业　管　理　费　(元)			558.98	542.49	527.69
		利　　润　(元)			299.67	290.83	282.90
		一　般　风　险　费　(元)			34.79	33.76	32.84
	编码	名　　称	单位	单价(元)	消　　耗　　量		
人工	000300100	砌筑综合工	工日	115.00	19.810	19.305	19.040
材料	041503400	混凝土块	m³	450.00	7.172	7.172	7.172
	041300030	标准砖 200×95×53	千块	291.26	2.268	2.268	2.268
	810104010	M5.0 水泥砂浆(特 稠度 70～90mm)	m³	183.45	1.323	—	—
	850301010	干混商品砌筑砂浆 M5	t	228.16	—	2.249	—
	850302010	湿拌商品砌筑砂浆 M5	m³	311.65	—	—	1.349
	341100100	水	m³	4.42	1.160	1.822	1.160
机械	990610010	灰浆搅拌机 200L	台班	187.56	0.220	—	—
	990611010	干混砂浆罐式搅拌机 20000L	台班	232.40	—	0.133	—

D.2.3 砌体加筋(编码:010402B02)

工作内容:制作、水平运输、安装。　　　　　　　　　　　　　　　　　　　　　　　　　计量单位:t

定　额　编　号					AD0127
项　目　名　称					砌体加筋
综　合　单　价　(元)					**5658.46**
费用	其中	人　工　费　(元)			1884.00
		材　料　费　(元)			3048.75
		施工机具使用费　(元)			—
		企　业　管　理　费　(元)			454.04
		利　　润　(元)			243.41
		一　般　风　险　费　(元)			28.26
	编码	名　　称	单位	单价(元)	消　　耗　　量
人工	000300070	钢筋综合工	工日	120.00	15.700
材料	010000120	钢材	t	2957.26	1.030
	010302020	镀锌铁丝 22#	kg	3.08	0.900

D.2.4　墙面勾缝(编码:010402B03)

工作内容:1.调运砂浆、勾缝。2.调运干混砂浆、勾缝。　　　　　　　　　　　　　　　　计量单位:100m²

定　额　编　号					AD0128	AD0129	AD0130	AD0131
项　目　名　称					墙面加浆勾缝		墙面原浆勾缝	
							水泥砂浆	
					水泥砂浆1:2	干混商品砂浆	现拌砂浆 M5	干混商品砂浆
综　合　单　价　(元)					**895.00**	**932.15**	**462.25**	**499.19**
费用	其中	人　工　费　(元)			607.20	598.00	305.90	296.70
		材　料　费　(元)			53.90	97.05	38.52	81.45
		施工机具使用费　(元)			—	4.88	—	4.88
		企　业　管　理　费　(元)			146.34	145.29	73.72	72.68
		利　　润　(元)			78.45	77.89	39.52	38.96
		一　般　风　险　费　(元)			9.11	9.04	4.59	4.52
	编码	名　称	单位	单价(元)	消　　耗　　量			
人工	000300100	砌筑综合工	工日	115.00	5.280	5.200	2.660	2.580
材料	810201030	水泥砂浆 1:2(特)	m³	256.68	0.210	—	—	—
	850301030	干混商品抹灰砂浆 M10	t	271.84	—	0.357	—	—
	810104010	M5.0 水泥砂浆(特 稠度 70～90mm)	m³	183.45	—	—	0.210	—
	850301010	干混商品砌筑砂浆 M5	t	228.16	—	—	—	0.357
机械	990611010	干混砂浆罐式搅拌机 20000L	台班	232.40	—	0.021	—	0.021

D.3　石　砌　体(编码:010403)

D.3.1　石基础(编码:010403001)

工作内容:1.运石、调运砂浆、铺砂浆、砌筑。2.运石,调运干混商品砂浆、铺砂浆,砌筑。　　　　　　　计量单位:10m³

定　额　编　号					AD0132	AD0133	AD0134	AD0135	AD0136	AD0137
项　目　名　称					块石	毛条石	石基础			
							块(片)石		毛条石	
					干砌		现拌水泥砂浆 M5	干混商品砂浆	现拌水泥砂浆 M5	干混商品砂浆
综　合　单　价　(元)					**2260.15**	**2864.12**	**3326.02**	**3862.69**	**3315.38**	**3504.92**
费用	其中	人　工　费　(元)			977.85	901.37	1116.54	941.39	994.18	932.42
		材　料　费　(元)			905.63	1615.54	1606.36	2430.23	1877.19	2167.94
		施工机具使用费　(元)			—	—	124.91	92.73	44.08	32.77
		企　业　管　理　费　(元)			235.66	217.23	299.19	249.22	250.22	232.61
		利　　润　(元)			126.34	116.46	160.40	133.61	134.14	124.70
		一　般　风　险　费　(元)			14.67	13.52	18.62	15.51	15.57	14.48
	编码	名　称	单位	单价(元)	消　　耗　　量					
人工	000300100	砌筑综合工	工日	115.00	8.503	7.838	9.709	8.186	8.645	8.108
材料	041100310	块(片)石	m³	77.67	11.660	—	11.220	11.220	—	—
	041100020	毛条石	m³	155.34	—	10.400	—	—	10.400	10.400
	810104010	M5.0 水泥砂浆(特 稠度 70～90mm)	m³	183.45	—	—	3.987	—	1.407	—
	850301010	干混商品砌筑砂浆 M5	t	228.16	—	—	—	6.778	—	2.392
	341100100	水	m³	4.42	—	—	0.790	2.784	0.800	1.504
机械	990610010	灰浆搅拌机 200L	台班	187.56	—	—	0.666	—	0.235	—
	990611010	干混砂浆罐式搅拌机 20000L	台班	232.40	—	—	—	0.399	—	0.141

D.3.2 勒 脚(编码:010403002)

工作内容:1.运石,调运砂浆、铺砂浆,砌筑。2.运石,调运干混商品砂浆、铺砂浆,砌筑。　　　计量单位:10m³

定　额　编　号				单位	单价(元)	AD0138	AD0139	AD0140	AD0141
项　目　名　称						勒脚			
						毛条石		清条石	
						现拌水泥砂浆 M5	干混商品砂浆	现拌水泥砂浆 M5	干混商品砂浆
综　合　单　价　(元)						**5190.13**	**5371.22**	**4293.17**	**4419.14**
费用	其中	人　工　费　(元)				2192.71	2135.09	1682.45	1651.40
		材　料　费　(元)				2100.84	2371.53	1931.47	2077.58
		施工机具使用费　(元)				37.51	30.44	22.51	39.01
		企业管理费　(元)				537.48	521.89	410.89	407.39
		利　　　润　(元)				288.14	279.79	220.28	218.40
		一 般 风 险 费　(元)				33.45	32.48	25.57	25.36
	编码	名　　称	单位	单价(元)		消　　耗　　量			
人工	000300100	砌筑综合工	工日	115.00		19.067	18.566	14.630	14.360
材料	810104010	M5.0 水泥砂浆(特 稠度 70~90mm)	m³	183.45		1.310	—	0.707	—
	850301010	干混商品砌筑砂浆 M5	t	228.16		—	2.227	—	1.202
	041100020	毛条石	m³	155.34		11.960	11.960	—	—
	041100610	清条石	m³	180.00		—	—	10.000	10.000
	341100100	水	m³	4.42		0.600	1.255	0.400	0.754
机械	990610010	灰浆搅拌机 200L	台班	187.56		0.200	—	0.120	0.120
	990611010	干混砂浆罐式搅拌机 20000L	台班	232.40		—	0.131	—	0.071

D.3.3 石 墙(编码:010403003)

工作内容:打天地座、镶缝、逗缝、扁口钻,运石,调运砂浆/干混商品砂浆、铺砂浆,砌筑、平整墙角及门窗洞
口处的石料加工等,毛石墙身包括墙角、门窗洞口处的石料加工,露面表面打平。　　　计量单位:10m³

定　额　编　号				单位	单价(元)	AD0142	AD0143	AD0144	AD0145	AD0146	AD0147
项　目　名　称						墙身					
						块(片)石		毛条石		清条石	
						现拌水泥砂浆 M5	干混商品砂浆	现拌水泥砂浆 M5	干混商品砂浆	现拌水泥砂浆 M5	干混商品砂浆
综　合　单　价　(元)						**3842.15**	**4378.66**	**6520.72**	**6701.97**	**4560.49**	**4655.26**
费用	其中	人　工　费　(元)				1489.14	1313.88	3152.96	3095.46	1872.55	1841.50
		材　料　费　(元)				1606.36	2430.23	2101.28	2371.97	1935.45	2081.56
		施工机具使用费　(元)				124.91	92.73	37.51	30.44	22.51	16.50
		企业管理费　(元)				388.99	338.99	768.90	753.34	456.71	447.78
		利　　　润　(元)				208.54	181.73	412.21	403.87	244.84	240.05
		一 般 风 险 费　(元)				24.21	21.10	47.86	46.89	28.43	27.87
	编码	名　　称	单位	单价(元)		消　　耗　　量					
人工	000300100	砌筑综合工	工日	115.00		12.949	11.425	27.417	26.917	16.283	16.013
材料	041100310	块(片)石	m³	77.67		11.220	11.220	—	—	—	—
	041100020	毛条石	m³	155.34		—	—	11.960	11.960	—	—
	041100610	清条石	m³	180.00		—	—	—	—	10.000	10.000
	810104010	M5.0 水泥砂浆(特 稠度 70~90mm)	m³	183.45		3.987	—	1.310	—	0.707	—
	850301010	干混商品砌筑砂浆 M5	t	228.16		—	6.778	—	2.227	—	1.202
	341100100	水	m³	4.42		0.790	2.784	0.700	1.355	1.300	1.654
机械	990610010	灰浆搅拌机 200L	台班	187.56		0.666	—	0.200	—	0.120	—
	990611010	干混砂浆罐式搅拌机 20000L	台班	232.40		—	0.399	—	0.131	—	0.071

工作内容:打天地座、镶缝、逗缝、扁口钻,运石,调运砂浆/干混商品砂浆、铺砂浆,砌筑、平整墙角及门窗洞口处的石料加工等,露面表面打平。

计量单位:10m³

定 额 编 号					AD0148	AD0149
项 目 名 称					帽石	
					清条石	
					现拌水泥砂浆 M10	干混商品砂浆
综 合 单 价 (元)					**4154.29**	**4258.18**
费用	其中	人 工 费 (元)			1566.65	1535.94
		材 料 费 (元)			1952.98	2108.06
		施 工 机 具 使 用 费 (元)			22.51	16.27
		企 业 管 理 费 (元)			382.99	374.08
		利 润 (元)			205.32	200.55
		一 般 风 险 费 (元)			23.84	23.28
	编码	名 称	单位	单价(元)	消 耗 量	
人工	000300100	砌筑综合工	工日	115.00	13.623	13.356
材料	041100610	清条石	m³	180.00	10.000	10.000
	810104030	M10.0 水泥砂浆(特 稠度 70～90mm)	m³	209.07	0.700	—
	850301090	干混商品砌筑砂浆 M10	t	252.00	—	1.190
	341100100	水	m³	4.42	1.500	1.850
机械	990610010	灰浆搅拌机 200L	台班	187.56	0.120	—
	990611010	干混砂浆罐式搅拌机 20000L	台班	232.40	—	0.070

D.3.4 石挡土墙(编码:010403004)

工作内容:运石,调运砂浆/干混商品砂浆、铺砂浆,砌筑、平整墙角及门窗洞口处的石料加工等,
毛石墙身包括墙角、门窗洞口处的石料加工。

计量单位:10m³

定 额 编 号					AD0150	AD0151	AD0152	AD0153
项 目 名 称					块(片)石		毛条石	
					浆砌			
					现拌水泥砂浆 M5	干混商品砂浆	现拌水泥砂浆 M5	干混商品砂浆
综 合 单 价 (元)					**3326.66**	**3842.00**	**3658.46**	**3824.99**
费用	其中	人 工 费 (元)			1249.82	1088.59	1388.63	1336.30
		材 料 费 (元)			1585.08	2343.42	1837.86	2083.76
		施 工 机 具 使 用 费 (元)			114.41	85.29	37.51	27.66
		企 业 管 理 费 (元)			251.84	216.70	263.26	251.79
		利 润 (元)			105.05	90.39	109.81	105.02
		一 般 风 险 费 (元)			20.46	17.61	21.39	20.46
	编码	名 称	单位	单价(元)	消 耗 量			
人工	000300100	砌筑综合工	工日	115.00	10.868	9.466	12.075	11.620
材料	810104010	M5.0 水泥砂浆(特 稠度 70～90mm)	m³	183.45	3.670	—	1.190	—
	850301010	干混商品砌筑砂浆 M5	t	228.16	—	6.239	—	2.023
	041100310	块(片)石	m³	77.67	11.660	11.660	—	—
	041100020	毛条石	m³	155.34	—	—	10.400	10.400
	341100100	水	m³	4.42	1.400	3.235	0.910	1.505
机械	990610010	灰浆搅拌机 200L	台班	187.56	0.610	—	0.200	—
	990611010	干混砂浆罐式搅拌机 20000L	台班	232.40	—	0.367	—	0.119

D.3.5　石 柱(编码:010403005)

工作内容:打天地座、镶缝、逗缝、扁口钻,运石,调运砂浆/干混商品砂浆、铺砂浆,砌筑、平整墙角及门窗
洞口处的石料加工等,露面表面打平。　　　　　　　　　　　　　　　　　　　　　计量单位:10m³

定　额　编　号					AD0154	AD0155
项　目　名　称					矩形石柱	
					清条石	
					现拌水泥砂浆 M5	干混商品砂浆
综　合　单　价(元)					**5877.12**	**6067.08**
费用	其中	人　工　费　(元)			2953.09	2893.29
		材　料　费　(元)			2052.14	2333.16
		施工机具使用费　(元)			43.14	31.61
		企　业　管　理　费　(元)			553.10	539.93
		利　　润　(元)			230.71	225.22
		一　般　风　险　费　(元)			44.94	43.87
	编码	名　　称	单位	单价(元)	消　耗　量	
人工	000300100	砌筑综合工	工日	115.00	25.679	25.159
材料	810104010	M5.0 水泥砂浆(特 稠度 70~90mm)	m³	183.45	1.360	—
	850301010	干混商品砌筑砂浆 M5	t	228.16	—	2.312
	041100610	清条石	m³	180.00	10.000	10.000
	341100100	水	m³	4.42	0.600	1.280
机械	990610010	灰浆搅拌机 200L	台班	187.56	0.230	—
	990611010	干混砂浆罐式搅拌机 20000L	台班	232.40	—	0.136

D.3.6　石栏杆(编码:010403006)

工作内容:1.放样,运石,调运砂浆、铺砂浆,砌筑。2.放样,运石,调运干混商品砂浆、铺砂浆,砌筑。　　　计量单位:10m³

定　额　编　号					AD0156	AD0157
项　目　名　称					清条石	
					栏杆	
					浆砌	
					现拌水泥砂浆 M10	干混商品砂浆
综　合　单　价(元)					**4868.72**	**4976.63**
费用	其中	人　工　费　(元)			2261.48	2230.77
		材　料　费　(元)			1952.98	2108.06
		施工机具使用费　(元)			22.51	16.27
		企　业　管　理　费　(元)			421.62	414.80
		利　　润　(元)			175.87	173.02
		一　般　风　险　费　(元)			34.26	33.71
	编码	名　　称	单位	单价(元)	消　耗　量	
人工	000300100	砌筑综合工	工日	115.00	19.665	19.398
材料	041100610	清条石	m³	180.00	10.000	10.000
	810104030	M10.0 水泥砂浆(特 稠度 70~90mm)	m³	209.07	0.700	—
	850301090	干混商品砌筑砂浆 M10	t	252.00	—	1.190
	341100100	水	m³	4.42	1.500	1.850
机械	990610010	灰浆搅拌机 200L	台班	187.56	0.120	—
	990611010	干混砂浆罐式搅拌机 20000L	台班	232.40	—	0.070

D.3.7 石护坡(编码:010403007)

D.3.7.1 护坡

工作内容:1.放样,运石,调运砂浆、铺砂浆、砌筑。2.放样,运石,调运干混商品砂浆、铺砂浆、砌筑。　　　　**计量单位:**10m³

定　额　编　号					AD0158	AD0159	AD0160
项　目　名　称					块(片)石		
						浆砌	
					干砌	现拌水泥砂浆 M5	干混商品砂浆
综　合　单　价　(元)					**2028.42**	**3466.36**	**3981.69**
费用	其中	人　工　费　(元)			879.52	1358.04	1196.81
		材　料　费　(元)			905.63	1586.63	2344.97
		施工机具使用费　(元)			—	114.41	85.29
		企　业　管　理　费　(元)			162.36	271.81	236.67
		利　　润　　(元)			67.72	113.38	98.72
		一　般　风　险　费　(元)			13.19	22.09	19.23
	编码	名　称	单位	单价(元)	消　　耗		量
人工	000300100	砌筑综合工	工日	115.00	7.648	11.809	10.407
材料	810104010	M5.0 水泥砂浆(特 稠度 70~90mm)	m³	183.45	—	3.670	—
	850301010	干混商品砌筑砂浆 M5	t	228.16	—	—	6.239
	041100310	块(片)石	m³	77.67	11.660	11.660	11.660
	341100100	水	m³	4.42	—	1.750	3.585
机械	990610010	灰浆搅拌机 200L	台班	187.56	—	0.610	—
	990611010	干混砂浆罐式搅拌机 20000L	台班	232.40	—	—	0.367

D.3.7.2 锥坡、填腹

工作内容:1.放样,运石,调运砂浆、铺砂浆、砌筑。2.放样,运石,调运干混商品砂浆、铺砂浆、砌筑。　　　　**计量单位:**10m³

定　额　编　号					AD0161	AD0162	AD0163	AD0164	AD0165
项　目　名　称					锥坡			填腹	
					块(片)石				
					干砌	现拌水泥砂浆 M5	干混商品砂浆	现拌水泥砂浆 M5	干混商品砂浆
综　合　单　价　(元)					**2701.99**	**3855.13**	**4370.47**	**3105.16**	**3607.25**
费用	其中	人　工　费　(元)			1407.14	1670.49	1509.26	1118.72	961.86
		材　料　费　(元)			905.63	1576.53	2334.87	1535.74	2273.42
		施工机具使用费　(元)			—	114.41	85.29	110.66	82.97
		企　业　管　理　费　(元)			259.76	329.49	294.35	226.94	192.88
		利　　润　　(元)			108.35	137.44	122.78	94.66	80.45
		一　般　风　险　费　(元)			21.11	26.77	23.92	18.44	15.67
	编码	名　称	单位	单价(元)	消　　耗				量
人工	000300100	砌筑综合工	工日	115.00	12.236	14.526	13.124	9.728	8.364
材料	810104010	M5.0 水泥砂浆(特 稠度 70~90mm)	m³	183.45	—	3.670	—	3.570	—
	041100310	块(片)石	m³	77.67	11.660	11.530	11.530	11.220	11.220
	341100100	水	m³	4.42	—	1.750	3.585	2.120	3.905
	850301010	干混商品砌筑砂浆 M5	t	228.16	—	—	6.239	—	6.069
机械	990610010	灰浆搅拌机 200L	台班	187.56	—	0.610	—	0.590	—
	990611010	干混砂浆罐式搅拌机 20000L	台班	232.40	—	—	0.367	—	0.357

D.3.8 石台阶(编码:010403008)

工作内容:1.放样,运石,调运砂浆、铺砂浆、砌筑。2.放样,运石,调运干混商品砂浆、铺砂浆,砌筑。　　　　　计量单位:10m³

定 额 编 号					AD0166	AD0167	AD0168	AD0169
项 目 名 称					石台阶			
					块(片)石		条石	
					浆砌			
					现拌水泥砂浆 M5	干混商品砂浆	现拌水泥砂浆 M5	干混商品砂浆
综 合 单 价 (元)					**4417.07**	**4911.75**	**5754.16**	**5890.54**
费用	其中	人 工 费 (元)			1930.51	1769.28	2771.73	2719.41
		材 料 费 (元)			1584.46	2342.80	1839.41	2085.30
		施工机具使用费 (元)			114.41	85.29	54.39	27.66
		企 业 管 理 费 (元)			492.82	446.95	681.10	662.04
		利 润 (元)			264.20	239.61	365.14	354.92
		一 般 风 险 费 (元)			30.67	27.82	42.39	41.21
	编码	名 称	单位	单价(元)	消 耗 量			
人工	000300100	砌筑综合工	工日	115.00	16.787	15.385	24.102	23.647
材料	810104010	M5.0 水泥砂浆(特稠度 70~90mm)	m³	183.45	3.670	—	1.190	—
	850301010	干混商品砌筑砂浆 M5	t	228.16	—	6.239	—	2.023
	041100020	毛条石	m³	155.34	—	—	10.400	10.400
	041100310	块(片)石	m³	77.67	11.660	11.660	—	—
	341100100	水	m³	4.42	1.260	3.095	1.260	1.855
机械	990610010	灰浆搅拌机 200L	台班	187.56	0.610	—	0.290	—
	990611010	干混砂浆罐式搅拌机 20000L	台班	232.40	—	0.367	—	0.119

工作内容:1.放样,运石,调运砂浆、铺砂浆,砌筑。2.放样,运石,调运干混商品砂浆、铺砂浆,砌筑。　　　　　计量单位:10m

定 额 编 号					AD0170	AD0171	AD0172	AD0173
项 目 名 称					石砌踏步			
					毛条石		清条石	
					现拌水泥砂浆 M5	干混商品砂浆	现拌水泥砂浆 M5	干混商品砂浆
综 合 单 价 (元)					**1352.30**	**1360.35**	**1037.11**	**1045.16**
费用	其中	人 工 费 (元)			858.71	856.06	618.36	615.71
		材 料 费 (元)			160.21	172.61	177.96	190.35
		施工机具使用费 (元)			1.88	1.39	1.88	1.39
		企 业 管 理 费 (元)			207.40	206.65	149.48	148.72
		利 润 (元)			111.19	110.78	80.13	79.73
		一 般 风 险 费 (元)			12.91	12.86	9.30	9.26
	编码	名 称	单位	单价(元)	消 耗 量			
人工	000300100	砌筑综合工	工日	115.00	7.467	7.444	5.377	5.354
材料	810104010	M5.0 水泥砂浆(特稠度 70~90mm)	m³	183.45	0.060	—	0.060	—
	850301010	干混商品砌筑砂浆 M5	t	228.16	—	0.102	—	0.102
	041100020	毛条石	m³	155.34	0.940	0.940	—	—
	041100610	清条石	m³	180.00	—	—	0.910	0.910
	341100100	水	m³	4.42	0.400	0.430	0.400	0.430
	002000010	其他材料费	元		—	1.42	1.42	1.38	1.38
机械	990610010	灰浆搅拌机 200L	台班	187.56	0.010	—	0.010	—
	990611010	干混砂浆罐式搅拌机 20000L	台班	232.40	—	0.006	—	0.006

工作内容:1.放样,运石,调运砂浆、铺砂浆,砌筑。2.放样,运石,调运干混商品砂浆、铺砂浆,砌筑。　　　　计量单位:10m

定　额　编　号					AD0174	AD0175	AD0176	AD0177
项　目　名　称					石砌梯带			
					毛条石		清条石	
					现拌水泥砂浆 M5	干混商品砂浆	现拌水泥砂浆 M5	干混商品砂浆
费用	综　合　单　价　(元)				**1586.27**	**1590.67**	**1193.81**	**1198.37**
	其中	人　工　费　(元)			1030.29	1028.45	734.16	732.44
		材　料　费　(元)			156.51	164.77	174.25	182.51
		施 工 机 具 使 用 费　(元)			1.88	0.93	1.88	0.93
		企 业 管 理 费　(元)			248.75	248.08	177.38	176.74
		利　　润　(元)			133.36	133.00	95.10	94.75
		一 般 风 险 费　(元)			15.48	15.44	11.04	11.00
	编码	名　称	单位	单价(元)	消　耗　量			
人工	000300100	砌筑综合工	工日	115.00	8.959	8.943	6.384	6.369
材料	810104010	M5.0 水泥砂浆(特稠度 70～90mm)	m³	183.45	0.040	—	0.040	—
	850301010	干混商品砌筑砂浆 M5	t	228.16	—	0.068	—	0.068
	041100020	毛条石	m³	155.34	0.940	0.940	—	—
	041100610	清条石	m³	180.00	—	—	0.910	0.910
	341100100	水	m³	4.42	0.400	0.420	0.400	0.420
	002000010	其他材料费	元	—	1.38	1.38	1.34	1.34
机械	990610010	灰浆搅拌机 200L	台班	187.56	0.010	—	0.010	—
	990611010	干混砂浆罐式搅拌机 20000L	台班	232.40	—	0.004	—	0.004

工作内容:1.放样,运石,调运砂浆、铺砂浆,砌筑。2.放样,运石,调运干混商品砂浆、铺砂浆,砌筑。　　　　计量单位:10m²

定　额　编　号					AD0178	AD0179	AD0180	AD0181
项　目　名　称					石砌平台			
					毛条石		清条石	
					现拌水泥砂浆 M5	干混商品砂浆	现拌水泥砂浆 M5	干混商品砂浆
费用	综　合　单　价　(元)				**1924.04**	**1978.67**	**1606.36**	**1661.00**
	其中	人　工　费　(元)			1004.07	996.59	730.94	723.47
		材　料　费　(元)			525.40	560.53	586.07	621.19
		施 工 机 具 使 用 费　(元)			5.63	27.19	5.63	27.19
		企 业 管 理 费　(元)			243.34	246.73	177.51	180.91
		利　　润　(元)			130.45	132.27	95.16	96.98
		一 般 风 险 费　(元)			15.15	15.36	11.05	11.26
	编码	名　称	单位	单价(元)	消　耗　量			
人工	000300100	砌筑综合工	工日	115.00	8.731	8.666	6.356	6.291
材料	810104010	M5.0 水泥砂浆(特稠度 70～90mm)	m³	183.45	0.170	—	0.170	—
	850301010	干混商品砌筑砂浆 M5	t	228.16	—	0.289	—	0.289
	041100020	毛条石	m³	155.34	3.120	3.120	—	—
	041100610	清条石	m³	180.00	—	—	3.030	3.030
	341100100	水	m³	4.42	1.120	1.205	1.120	1.205
	002000010	其他材料费	元	—	4.60	4.60	4.53	4.53
机械	990610010	灰浆搅拌机 200L	台班	187.56	0.030	—	0.030	—
	990611010	干混砂浆罐式搅拌机 20000L	台班	232.40	—	0.117	—	0.117

D.3.9 其他石砌体及附属

D.3.9.1 检查井(编码:010403B01)

工作内容:1.打天地座、扁口缝,运石,调运砂浆/干混商品砂浆,铺砂浆,安砌,清理石渣。
　　　　　2.水池边墙面露面开缝,座灰及埋设出水管。

计量单位:10m³

定 额 编 号					AD0182	AD0183	AD0184	AD0185
项 目 名 称					毛条石检查井		清条石检查井	
					现拌水泥砂浆 M5	干混商品砂浆	现拌水泥砂浆 M5	干混商品砂浆
费用		综 合 单 价 (元)			**4539.66**	**4725.02**	**4704.82**	**4801.91**
	其中	人 工 费 (元)			1872.55	1815.05	2146.82	2115.66
		材 料 费 (元)			2101.28	2369.07	1935.45	2079.99
		施 工 机 具 使 用 费 (元)			37.51	30.44	22.51	16.50
		企 业 管 理 费 (元)			352.60	340.68	400.46	393.60
		利 润 (元)			147.07	142.10	167.04	164.18
		一 般 风 险 费 (元)			28.65	27.68	32.54	31.98
	编码	名 称	单位	单价(元)	消 耗 量			
人工	000300100	砌筑综合工	工日	115.00	16.283	15.783	18.668	18.397
材料	041100020	毛条石	m³	155.34	11.960	11.960	—	—
	041100610	清条石	m³	180.00	—	—	10.000	10.000
	810104010	M5.0 水泥砂浆(特稠度70～90mm)	m³	183.45	1.310	—	0.707	—
	850301010	干混商品砌筑砂浆 M5	t	228.16	—	2.227	—	1.202
	341100100	水	m³	4.42	0.700	0.700	1.300	1.300
机械	990610010	灰浆搅拌机 200L	台班	187.56	0.200	—	0.120	—
	990611010	干混砂浆罐式搅拌机 20000L	台班	232.40	—	0.131	—	0.071

D.3.9.2 砂石滤沟、滤层(编码:010403B02)

工作内容:挖沟、清沟、配料、铺筑、整形、场内水平运输。

计量单位:10m³

定 额 编 号					AD0186	AD0187	AD0188	AD0189	AD0190	AD0191
项 目 名 称					滤沟		滤层			
					砂砾石	砂碎石	砂	砾石	碎石	块(片)石
费用		综 合 单 价 (元)			**2706.15**	**2718.59**	**1305.28**	**1730.47**	**1792.92**	**1806.60**
	其中	人 工 费 (元)			1325.26	1362.41	302.68	486.22	589.95	705.76
		材 料 费 (元)			1014.32	979.33	918.88	1109.76	1039.79	905.63
		施 工 机 具 使 用 费 (元)			—	—	—	—	—	—
		企 业 管 理 费 (元)			244.64	251.50	55.87	89.76	108.90	130.28
		利 润 (元)			102.05	104.91	23.31	37.44	45.43	54.34
		一 般 风 险 费 (元)			19.88	20.44	4.54	7.29	8.85	10.59
	编码	名 称	单位	单价(元)	消 耗 量					
人工	000300010	建筑综合工	工日	115.00	11.524	11.847	2.632	4.228	5.130	6.137
材料	040300760	特细砂	t	63.11	7.280	7.280	14.560	—	—	—
	040500209	碎石 5～40	t	67.96	—	7.650	—	—	15.300	—
	040500760	砾石 20～60	t	64.00	8.670	—	—	17.340	—	—
	041100310	块(片)石	m³	77.67	—	—	—	—	—	11.660

D.3.9.3　条石镶面(编码:010403B03)

工作内容:1.放样,运石,调运砂浆,铺砂浆,砌筑。2.放样,运石,调运干混商品砂浆,铺砂浆,砌筑。　　　　　计量单位:10m³

定　额　编　号					AD0192	AD0193
项　目　名　称					条石镶面	
					现拌水泥砂浆 M10	干混商品砂浆
	综　合　单　价（元）				**4252.49**	**4341.57**
费用	其中	人　工　费（元）			2079.09	2048.27
		材　料　费（元）			1569.60	1724.67
		施工机具使用费（元）			22.51	1.63
		企　业　管　理　费（元）			387.95	378.41
		利　　润（元）			161.82	157.84
		一　般　风　险　费（元）			31.52	30.75
	编码	名　称	单位	单价(元)	消　耗　量	
人工	000300100	砌筑综合工	工日	115.00	18.079	17.811
材料	810104030	M10.0 水泥砂浆（特稠度 70~90mm）	m³	209.07	0.700	—
	850301090	干混商品砌筑砂浆 M10	t	252.00	—	1.190
	041100620	镶面条石	m³	141.75	10.000	10.000
	341100100	水	m³	4.42	1.300	1.650
机械	990610010	灰浆搅拌机 200L	台班	187.56	0.120	—
	990611010	干混砂浆罐式搅拌机 20000L	台班	232.40	—	0.007

D.3.9.4　石表面加工(编码:010403B04)

工作内容:划线、扁光、钻路、打麻。

定　额　编　号				AD0194	AD0195	AD0196	AD0197	AD0198	AD0199
项　目　名　称				倒水扁光			扁光	钉麻面或打钻路	整石扁光
				斜面宽(cm 以内)					
				5	10	15			
单　　位				10m			10m²		
	综　合　单　价（元）			**124.63**	**209.76**	**260.23**	**1037.40**	**756.77**	**1600.33**
费用	其中	人　工　费（元）		97.63	164.32	203.84	812.63	592.80	1253.59
		材　料　费（元）		—	—	—	—	—	—
		施工机具使用费（元）		—	—	—	—	—	—
		企　业　管　理　费（元）		18.02	30.33	37.63	150.01	109.43	231.41
		利　　润（元）		7.52	12.65	15.70	62.57	45.65	96.53
		一　般　风　险　费（元）		1.46	2.46	3.06	12.19	8.89	18.80
	编码	名　称	单位	单价(元)	消　　耗　　量				
人工	001000030	石作综合工	工日	130.00	0.751	1.264	1.568	6.251	4.560	9.643

工作内容:1.清理砌体表面、剔缝、洗刷、调制砂浆、勾缝、养护等。
　　　　　2.清理砌体表面、剔缝、洗刷、调制干混商品砂浆、勾缝、养护等。　　　　　　　　　　　计量单位:100m²

定　额　编　号					AD0200	AD0201	AD0202	AD0203	AD0204	AD0205
项　目　名　称					勾平缝		勾凹缝		勾凸缝	
					块石、条石、预制块					
					现拌水泥砂浆 M10	干混商品砂浆	现拌水泥砂浆 M10	干混商品砂浆	现拌水泥砂浆 M10	干混商品砂浆
费用	综　合　单　价　(元)				**765.69**	**844.11**	**1239.88**	**1318.30**	**1386.89**	**1500.58**
	其中	人　工　费　(元)			481.85	459.89	853.30	831.34	923.22	891.14
		材　料　费　(元)			131.41	242.18	131.41	242.18	179.57	341.29
		施工机具使用费　(元)			15.00	11.62	15.00	11.62	22.51	16.97
		企　业　管　理　费　(元)			91.72	87.04	160.29	155.61	174.58	167.64
		利　　润　(元)			38.26	36.31	66.86	64.91	72.82	69.92
		一　般　风　险　费　(元)			7.45	7.07	13.02	12.64	14.19	13.62
	编码	名　　称	单位	单价(元)	消　　　耗　　　量					
人工	000300010	建筑综合工	工日	115.00	4.190	3.999	7.420	7.229	8.028	7.749
材料	810104030	M10.0 水泥砂浆(特 稠度 70~90mm)	m³	209.07	0.500	—	0.500	—	0.730	—
	850301090	干混商品砌筑砂浆 M10	t	252.00	—	0.850	—	0.850	—	1.241
	341100100	水	m³	4.42	5.750	6.000	5.750	6.000	5.640	6.005
	002000010	其他材料费	元	—	1.46	1.46	1.46	1.46	2.02	2.02
机械	990610010	灰浆搅拌机 200L	台班	187.56	0.080	—	0.080	—	0.120	—
	990611010	干混砂浆罐式搅拌机 20000L	台班	232.40	—	0.050	—	0.050	—	0.073

工作内容:1.清理砌体表面、剔缝、洗刷、调制砂浆、勾缝、养护等。
　　　　　2.清理砌体表面、剔缝、洗刷、调制干混商品砂浆、勾缝、养护等。　　　　　　　　　　　计量单位:100m²

定　额　编　号					AD0206	AD0207
项　目　名　称					开槽勾缝	
					条石	
					现拌水泥砂浆 M10	干混商品砂浆
费用	综　合　单　价　(元)				**3479.19**	**3839.26**
	其中	人　工　费　(元)			2252.74	2150.85
		材　料　费　(元)			510.68	1024.65
		施工机具使用费　(元)			72.59	53.92
		企　业　管　理　费　(元)			429.25	407.00
		利　　润　(元)			179.05	169.77
		一　般　风　险　费　(元)			34.88	33.07
	编码	名　　称	单位	单价(元)	消　　耗　　量	
人工	000300010	建筑综合工	工日	115.00	19.589	18.703
材料	810104030	M10.0 水泥砂浆(特 稠度 70~90mm)	m³	209.07	2.320	—
	850301090	干混商品砌筑砂浆 M10	t	252.00	—	3.944
	341100100	水	m³	4.42	5.800	6.960
机械	990610010	灰浆搅拌机 200L	台班	187.56	0.387	—
	990611010	干混砂浆罐式搅拌机 20000L	台班	232.40	—	0.232

工作内容:裁、铺油毡或板材,熬涂沥青,安装修整等。

计量单位:10m²

定 额 编 号				AD0208	AD0209	AD0210
项 目 名 称				油毡		沥青木丝板
				一毡	一油	
综 合 单 价 (元)				**55.68**	**78.50**	**254.26**
费用	其中	人 工 费 (元)		3.34	24.04	33.93
		材 料 费 (元)		51.41	47.81	210.95
		施 工 机 具 使 用 费 (元)		—	—	—
		企 业 管 理 费 (元)		0.62	4.44	6.26
		利 润 (元)		0.26	1.85	2.61
		一 般 风 险 费 (元)		0.05	0.36	0.51
	编码	名 称	单位	单价(元)	消 耗 量	
人工	000300010	建筑综合工	工日	115.00	0.029	0.209	0.295
材料	133100920	石油沥青	kg	2.56	—	18.360	40.000
	022701200	油毛毡	m²	5.04	10.200	—	—
	051500110	木丝板	m²	10.26	—	—	10.200
	002000010	其他材料费	元	—	—	0.81	3.90

工作内容:下料、清孔、涂抹沥青、安装等。

计量单位:10m

定 额 编 号				AD0211	AD0212	AD0213	AD0214
项 目 名 称				泄水孔			
				塑料	金属	塑料	金属
				孔径 $\phi 50$ 内		孔径 $\phi 50$ 外	
综 合 单 价 (元)				**113.70**	**211.39**	**120.60**	**220.53**
费用	其中	人 工 费 (元)		53.59	66.70	59.00	73.26
		材 料 费 (元)		45.29	126.24	45.29	127.01
		施 工 机 具 使 用 费 (元)		—	—	—	—
		企 业 管 理 费 (元)		9.89	12.31	10.89	13.52
		利 润 (元)		4.13	5.14	4.54	5.64
		一 般 风 险 费 (元)		0.80	1.00	0.88	1.10
	编码	名 称	单位	单价(元)	消 耗 量			
人工	000300010	建筑综合工	工日	115.00	0.466	0.580	0.513	0.637
材料	172500440	塑料管 $D50$	m	4.44	10.200	—	10.200	—
	170101600	钢管 $D50$	m	12.00	—	10.200	—	10.200
	133100700	石油沥青30#	kg	2.56	—	1.500	—	1.800

D.4 预制块砌体(编码:0104B5)

工作内容:1.打天地座、扁口缝,场内水平运输,调运砂浆,铺砂浆,安砌。
2.打天地座、扁口缝,场内水平运输,调运干混商品砂浆、铺砂浆,安砌。

计量单位:10m³

定 额 编 号				AD0215	AD0216	AD0217	AD0218	AD0219	AD0220
项 目 名 称				预制块					
				现拌水泥砂浆 M5 浆砌	干混商品砂浆 浆砌	现拌水泥砂浆 M5 浆砌	干混商品砂浆 浆砌	现拌水泥砂浆 M5 浆砌	干混商品砂浆 浆砌
				挡墙基础		挡墙		台阶	
综 合 单 价 (元)				5821.11	5930.02	5981.77	6075.08	6870.36	6919.67
费 用	其 中	人 工 费 (元)		846.75	815.93	951.63	920.81	1560.09	1529.39
		材 料 费 (元)		4632.61	4777.26	4632.39	4777.04	4633.98	4778.63
		施工机具使用费 (元)		11.25	16.27	22.51	16.27	54.39	16.27
		企 业 管 理 费 (元)		206.78	200.56	234.77	225.83	389.09	372.50
		利 润 (元)		110.85	107.52	125.86	121.07	208.59	199.70
		一 般 风 险 费 (元)		12.87	12.48	14.61	14.06	24.22	23.18
	编码	名 称	单位	单价(元)	消 耗 量				
人工	000300100	砌筑综合工	工日	115.00	7.363	7.095	8.275	8.007	13.566	13.299
材 料	041503400	混凝土块	m³	450.00	10.000	10.000	10.000	10.000	10.000	10.000
	810104010	M5.0 水泥砂浆(特 稠度 70~90mm)	m³	183.45	0.700	—	0.700	—	0.700	—
	850301010	干混商品砌筑砂浆 M5	t	228.16	—	1.190	1.190	—	1.190	
	341100100	水	m³	4.42	0.950	1.300	0.900	1.250	1.260	1.610
机 械	990610010	灰浆搅拌机 200L	台班	187.56	0.060	—	0.120	—	0.290	—
	990611010	干混砂浆罐式搅拌机 20000L	台班	232.40	—	0.070	—	0.070	—	0.070

工作内容:1.打天地座、扁口缝,场内水平运输,调运砂浆,铺砂浆,安砌。
2.打天地座、扁口缝,场内水平运输,调运干混商品砂浆、铺砂浆,安砌。

计量单位:10m³

定 额 编 号				AD0221	AD0222	AD0223	AD0224
项 目 名 称				预制块			
				现拌水泥砂浆 M5 浆砌	干混商品砂浆 浆砌	现拌水泥砂浆 M5 浆砌	干混商品砂浆 浆砌
				护坡		护坡	护坡
				无底浆			有底浆
综 合 单 价 (元)				6066.59	6126.55	6530.20	6772.52
费 用	其 中	人 工 费 (元)		1161.39	1141.95	1272.82	1193.70
		材 料 费 (元)		4439.64	4530.56	4689.14	5061.07
		施工机具使用费 (元)		13.13	10.23	56.27	41.83
		企 业 管 理 费 (元)		283.06	277.67	320.31	297.76
		利 润 (元)		151.75	148.86	171.72	159.63
		一 般 风 险 费 (元)		17.62	17.28	19.94	18.53
	编码	名 称	单位	单价(元)	消 耗 量		
人工	000300100	砌筑综合工	工日	115.00	10.099	9.930	11.068	10.380
材 料	041503400	混凝土块	m³	450.00	9.670	9.670	9.670	9.670
	810104010	M5.0 水泥砂浆(特 稠度 70~90mm)	m³	183.45	0.440	—	1.800	—
	850301010	干混商品砌筑砂浆 M5	t	228.16	—	0.748	—	3.060
	341100100	水	m³	4.42	1.680	1.900	1.680	2.580
机 械	990610010	灰浆搅拌机 200L	台班	187.56	0.070	—	0.300	—
	990611010	干混砂浆罐式搅拌机 20000L	台班	232.40	—	0.044	—	0.180

工作内容:1.打天地座、扁口缝,场内水平运输,调运砂浆、铺砂浆,安砌。
2.打天地座、扁口缝,场内水平运输,调运干混商品砂浆、铺砂浆,安砌。

计量单位:10m³

定 额 编 号					AD0225	AD0226
项 目 名 称					预制块	
					现拌水泥砂浆 M5 浆砌	干混商品砂浆 浆砌
					锥坡	
综 合 单 价 (元)					**5905.86**	**6014.39**
费用	其中	人 工 费 (元)			881.71	846.52
		材 料 费 (元)			4650.74	4816.04
		施 工 机 具 使 用 费 (元)			24.38	18.59
		企 业 管 理 费 (元)			218.37	208.49
		利 润 (元)			117.07	111.77
		一 般 风 险 费 (元)			13.59	12.98
	编码	名 称	单位	单价(元)	消 耗 量	
人工	000300100	砌筑综合工	工日	115.00	7.667	7.361
材料	041503400	混凝土块	m³	450.00	10.000	10.000
	810104010	M5.0 水泥砂浆(特 稠度 70～90mm)	m³	183.45	0.800	—
	850301010	干混商品砌筑砂浆 M5	t	228.16	—	1.360
	341100100	水	m³	4.42	0.900	1.300
机械	990610010	灰浆搅拌机 200L	台班	187.56	0.130	—
	990611010	干混砂浆罐式搅拌机 20000L	台班	232.40	—	0.080

工作内容:1.打天地座、扁口缝,场内水平运输,调运砂浆、铺砂浆,安砌。
2.打天地座、扁口缝,场内水平运输,调运干混商品砂浆、铺砂浆,安砌。

计量单位:10m³

定 额 编 号					AD0227	AD0228
项 目 名 称					预制块	
					现拌水泥砂浆 M10 浆砌	干混商品砂浆 浆砌
					栏杆	
综 合 单 价 (元)					**7837.95**	**7941.84**
费用	其中	人 工 费 (元)			2276.77	2246.07
		材 料 费 (元)			4652.98	4808.06
		施 工 机 具 使 用 费 (元)			22.51	16.27
		企 业 管 理 费 (元)			554.13	545.22
		利 润 (元)			297.07	292.29
		一 般 风 险 费 (元)			34.49	33.93
	编码	名 称	单位	单价(元)	消 耗 量	
人工	000300100	砌筑综合工	工日	115.00	19.798	19.531
材料	041503400	混凝土块	m³	450.00	10.000	10.000
	810104030	M10.0 水泥砂浆(特 稠度 70～90mm)	m³	209.07	0.700	—
	850301090	干混商品砌筑砂浆 M10	t	252.00	—	1.190
	341100100	水	m³	4.42	1.500	1.850
机械	990610010	灰浆搅拌机 200L	台班	187.56	0.120	—
	990611010	干混砂浆罐式搅拌机 20000L	台班	232.40	—	0.070

D.5 垫 层(编码:010404)

工作内容: 1.拌和、铺设垫层、找平压(夯)实,调运砂浆、灌缝。
2.拌和、铺设垫层、找平压(夯)实,调运干混商品砂浆、灌缝。

计量单位:10m³

定 额 编 号						AD0229	AD0230	AD0231
项 目 名 称						砂	砂碎石	块(片)石
							人工级配	干铺
综 合 单 价 (元)						**1509.87**	**2259.01**	**2071.95**
费用	其中	人 工 费 (元)				340.86	587.77	626.06
		材 料 费 (元)				1031.60	1435.66	1193.65
		施 工 机 具 使 用 费 (元)				4.41	6.62	8.00
		企 业 管 理 费 (元)				83.21	143.25	152.81
		利 润 (元)				44.61	76.79	81.92
		一 般 风 险 费 (元)				5.18	8.92	9.51
	编码	名 称	单位	单价(元)	消	耗		量
人工	000300010	建筑综合工	工日	115.00	2.964	5.111	5.444
材料	040300760	特细砂	t	63.11	16.136	6.830	3.850
	040500745	砾石 5~60	t	64.00	—	15.490	—
	041100310	块(片)石	m³	77.67	—	—	12.240
	341100100	水	m³	4.42	3.000	3.000	—
机械	990123020	电动夯实机 200~620N·m	台班	27.58	0.160	0.240	0.290

工作内容: 1.拌和、铺设垫层、找平压(夯)实,调运砂浆、灌缝。
2.拌和、铺设垫层、找平压(夯)实,调运干混商品砂浆、灌缝。

计量单位:10m³

定 额 编 号						AD0232	AD0233
项 目 名 称						块(片)石	
						灌浆	
						现拌水泥砂浆 M5	干混商品砂浆
综 合 单 价 (元)						**2871.97**	**3258.12**
费用	其中	人 工 费 (元)				947.26	829.04
		材 料 费 (元)				1416.41	2004.42
		施 工 机 具 使 用 费 (元)				103.54	76.03
		企 业 管 理 费 (元)				253.24	218.12
		利 润 (元)				135.76	116.93
		一 般 风 险 费 (元)				15.76	13.58
	编码	名 称	单位	单价(元)	消	耗	量
人工	000300010	建筑综合工	工日	115.00	8.237	7.209
材料	810101010	M5.0 水泥砂浆(特稠度 30~50mm)	m³	171.49	2.690	—
	850301010	干混商品砌筑砂浆 M5	t	228.16	—	4.573
	041100310	块(片)石	m³	77.67	12.240	12.240
	341100100	水	m³	4.42	1.000	2.345
机械	990123020	电动夯实机 200~620N·m	台班	27.58	0.490	0.490
	990610010	灰浆搅拌机 200L	台班	187.56	0.480	—
	990611010	干混砂浆罐式搅拌机 20000L	台班	232.40	—	0.269

工作内容:1.拌和、铺设垫层、找平压(夯)实,调运砂浆、灌缝。
　　　　2.拌和、铺设垫层、找平压(夯)实,调运干混商品砂浆、灌缝。

定 额 编 号				AD0234	AD0235	AD0236	AD0237	AD0238
项 目 名 称				碎石	碎石		原土夯入碎石	炉(矿)渣干铺
				干铺	灌浆			
					现拌水泥砂浆 M5	干混商品砂浆		
单 位				10m³			100m²	10m³
综 合 单 价 (元)				**2080.73**	**2583.34**	**3000.62**	**1077.80**	**1088.30**
费用	其中	人 工 费 (元)		491.63	596.51	471.73	404.23	280.83
		材 料 费 (元)		1389.80	1625.02	2245.83	517.86	699.30
		施 工 机 具 使 用 费 (元)		7.17	95.32	73.17	—	—
		企 业 管 理 费 (元)		120.21	166.73	131.32	97.42	67.68
		利 润 (元)		64.44	89.38	70.40	52.23	36.28
		一 般 风 险 费 (元)		7.48	10.38	8.17	6.06	4.21
	编码	名 称	单位	单价(元)	消 耗 量			
人工	000300010	建筑综合工	工日	115.00	4.275	5.187	4.102	3.515	2.442
材料	040300760	特细砂	t	63.11	4.060	—	—	—	—
	810101010	M5.0 水泥砂浆(特 稠度 30～50mm)	m³	171.49	—	2.840	—	—	—
	850301010	干混商品砌筑砂浆 M5	t	228.16	—	—	4.828	—	—
	040500209	碎石 5～40	t	67.96	16.680	16.680	16.680	7.620	—
	040700050	炉渣	m³	56.41	—	—	—	—	12.240
	341100100	水	m³	4.42	—	1.000	2.420	—	2.000
机械	990123020	电动夯实机 200～620N·m	台班	27.58	0.260	0.260	0.260	—	—
	990610010	灰浆搅拌机 200L	台班	187.56	—	0.470	—	—	—
	990611010	干混砂浆罐式搅拌机 20000L	台班	232.40	—	—	0.284	—	—

E 混凝土及钢筋混凝土工程
(0105)
(0117)

说　　明

一、混凝土：

1.现浇混凝土分为自拌混凝土和商品混凝土。自拌混凝土子目包括：筛砂子、冲洗石子、后台运输、搅拌、前台运输、清理、润湿模板、浇筑、捣固、养护。商品混凝土子目只包含：清理、润湿模板、浇筑、捣固、养护。

2.预制混凝土子目包括预制厂（场）内构件转运、堆码等工作内容。

3.预制混凝土构件适用于加工厂预制和施工现场预制，预制混凝土按自拌混凝土编制，采用商品混凝土时，按相应定额执行并作以下调整：

（1）人工按相应子目乘以系数0.44，并扣除子目中的机械费。

（2）取消子目中自拌混凝土及消耗量，增加商品混凝土消耗量10.15m³。

4.本章块（片）石混凝土的块（片）石用量是按15%的掺入量编制的，设计掺入量不同时，砼及块（片）石用量允许调整，但人工、机械不作调整。

5.自拌混凝土按常用强度等级考虑，强度等级不同时可以换算。

6.按规定需要进行降温及温度控制的大体积混凝土，降温及温度控制费用根据批准的施工组织设计（方案）按实计算。

二、模板：

1.模板按不同构件分别以复合模板、木模板、定型钢模板、长线台钢拉模以及砖地模、混凝土地模编制，实际使用模板材料不同时，不作调整。

2.长线台混凝土地模子目适用于大型建设项目，在施工现场需设立的预制构件长线台混凝土地模，计算长线台混凝土地模子目后，应扣除预制构件子目中的混凝土地模摊销费。

三、钢筋：

1.现浇钢筋、箍筋、钢筋网片、钢筋笼子目适用于高强钢筋（高强钢筋指抗拉屈服强度达到400MPa级及400MPa以上的钢筋）、成型钢筋以外的现浇钢筋。高强钢筋、成型钢筋按《重庆市绿色建筑工程计价定额》相应子目执行。

2.钢筋子目是按绑扎、电焊（除电渣压力焊和机械连接外）综合编制的，实际施工不同时，不作调整。

3.钢筋的施工损耗和钢筋除锈用工，已包括在定额子目内，不另计算。

4.预应力预制构件中的非预应力钢筋执行预制构件钢筋相应子目。

5.现浇构件中固定钢筋位置的支撑钢筋、双（多）层钢筋用的铁马（垫铁），按现浇钢筋子目执行。

6.机械连接综合了直螺纹和锥螺纹连接方式，均执行机械连接定额子目。该部分钢筋不再计算搭接损耗。

7.非预应力钢筋不包括冷加工，如设计要求冷加工时，另行计算。$\phi10$以内冷轧带肋钢筋需专业调直时，调直费用按实计算。

8.预应力钢筋如设计要求人工时效处理时，每吨预应力钢筋按200元计算人工时效费，进入按实费用中。

9.后张法钢丝束（钢绞线）子目是按$20\phi^s_5$编制的，如钢丝束（钢绞线）组成根数不同时，乘以下表系数进行调整。

子目	$12\phi^s_5$	$14\phi^s_5$	$16\phi^s_5$	$18\phi^s_5$	$20\phi^s_5$	$22\phi^s_5$	$24\phi^s_5$
人工系数	1.37	1.14	1.10	1.02	1.00	0.97	0.92
材料系数	1.66	1.42	1.25	1.11	1.00	0.91	0.83
机械系数	1.10	1.07	1.04	1.02	1.00	0.99	0.98

注：碳素钢丝不乘系数。

10.弧形钢筋按相应定额子目人工乘以系数1.20。

11.植筋定额子目不含植筋用钢筋,其钢筋按现浇钢筋子目执行。

12.钢筋接头因设计规定采用电渣压力焊、机械连接时,接头按相应定额子目执行;采用了电渣压力焊、机械连接接头的现浇钢筋,在执行现浇钢筋制安定额子目时,同时应扣除人工2.82工日、钢筋0.02t、电焊条5kg、其他材料费3.00元进行调整,电渣压力焊、机械连接的损耗已考虑在定额子目内,不得另计。

13.预埋铁件运输执行金属构件章节中的零星构件运输定额子目。

14.坡度>15°的斜梁、斜板的钢筋制作安装,按现浇钢筋定额子目执行,人工乘以系数1.25。

15.钢骨混凝土构件中,钢骨柱、钢骨梁分别按金属构件章节中的实腹柱、吊车梁定额子目执行;钢筋制作安装按本章现浇钢筋定额子目执行,其中人工乘以系数1.2,机械乘以系数1.15。

16.现浇构件冷拔钢丝按 φ10 内钢筋制作安装定额子目执行。

17.后张法钢丝束、钢绞线等定额子目中,锚具实际用量与定额耗量不同时,按实调整。

四、现浇构件:

1.基础混凝土厚度在300mm以内的,执行基础垫层定额子目;厚度在300mm以上的,按相应的基础定额子目执行。

2.现浇(弧形)基础梁适用于无底模的(弧形)基础梁,有底模时执行现浇(弧形)梁相应定额子目。

3.混凝土基础与墙或柱的划分,均按基础扩大顶面为界。

4.混凝土杯形基础杯颈部分的高度大于其长边的三倍者,按高杯基础定额子目执行。

5.有肋带形基础,肋高与肋宽之比在5:1以内时,肋和带形基础合并执行带形基础定额子目;在5:1以上时,其肋部分按混凝土墙相应定额子目执行。

6.现浇混凝土薄壁柱适用于框架结构体系中存在的薄壁结构柱。单肢:肢长小于或者等于肢宽4倍的按薄壁柱执行;肢长大于肢宽4倍的按墙执行。多肢:肢总长小于或者等于2.5m的按薄壁柱执行;肢总长大于2.5m的按墙执行。肢长按柱和墙配筋的混凝土总长确定。

7.本定额中的有梁板系指梁(包括主梁、次梁,圈梁除外)、板构成整体的板;无梁板系指不带梁(圈梁除外)直接用柱支撑的板;平板系指无梁(圈梁除外)直接由墙支撑的板。

8.异型梁子目适用于梁横断面为T形、L形、十字形的梁。

9.有梁板中的弧形梁按弧形梁定额子目执行。

10.现浇钢筋混凝土柱、墙子目,均综合了每层底部灌注水泥砂浆的消耗量,水泥砂浆按湿拌商品砂浆进行编制,实际采用现拌砂浆、干混商品砂浆时,按以下原则进行调整:

(1)采用干混商品砂浆时,按砂浆耗量增加人工0.2工日/m³、增加水0.5t/m³、增加干混砂浆罐式搅拌机0.1台班/m³;同时,将湿拌商品砂浆按1.7t/m³换算为干混商品砌筑砂浆用量。

(2)采用现拌砂浆时,按砂浆耗量增加人工0.582工日/m³、增加200L灰浆搅拌机台班0.167台班/m³;同时,将湿拌商品砂浆按换算为现拌砂浆。

11.斜梁(板)子目适用于15°<坡度≤30°的现浇构件,30°<坡度≤45°的在斜梁(板)相应定额子目基础上人工乘以系数1.05,45°<坡度≤60°的在斜梁(板)相应定额子目基础上人工乘以系数1.10。

12.压型钢板上浇捣混凝土板,执行平板定额子目,人工乘以系数1.10。

13.弧形楼梯是指一个自然层旋转弧度小于180°的楼梯;螺旋楼梯是指一个自然层旋转弧度大于180°的楼梯。

14.与主体结构不同时浇筑的卫生间、厨房墙体根部现浇混凝土带,高度200mm以内执行零星构件定额子目,其余执行圈梁定额子目。

15.空心砖内灌注混凝土,按实际灌注混凝土体积计算,执行零星构件定额子目,人工乘以系数1.3。

16.现浇零星定额子目适用于小型池槽、压顶、垫块、扶手、门框、阳台立柱、栏杆、栏板、挡水线、挑出梁柱、墙外宽度小于500mm的线(角)、板(包含空调板、阳光窗、雨篷),以及单个体积不超过0.02m³的现浇构件等。

17.挑出梁柱、墙外宽度大于500mm的线（角）、板（包含空调板、阳光窗、雨篷），执行悬挑板定额子目。

18.混凝土结构施工中，三面挑出墙（柱）外的阳台板（含边梁、挑梁），执行悬挑板定额子目。

19.悬挑板的厚度是按100mm编制的，厚度不同时，按折算厚度同比例进行调整。

20.现浇挑檐、天沟与板（包括屋面板、楼板）连接时，以外墙外边线为分界线；与梁（包括圈梁等）连接时，以梁外边线为分界线。外墙外边线以外或梁外边线以外为挑檐、天沟。

21.如图所示，现浇有梁板中梁的混凝土强度与现浇板不一致，应分别计算梁、板工程量。现浇梁工程量乘以系数1.06，现浇板工程量应扣除现浇梁所增加的工程量，执行相应有梁板定额子目。

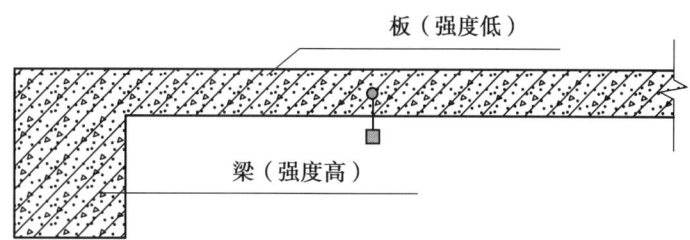

22.凸出混凝土墙的中间柱，凸出部分如大于或等于墙厚的1.5倍者，其凸出部分执行现浇柱定额子目。如图所示：

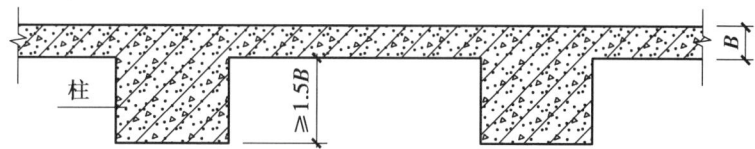

23.柱（墙）和梁（板）强度等级不一致时，有设计的按设计计算，无设计的按柱（墙）边300mm距离加45度角计算，用于分隔两种混凝土强度等级的钢丝网另行计算。如图所示：

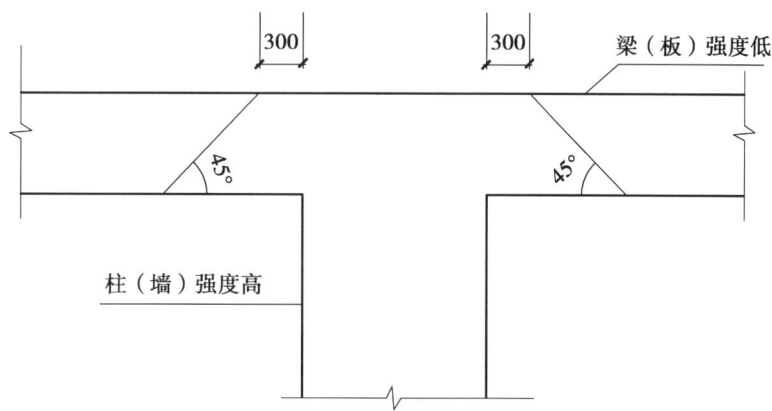

24.本章弧形及螺旋形楼梯定额子目按折算厚度160mm编制，直形楼梯定额子目按折算厚度200mm编制。设计折算厚度不同时，执行相应增减定额子目。

25.因设计或已批准的施工组织设计（方案）要求添加外加剂时，自拌混凝土外加剂根据设计用量或施工组织设计（方案）另加1%损耗，水泥用量根据外加剂性能要求进行相应调整；商品砼按外加剂增加费用叠加计算。

26.后浇带混凝土浇筑按相应定额子目执行，人工乘以系数1.2。

27.薄壳板模板不分筒式、球形、双曲形等，均执行同一定额子目。

28.现浇混凝土构件采用清水模板时，其模板按相应定额子目人工及模板耗量（不含支撑钢管及扣件）乘以系数1.15。

29.现浇混凝土构件模板按批准的施工组织设计(方案)采用对拉螺栓(片)不能取出者,按每 $100m^2$ 模板增加对拉螺栓(片)消耗量 35kg,并入模板消耗量内。模板采用止水专用螺杆,应根据批准的施工组织设计(方案)按实计算。

30.现浇混凝土后浇带,根据批准的施工组织设计必须进行二次支模的,后浇带模板及支撑执行相应现浇混凝土模板定额子目,人工乘以系数 1.2,模板乘以系数 1.5。

31.现浇混凝土柱、梁、板、墙的支模高度(地面至板顶或板面至上层板顶之间的高度)按 3.6m 内综合考虑。支模高度在 3.6m 以上、8m 以下时,执行超高相应定额子目;支模高度大于 8m 时,按满堂钢管支撑架子目执行,但应按系数 0.7 扣除相应模板子目中的支撑耗量。

32.定额植筋子目深度按 10d(d 为植筋钢筋直径)编制,设计要求植筋深度不同时同比例进行调整;植筋胶泥价格按国产胶进行编制,实际采用进口胶时价格按实调整。

33.混凝土挡墙墙帽与墙同时浇筑时,工程量合并计算,执行相应的挡墙定额子目。

34.现浇混凝土挡墙定额子目适用于重力式挡墙(含仰斜式挡墙)、衡重式挡墙类型。

35.桩板混凝土挡墙定额子目按以下原则执行:

(1)当桩板混凝土挡墙的桩全部埋于地下或部分埋于地下时,埋于地下部分的桩按桩基工程相应定额子目执行;外露于地面部分的桩、板按薄壁混凝土挡墙定额项目执行。

(2)当桩板混凝土挡墙的桩全部外露于地面时,桩、板按薄壁混凝土挡墙定额项目执行。

36.重力式挡墙(含仰斜式挡墙)、衡重式挡墙、悬壁式及扶臂式挡墙以外的其他类型混凝土挡墙,墙体厚度在 300mm 以内时,执行薄壁混凝土挡墙定额子目。

37.现浇弧形混凝土挡墙的模板按混凝土挡墙模板定额子目执行,人工乘以系数 1.2,模板乘以系数 1.15,其余不变。

38.混凝土挡墙、块(片)石混凝土挡墙、薄壁混凝土挡墙单面支模时,其混凝土工程量按设计断面厚度增加 50mm 计算。

39.地下室上下同厚、同时又兼负混凝土墙作用的挡墙,按直形墙相应定额子目执行。

40.室外钢筋混凝土挡墙高度超过 3.6m 时,其垂直运输费按批准的施工组织设计按实计算。无方案时,钢筋定额子目人工乘以系数 1.1,混凝土按 $10m^3$ 增加 60 元(泵送混凝土除外)计入按实计算费用中,模板按本定额相关规定执行。

41.弧形带形基础模板执行相应带形基础定额子目,人工乘以系数 1.2,模板乘以系数 1.15,其余不变。

42.采用逆作法施工的现浇构件按相应定额子目人工乘以系数 1.2 执行。

43.商品砼采用柴油泵送、臂架泵泵送、车载泵送增加的费用按实计算。

44.散水、台阶、防滑坡道的垫层执行楼地面垫层子目,人工乘以系数 1.2。

五、预制构件:

1.零星构件定额子目适用于小型池槽、扶手、压顶、漏空花格、垫块和单件体积在 $0.05m^3$ 以内未列出子目的构件。

2.预制板的现浇板带执行现浇零星构件定额子目。

六、预制构件运输和安装:

1.本分部按构件的类型和外形尺寸划分为三类,分别计算相应的运输费用。

构件分类	构 件 名 称
Ⅰ类	天窗架、挡风架、侧板、端壁板、天窗上下档及单体积在 $0.1m^3$ 以内小构件; 隔断板、池槽、楼梯踏步、通风道、烟道、花格等。
Ⅱ类	空心板、实心板、屋面板、梁(含过梁)、吊车梁、楼梯段、薄腹梁等。
Ⅲ类	6m 以上至 14m 梁、板、柱、各类屋架、桁架、托架等。

2.零星构件安装子目适用于单体小于 0.1m³ 的构件安装。

3.空心板堵孔的人工、材料已包括在接头灌缝子目内。如不堵孔时,应扣除子目中堵孔材料(预制混凝土块)和堵孔人工每 10m³ 空心板 2.2 工日。

4.大于 14m 的构件运输、安装费用,根据设计和施工组织设计按实计算。

工程量计算规则

一、钢筋：

1.钢筋、铁件工程量按设计图示钢筋长度乘以单位理论质量以"t"计算。

(1)长度：按设计图示长度(钢筋中轴线长度)计算。钢筋搭接长度按设计图示及规范进行计算。

(2)接头：钢筋的搭接(接头)数量按设计图示及规范计算，设计图示及规范未标明的，以构件的单根钢筋确定。水平钢筋直径 $\phi10$ 以内按每 12m 长计算一个搭接(接头)；$\phi10$ 以上按每 9m 长计算一个搭接(接头)。竖向钢筋搭接(接头)按自然层计算，当自然层层高大于 9m 时，除按自然层计算外，应增加每 9m 或 12m 长计算的接头量。

(3)箍筋：箍筋长度(含平直段 10d)按箍筋中轴线周长加 23.8d 计算，设计平直段长度不同时允许调整。

(4)设计图未明确钢筋根数、以间距布置的钢筋根数时，按以向上取整加 1 的原则计算。

2.机械连接(含直螺纹和锥螺纹)、电渣压力焊接头按数量以"个"计算，该部分钢筋不再计算其搭接用量。

3.植筋连接按数量以"个"计算。

4.预制构件的吊钩并入相应钢筋工程量。

5.现浇构件中固定钢筋位置的支撑钢筋、双(多)层钢筋用的铁马(垫铁)，设计或规范有规定的，按设计或规范计算；设计或规范无规定的，按批准的施工组织设计(方案)计算。

6.先张法预应力钢筋按构件外形尺寸长度计算。后张法预应力钢筋按设计图规定的预应力钢筋预留孔道长度，并区别不同的锚具类型，分别按下列规定计算：

(1)低合金钢筋两端采用螺杆锚具时，预应力的钢筋按预留孔道长度减 350mm，螺杆另行计算。

(2)低合金钢筋一端采用镦头插片、另一端采用螺杆锚具时，预应力钢筋长度按预留孔道长度计算，螺杆另行计算。

(3)低合金钢筋一端采用镦头插片、另一端采用帮条锚具时，预应力钢筋增加 150mm。两端均采用帮条锚具时，预应力钢筋共增加 300mm 计算。

(4)低合金钢筋采用后张混凝土自锚时，预应力钢筋长度增加 350mm 计算。

(5)低合金钢筋或钢绞线采用 JM、XM、QM 型锚具和碳素钢丝采用锥形锚具时，孔道长度在 20m 以内时，预应力钢筋增加 1000mm 计算；孔道长度在 20m 以上时，预应力钢筋长度增加 1800mm 计算。

(6)碳素钢丝采用镦粗头时，预应力钢丝长度增加 350mm 计算。

7.声测管长度按设计桩长另加 900mm 计算。

二、现浇构件混凝土：

混凝土的工程量按设计图示体积以"m³"计算(楼梯、雨篷、悬挑板、散水、防滑坡道除外)。不扣除构件内钢筋、螺栓、预埋铁件及单个面积 0.3m² 以内的孔洞所占体积。

(一)基础：

1.无梁式满堂基础，其倒转的柱头(帽)并入基础计算，肋形满堂基础的梁、板合并计算。

2.有肋带形基础，肋高与肋宽之比在 5∶1 以上时，肋与带形基础应分别计算。

3.箱式基础应按满堂基础(底板)、柱、墙、梁、板(顶板)分别计算。

4.框架式设备基础应按基础、柱、梁、板分别计算。

5.计算混凝土承台工程量时，不扣除伸入承台基础的桩头所占体积。

(二)柱：

1.柱高：

(1)有梁板的柱高，应以柱基上表面(或梁板上表面)至上一层楼板上表面之间的高度计算。

(2)无梁板的柱高，应以柱基上表面(或楼板上表面)至柱帽下表面之间的高度计算。

（3）有楼隔层的柱高，应以柱基上表面至梁上表面高度计算。

（4）无楼隔层的柱高，应以柱基上表面至柱顶高度计算。

2.附属于柱的牛腿，并入柱身体积内计算。

3.构造柱（抗震柱）应包括马牙槎的体积在内，以"m³"计算。

（三）梁：

1.梁与柱（墙）连接时，梁长算至柱（墙）侧面。

2.次梁与主梁连接时，次梁长算至主梁侧面。

3.伸入砌体墙内的梁头、梁垫体积，并入梁体积内计算。

4.梁的高度算至梁顶，不扣除板的厚度。

5.预应力梁按设计图示体积（扣除空心部分）以"m³"计算。

（四）板：

1.有梁板（包括主、次梁与板）按梁、板体积合并计算。

2.无梁板按板和柱头（帽）的体积之和计算。

3.各类板伸入砌体墙内的板头并入板体积内计算。

4.复合空心板应扣除空心楼板筒芯、箱体等所占体积。

5.薄壳板的肋、基梁并入薄壳体积内计算。

（五）墙：

1.与混凝土墙同厚的暗柱（梁）并入混凝土墙体积计算。

2.墙垛与突出部分＜墙厚的1.5倍（不含1.5倍）者，并入墙体工程量内计算。

（六）其他：

1.整体楼梯（包括休息平台、平台梁、斜梁及楼梯的连接梁）按水平投影面积以"m²"计算，不扣除宽度小于500mm的楼梯井，伸入墙内部分亦不增加。当整体楼梯与现浇楼层板无梯梁连接且无楼梯间时，以楼梯的最后一个踏步边缘加300mm为界。

2.弧形及螺旋形楼梯（包括休息平台、平台梁、斜梁及楼梯的连接梁）以水平投影面积以"m²"计算。

3.台阶混凝土按实体体积以"m³"计算，台阶与平台连接时，应算至最上层踏步外沿加300mm。

4.栏板、栏杆工程量以"m³"计算，伸入砌体墙内部分合并计算。

5.雨篷（悬挑板）按水平投影面积以"m²"计算。挑梁、边梁的工程量并入折算体积内。

6.钢骨混凝土构件应按实扣除型钢骨架所占体积计算。

7.原槽（坑）浇筑混凝土垫层、满堂（筏板）基础、桩承台基础、基础梁时，混凝土工程量按设计周边（长、宽）尺寸每边增加20mm计算；原槽（坑）浇筑混凝土带形、独立、杯形、高杯（长颈）基础时，混凝土工程量按设计周边（长、宽）尺寸每边增加50mm计算。

8.楼地面垫层按设计图示体积以"m³"计算，应扣除凸出地面的构筑物、设备基础、室外铁道、地沟等所占的体积，但不扣除柱、剁、间壁墙、附墙烟囱及面积≤0.3m²孔洞所占的面积，而门洞、空圈、暖气包槽、壁龛的开口部分面积亦不增加。

9.散水、防滑坡道按设计图示水平投影面积以"m²"计算。

三、现浇混凝土构件模板：

现浇混凝土构件模板工程量的分界规则与现浇混凝土构件工程量的分界规则一致，其工程量的计算除本章另有规定者外，均按模板与混凝土的接触面积以"m²"计算。

1.独立基础高度从垫层上表面计算至柱基上表面。

2.地下室底板按无梁式满堂基础模板计算。

3.设备基础地脚螺栓套孔模板分不同长度按数量以"个"计算。

4.构造柱均应按图示外露部分计算模板面积，构造柱与墙接触面不计算模板面积。带马牙槎构造柱的宽度按设计宽度每边另加150mm计算。

5.现浇钢筋混凝土墙、板上单孔面积≤0.3m² 的孔洞不予扣除,洞侧壁模板亦不增加,单孔面积>0.3m² 时,应予扣除,洞侧壁模板面积并入墙、板模板工程量内计算。

6.柱与梁、柱与墙、梁与梁等连接重叠部分,以及伸入墙内的梁头、板头与砖接触部分,均不计算模板面积。

7.现浇混凝土悬挑板、雨篷、阳台,按图示外挑部分的水平投影面积以"m²"计算。挑出墙外的悬臂梁及板边不另计算。

8.现浇混凝土楼梯(包括休息平台、平台梁、斜梁和楼层板的连接的梁),按水平投影面积以"m²"计算,不扣除宽度小于 500mm 楼梯井所占面积,楼梯的踏步、踏步板、平台梁等侧面模板不另行计算,伸入墙内部分亦不增加。当整体楼梯与现浇楼板无梯梁连接且无楼梯间时,以楼梯的最后一个踏步边缘加 300mm 为界。

9.混凝土台阶不包括梯带,按设计图示台阶的水平投影面积以"m²"计算,台阶端头两侧不另计算模板面积;架空式混凝土台阶按现浇楼梯计算。

10.空心楼板筒芯安装和箱体安装按设计图示体积以"m³"计算。

11.后浇带的宽度按设计或经批准的施工组织设计(方案)规定宽度每边另加 150mm 计算。

12.零星构件按设计图示体积以"m³"计算。

四、预制构件混凝土

混凝土的工程量按设计图示体积以"m³"计算。不扣除构件内钢筋、螺栓、预埋铁件及单个面积小于 0.3m² 的孔洞所占体积。

1.空心板、空心楼梯段应扣除空洞体积以"m³"计算。

2.混凝土和钢杆件组合的构件,混凝土按实体体积以"m³"计算,钢构件按金属工程章节中相应子目计算。

3.预制镂空花格以折算体积以"m³"计算,每 10m² 镂空花格折算为 0.5m³ 混凝土。

4.通风道、烟道按设计图示体积以"m³"计算,不扣除构件内钢筋、螺栓、预埋铁件及单个面积小于等于 300mm×300mm 的孔洞所占体积,扣除通风道、烟道的孔洞所占体积。

五、预制混凝土构件模板:

1.预制混凝土模板,除地模按模板与混凝土的接触面积计算外,其余构件均按图示混凝土构件体积以"m³"计算。

2.空心构件工程量按实体体积计算,后张预应力构件不扣除灌浆孔道所占体积。

六、预制构件运输和安装:

1.预制混凝土构件制作、运输及安装损耗率,按下列规定计算后并入构件工程量内:

制作废品率:0.2%;运输堆放损耗:0.8%;安装损耗:0.5%。其中,预制混凝土屋架、桁架、托架及长度在 9m 以上的梁、板、柱不计算损耗率。

2.预制混凝土工字形柱、矩形柱、空腹柱、双肢柱、空心柱、管道支架,均按柱安装计算。

3.组合屋架安装以混凝土部分实体体积分别计算安装工程量。

4.定额中就位预制构件起吊运输距离,按机械起吊中心回转半径 15m 以内考虑,超出 15m 时,按实计算。

5.构件采用特种机械吊装时,增加费按以下规定计算:

本定额中预制构件安装机械是按现有的施工机械进行综合考虑的,除定额允许调整者外不得变动。经批准的施工组织设计必须采用特种机械吊装构件时,除按规定编制预算外,采用特种机械吊装的混凝土构件综合按 10m³ 另增加特种机械使用费 0.34 台班,列入定额基价。凡因施工平衡使用特种机械和已计算超高人工、机械降效费的工程,不再计算特种机械使用费。

E.1 现浇混凝土

E.1.1 现浇混凝土基础(编码:010501)

E.1.1.1 垫层(编码:010501001)

工作内容:1.自拌混凝土:搅拌混凝土、水平运输、浇捣、养护等。
2.商品混凝土:浇捣、养护等。

计量单位:10m³

定 额 编 号					AE0001	AE0002	AE0003	AE0004
项 目 名 称					楼地面垫层		基础垫层	
					自拌砼	商品砼	自拌砼	商品砼
综 合 单 价 (元)					**3771.49**	**3170.38**	**3884.00**	**3280.98**
费用	其中	人 工 费 (元)			807.30	305.90	884.35	382.95
		材 料 费 (元)			2375.15	2746.65	2380.93	2750.52
		施 工 机 具 使 用 费 (元)			200.74	—	200.74	—
		企 业 管 理 费 (元)			242.94	73.72	261.51	92.29
		利 润 (元)			130.24	39.52	140.19	49.48
		一 般 风 险 费 (元)			15.12	4.59	16.28	5.74
	编码	名 称	单位	单价(元)	消 耗 量			
人工	000300080	混凝土综合工	工日	115.00	7.020	2.660	7.690	3.330
材料	800206020	砼 C20(塑、特、碎 5~31.5,坍 10~30)	m³	229.88	10.100	—	10.100	—
	840201140	商品砼	m³	266.99	—	10.150	—	10.150
	341100100	水	m³	4.42	7.330	3.560	8.150	3.950
	341100400	电	kW·h	0.70	2.310	2.310	2.310	2.310
	002000010	其他材料费	元	—	—	19.35	19.35	21.50	21.50
机械	990602020	双锥反转出料混凝土搅拌机 350L	台班	226.31	0.887	—	0.887	

E.1.1.2 带形基础(编码:010501002)

工作内容:1.自拌混凝土:搅拌混凝土、水平运输、浇捣、养护等。
2.商品混凝土:浇捣、养护等。

计量单位:10m³

定 额 编 号					AE0005	AE0006	AE0007	AE0008
项 目 名 称					带形基础			
					块(片)石砼		砼	
					自拌砼	商品砼	自拌砼	商品砼
综 合 单 价 (元)					**3589.23**	**3000.47**	**3940.71**	**3255.35**
费用	其中	人 工 费 (元)			775.10	342.70	886.65	385.25
		材 料 费 (元)			2214.25	2525.76	2355.19	2721.70
		施 工 机 具 使 用 费 (元)			217.52	—	257.97	—
		企 业 管 理 费 (元)			239.22	82.59	275.85	92.85
		利 润 (元)			128.25	44.28	147.88	49.77
		一 般 风 险 费 (元)			14.89	5.14	17.17	5.78
	编码	名 称	单位	单价(元)	消 耗 量			
人工	000300080	混凝土综合工	工日	115.00	6.740	2.980	7.710	3.350
材料	800206020	砼 C20(塑、特、碎 5~31.5,坍 10~30)	m³	229.88	8.585	—	10.100	—
	840201140	商品砼	m³	266.99	—	8.628	—	10.150
	341100100	水	m³	4.42	5.130	0.930	5.909	1.009
	041100310	块(片)石	m³	77.67	2.720	2.720	—	—
	341100400	电	kW·h	0.70	1.980	1.980	2.310	2.310
	002000010	其他材料费	元	—	5.41	5.41	5.67	5.67
机械	990406010	机动翻斗车 1t	台班	188.07	0.591	—	0.699	—
	990602020	双锥反转出料混凝土搅拌机 350L	台班	226.31	0.470		0.559	

E.1.1.3 独立(设备)基础(编码:010501003、010501006)

工作内容: 1.自拌混凝土:搅拌混凝土、水平运输、浇捣、养护等。
2.商品混凝土:浇捣、养护等。

计量单位:10m³

定 额 编 号					AE0009	AE0010	AE0011	AE0012
项 目 名 称					独立(设备)基础			
					块(片)石砼		砼	
					自拌砼	商品砼	自拌砼	商品砼
综 合 单 价 (元)					**3611.75**	**3022.99**	**3961.86**	**3276.48**
费用	其中	人 工 费 (元)			790.05	357.65	900.45	399.05
		材 料 费 (元)			2216.07	2527.58	2357.21	2723.71
		施 工 机 具 使 用 费 (元)			217.52	—	257.97	—
		企 业 管 理 费 (元)			242.82	86.19	279.18	96.17
		利 润 (元)			130.18	46.21	149.67	51.56
		一 般 风 险 费 (元)			15.11	5.36	17.38	5.99
	编码	名 称	单位	单价(元)	消 耗 量			
人工	000300080	混凝土综合工	工日	115.00	6.870	3.110	7.830	3.470
材料	800206020	砼 C20(塑、特、碎 5~31.5、坍 10~30)	m³	229.88	8.585	—	10.100	—
	840201140	商品砼	m³	266.99	—	8.628	—	10.150
	041100310	块(片)石	m³	77.67	2.720	2.720		
	341100100	水	m³	4.42	5.291	1.091	6.025	1.125
	341100400	电	kW·h	0.70	1.980	1.980	2.310	2.310
	002000010	其他材料费	元	—	6.52	6.52	7.17	7.17
机械	990602020	双锥反转出料混凝土搅拌机 350L	台班	226.31	0.470		0.559	
	990406010	机动翻斗车 1t	台班	188.07	0.591	—	0.699	—

E.1.1.4 杯形基础(编码:010501003)

工作内容: 1.自拌混凝土:搅拌混凝土、水平运输、浇捣、养护等。
2.商品混凝土:浇捣、养护等。

计量单位:10m³

定 额 编 号					AE0013	AE0014
项 目 名 称					杯形基础	
					自拌砼	商品砼
综 合 单 价 (元)					**3967.57**	**3271.69**
费用	其中	人 工 费 (元)			897.00	395.60
		材 料 费 (元)			2367.71	2723.71
		施 工 机 具 使 用 费 (元)			257.97	—
		企 业 管 理 费 (元)			278.35	95.34
		利 润 (元)			149.22	51.11
		一 般 风 险 费 (元)			17.32	5.93
	编码	名 称	单位	单价(元)	消 耗 量	
人工	000300080	混凝土综合工	工日	115.00	7.800	3.440
材料	800205020	砼 C20(塑、特、碎 5~20、坍 10~30)	m³	230.92	10.100	—
	840201140	商品砼	m³	266.99	—	10.150
	341100100	水	m³	4.42	6.025	1.125
	341100400	电	kW·h	0.70	2.310	2.310
	002000010	其他材料费	元	—	7.17	7.17
机械	990602020	双锥反转出料混凝土搅拌机 350L	台班	226.31	0.559	
	990406010	机动翻斗车 1t	台班	188.07	0.699	

E.1.1.5　高杯(长颈)基础(编码:010501003)

工作内容:1.自拌混凝土:搅拌混凝土、水平运输、浇捣、养护等。
　　　　　2.商品混凝土:浇捣、养护等。

计量单位:10m³

定 额 编 号					AE0015	AE0016
项 目 名 称					高杯(长颈)基础	
					自拌砼	商品砼
综 合 单 价 (元)					**4784.10**	**4260.94**
费用	其中	人 工 费 （元）			1611.15	1109.75
		材 料 费 （元）			2367.71	2723.71
		施 工 机 具 使 用 费 （元）			133.28	—
		企 业 管 理 费 （元）			420.41	267.45
		利 润 （元）			225.38	143.38
		一 般 风 险 费 （元）			26.17	16.65
	编码	名 称	单位	单价(元)	消 耗 量	
人工	000300080	混凝土综合工	工日	115.00	14.010	9.650
材料	800205020	砼 C20(塑、特、碎5～20,坍10～30)	m³	230.92	10.100	—
	840201140	商品砼	m³	266.99	—	10.150
	341100100	水	m³	4.42	6.025	1.125
	341100400	电	kW·h	0.70	2.310	2.310
	002000010	其他材料费	元	—	7.17	7.17
机械	990602020	双锥反转出料混凝土搅拌机 350L	台班	226.31	0.559	—
	990406010	机动翻斗车 1t	台班	188.07	0.036	

E.1.1.6　满堂(筏板)基础(编码:010501004)

工作内容:1.自拌混凝土:搅拌混凝土、水平运输、浇捣、养护等。
　　　　　2.商品混凝土:浇捣、养护等。

计量单位:10m³

定 额 编 号					AE0017	AE0018
项 目 名 称					满堂(筏板)基础	
					自拌砼	商品砼
综 合 单 价 (元)					**3930.05**	**3244.68**
费用	其中	人 工 费 （元）			872.85	371.45
		材 料 费 （元）			2362.67	2729.18
		施 工 机 具 使 用 费 （元）			258.67	0.70
		企 业 管 理 费 （元）			272.70	89.69
		利 润 （元）			146.19	48.08
		一 般 风 险 费 （元）			16.97	5.58
	编码	名 称	单位	单价(元)	消 耗 量	
人工	000300080	混凝土综合工	工日	115.00	7.590	3.230
材料	800206020	砼 C20(塑、特、碎5～31.5,坍10～30)	m³	229.88	10.100	—
	840201140	商品砼	m³	266.99	—	10.150
	341100100	水	m³	4.42	6.330	1.430
	341100400	电	kW·h	0.70	2.310	2.310
	002000010	其他材料费	元	—	11.29	11.29
机械	990602020	双锥反转出料混凝土搅拌机 350L	台班	226.31	0.559	—
	990406010	机动翻斗车 1t	台班	188.07	0.699	—
	990617010	混凝土抹平机 5.5kW	台班	23.38	0.030	0.030

E.1.1.7 桩承台基础(编码:010501005)

工作内容:1.自拌混凝土:搅拌混凝土、水平运输、浇捣、养护等。
        2.商品混凝土:浇捣、养护等。

计量单位:10m³

定　额　编　号					AE0019	AE0020
项　目　名　称					桩承台基础	
					自拌砼	商品砼
综　合　单　价（元）					**4145.04**	**3459.66**
费用	其中	人　工　费（元）			1032.70	531.30
		材　料　费（元）			2357.21	2723.71
		施工机具使用费（元）			257.97	—
		企　业　管　理　费（元）			311.05	128.04
		利　　　润（元）			166.75	68.64
		一　般　风　险　费（元）			19.36	7.97
	编码	名　　称	单位	单价(元)	消　耗　量	
人工	000300080	混凝土综合工	工日	115.00	8.980	4.620
材料	800206020	砼 C20(塑、特、碎5～31.5,坍10～30)	m³	229.88	10.100	—
	840201140	商品砼	m³	266.99	—	10.150
	341100100	水	m³	4.42	6.025	1.125
	341100400	电	kW·h	0.70	2.310	2.310
	002000010	其他材料费	元	—	7.17	7.17
机械	990602020	双锥反转出料混凝土搅拌机 350L	台班	226.31	0.559	—
	990406010	机动翻斗车 1t	台班	188.07	0.699	—

E.1.1.8 设备基础二次灌浆(编码:010507007)

工作内容:浇捣、养护等。

计量单位:10m³

定　额　编　号					AE0021
项　目　名　称					设备基础
					二次灌浆
综　合　单　价（元）					**5093.77**
费用	其中	人　工　费（元）			1702.00
		材　料　费（元）			2736.16
		施工机具使用费（元）			—
		企　业　管　理　费（元）			410.18
		利　　　润（元）			219.90
		一　般　风　险　费（元）			25.53
	编码	名　　称	单位	单价(元)	消　耗　量
人工	000300080	混凝土综合工	工日	115.00	14.800
材料	840201140	商品砼	m³	266.99	10.150
	341100100	水	m³	4.42	5.930

E.1.2 现浇混凝土柱(编码:010502)

E.1.2.1 矩形柱(编码:010502001)

工作内容:1.自拌混凝土:搅拌混凝土、水平运输、浇捣、养护等。
2.商品混凝土:浇捣、养护等。

计量单位:10m³

定 额 编 号					AE0022	AE0023
项 目 名 称					矩形柱	
					自拌砼	商品砼
综 合 单 价 (元)					**4188.99**	**3345.75**
费用	其中	人 工 费 (元)			923.45	422.05
		材 料 费 (元)			2740.23	2761.13
		施工机具使用费 (元)			122.43	—
		企 业 管 理 费 (元)			252.06	101.71
		利 润 (元)			135.13	54.53
		一 般 风 险 费 (元)			15.69	6.33
	编码	名 称	单位	单价(元)	消 耗 量	
人工	000300080	混凝土综合工	工日	115.00	8.030	3.670
材料	800212040	砼 C30(塑、特、碎 5~31.5,坍 35~50)	m³	264.64	9.797	—
	840201140	商品砼	m³	266.99	—	9.847
	850201030	预拌水泥砂浆 1:2	m³	398.06	0.303	0.303
	341100100	水	m³	4.42	4.411	0.911
	341100400	电	kW·h	0.70	3.750	3.750
	002000010	其他材料费	元	—	4.82	4.82
机械	990602020	双锥反转出料混凝土搅拌机 350L	台班	226.31	0.541	—

E.1.2.2 斜柱(编码:010502001、010502003)

工作内容:1.自拌混凝土:搅拌混凝土、水平运输、浇捣、养护等。
2.商品混凝土:浇捣、养护等。

计量单位:10m³

定 额 编 号					AE0024	AE0025
项 目 名 称					斜柱	
					自拌砼	商品砼
综 合 单 价 (元)					**4298.90**	**3455.67**
费用	其中	人 工 费 (元)			1002.80	501.40
		材 料 费 (元)			2740.23	2761.13
		施工机具使用费 (元)			122.43	—
		企 业 管 理 费 (元)			271.18	120.84
		利 润 (元)			145.38	64.78
		一 般 风 险 费 (元)			16.88	7.52
	编码	名 称	单位	单价(元)	消 耗 量	
人工	000300080	混凝土综合工	工日	115.00	8.720	4.360
材料	800212040	砼 C30(塑、特、碎 5~31.5,坍 35~50)	m³	264.64	9.797	—
	840201140	商品砼	m³	266.99	—	9.847
	341100100	水	m³	4.42	4.411	0.911
	850201030	预拌水泥砂浆 1:2	m³	398.06	0.303	0.303
	341100400	电	kW·h	0.70	3.750	3.750
	002000010	其他材料费	元	—	4.82	4.82
机械	990602020	双锥反转出料混凝土搅拌机 350L	台班	226.31	0.541	—

E.1.2.3 多边形(异型)柱(编码:010502003)

工作内容:1.自拌混凝土:搅拌混凝土、水平运输、浇捣、养护等。
2.商品混凝土:浇捣、养护等。

计量单位:10m³

定 额 编 号					AE0026	AE0027
项 目 名 称					多边形(异型)柱	
					自拌砼	商品砼
综 合 单 价 (元)					**4221.32**	**3378.09**
费用	其中	人 工 费 (元)			943.00	441.60
		材 料 费 (元)			2745.49	2766.39
		施工机具使用费 (元)			122.43	—
		企 业 管 理 费 (元)			256.77	106.43
		利 润 (元)			137.65	57.05
		一 般 风 险 费 (元)			15.98	6.62
	编码	名 称	单位	单价(元)	消 耗 量	
人工	000300080	混凝土综合工	工日	115.00	8.200	3.840
材料	800212040	砼 C30(塑、特、碎 5～31.5,坍 35～50)	m³	264.64	9.797	—
	840201140	商品砼	m³	266.99	—	9.847
	341100100	水	m³	4.42	5.605	2.105
	850201030	预拌水泥砂浆 1:2	m³	398.06	0.303	0.303
	341100400	电	kW·h	0.70	3.720	3.720
	002000010	其他材料费	元	—	4.82	4.82
机械	990602020	双锥反转出料混凝土搅拌机 350L	台班	226.31	0.541	—

E.1.2.4 薄壁柱(编码:010502003)

工作内容:1.自拌混凝土:搅拌混凝土、水平运输、浇捣、养护等。
2.商品混凝土:浇捣、养护等。

计量单位:10m³

定 额 编 号					AE0028	AE0029
项 目 名 称					薄壁柱	
					自拌砼	商品砼
综 合 单 价 (元)					**4214.27**	**3352.24**
费用	其中	人 工 费 (元)			931.50	430.10
		材 料 费 (元)			2754.36	2756.47
		施工机具使用费 (元)			122.43	—
		企 业 管 理 费 (元)			254.00	103.65
		利 润 (元)			136.17	55.57
		一 般 风 险 费 (元)			15.81	6.45
	编码	名 称	单位	单价(元)	消 耗 量	
人工	000300080	混凝土综合工	工日	115.00	8.100	3.740
材料	800211040	砼 C30(塑、特、碎 5～20,坍 35～50)	m³	266.56	9.825	—
	840201140	商品砼	m³	266.99	—	9.875
	341100100	水	m³	4.42	4.190	0.690
	850201030	预拌水泥砂浆 1:2	m³	398.06	0.275	0.275
	341100400	电	kW·h	0.70	3.720	3.720
	002000010	其他材料费	元	—	4.82	4.82
机械	990602020	双锥反转出料混凝土搅拌机 350L	台班	226.31	0.541	—

E.1.2.5 构造柱(编码:010502002)

工作内容:1.自拌混凝土:搅拌混凝土、水平运输、浇捣、养护等。
2.商品混凝土:浇捣、养护等。

计量单位:10m³

定 额 编 号					AE0030	AE0031
项 目 名 称					构造柱	
					自拌砼	商品砼
综 合 单 价 (元)					**5070.25**	**4227.02**
费用	其中	人 工 费 (元)			1555.95	1054.55
		材 料 费 (元)			2745.35	2766.25
		施 工 机 具 使 用 费 (元)			122.43	—
		企 业 管 理 费 (元)			404.49	254.15
		利 润 (元)			216.85	136.25
		一 般 风 险 费 (元)			25.18	15.82
	编码	名 称	单位	单价(元)	消 耗 量	
人工	000300080	混凝土综合工	工日	115.00	13.530	9.170
材料	800212040	砼 C30(塑、特、碎 5~31.5,坍 35~50)	m³	264.64	9.797	—
	840201140	商品砼	m³	266.99	—	9.847
	341100100	水	m³	4.42	5.605	2.105
	341100400	电	kW·h	0.70	3.720	3.720
	850201030	预拌水泥砂浆 1:2	m³	398.06	0.303	0.303
	002000010	其他材料费	元	—	4.68	4.68
机械	990602020	双锥反转出料混凝土搅拌机 350L	台班	226.31	0.541	—

E.1.2.6 劲性骨架砼柱(编码:010502001、010502003)

工作内容:浇捣、养护等。

计量单位:10m³

定 额 编 号					AE0032
项 目 名 称					劲性骨架砼柱
					商品砼
综 合 单 价 (元)					**3719.21**
费用	其中	人 工 费 (元)			698.05
		材 料 费 (元)			2752.27
		施 工 机 具 使 用 费 (元)			—
		企 业 管 理 费 (元)			168.23
		利 润 (元)			90.19
		一 般 风 险 费 (元)			10.47
	编码	名 称	单位	单价(元)	消 耗 量
人工	000300080	混凝土综合工	工日	115.00	6.070
材料	840201140	商品砼	m³	266.99	9.847
	341100400	电	kW·h	0.70	3.720
	850201030	预拌水泥砂浆 1:2	m³	398.06	0.303

E.1.3 现浇混凝土梁(编码:010503)

E.1.3.1 基础梁(编码:010503001)

工作内容: 1.自拌混凝土:搅拌混凝土、水平运输、浇捣、养护等。
2.商品混凝土:浇捣、养护等。

计量单位:10m³

定 额 编 号					AE0033	AE0034	AE0035	AE0036
项 目 名 称					基础梁		弧形基础梁	
					自拌砼	商品砼	自拌砼	商品砼
综 合 单 价 (元)					**3726.82**	**3181.95**	**3782.58**	**3224.95**
费用	其中	人 工 费 (元)			842.95	307.05	883.20	338.10
		材 料 费 (元)			2383.93	2756.62	2383.93	2756.62
		施 工 机 具 使 用 费 (元)			126.51	—	126.51	—
		企 业 管 理 费 (元)			233.64	74.00	243.34	81.48
		利 润 (元)			125.25	39.67	130.45	43.68
		一 般 风 险 费 (元)			14.54	4.61	15.15	5.07
	编码	名 称	单位	单价(元)	消 耗 量			
人工	000300080	混凝土综合工	工日	115.00	7.330	2.670	7.680	2.940
材料	840201140	商品砼	m³	266.99	—	10.150	—	10.150
	341100100	水	m³	4.42	6.440	2.940	6.440	2.940
	341100400	电	kW·h	0.70	3.750	3.750	3.750	3.750
	800206020	砼 C20(塑、特、碎5～31.5,坍10～30)	m³	229.88	10.100	—	10.100	—
	002000010	其他材料费	元	—	31.05	31.05	31.05	31.05
机械	990602020	双锥反转出料混凝土搅拌机 350L	台班	226.31	0.559	—	0.559	—

E.1.3.2 矩形梁(编码:010503002)

工作内容: 1.自拌混凝土:搅拌混凝土、水平运输、浇捣、养护等。
2.商品混凝土:浇捣、养护等。

计量单位:10m³

定 额 编 号					AE0037	AE0038
项 目 名 称					矩形梁	
					自拌砼	商品砼
综 合 单 价 (元)					**4105.57**	**3257.39**
费用	其中	人 工 费 (元)			864.80	363.40
		材 料 费 (元)			2732.40	2754.01
		施 工 机 具 使 用 费 (元)			126.51	—
		企 业 管 理 费 (元)			238.91	87.58
		利 润 (元)			128.08	46.95
		一 般 风 险 费 (元)			14.87	5.45
	编码	名 称	单位	单价(元)	消 耗 量	
人工	000300080	混凝土综合工	工日	115.00	7.520	3.160
材料	800212040	砼 C30(塑、特、碎5～31.5,坍35～50)	m³	264.64	10.100	—
	840201140	商品砼	m³	266.99	—	10.150
	341100100	水	m³	4.42	6.590	3.090
	341100400	电	kW·h	0.70	3.750	3.750
	002000010	其他材料费	元	—	27.78	27.78
机械	990602020	双锥反转出料混凝土搅拌机 350L	台班	226.31	0.559	—

E.1.3.3　异型梁(编码:010503003)

工作内容:1.自拌混凝土:搅拌混凝土、水平运输、浇捣、养护等。
　　　　　2.商品混凝土:浇捣、养护等。

计量单位:10m³

定　额　编　号					AE0039	AE0040
项　目　名　称					异型梁	
					自拌砼	商品砼
综　合　单　价　(元)					**4143.81**	**3295.65**
费用	其中	人　工　费　(元)			890.10	388.70
		材　料　费　(元)			2735.60	2757.22
		施 工 机 具 使 用 费　(元)			126.51	—
		企 业 管 理 费　(元)			245.00	93.68
		利　　润　(元)			131.35	50.22
		一 般 风 险 费　(元)			15.25	5.83
	编码	名　　称	单位	单价(元)	消　耗　量	
人工	000300080	混凝土综合工	工日	115.00	7.740	3.380
材料	800212040	砼 C30(塑、特、碎5～31.5,坍35～50)	m³	264.64	10.100	—
	840201140	商品砼	m³	266.99	—	10.150
	341100100	水	m³	4.42	5.600	2.100
	341100400	电	kW·h	0.70	3.750	3.750
	002000010	其他材料费	元	—	35.36	35.36
机械	990602020	双锥反转出料混凝土搅拌机 350L	台班	226.31	0.559	—

E.1.3.4　圈梁(过梁)(编码:010503004、010503005)

工作内容:1.自拌混凝土:搅拌混凝土、水平运输、浇捣、养护等。
　　　　　2.商品混凝土:浇捣、养护等。

计量单位:10m³

定　额　编　号					AE0041	AE0042
项　目　名　称					圈梁(过梁)	
					自拌砼	商品砼
综　合　单　价　(元)					**4883.67**	**3932.69**
费用	其中	人　工　费　(元)			1322.50	821.10
		材　料　费　(元)			2773.68	2795.29
		施 工 机 具 使 用 费　(元)			200.74	—
		企 业 管 理 费　(元)			367.10	197.89
		利　　润　(元)			196.80	106.09
		一 般 风 险 费　(元)			22.85	12.32
	编码	名　　称	单位	单价(元)	消　耗　量	
人工	000300080	混凝土综合工	工日	115.00	11.500	7.140
材料	800212040	砼 C30(塑、特、碎5～31.5,坍35～50)	m³	264.64	10.100	—
	840201140	商品砼	m³	266.99	—	10.150
	341100100	水	m³	4.42	7.853	4.352
	341100400	电	kW·h	0.70	3.750	3.750
	002000010	其他材料费	元	—	63.48	63.48
机械	990602020	双锥反转出料混凝土搅拌机 350L	台班	226.31	0.887	—

E.1.3.5 弧形梁及拱形梁(编码:010503006)

工作内容:1.自拌混凝土:搅拌混凝土、水平运输、浇捣、养护等。
2.商品混凝土:浇捣、养护等。

计量单位:10m³

定 额 编 号					AE0043	AE0044
项 目 名 称					弧形梁及拱形梁	
					自拌砼	商品砼
综 合 单 价 (元)					**4300.92**	**3452.77**
费用	其中	人 工 费 (元)			990.15	488.75
		材 料 费 (元)			2754.13	2775.75
		施 工 机 具 使 用 费 (元)			126.51	—
		企 业 管 理 费 (元)			269.11	117.79
		利 润 (元)			144.27	63.15
		一 般 风 险 费 (元)			16.75	7.33
	编码	名 称	单位	单价(元)	消 耗 量	
人工	000300080	混凝土综合工	工日	115.00	8.610	4.250
材料	800212040	砼 C30(塑、特、碎 5~31.5,坍 35~50)	m³	264.64	10.100	—
	840201140	商品砼	m³	266.99	—	10.150
	341100100	水	m³	4.42	7.259	3.759
	341100400	电	kW·h	0.70	3.750	3.750
	002000010	其他材料费	元	—	46.56	46.56
机械	990602020	双锥反转出料混凝土搅拌机 350L	台班	226.31	0.559	—

E.1.3.6 斜梁(编码:010503002、010503003)

工作内容:1.自拌混凝土:搅拌混凝土、水平运输、浇捣、养护等。
2.商品混凝土:浇捣、养护等。

计量单位:10m³

定 额 编 号					AE0045	AE0046
项 目 名 称					斜梁	
					自拌砼	商品砼
综 合 单 价 (元)					**4199.14**	**3350.98**
费用	其中	人 工 费 (元)			916.55	415.15
		材 料 费 (元)			2754.29	2775.91
		施 工 机 具 使 用 费 (元)			126.51	—
		企 业 管 理 费 (元)			251.38	100.05
		利 润 (元)			134.76	53.64
		一 般 风 险 费 (元)			15.65	6.23
	编码	名 称	单位	单价(元)	消 耗 量	
人工	000300080	混凝土综合工	工日	115.00	7.970	3.610
材料	800212040	砼 C30(塑、特、碎 5~31.5,坍 35~50)	m³	264.64	10.100	—
	840201140	商品砼	m³	266.99	—	10.150
	341100100	水	m³	4.42	7.295	3.795
	341100400	电	kW·h	0.70	3.750	3.750
	002000010	其他材料费	元	—	46.56	46.56
机械	990602020	双锥反转出料混凝土搅拌机 350L	台班	226.31	0.559	—

工作内容:浇捣、养护等。　　　　　　　　　　　　　　　　　　　　　　　　　　　　　　计量单位:10m³

定　额　编　号					AE0047
项　目　名　称					劲性骨架砼梁
					商品砼
综　合　单　价(元)					**3378.44**
费用其中	人　工　费　(元)				480.70
	材　料　费　(元)				2712.57
	施工机具使用费　(元)				—
	企　业　管　理　费　(元)				115.85
	利　　　润　(元)				62.11
	一　般　风　险　费　(元)				7.21
	编码	名　　称	单位	单价(元)	消　耗　量
人工	000300080	混凝土综合工	工日	115.00	4.180
材	840201140	商品砼	m³	266.99	10.150
料	341100400	电	kW·h	0.70	3.750

E.1.4　现浇混凝土墙(编码:010504)

E.1.4.1　直形墙(编码:010504001)

工作内容:1.自拌混凝土:搅拌混凝土、水平运输、浇捣、养护等。
　　　　　2.商品混凝土:浇捣、养护等。　　　　　　　　　　　　　　　　　　　　　　计量单位:10m³

定　额　编　号					AE0048	AE0049	AE0050	AE0051
项　目　名　称					直形墙			
					厚度200mm以内		厚度300mm以内	
					自拌砼	商品砼	自拌砼	商品砼
综　合　单　价(元)					**4214.00**	**3351.98**	**4164.88**	**3321.70**
费用其中	人　工　费　(元)				925.75	424.35	903.90	402.50
	材　料　费　(元)				2762.06	2764.16	2743.20	2764.16
	施工机具使用费　(元)				122.43	—	122.43	—
	企　业　管　理　费　(元)				252.61	102.27	247.35	97.00
	利　　　润　(元)				135.43	54.83	132.60	52.00
	一　般　风　险　费　(元)				15.72	6.37	15.40	6.04
	编码	名　　称	单位	单价(元)	消　　耗　　量			
人工	000300080	混凝土综合工	工日	115.00	8.050	3.690	7.860	3.500
材	800211040	砼C30(塑、特、碎5~20,坍35~50)	m³	266.56	9.825	—	—	—
	800212040	砼C30(塑、特、碎5~31.5,坍35~50)	m³	264.64	—	—	9.825	—
	840201140	商品砼	m³	266.99	—	9.875	—	9.875
	850201030	预拌水泥砂浆1:2	m³	398.06	0.275	0.275	0.275	0.275
	341100100	水	m³	4.42	6.190	2.690	6.190	2.690
	341100400	电	kW·h	0.70	3.660	3.660	3.660	3.660
料	002000010	其他材料费	元	—	—	3.72	3.72	3.72
机械	990602020	双锥反转出料混凝土搅拌机350L	台班	226.31	0.541	—	0.541	—

工作内容: 1.自拌混凝土:搅拌混凝土、水平运输、浇捣、养护等。
2.商品混凝土:浇捣、养护等。

计量单位:10m³

定 额 编 号					AE0052	AE0053	AE0054	AE0055
项 目 名 称					直形墙			
					厚度500mm以内		厚度500mm以外	
					自拌砼	商品砼	自拌砼	商品砼
综 合 单 价 (元)					**4140.98**	**3297.81**	**4123.46**	**3280.29**
费用	其中	人 工 费 (元)			886.65	385.25	874.00	372.60
		材 料 费 (元)			2743.20	2764.16	2743.20	2764.16
		施工机具使用费 (元)			122.43	—	122.43	—
		企 业 管 理 费 (元)			243.19	92.85	240.14	89.80
		利 润 (元)			130.37	49.77	128.74	48.14
		一 般 风 险 费 (元)			15.14	5.78	14.95	5.59
	编码	名 称	单位	单价(元)	消 耗 量			
人工	000300080	混凝土综合工	工日	115.00	7.710	3.350	7.600	3.240
材料	800212040	砼C30(塑、特、碎5~31.5,坍35~50)	m³	264.64	9.825	—	9.825	—
	840201140	商品砼	m³	266.99	—	9.875	—	9.875
	850201030	预拌水泥砂浆1:2	m³	398.06	0.275	0.275	0.275	0.275
	341100100	水	m³	4.42	6.190	2.690	6.190	2.690
	341100400	电	kW·h	0.70	3.660	3.660	3.660	3.660
	002000010	其他材料费	元	—	3.72	3.72	3.72	3.72
机械	990602020	双锥反转出料混凝土搅拌机350L	台班	226.31	0.541	—	0.541	—

E.1.4.2 弧形墙(编码:010504002)

工作内容: 1.自拌混凝土:搅拌混凝土、水平运输、浇捣、养护等。
2.商品混凝土:浇捣、养护等。

计量单位:10m³

定 额 编 号					AE0056	AE0057	AE0058	AE0059
项 目 名 称					弧形墙			
					厚度200mm以内		厚度300mm以内	
					自拌砼	商品砼	自拌砼	商品砼
综 合 单 价 (元)					**4272.65**	**3410.64**	**4221.94**	**3378.77**
费用	其中	人 工 费 (元)			967.15	465.75	944.15	442.75
		材 料 费 (元)			2763.37	2765.48	2744.51	2765.48
		施工机具使用费 (元)			122.43	—	122.43	—
		企 业 管 理 费 (元)			262.59	112.25	257.05	106.70
		利 润 (元)			140.77	60.17	137.80	57.20
		一 般 风 险 费 (元)			16.34	6.99	16.00	6.64
	编码	名 称	单位	单价(元)	消 耗 量			
人工	000300080	混凝土综合工	工日	115.00	8.410	4.050	8.210	3.850
材料	800212040	砼C30(塑、特、碎5~31.5,坍35~50)	m³	264.64	—	—	9.825	—
	800211040	砼C30(塑、特、碎5~20,坍35~50)	m³	266.56	9.825	—	—	—
	840201140	商品砼	m³	266.99	—	9.875	—	9.875
	850201030	预拌水泥砂浆1:2	m³	398.06	0.275	0.275	0.275	0.275
	341100100	水	m³	4.42	6.290	2.790	6.290	2.790
	341100400	电	kW·h	0.70	3.660	3.660	3.660	3.660
	002000010	其他材料费	元	—	4.59	4.59	4.59	4.59
机械	990602020	双锥反转出料混凝土搅拌机350L	台班	226.31	0.541	—	0.541	—

工作内容:1.自拌混凝土:搅拌混凝土、水平运输、浇捣、养护等。
　　　　2.商品混凝土:浇捣、养护等。

计量单位:10m³

定 额 编 号					AE0060	AE0061	AE0062	AE0063
项 目 名 称					弧形墙			
					厚度500mm以内		厚度500mm以外	
					自拌砼	商品砼	自拌砼	商品砼
费用		综 合 单 价 (元)			**4196.45**	**3353.30**	**4177.34**	**3334.17**
	其中	人 工 费 (元)			925.75	424.35	911.95	410.55
		材 料 费 (元)			2744.51	2765.48	2744.51	2765.48
		施工机具使用费 (元)			122.43	—	122.43	—
		企 业 管 理 费 (元)			252.61	102.27	249.29	98.94
		利 润 (元)			135.43	54.83	133.64	53.04
		一 般 风 险 费 (元)			15.72	6.37	15.52	6.16
	编码	名 称	单位	单价(元)	消 耗 量			
人工	000300080	混凝土综合工	工日	115.00	8.050	3.690	7.930	3.570
材料	800212040	砼 C30(塑、特、碎 5～31.5,坍 35～50)	m³	264.64	9.825	—	9.825	—
	840201140	商品砼	m³	266.99	—	9.875	—	9.875
	850201030	预拌水泥砂浆 1:2	m³	398.06	0.275	0.275	0.275	0.275
	341100100	水	m³	4.42	6.290	2.790	6.290	2.790
	341100400	电	kW·h	0.70	3.660	3.660	3.660	3.660
	002000010	其他材料费	元	—	4.59	4.59	4.59	4.59
机械	990602020	双锥反转出料混凝土搅拌机 350L	台班	226.31	0.541	—	0.541	—

E.1.4.3 挡土墙(编码:010504004)

工作内容:1.自拌混凝土:搅拌混凝土、水平运输、浇捣、养护等。
　　　　2.商品混凝土:浇捣、养护等。

计量单位:10m³

定 额 编 号					AE0064	AE0065	AE0066	AE0067
项 目 名 称					混凝土挡墙			
					块石砼		现浇砼	
					自拌砼	商品砼	自拌砼	商品砼
费用		综 合 单 价 (元)			**3745.18**	**3014.27**	**4082.33**	**3239.82**
	其中	人 工 费 (元)			795.80	363.40	870.55	369.15
		材 料 费 (元)			2495.50	2510.89	2706.86	2728.47
		施工机具使用费 (元)			106.37	—	122.43	—
		企 业 管 理 费 (元)			217.42	87.58	239.31	88.97
		利 润 (元)			116.56	46.95	128.29	47.69
		一 般 风 险 费 (元)			13.53	5.45	14.89	5.54
	编码	名 称	单位	单价(元)	消 耗 量			
人工	000300080	混凝土综合工	工日	115.00	6.920	3.160	7.570	3.210
材料	800212040	砼 C30(塑、特、碎 5～31.5,坍 35～50)	m³	264.64	8.590	—	10.100	—
	840201140	商品砼	m³	266.99	—	8.630	—	10.150
	041100310	块(片)石	m³	77.67	2.430	2.430	—	—
	341100100	水	m³	4.42	6.034	2.534	6.190	2.690
	341100400	电	kW·h	0.70	3.060	3.060	3.660	3.660
	002000010	其他材料费	元	—	4.69	4.69	4.07	4.07
机械	990602020	双锥反转出料混凝土搅拌机 350L	台班	226.31	0.470	—	0.541	—

工作内容:1.自拌混凝土:搅拌混凝土、水平运输、浇捣、养护等。
2.商品混凝土:浇捣、养护等。

计量单位:10m³

	定　额　编　号				AE0068	AE0069
	项　目　名　称				扶壁式、悬臂式挡墙	
					现浇砼	
					自拌砼	商品砼
	综　合　单　价　（元）				**4249.60**	**3407.09**
费用	其中	人　工　费　（元）			991.30	489.90
		材　料　费　（元）			2706.86	2728.47
		施工机具使用费　（元）			122.43	—
		企　业　管　理　费　（元）			268.41	118.07
		利　　润　（元）			143.89	63.30
		一　般　风　险　费　（元）			16.71	7.35
	编码	名　　称	单位	单价(元)	消　耗　量	
人工	000300080	混凝土综合工	工日	115.00	8.620	4.260
材料	800212040	砼 C30（塑、特、碎 5～31.5,坍 35～50）	m³	264.64	10.100	—
	840201140	商品砼	m³	266.99	—	10.150
	341100100	水	m³	4.42	6.190	2.690
	341100400	电	kW·h	0.70	3.660	3.660
	002000010	其他材料费	元	—	4.07	4.07
机械	990602020	双锥反转出料混凝土搅拌机 350L	台班	226.31	0.541	—

工作内容:1.自拌混凝土:搅拌混凝土、水平运输、浇捣、养护等。
2.商品混凝土:浇捣、养护等。

计量单位:10m³

	定　额　编　号				AE0070	AE0071
	项　目　名　称				薄壁混凝土挡墙	
					现浇砼	
					自拌砼	商品砼
	综　合　单　价　（元）				**4426.42**	**3583.90**
费用	其中	人　工　费　（元）			1118.95	617.55
		材　料　费　（元）			2706.86	2728.47
		施工机具使用费　（元）			122.43	—
		企　业　管　理　费　（元）			299.17	148.83
		利　　润　（元）			160.39	79.79
		一　般　风　险　费　（元）			18.62	9.26
	编码	名　　称	单位	单价(元)	消　耗　量	
人工	000300080	混凝土综合工	工日	115.00	9.730	5.370
材料	800212040	砼 C30（塑、特、碎 5～31.5,坍 35～50）	m³	264.64	10.100	—
	840201140	商品砼	m³	266.99	—	10.150
	341100100	水	m³	4.42	6.190	2.690
	341100400	电	kW·h	0.70	3.660	3.660
	002000010	其他材料费	元	—	4.07	4.07
机械	990602020	双锥反转出料混凝土搅拌机 350L	台班	226.31	0.541	—

E.1.5 现浇混凝土板(编码:010505)

E.1.5.1 有梁板(编码:010505001)

工作内容:1.自拌混凝土:搅拌混凝土、水平运输、浇捣、养护等。
2.商品混凝土:浇捣、养护等。

计量单位:10m³

定 额 编 号				AE0072	AE0073
项 目 名 称				有梁板	
				自拌砼	商品砼
综 合 单 价 (元)				**4126.55**	**3259.00**
费用	其中	人 工 费 (元)		849.85	348.45
		材 料 费 (元)		2770.54	2772.76
		施 工 机 具 使 用 费 (元)		129.08	2.57
		企 业 管 理 费 (元)		235.92	84.60
		利 润 (元)		126.48	45.35
		一 般 风 险 费 (元)		14.68	5.27
	编码	名 称	单位	单价(元)	消 耗 量	
人工	000300080	混凝土综合工	工日	115.00	7.390	3.030
材料	800211040	砼 C30(塑、特、碎 5~20,坍 35~50)	m³	266.56	10.100	—
	840201140	商品砼	m³	266.99	—	10.150
	341100100	水	m³	4.42	6.095	2.595
	341100400	电	kW·h	0.70	3.780	3.780
	002000010	其他材料费	元	—	48.70	48.70
机械	990602020	双锥反转出料混凝土搅拌机 350L	台班	226.31	0.559	—
	990617010	混凝土抹平机 5.5kW	台班	23.38	0.110	0.110

E.1.5.2 无梁板(编码:010505002)

工作内容:1.自拌混凝土:搅拌混凝土、水平运输、浇捣、养护等。
2.商品混凝土:浇捣、养护等。

计量单位:10m³

定 额 编 号				AE0074	AE0075
项 目 名 称				无梁板	
				自拌砼	商品砼
综 合 单 价 (元)				**4085.02**	**3217.48**
费用	其中	人 工 费 (元)		816.50	315.10
		材 料 费 (元)		2775.21	2777.44
		施 工 机 具 使 用 费 (元)		129.08	2.57
		企 业 管 理 费 (元)		227.88	76.56
		利 润 (元)		122.17	41.04
		一 般 风 险 费 (元)		14.18	4.77
	编码	名 称	单位	单价(元)	消 耗 量	
人工	000300080	混凝土综合工	工日	115.00	7.100	2.740
材料	800211040	砼 C30(塑、特、碎 5~20,坍 35~50)	m³	266.56	10.100	—
	840201140	商品砼	m³	266.99	—	10.150
	341100100	水	m³	4.42	6.523	3.023
	341100400	电	kW·h	0.70	3.780	3.780
	002000010	其他材料费	元	—	51.48	51.48
机械	990602020	双锥反转出料混凝土搅拌机 350L	台班	226.31	0.559	—
	990617010	混凝土抹平机 5.5kW	台班	23.38	0.110	0.110

E.1.5.3 平板(编码:010505003)

工作内容:1.自拌混凝土:搅拌混凝土、水平运输、浇捣、养护等。
2.商品混凝土:浇捣、养护等。

计量单位:10m³

定 额 编 号					AE0076	AE0077
项 目 名 称					平板	
					自拌砼	商品砼
综 合 单 价 (元)					**4190.14**	**3322.58**
费用	其中	人 工 费 (元)			875.15	373.75
		材 料 费 (元)			2798.11	2800.33
		施工机具使用费 (元)			129.78	3.27
		企 业 管 理 费 (元)			242.19	90.86
		利 润 (元)			129.84	48.71
		一 般 风 险 费 (元)			15.07	5.66
	编码	名 称	单位	单价(元)	消 耗 量	
人工	000300080	混凝土综合工	工日	115.00	7.610	3.250
材料	800211040	砼 C30(塑、特、碎5~20,坍35~50)	m³	266.56	10.100	—
	840201140	商品砼	m³	266.99	—	10.150
	341100100	水	m³	4.42	7.604	4.104
	341100400	电	kW·h	0.70	3.780	3.780
	002000010	其他材料费	元	—	69.60	69.60
机械	990602020	双锥反转出料混凝土搅拌机 350L	台班	226.31	0.559	—
	990617010	混凝土抹平机 5.5kW	台班	23.38	0.140	0.140

E.1.5.4 拱板(编码:010505004)

工作内容:1.自拌混凝土:搅拌混凝土、水平运输、浇捣、养护等。
2.商品混凝土:浇捣、养护等。

计量单位:10m³

定 额 编 号					AE0078	AE0079
项 目 名 称					拱板	
					自拌砼	商品砼
综 合 单 价 (元)					**4604.13**	**3736.58**
费用	其中	人 工 费 (元)			1216.70	715.30
		材 料 费 (元)			2738.66	2740.89
		施工机具使用费 (元)			130.01	3.51
		企 业 管 理 费 (元)			324.56	173.23
		利 润 (元)			174.00	92.87
		一 般 风 险 费 (元)			20.20	10.78
	编码	名 称	单位	单价(元)	消 耗 量	
人工	000300080	混凝土综合工	工日	115.00	10.580	6.220
材料	800211040	砼 C30(塑、特、碎5~20,坍35~50)	m³	266.56	10.100	—
	840201140	商品砼	m³	266.99	—	10.150
	341100100	水	m³	4.42	5.152	1.652
	341100400	电	kW·h	0.70	3.780	3.780
	002000010	其他材料费	元	—	20.99	20.99
机械	990602020	双锥反转出料混凝土搅拌机 350L	台班	226.31	0.559	—
	990617010	混凝土抹平机 5.5kW	台班	23.38	0.150	0.150

E.1.5.5 薄壳板(编码:010505005)

工作内容:1.自拌混凝土:搅拌混凝土、水平运输、浇捣、养护等。
2.商品混凝土:浇捣、养护等。

计量单位:10m³

定　额　编　号					AE0080	AE0081
项　目　名　称					薄壳板	
					自拌砼	商品砼
综　合　单　价　（元）					**4554.23**	**3686.66**
费用	其中	人　工　费　（元）			1151.15	649.75
		材　料　费　（元）			2778.26	2780.48
		施 工 机 具 使 用 费　（元）			130.95	4.44
		企 业 管 理 费　（元）			308.99	157.66
		利　　　润　（元）			165.65	84.52
		一 般 风 险 费　（元）			19.23	9.81
	编码	名　　称	单位	单价(元)	消　耗　量	
人工	000300080	混凝土综合工	工日	115.00	10.010	5.650
材料	800211040	砼 C30(塑、特、碎5～20,坍35～50)	m³	266.56	10.100	—
	840201140	商品砼	m³	266.99	—	10.150
	341100100	水	m³	4.42	10.175	6.675
	341100400	电	kW·h	0.70	3.780	3.780
	002000010	其他材料费	元	—	38.38	38.38
机械	990602020	双锥反转出料混凝土搅拌机 350L	台班	226.31	0.559	—
	990617010	混凝土抹平机 5.5kW	台班	23.38	0.190	0.190

E.1.5.6 空心板(编码:010505009)

工作内容:1.自拌混凝土:搅拌混凝土、水平运输、浇捣、养护等。
2.商品混凝土:浇捣、养护等。

计量单位:10m³

定　额　编　号					AE0082	AE0083	AE0084	AE0085
项　目　名　称					预应力空心板		复合空心板	
					自拌砼	商品砼	自拌砼	商品砼
综　合　单　价　（元）					**4500.98**	**3633.43**	**4382.60**	**3515.04**
费用	其中	人　工　费　（元）			1072.95	571.55	1026.95	525.55
		材　料　费　（元）			2835.28	2837.50	2782.56	2784.78
		施 工 机 具 使 用 费　（元）			129.55	3.04	128.14	1.64
		企 业 管 理 费　（元）			289.80	138.48	278.38	127.05
		利　　　润　（元）			155.36	74.24	149.24	68.11
		一 般 风 险 费　（元）			18.04	8.62	17.33	7.91
	编码	名　　称	单位	单价(元)	消　　耗　　量			
人工	000300080	混凝土综合工	工日	115.00	9.330	4.970	8.930	4.570
材料	800211040	砼 C30(塑、特、碎5～20,坍35～50)	m³	266.56	10.100	—	10.100	—
	840201140	商品砼	m³	266.99	—	10.150	—	10.150
	341100100	水	m³	4.42	9.020	5.520	7.448	3.948
	341100400	电	kW·h	0.70	3.780	3.780	3.780	3.780
	002000010	其他材料费	元	—	100.51	100.51	54.74	54.74
机械	990602020	双锥反转出料混凝土搅拌机 350L	台班	226.31	0.559	—	0.559	—
	990617010	混凝土抹平机 5.5kW	台班	23.38	0.130	0.130	0.070	0.070

E.1.5.7 斜板(编码:010505010)

工作内容:1.自拌混凝土:搅拌混凝土、水平运输、浇捣、养护等。
2.商品混凝土:浇捣、养护等。

计量单位:10m³

定 额 编 号					AE0086	AE0087
项 目 名 称					斜板	
					自拌砼	商品砼
综 合 单 价 (元)					**4314.23**	**3446.68**
费用	其中	人 工 费 (元)			941.85	440.45
		材 料 费 (元)			2828.19	2830.42
		施工机具使用费 (元)			130.95	4.44
		企 业 管 理 费 (元)			258.54	107.22
		利 润 (元)			138.61	57.48
		一 般 风 险 费 (元)			16.09	6.67
	编码	名 称	单位	单价(元)	消 耗 量	
人工	000300080	混凝土综合工	工日	115.00	8.190	3.830
材料	800211040	砼 C30(塑、特、碎 5~20,坍 35~50)	m³	266.56	10.100	—
	840201140	商品砼	m³	266.99	—	10.150
	341100100	水	m³	4.42	12.360	8.860
	341100400	电	kW·h	0.70	3.780	3.780
	002000010	其他材料费	元	—	78.66	78.66
机械	990602020	双锥反转出料混凝土搅拌机 350L	台班	226.31	0.559	—
	990617010	混凝土抹平机 5.5kW	台班	23.38	0.190	0.190

E.1.5.8 悬挑板(编码:010505008)

工作内容:1.自拌混凝土:搅拌混凝土、水平运输、浇捣、养护等。
2.商品混凝土:浇捣、养护等。

计量单位:10m²

定 额 编 号					AE0088	AE0089
项 目 名 称					悬挑板	
					自拌砼	商品砼
综 合 单 价 (元)					**499.59**	**402.40**
费用	其中	人 工 费 (元)			125.35	74.75
		材 料 费 (元)			298.06	298.86
		施工机具使用费 (元)			20.14	—
		企 业 管 理 费 (元)			35.06	18.01
		利 润 (元)			18.80	9.66
		一 般 风 险 费 (元)			2.18	1.12
	编码	名 称	单位	单价(元)	消 耗 量	
人工	000300080	混凝土综合工	工日	115.00	1.090	0.650
材料	800211040	砼 C30(塑、特、碎 5~20,坍 35~50)	m³	266.56	1.065	—
	840201140	商品砼	m³	266.99	—	1.075
	341100100	水	m³	4.42	1.094	0.567
	341100400	电	kW·h	0.70	6.000	6.000
	002000010	其他材料费	元	—	5.14	5.14
机械	990602020	双锥反转出料混凝土搅拌机 350L	台班	226.31	0.089	—

工作内容:1.自拌混凝土:搅拌混凝土、水平运输、浇捣、养护等。
　　　　　2.商品混凝土:浇捣、养护等。

计量单位:10m³

定　额　编　号					AE0090	AE0091
项　目　名　称					天沟(挑檐)	
					自拌砼	商品砼
综　合　单　价　(元)					**4597.03**	**3626.65**
费用	其中	人　工　费　(元)			1113.20	611.80
		材　料　费　(元)			2776.96	2779.19
		施工机具使用费　(元)			200.74	—
		企　业　管　理　费　(元)			316.66	147.44
		利　　　润　　　(元)			169.76	79.04
		一　般　风　险　费　(元)			19.71	9.18
	编码	名　称	单位	单价(元)	消　耗　量	
人工	000300080	混凝土综合工	工日	115.00	9.680	5.320
材料	800211040	砼 C30(塑、特、碎 5～20,坍 35～50)	m³	266.56	10.100	—
	840201140	商品砼	m³	266.99	—	10.150
	341100100	水	m³	4.42	9.540	6.040
	341100400	电	kW·h	0.70	6.000	6.000
	002000010	其他材料费	元	—	38.34	38.34
机械	990602020	双锥反转出料混凝土搅拌机 350L	台班	226.31	0.887	—

E.1.6　现浇混凝土楼梯(编码:010506)

E.1.6.1　直形楼梯(编码:010506001)

工作内容:1.自拌混凝土:搅拌混凝土、水平运输、浇捣、养护等。
　　　　　2.商品混凝土:浇捣、养护等。

计量单位:10m²

定　额　编　号					AE0092	AE0093
项　目　名　称					直形楼梯	
					自拌砼	商品砼
综　合　单　价　(元)					**1312.08**	**1078.67**
费用	其中	人　工　费　(元)			426.65	307.05
		材　料　费　(元)			654.32	653.34
		施工机具使用费　(元)			48.20	—
		企　业　管　理　费　(元)			114.44	74.00
		利　　　润　　　(元)			61.35	39.67
		一　般　风　险　费　(元)			7.12	4.61
	编码	名　称	单位	单价(元)	消　耗　量	
人工	000300080	混凝土综合工	工日	115.00	3.710	2.670
材料	800211040	砼 C30(塑、特、碎 5～20,坍 35～50)	m³	266.56	2.378	—
	840201140	商品砼	m³	266.99	—	2.390
	341100100	水	m³	4.42	1.899	0.722
	341100400	电	kW·h	0.70	1.560	1.560
	002000010	其他材料费	元	—	10.95	10.95
机械	990602020	双锥反转出料混凝土搅拌机 350L	台班	226.31	0.213	—

工作内容:1.自拌混凝土:搅拌混凝土、水平运输、浇捣、养护等。

2.商品混凝土:浇捣、养护等。

计量单位:10m²

定　　额　　编　　号						AE0094	AE0095
项　　目　　名　　称						弧形楼梯	
						自拌砼	商品砼
费用	其中	**综　合　单　价　(元)**				**1307.40**	**1093.69**
		人　工　费　(元)				549.70	430.10
		材　料　费　(元)				498.62	497.92
		施 工 机 具 使 用 费 (元)				34.17	—
		企　业　管　理　费　(元)				140.71	103.65
		利　　润　　(元)				75.44	55.57
		一 般 风 险 费 (元)				8.76	6.45
	编码	名　　　　称	单位	单价(元)		消　　耗　　量	
人工	000300080	混凝土综合工	工日	115.00		4.780	3.740
材料	800211040	砼 C30(塑、特、碎 5～20,坍 35～50)	m³	266.56		1.798	—
	840201140	商品砼	m³	266.99		—	1.807
	341100100	水	m³	4.42		1.573	0.696
	341100400	电	kW·h	0.70		1.590	1.590
	002000010	其他材料费	元	—		11.28	11.28
机械	990602020	双锥反转出料混凝土搅拌机 350L	台班	226.31		0.151	—

工作内容:1.自拌混凝土:搅拌混凝土、水平运输、浇捣、养护等。

2.商品混凝土:浇捣、养护等。

计量单位:10m²

定　　额　　编　　号					AE0096	AE0097	AE0098	AE0099
项　　目　　名　　称					螺旋形楼梯		直(弧、螺旋)形楼梯每增减 10mm	
					自拌砼	商品砼	自拌砼	商品砼
费用	其中	**综　合　单　价　(元)**			**1696.83**	**1484.19**	**65.36**	**54.62**
		人　工　费　(元)			718.75	599.15	21.85	16.10
		材　料　费　(元)			653.89	654.24	32.26	32.32
		施 工 机 具 使 用 费 (元)			34.17	—	2.04	—
		企　业　管　理　费　(元)			181.45	144.40	5.76	3.88
		利　　润　　(元)			97.28	77.41	3.09	2.08
		一 般 风 险 费 (元)			11.29	8.99	0.36	0.24
	编码	名　　　称	单位	单价(元)	消　　　耗　　　量			
人工	000300080	混凝土综合工	工日	115.00	6.250	5.210	0.190	0.140
材料	800211040	砼 C30(塑、特、碎 5～20,坍 35～50)	m³	266.56	2.378	—	0.119	—
	840201140	商品砼	m³	266.99	—	2.390	—	0.120
	341100100	水	m³	4.42	1.468	0.591	0.110	0.051
	341100400	电	kW·h	0.70	1.590	1.590	0.080	0.080
	002000010	其他材料费	元	—	12.41	12.41	—	—
机械	990602020	双锥反转出料混凝土搅拌机 350L	台班	226.31	0.151	—	0.009	—

E.1.7 现浇混凝土其他构件(编码:010507)

E.1.7.1 散水、坡道(编码:010507001)

工作内容:1.自拌混凝土:清理基层、搅拌混凝土、水平运输、浇捣、养护、面层抹灰压实等。
2.商品混凝土:清理基层、浇捣、养护、面层抹灰压实等。
3.防滑坡道:清理基层、砂浆铺设、压实等。

计量单位:100m²

定 额 编 号					AE0100	AE0101	AE0102	AE0103	AE0104
项 目 名 称					砼排水坡				防滑坡道
					自拌砼		商品砼		
					厚度60mm	每增减10mm	厚度60mm	每增减10mm	
综 合 单 价 (元)					4604.12	489.54	3670.87	379.31	2561.49
费用	其中	人 工 费 (元)			1784.80	140.30	1238.55	78.20	1239.70
		材 料 费 (元)			1910.29	267.29	1931.21	270.99	745.27
		施工机具使用费 (元)			159.92	20.14	17.34	—	71.46
		企 业 管 理 费 (元)			468.68	38.67	302.67	18.85	315.99
		利 润 (元)			251.26	20.73	162.26	10.10	169.40
		一 般 风 险 费 (元)			29.17	2.41	18.84	1.17	19.67
	编码	名 称	单位	单价(元)	消	耗		量	
人工	000300080	混凝土综合工	工日	115.00	15.520	1.220	10.770	0.680	10.780
材料	810201030	水泥砂浆1:2(特)	m³	256.68	—	—	—	—	2.580
	810425010	素水泥浆	m³	479.39	—	—	—	—	0.100
	800212040	砼C30(塑,特,碎5~31.5,坍35~50)	m³	264.64	6.060	1.010	—	—	—
	840201140	商品砼	m³	266.99	—	—	6.090	1.015	—
	850401070	石油沥青砂浆1:2:7	m³	825.24	0.140	—	0.140	—	—
	810201010	水泥砂浆1:1(特)	m³	334.13	0.510	—	0.510	—	—
	341100100	水	m³	4.42	3.800	—	3.500	—	7.940
	341100400	电	kW·h	0.70	0.030	—	0.030	—	—
	002000010	其他材料费	元	—	—	3.81	—	3.81	—
机械	990602020	双锥反转出料混凝土搅拌机350L	台班	226.31	0.630	0.089	—	—	—
	990610010	灰浆搅拌机200L	台班	187.56	0.080	—	0.080	—	0.381
	990617010	混凝土抹平机5.5kW	台班	23.38	0.100	—	0.100	—	—

E.1.7.2 地沟(电缆沟)(编码:010507003)

工作内容:1.自拌混凝土:搅拌混凝土、水平运输、浇捣、养护等。
2.商品混凝土:浇捣、养护等。

计量单位:10m³

定 额 编 号					AE0105	AE0106
项 目 名 称					地沟(电缆沟)	
					自拌砼	商品砼
综 合 单 价 (元)					4351.84	3401.13
费用	其中	人 工 费 (元)			982.10	480.70
		材 料 费 (元)			2713.38	2735.26
		施工机具使用费 (元)			200.74	—
		企 业 管 理 费 (元)			285.06	115.85
		利 润 (元)			152.82	62.11
		一 般 风 险 费 (元)			17.74	7.21
	编码	名 称	单位	单价(元)	消 耗	量
人工	000300080	混凝土综合工	工日	115.00	8.540	4.180
材料	800212040	砼C30(塑,特,碎5~31.5,坍35~50)	m³	264.64	10.100	—
	840201140	商品砼	m³	266.99	—	10.150
	341100100	水	m³	4.42	5.614	2.174
	341100400	电	kW·h	0.70	6.000	6.000
	002000010	其他材料费	元	—	11.50	11.50
机械	990602020	双锥反转出料混凝土搅拌机350L	台班	226.31	0.887	—

工作内容:1.自拌混凝土:搅拌混凝土、水平运输、浇捣、养护等。
2.商品混凝土:浇捣、养护等。

计量单位:10m³

定 额 编 号					AE0107	AE0108
项 目 名 称					台阶	
					自拌砼	商品砼
综 合 单 价 (元)					**4971.49**	**4013.88**
费用	其中	人 工 费 (元)			1381.15	879.75
		材 料 费 (元)			2780.26	2795.25
		施 工 机 具 使 用 费 (元)			200.74	—
		企 业 管 理 费 (元)			381.23	212.02
		利 润 (元)			204.38	113.66
		一 般 风 险 费 (元)			23.73	13.20
	编码	名 称	单位	单价(元)	消 耗 量	
人工	000300080	混凝土综合工	工日	115.00	12.010	7.650
材料	800212040	砼 C30(塑、特、碎 5～31.5,坍 35～50)	m³	264.64	10.100	—
	840201140	商品砼	m³	266.99	—	10.150
	341100100	水	m³	4.42	6.390	1.390
	341100400	电	kW·h	0.70	0.462	0.462
	002000010	其他材料费	元	—	78.83	78.83
机械	990602020	双锥反转出料混凝土搅拌机 350L	台班	226.31	0.887	—

工作内容:1.自拌混凝土:搅拌混凝土、水平运输、浇捣、养护等。
2.商品混凝土:浇捣、养护等。

计量单位:10m³

定 额 编 号					AE0109	AE0110
项 目 名 称					零星构件	
					自拌砼	商品砼
综 合 单 价 (元)					**5506.65**	**4555.64**
费用	其中	人 工 费 (元)			1699.70	1198.30
		材 料 费 (元)			2874.15	2895.76
		施 工 机 具 使 用 费 (元)			200.74	—
		企 业 管 理 费 (元)			458.01	288.79
		利 润 (元)			245.54	154.82
		一 般 风 险 费 (元)			28.51	17.97
	编码	名 称	单位	单价(元)	消 耗 量	
人工	000300080	混凝土综合工	工日	115.00	14.780	10.420
材料	800212040	砼 C30(塑、特、碎 5～31.5,坍 35～50)	m³	264.64	10.100	—
	840201140	商品砼	m³	266.99	—	10.150
	341100100	水	m³	4.42	16.320	12.820
	002000010	其他材料费	元	—	129.15	129.15
机械	990602020	双锥反转出料混凝土搅拌机 350L	台班	226.31	0.887	—

E.1.8 混凝土运输、泵输送

工作内容:筛洗石子,砂石运至搅拌点,混凝土搅拌,装运输车。　　　　　　　　　　　　计量单位:100m³

定　额　编　号				AE0111	AE0112	AE0113	AE0114
项　目　名　称				砼搅拌站			
				搅拌生产能力(m³/h)			
				25	45	50	60
综　合　单　价　(元)				**2475.14**	**1706.77**	**1654.59**	**1569.68**
费用	其中	人　工　费　(元)		184.00	184.00	184.00	184.00
		材　料　费　(元)		221.00	221.00	221.00	221.00
		施工机具使用费　(元)		1443.30	888.60	850.94	789.64
		企　业　管　理　费　(元)		392.18	258.50	249.42	234.65
		利　　　润　(元)		210.25	138.58	133.71	125.79
		一　般　风　险　费　(元)		24.41	16.09	15.52	14.60
	编码	名　称	单位	单价(元)	消　　耗　　量		
人工	000300080	混凝土综合工	工日	115.00	1.600	1.600	1.600	1.600
材料	341100100	水	m³	4.42	50.000	50.000	50.000	50.000
机械	990605020	混凝土搅拌站 25m³/h	台班	1961.01	0.736	—	—	—
	990605030	混凝土搅拌站 45m³/h	台班	2177.95	—	0.408	—	—
	990605040	混凝土搅拌站 50m³/h	台班	2281.33	—	—	0.373	—
	990605050	混凝土搅拌站 60m³/h	台班	2547.23	—	—	—	0.310

工作内容:将搅拌好的混凝土在运输中搅拌,运送到施工现场、自动卸车。　　　　　　　　　计量单位:100m³

定　额　编　号				AE0115	AE0116
项　目　名　称				砼搅拌输送车	
				5km 以内	每增加 1km
综　合　单　价　(元)				**2996.69**	**348.82**
费用	其中	人　工　费　(元)		368.00	—
		材　料　费　(元)		—	—
		施工机具使用费　(元)		1795.36	251.82
		企　业　管　理　费　(元)		521.37	60.69
		利　　　润　(元)		279.51	32.53
		一　般　风　险　费　(元)		32.45	3.78
	编码	名　称	单位	单价(元)	消　　耗　　量	
人工	000300080	混凝土综合工	工日	115.00	3.200	—
机械	990606030	混凝土搅拌运输车 6m³	台班	1165.82	1.540	0.216

工作内容:将搅拌好的混凝土输送到浇筑点。 计量单位:100m³

定　额　编　号				AE0117
项　目　名　称				砼泵输送砼
				输送泵车排除量(m³/h)
				60
综　合　单　价　(元)				573.05
费用	其中	人　工　费　(元)		—
		材　料　费　(元)		—
		施工机具使用费　(元)		413.69
		企　业　管　理　费　(元)		99.70
		利　　　润　(元)		53.45
		一　般　风　险　费　(元)		6.21

	编码	名　称	单位	单价(元)	消　耗　量
机械	990608025	混凝土输送泵 60m³/h	台班	971.10	0.426

E.2　现浇混凝土模板

E.2.1　现浇混凝土模板(编码:011702)

E.2.1.1　基础模板(编码:011702001)

工作内容:1.模板及支撑制作、安装、拆除、整理堆放及场内外运输。
　　　　　2.清理模板粘结物及模内杂物、刷隔离剂等。 计量单位:100m²

定　额　编　号					AE0118	AE0119	AE0120
项　目　名　称					基础垫层	带形基础	
						块(片)石砼	砼
综　合　单　价　(元)					4000.42	4537.32	4758.34
费用	其中	人　工　费　(元)			1442.40	2125.20	2236.80
		材　料　费　(元)			2001.09	1517.68	1585.35
		施工机具使用费　(元)			0.95	54.73	53.84
		企　业　管　理　费　(元)			347.85	525.36	552.04
		利　　　润　(元)			186.48	281.65	295.95
		一　般　风　险　费　(元)			21.65	32.70	34.36
	编码	名　称	单位	单价(元)	消　　耗　　量		
人工	000300060	模板综合工	工日	120.00	12.020	17.710	18.640
材料	050303800	木材 锯材	m³	1547.01	0.722	0.393	0.438
	350100011	复合模板	m²	23.93	24.675	24.675	24.675
	032102830	支撑钢管及扣件	kg	3.68	—	19.100	18.940
	010100010	钢筋 综合	kg	3.07	86.518	—	—
	032134815	加工铁件	kg	4.06	—	31.130	24.390
	002000010	其他材料费	元	—	28.07	122.56	148.56
机械	990401025	载重汽车 6t	台班	422.13	—	0.073	0.072
	990304001	汽车式起重机 5t	台班	473.39	—	0.049	0.048
	990706010	木工圆锯机 直径500mm	台班	25.81	0.037	0.028	0.028

工作内容: 1.模板及支撑制作、安装、拆除、整理堆放及场内外运输。
2.清理模板粘结物及模内杂物、刷隔离剂等。

计量单位:100m²

定 额 编 号					AE0121	AE0122
项 目 名 称					独立基础	
					块(片)石砼	砼
综 合 单 价 (元)					**5334.12**	**5495.80**
费用	其中	人 工 费 (元)			2317.20	2383.20
		材 料 费 (元)			2122.36	2192.31
		施工机具使用费 (元)			1.42	1.65
		企 业 管 理 费 (元)			558.79	574.75
		利 润 (元)			299.57	308.12
		一 般 风 险 费 (元)			34.78	35.77
	编码	名 称	单位	单价(元)	消 耗	量
人工	000300060	模板综合工	工日	120.00	19.310	19.860
材料	350100011	复合模板	m²	23.93	24.657	24.675
	050303800	木材 锯材	m³	1547.01	0.858	0.899
	002000010	其他材料费	元	—	204.98	211.08
机械	990706010	木工圆锯机 直径500mm	台班	25.81	0.055	0.064

工作内容: 1.模板及支撑制作、安装、拆除、整理堆放及场内外运输。
2.清理模板粘结物及模内杂物、刷隔离剂等。

计量单位:100m²

定 额 编 号				AE0123	AE0124	AE0125	AE0126	AE0127	AE0128
项 目 名 称				杯形基础	高杯(长颈)基础	桩承台基础	满堂基础		筏板基础
							无梁式	有梁式	
综 合 单 价 (元)				**5435.97**	**5628.79**	**5796.67**	**4629.29**	**4577.99**	**4785.55**
费用	其中	人 工 费 (元)		2640.00	2779.20	2600.40	2260.80	2415.60	2373.60
		材 料 费 (元)		1658.21	1658.21	2192.31	1494.99	1161.99	1494.99
		施工机具使用费 (元)		87.23	87.23	1.65	1.91	50.47	1.91
		企 业 管 理 费 (元)		657.26	690.81	627.09	545.31	594.32	572.50
		利 润 (元)		352.36	370.34	336.19	292.34	318.62	306.92
		一 般 风 险 费 (元)		40.91	43.00	39.03	33.94	36.99	35.63
	编码	名 称	单位 单价(元)		消	耗		量	
人工	000300060	模板综合工	工日 120.00	22.000	23.160	21.670	18.840	20.130	19.780
材料	350100011	复合模板	m² 23.93	24.675	24.675	24.675	24.675	24.675	24.675
	050303800	木材 锯材	m³ 1547.01	0.537	0.537	0.899	0.413	0.248	0.413
	032102830	支撑钢管及扣件	kg 3.68	29.720	29.720	—	—	17.750	—
	002000010	其他材料费	元 —	127.62	127.62	211.08	265.60	122.54	265.60
机械	990401025	载重汽车 6t	台班 422.13	0.113	0.113	—	—	0.068	—
	990304001	汽车式起重机 5t	台班 473.39	0.075	0.075	—	—	0.045	—
	990706010	木工圆锯机 直径500mm	台班 25.81	0.156	0.156	0.064	0.074	0.018	0.074

工作内容：1.模板及支撑制作、安装、拆除、整理堆放及场内外运输。
2.清理模板粘结物及模内杂物、刷隔离剂等。

计量单位：100m²

定　额　编　号					AE0129	AE0130	AE0131	AE0132
项　目　名　称					设备基础			
					5m³ 以内	20m³ 以内	100m³ 以内	100m³ 以上
综　合　单　价　（元）					**6570.00**	**5778.13**	**5535.34**	**6035.44**
费用	其中	人　工　费　（元）			3672.00	2965.20	2983.20	3159.60
		材　料　费　（元）			1373.10	1549.27	1263.73	1567.40
		施工机具使用费　（元）			79.73	87.69	100.55	65.96
		企　业　管　理　费　（元）			904.17	735.75	743.18	777.36
		利　润　（元）			484.72	394.43	398.42	416.74
		一　般　风　险　费　（元）			56.28	45.79	46.26	48.38
	编码	名　称	单位	单价（元）	消　　耗　　量			
人工	000300060	模板综合工	工日	120.00	30.600	24.710	24.860	26.330
材料	350100011	复合模板	m²	23.93	24.675	24.675	24.657	24.657
	050303800	木材 锯材	m³	1547.01	0.363	0.470	0.275	0.497
	032102830	支撑钢管及扣件	kg	3.68	27.980	30.870	35.370	23.426
	002000010	其他材料费	元	—	118.10	118.10	118.10	122.29
机械	990401025	载重汽车 6t	台班	422.13	0.107	0.118	0.135	0.089
	990304001	汽车式起重机 5t	台班	473.39	0.071	0.078	0.090	0.059
	990706010	木工圆锯机 直径500mm	台班	25.81	0.037	0.037	0.037	0.018

工作内容：1.模板及支撑制作、安装、拆除、整理堆放及场内外运输。
2.清理模板粘结物及模内杂物、刷隔离剂等。

计量单位：10个

定　额　编　号					AE0133	AE0134	AE0135
项　目　名　称					设备基础螺栓孔		
					深度		
					0.5m 以内	1m 以内	1m 以外
综　合　单　价　（元）					**352.47**	**599.09**	**771.44**
费用	其中	人　工　费　（元）			172.80	208.80	272.40
		材　料　费　（元）			112.78	308.87	391.82
		施工机具使用费　（元）			0.23	0.72	1.65
		企　业　管　理　费　（元）			41.70	50.49	66.05
		利　润　（元）			22.36	27.07	35.41
		一　般　风　险　费　（元）			2.60	3.14	4.11
	编码	名　称	单位	单价（元）	消　　耗　　量		
人工	000300060	模板综合工	工日	120.00	1.440	1.740	2.270
材料	350100011	复合模板	m²	23.93	0.235	0.215	0.196
	050303800	木材 锯材	m³	1547.01	0.064	0.185	0.238
	002000010	其他材料费	元	—	8.15	17.53	18.94
机械	990706010	木工圆锯机 直径500mm	台班	25.81	0.009	0.028	0.064

E.2.1.2 矩形柱模板(编码:011702002)

工作内容:1.模板及支撑制作、安装、拆除、整理堆放及场内外运输。
2.清理模板粘结物及模内杂物、刷隔离剂等。

计量单位:100m²

定 额 编 号						AE0136	
项 目 名 称						矩形柱	
综 合 单 价 (元)						**5952.38**	
费用	其中	人 工 费 (元)				2779.20	
		材 料 费 (元)				1923.44	
		施 工 机 具 使 用 费 (元)				129.36	
		企 业 管 理 费 (元)				700.96	
		利 润 (元)				375.79	
		一 般 风 险 费 (元)				43.63	
	编码	名 称	单位	单价(元)	消 耗 量		
人工	000300060	模板综合工	工日	120.00	23.160		
材料	050303800	木材 锯材	m³	1547.01	0.554		
	350100011	复合模板	m²	23.93	24.675		
	032102830	支撑钢管及扣件	kg	3.68	45.484		
	002000010	其他材料费	元	—	308.54		
机械	990401025	载重汽车 6t	台班	422.13	0.173		
	990304001	汽车式起重机 5t	台班	473.39	0.116		
	990706010	木工圆锯机 直径500mm	台班	25.81	0.055		

E.2.1.3 斜柱模板(编码:011702002、011702004)

工作内容:1.模板及支撑制作、安装、拆除、整理堆放及场内外运输。
2.清理模板粘结物及模内杂物、刷隔离剂等。

计量单位:100m²

定 额 编 号						AE0137	
项 目 名 称						斜柱	
综 合 单 价 (元)						**6880.72**	
费用	其中	人 工 费 (元)				3344.40	
		材 料 费 (元)				2068.86	
		施 工 机 具 使 用 费 (元)				129.36	
		企 业 管 理 费 (元)				837.18	
		利 润 (元)				448.81	
		一 般 风 险 费 (元)				52.11	
	编码	名 称	单位	单价(元)	消 耗 量		
人工	000300060	模板综合工	工日	120.00	27.870		
材料	050303800	木材 锯材	m³	1547.01	0.648		
	032102830	支撑钢管及扣件	kg	3.68	45.484		
	350100011	复合模板	m²	23.93	24.675		
	002000010	其他材料费	元	—	308.54		
机械	990401025	载重汽车 6t	台班	422.13	0.173		
	990304001	汽车式起重机 5t	台班	473.39	0.116		
	990706010	木工圆锯机 直径500mm	台班	25.81	0.055		

E.2.1.4 **多边形(异型)柱模板(编码:011702004)**

工作内容:1.模板及支撑制作、安装、拆除、整理堆放及场内外运输。
2.清理模板粘结物及模内杂物、刷隔离剂等。　　　　　　　计量单位:100m²

定　　额　　编　　号					AE0138	AE0139
项　目　名　称					多边形柱	圆形柱
综　合　单　价　(元)					**7283.47**	**9529.18**
费用	其中	人　工　费　(元)			3642.00	5210.40
		材　料　费　(元)			2004.86	2078.02
		施工机具使用费　(元)			168.72	168.72
		企　业　管　理　费　(元)			918.38	1296.37
		利　　润　(元)			492.35	694.98
		一　般　风　险　费　(元)			57.16	80.69
	编码	名　　称	单位	单价(元)	消　耗　量	
人工	000300060	模板综合工	工日	120.00	30.350	43.420
材料	050303800	木材 锯材	m³	1547.01	0.480	0.480
	350100011	复合模板	m²	23.93	30.629	30.629
	032102830	支撑钢管及扣件	kg	3.68	59.530	59.530
	002000010	其他材料费	元	—	310.27	383.43
机械	990401025	载重汽车 6t	台班	422.13	0.227	0.227
	990304001	汽车式起重机 5t	台班	473.39	0.151	0.151
	990706010	木工圆锯机 直径500mm	台班	25.81	0.055	0.055

E.2.1.5 **薄壁柱模板(编码:011702004)**

工作内容:1.模板及支撑制作、安装、拆除、整理堆放及场内外运输。
2.清理模板粘结物及模内杂物、刷隔离剂等。　　　　　　　计量单位:100m²

定　　额　　编　　号					AE0140
项　目　名　称					薄壁柱
综　合　单　价　(元)					**6508.30**
费用	其中	人　工　费　(元)			2730.00
		材　料　费　(元)			2619.27
		施工机具使用费　(元)			77.56
		企　业　管　理　费　(元)			676.62
		利　　润　(元)			362.74
		一　般　风　险　费　(元)			42.11
	编码	名　　称	单位	单价(元)	消　耗　量
人工	000300060	模板综合工	工日	120.00	22.750
材料	050303800	木材 锯材	m³	1547.01	0.877
	350100011	复合模板	m²	23.93	24.675
	032102830	支撑钢管及扣件	kg	3.68	27.040
	002000010	其他材料费	元	—	572.56
机械	990401025	载重汽车 6t	台班	422.13	0.103
	990304001	汽车式起重机 5t	台班	473.39	0.069
	990706010	木工圆锯机 直径500mm	台班	25.81	0.055

E.2.1.6 构造柱模板(编码:011702003)

工作内容:1.模板及支撑制作、安装、拆除、整理堆放及场内外运输。
2.清理模板粘结物及模内杂物、刷隔离剂等。

计量单位:100m²

定 额 编 号					AE0141
项 目 名 称					构造柱
综 合 单 价 (元)					**5780.29**
费用	其中	人 工 费 (元)			2803.20
		材 料 费 (元)			1718.10
		施 工 机 具 使 用 费 (元)			129.36
		企 业 管 理 费 (元)			706.75
		利 润 (元)			378.89
		一 般 风 险 费 (元)			43.99
	编码	名 称	单位	单价(元)	消 耗 量
人工	000300060	模板综合工	工日	120.00	23.360
材料	050303800	木材 锯材	m³	1547.01	0.568
	350100011	复合模板	m²	23.93	24.675
	032102830	支撑钢管及扣件	kg	3.68	45.485
	002000010	其他材料费	元	—	81.54
机械	990401025	载重汽车 6t	台班	422.13	0.173
	990304001	汽车式起重机 5t	台班	473.39	0.116
	990706010	木工圆锯机 直径500mm	台班	25.81	0.055

E.2.1.7 基础梁模板(编码:011702005)

工作内容:1.模板及支撑制作、安装、拆除、整理堆放及场内外运输。
2.清理模板粘结物及模内杂物、刷隔离剂等。

计量单位:100m²

定 额 编 号					AE0142	AE0143
项 目 名 称					基础梁	弧形基础梁
综 合 单 价 (元)					**5256.19**	**5889.50**
费用	其中	人 工 费 (元)			2289.60	2746.80
		材 料 费 (元)			2016.45	2016.45
		施 工 机 具 使 用 费 (元)			49.22	49.22
		企 业 管 理 费 (元)			563.66	673.84
		利 润 (元)			302.18	361.25
		一 般 风 险 费 (元)			35.08	41.94
	编码	名 称	单位	单价(元)	消 耗 量	
人工	000300060	模板综合工	工日	120.00	19.080	22.890
材料	050303800	木材 锯材	m³	1547.01	0.728	0.728
	350100011	复合模板	m²	23.93	24.675	24.675
	032140480	梁卡具	kg	4.00	17.150	17.150
	002000010	其他材料费	元	—	231.15	231.15
机械	990401025	载重汽车 6t	台班	422.13	0.065	0.065
	990304001	汽车式起重机 5t	台班	473.39	0.044	0.044
	990706010	木工圆锯机 直径500mm	台班	25.81	0.037	0.037

E.2.1.8 矩形梁模板(编码:011702006)

工作内容:1.模板及支撑制作、安装、拆除、整理堆放及场内外运输。
2.清理模板粘结物及模内杂物、刷隔离剂等。

计量单位:100m²

定 额 编 号					AE0144
项 目 名 称					矩形梁
综 合 单 价 (元)					**5377.80**
费用	其中	人 工 费 (元)			2408.40
		材 料 费 (元)			1769.99
		施 工 机 具 使 用 费 (元)			196.14
		企 业 管 理 费 (元)			627.69
		利 润 (元)			336.51
		一 般 风 险 费 (元)			39.07
	编码	名 称	单位	单价(元)	消 耗 量
人工	000300060	模板综合工	工日	120.00	20.070
材料	050303800	木材 锯材	m³	1547.01	0.476
	350100011	复合模板	m²	23.93	24.675
	032102830	支撑钢管及扣件	kg	3.68	69.480
	002000010	其他材料费	元	—	187.45
机械	990401025	载重汽车 6t	台班	422.13	0.265
	990304001	汽车式起重机 5t	台班	473.39	0.176
	990706010	木工圆锯机 直径 500mm	台班	25.81	0.037

E.2.1.9 异型梁模板(编码:011702007)

工作内容:1.模板及支撑制作、安装、拆除、整理堆放及场内外运输。
2.清理模板粘结物及模内杂物、刷隔离剂等。

计量单位:100m²

定 额 编 号					AE0145
项 目 名 称					异型梁
综 合 单 价 (元)					**6477.25**
费用	其中	人 工 费 (元)			3156.84
		材 料 费 (元)			1824.30
		施 工 机 具 使 用 费 (元)			202.20
		企 业 管 理 费 (元)			809.53
		利 润 (元)			433.99
		一 般 风 险 费 (元)			50.39
	编码	名 称	单位	单价(元)	消 耗 量
人工	000300060	模板综合工	工日	120.00	26.307
材料	050303800	木材 锯材	m³	1547.01	0.615
	350100011	复合模板	m²	23.93	17.273
	032102830	支撑钢管及扣件	kg	3.68	69.480
	002000010	其他材料费	元	—	203.86
机械	990401025	载重汽车 6t	台班	422.13	0.265
	990304001	汽车式起重机 5t	台班	473.39	0.176
	990706010	木工圆锯机 直径 500mm	台班	25.81	0.272

工作内容:1.模板及支撑制作、安装、拆除、整理堆放及场内外运输。
　　　　　2.清理模板粘结物及模内杂物、刷隔离剂等。

计量单位:100m²

定　额　编　号				AE0146	AE0147
项　目　名　称				圈梁	弧形圈梁
综　合　单　价　(元)				**5540.56**	**7089.36**
费用	其中	人　工　费　(元)		2700.00	3451.32
		材　料　费　(元)		1767.71	2260.77
		施工机具使用费　(元)		23.68	34.52
		企　业　管　理　费　(元)		656.41	840.09
		利　　　润　　　(元)		351.90	450.37
		一　般　风　险　费　(元)		40.86	52.29
	编码	名　　　称	单位	单价(元)	消　　耗　　量	
人工	000300060	模板综合工	工日	120.00	22.500	28.761
材料	050303800	木材 锯材	m³	1547.01	0.651	1.066
	350100011	复合模板	m²	23.93	24.675	17.273
	032102830	支撑钢管及扣件	kg	3.68	8.290	8.290
	002000010	其他材料费	元	—	139.63	167.81
机械	990401025	载重汽车 6t	台班	422.13	0.032	0.032
	990304001	汽车式起重机 5t	台班	473.39	0.021	0.021
	990706010	木工圆锯机 直径 500mm	台班	25.81	0.009	0.429

工作内容:1.模板及支撑制作、安装、拆除、整理堆放及场内外运输。
　　　　　2.清理模板粘结物及模内杂物、刷隔离剂等。

计量单位:100m²

定　额　编　号				AE0148
项　目　名　称				过梁
综　合　单　价　(元)				**7423.09**
费用	其中	人　工　费　(元)		3741.60
		材　料　费　(元)		1963.60
		施工机具使用费　(元)		199.70
		企　业　管　理　费　(元)		949.85
		利　　　润　　　(元)		509.22
		一　般　风　险　费　(元)		59.12
	编码	名　　　称	单位	单价(元)	消　　耗　　量
人工	000300060	模板综合工	工日	120.00	31.180
材料	050303800	木材 锯材	m³	1547.01	0.630
	350100011	复合模板	m²	23.93	24.675
	032102830	支撑钢管及扣件	kg	3.68	69.480
	002000010	其他材料费	元	—	142.82
机械	990401025	载重汽车 6t	台班	422.13	0.265
	990304001	汽车式起重机 5t	台班	473.39	0.176
	990706010	木工圆锯机 直径 500mm	台班	25.81	0.175

E.2.1.12 弧形梁及拱形梁模板(编码:011702010)

工作内容:1.模板及支撑制作、安装、拆除、整理堆放及场内外运输。
2.清理模板粘结物及模内杂物、刷隔离剂等。

计量单位:100m²

定 额 编 号					AE0149	AE0150
项 目 名 称					拱形梁	弧形梁
综 合 单 价 (元)					**7679.22**	**6854.25**
费用	其中	人 工 费 (元)			3528.24	3293.28
		材 料 费 (元)			2501.68	2009.67
		施 工 机 具 使 用 费 (元)			209.51	204.11
		企 业 管 理 费 (元)			900.80	842.87
		利 润 (元)			482.92	451.86
		一 般 风 险 费 (元)			56.07	52.46
	编码	名 称	单位	单价(元)	消 耗 量	
人工	000300060	模板综合工	工日	120.00	29.402	27.444
材料	050303800	木材 锯材	m³	1547.01	1.094	0.697
	350100011	复合模板	m²	23.93	14.805	17.273
	032102830	支撑钢管及扣件	kg	3.68	69.480	69.480
	002000010	其他材料费	元	—	199.28	262.37
机械	990706010	木工圆锯机 直径500mm	台班	25.81	0.555	0.346
	990401025	载重汽车 6t	台班	422.13	0.265	0.265
	990304001	汽车式起重机 5t	台班	473.39	0.176	0.176

E.2.1.13 斜梁模板(编码:011702006、011702007)

工作内容:1.模板及支撑制作、安装、拆除、整理堆放及场内外运输。
2.清理模板粘结物及模内杂物、刷隔离剂等。

计量单位:100m²

定 额 编 号					AE0151
项 目 名 称					斜梁
综 合 单 价 (元)					**6863.51**
费用	其中	人 工 费 (元)			3490.80
		材 料 费 (元)			1756.37
		施 工 机 具 使 用 费 (元)			196.14
		企 业 管 理 费 (元)			888.55
		利 润 (元)			476.35
		一 般 风 险 费 (元)			55.30
	编码	名 称	单位	单价(元)	消 耗 量
人工	000300060	模板综合工	工日	120.00	29.090
材料	050303800	木材 锯材	m³	1547.01	0.476
	350100011	复合模板	m²	23.93	24.675
	032102830	支撑钢管及扣件	kg	3.68	69.480
	002000010	其他材料费	元	—	173.83
机械	990401025	载重汽车 6t	台班	422.13	0.265
	990304001	汽车式起重机 5t	台班	473.39	0.176
	990706010	木工圆锯机 直径500mm	台班	25.81	0.037

E.2.1.14 直形墙模板(编码:011702011)

工作内容:1.模板及支撑制作、安装、拆除、整理堆放及场内外运输。
　　　　　2.清理模板粘结物及模内杂物、刷隔离剂等。

计量单位:100m²

定　额　编　号				AE0152		
项　目　名　称				直形墙		
综　合　单　价　(元)				**5762.37**		
费用	其中	人　工　费　(元)		2482.80		
		材　料　费　(元)		2227.25		
		施工机具使用费　(元)		69.26		
		企　业　管　理　费　(元)		615.05		
		利　润　(元)		329.73		
		一　般　风　险　费　(元)		38.28		
	编码	名　称	单位	单价(元)	消　耗　量	
人工	000300060	模板综合工	工日	120.00	20.690	
材料	050303800	木材 锯材	m³	1547.01	0.648	
	032102830	支撑钢管及扣件	kg	3.68	24.580	
	350100011	复合模板	m²	23.93	24.675	
	032130010	铁件 综合	kg	3.68	3.540	
	002000010	其他材料费	元	—	530.83	
机械	990401025	载重汽车 6t	台班	422.13	0.094	
	990304001	汽车式起重机 5t	台班	473.39	0.062	
	990706010	木工圆锯机 直径 500mm	台班	25.81	0.009	

E.2.1.15 弧形墙模板(编码:011702012)

工作内容:1.模板及支撑制作、安装、拆除、整理堆放及场内外运输。
　　　　　2.清理模板粘结物及模内杂物、刷隔离剂等。

计量单位:100m²

定　额　编　号				AE0153		
项　目　名　称				弧形墙		
综　合　单　价　(元)				**6576.27**		
费用	其中	人　工　费　(元)		2855.76		
		材　料　费　(元)		2516.73		
		施工机具使用费　(元)		74.89		
		企　业　管　理　费　(元)		706.29		
		利　润　(元)		378.64		
		一　般　风　险　费　(元)		43.96		
	编码	名　称	单位	单价(元)	消　耗　量	
人工	000300060	模板综合工	工日	120.00	23.798	
材料	050303800	木材 锯材	m³	1547.01	1.007	
	350100011	复合模板	m²	23.93	17.273	
	032102830	支撑钢管及扣件	kg	3.68	24.580	
	032130010	铁件 综合	kg	3.68	3.540	
	002000010	其他材料费	元	—	442.07	
机械	990401025	载重汽车 6t	台班	422.13	0.094	
	990304001	汽车式起重机 5t	台班	473.39	0.062	
	990706010	木工圆锯机 直径 500mm	台班	25.81	0.227	

E.2.1.16 挡土墙模板(编码:011702011、011702012)

工作内容:1.模板及支撑制作、安装、拆除、整理堆放及场内外运输。

2.清理模板粘结物及模内杂物、刷隔离剂等。

计量单位:100m²

		定 额 编 号				AE0154	AE0155	AE0156
		项 目 名 称				混凝土挡墙	扶壁式、悬臂式挡墙	薄壁混凝土挡墙
		综 合 单 价 (元)				**5521.83**	**6301.52**	**7445.49**
费用	其中	人 工 费 (元)				2295.00	2754.00	3442.56
		材 料 费 (元)				2264.57	2400.97	2579.32
		施工机具使用费 (元)				56.47	61.87	70.41
		企 业 管 理 费 (元)				566.71	678.63	846.63
		利 润 (元)				303.81	363.81	453.88
		一 般 风 险 费 (元)				35.27	42.24	52.69
	编码	名 称	单位	单价(元)	消 耗 量			
人工	000300060	模板综合工	工日	120.00	19.125	22.950	28.688
材料	050303800	木材 锯材	m³	1547.01	0.632	0.695	0.790
	350100011	复合模板	m²	23.93	26.912	26.912	26.912
	032102830	支撑钢管及扣件	kg	3.68	19.830	21.813	24.788
	032130010	铁件 综合	kg	3.68	7.786	8.801	6.770
	002000010	其他材料费	元	—	541.23	569.13	597.04
机械	990401025	载重汽车 6t	台班	422.13	0.076	0.083	0.094
	990304001	汽车式起重机 5t	台班	473.39	0.050	0.055	0.063
	990706010	木工圆锯机 直径 500mm	台班	25.81	0.028	0.031	0.035

E.2.1.17 有梁板模板(编码:011702014)

工作内容:1.模板及支撑制作、安装、拆除、整理堆放及场内外运输。

2.清理模板粘结物及模内杂物、刷隔离剂等。

计量单位:100m²

		定 额 编 号			AE0157
		项 目 名 称			有梁板
		综 合 单 价 (元)			**5641.28**
费用	其中	人 工 费 (元)			2517.60
		材 料 费 (元)			1926.96
		施工机具使用费 (元)			163.83
		企 业 管 理 费 (元)			646.23
		利 润 (元)			346.44
		一 般 风 险 费 (元)			40.22
	编码	名 称	单位	单价(元)	消 耗 量
人工	000300060	模板综合工	工日	120.00	20.980
材料	050303800	木材 锯材	m³	1547.01	0.645
	350100011	复合模板	m²	23.93	24.675
	032102830	支撑钢管及扣件	kg	3.68	58.040
	002000010	其他材料费	元	—	125.08
机械	990401025	载重汽车 6t	台班	422.13	0.221
	990304001	汽车式起重机 5t	台班	473.39	0.147
	990706010	木工圆锯机 直径 500mm	台班	25.81	0.037

工作内容:1.模板及支撑制作、安装、拆除、整理堆放及场内外运输。
　　　　　2.清理模板粘结物及模内杂物、刷隔离剂等。

计量单位:100m²

定　额　编　号			AE0158
项　目　名　称			无梁板
综　合　单　价　(元)			**5445.85**

费用	其中	人　工　费　(元)	2377.20
		材　料　费　(元)	2009.84
		施工机具使用费　(元)	103.32
		企　业　管　理　费　(元)	597.80
		利　　　润　　(元)	320.48
		一　般　风　险　费　(元)	37.21

	编码	名　　称	单位	单价(元)	消　　耗　　量
人工	000300060	模板综合工	工日	120.00	19.810
材料	050303800	木材 锯材	m³	1547.01	0.755
	350100011	复合模板	m²	23.93	24.675
	032102830	支撑钢管及扣件	kg	3.68	34.750
	002000010	其他材料费	元	—	123.49
机械	990401025	载重汽车 6t	台班	422.13	0.132
	990304001	汽车式起重机 5t	台班	473.39	0.088
	990706010	木工圆锯机 直径500mm	台班	25.81	0.230

工作内容:1.模板及支撑制作、安装、拆除、整理堆放及场内外运输。
　　　　　2.清理模板粘结物及模内杂物、刷隔离剂等。

计量单位:100m²

定　额　编　号			AE0159
项　目　名　称			平板
综　合　单　价　(元)			**5540.14**

费用	其中	人　工　费　(元)	2448.00
		材　料　费　(元)	1959.19
		施工机具使用费　(元)	137.15
		企　业　管　理　费　(元)	623.02
		利　　　润　　(元)	334.00
		一　般　风　险　费　(元)	38.78

	编码	名　　称	单位	单价(元)	消　　耗　　量
人工	000300060	模板综合工	工日	120.00	20.400
材料	050303800	木材 锯材	m³	1547.01	0.683
	350100011	复合模板	m²	23.93	24.675
	032102830	支撑钢管及扣件	kg	3.68	48.010
	002000010	其他材料费	元	—	135.43
机械	990401025	载重汽车 6t	台班	422.13	0.183
	990304001	汽车式起重机 5t	台班	473.39	0.122
	990706010	木工圆锯机 直径500mm	台班	25.81	0.083

E.2.1.20 拱板模板(编码:011702017)

工作内容:1.模板及支撑制作、安装、拆除、整理堆放及场内外运输。
2.清理模板粘结物及模内杂物、刷隔离剂等。

计量单位:100m²

		定　额　编　号				AE0160
		项　目　名　称				拱板
		综　合　单　价（元）				**6381.79**
费用	其中	人　工　费（元）				2751.60
		材　料　费（元）				2380.29
		施工机具使用费（元）				137.15
		企　业　管　理　费（元）				696.19
		利　润（元）				373.23
		一　般　风　险　费（元）				43.33
	编码	名　称	单位	单价(元)	消　耗　量	
人工	000300060	模板综合工	工日	120.00	22.930	
材料	050303800	木材 锯材	m³	1547.01	0.852	
	350100011	复合模板	m²	23.93	30.629	
	032102830	支撑钢管及扣件	kg	3.68	48.010	
	002000010	其他材料费	元	—	152.61	
机械	990401025	载重汽车 6t	台班	422.13	0.183	
	990304001	汽车式起重机 5t	台班	473.39	0.122	
	990706010	木工圆锯机 直径500mm	台班	25.81	0.083	

E.2.1.21 薄壳板模板(编码:011702018)

工作内容:1.模板及支撑制作、安装、拆除、整理堆放及场内外运输。
2.清理模板粘结物及模内杂物、刷隔离剂等。

计量单位:100m²

		定　额　编　号				AE0161
		项　目　名　称				薄壳板
		综　合　单　价（元）				**7373.74**
费用	其中	人　工　费（元）				3141.60
		材　料　费（元）				2832.02
		施工机具使用费（元）				137.15
		企　业　管　理　费（元）				790.18
		利　润（元）				423.61
		一　般　风　险　费（元）				49.18
	编码	名　称	单位	单价(元)	消　耗　量	
人工	000300060	模板综合工	工日	120.00	26.180	
材料	050303800	木材 锯材	m³	1547.01	1.002	
	350100011	复合模板	m²	23.93	38.063	
	032102830	支撑钢管及扣件	kg	3.68	48.010	
	002000010	其他材料费	元	—	194.39	
机械	990401025	载重汽车 6t	台班	422.13	0.183	
	990304001	汽车式起重机 5t	台班	473.39	0.122	
	990706010	木工圆锯机 直径500mm	台班	25.81	0.083	

工作内容:1.模板及支撑制作、安装、拆除、整理堆放及场内外运输。
　　　　　2.清理模板粘结物及模内杂物、刷隔离剂等。

计量单位:100m²

定　额　编　号				AE0162	
项　目　名　称				空心板	
综　合　单　价（元）				**5370.29**	
费用	其中	人　工　费　（元）		2334.00	
		材　料　费　（元）		1947.25	
		施工机具使用费　（元）		137.15	
		企　业　管　理　费　（元）		595.55	
		利　　　　　润　（元）		319.27	
		一　般　风　险　费　（元）		37.07	
	编码	名　　　　称	单位	单价(元)	消　耗　量
人工	000300060	模板综合工	工日	120.00	19.450
材料	050303800	木材 锯材	m³	1547.01	0.683
	350100011	复合模板	m²	23.93	24.675
	032102830	支撑钢管及扣件	kg	3.68	48.010
	002000010	其他材料费	元	—	123.49
机械	990401025	载重汽车 6t	台班	422.13	0.183
	990304001	汽车式起重机 5t	台班	473.39	0.122
	990706010	木工圆锯机 直径 500mm	台班	25.81	0.083

E.2.1.23　斜板模板(编码:011702020)

工作内容:1.模板及支撑制作、安装、拆除、整理堆放及场内外运输。
　　　　　2.清理模板粘结物及模内杂物、刷隔离剂等。

计量单位:100m²

定　额　编　号				AE0163	
项　目　名　称				斜板	
综　合　单　价（元）				**5756.83**	
费用	其中	人　工　费　（元）		2482.80	
		材　料　费　（元）		2127.67	
		施工机具使用费　（元）		137.15	
		企　业　管　理　费　（元）		631.41	
		利　　　　　润　（元）		338.50	
		一　般　风　险　费　（元）		39.30	
	编码	名　　　　称	单位	单价(元)	消　耗　量
人工	000300060	模板综合工	工日	120.00	20.690
材料	050303800	木材 锯材	m³	1547.01	0.683
	350100011	复合模板	m²	23.93	30.629
	032102830	支撑钢管及扣件	kg	3.68	48.010
	002000010	其他材料费	元	—	161.43
机械	990401025	载重汽车 6t	台班	422.13	0.183
	990304001	汽车式起重机 5t	台班	473.39	0.122
	990706010	木工圆锯机 直径 500mm	台班	25.81	0.083

E.2.1.24　悬挑板模板(编码:011702023)

工作内容:1.模板及支撑制作、安装、拆除、整理堆放及场内外运输。
　　　　　2.清理模板粘结物及模内杂物、刷隔离剂等。

计量单位:100m² 水平投影面积

定　额　编　号					AE0164	AE0165
项　目　名　称					悬挑板	
					直形	弧形
综　合　单　价　(元)					**7553.52**	**8225.05**
费用	其中	人　工　费　(元)			3794.40	4164.00
		材　料　费　(元)			2023.53	2162.87
		施工机具使用费　(元)			197.80	212.39
		企　业　管　理　费　(元)			962.12	1054.71
		利　　润　(元)			515.79	565.43
		一　般　风　险　费　(元)			59.88	65.65
	编码	名　称	单位	单价(元)	消　耗　量	
人工	000300060	模板综合工	工日	120.00	31.620	34.700
材料	050303800	木材 锯材	m³	1547.01	0.542	0.542
	350100011	复合模板	m²	23.93	32.294	36.754
	032102830	支撑钢管及扣件	kg	3.68	69.550	74.880
	002000010	其他材料费	元	—	156.31	169.31
机械	990401025	载重汽车 6t	台班	422.13	0.265	0.285
	990304001	汽车式起重机 5t	台班	473.39	0.177	0.190
	990706010	木工圆锯机 直径 500mm	台班	25.81	0.083	0.083

E.2.1.25　挑檐(天沟)模板(编码:011702022)

工作内容:1.模板及支撑制作、安装、拆除、整理堆放及场内外运输。
　　　　　2.清理模板粘结物及模内杂物、刷隔离剂等。

计量单位:100m²

定　额　编　号					AE0166
项　目　名　称					挑檐(天沟)
综　合　单　价　(元)					**7578.78**
费用	其中	人　工　费　(元)			3836.40
		材　料　费　(元)			1837.12
		施工机具使用费　(元)			308.60
		企　业　管　理　费　(元)			998.95
		利　　润　(元)			535.53
		一　般　风　险　费　(元)			62.18
	编码	名　称	单位	单价(元)	消　耗　量
人工	000300060	模板综合工	工日	120.00	31.970
材料	050303800	木材 锯材	m³	1547.01	0.452
	350100011	复合模板	m²	23.93	30.629
	032102830	支撑钢管及扣件	kg	3.68	76.950
	002000010	其他材料费	元	—	121.74
机械	990401025	载重汽车 6t	台班	422.13	0.293
	990304001	汽车式起重机 5t	台班	473.39	0.195
	990706010	木工圆锯机 直径 500mm	台班	25.81	3.588

E.2.1.26　楼梯模板(编码:011702024)

工作内容:1.模板及支撑制作、安装、拆除、整理堆放及场内外运输。
　　　　　2.清理模板粘结物及模内杂物、刷隔离剂等。

计量单位:100m² 水平投影面积

定　额　编　号				AE0167	AE0168	AE0169
项　目　名　称				楼梯		
				直形	弧形	螺旋形
综　合　单　价　(元)				**14229.29**	**15527.63**	**18119.74**
费用	其中	人　工　费　(元)		7789.20	8558.40	10222.80
		材　料　费　(元)		3183.46	3399.38	3677.98
		施工机具使用费　(元)		184.98	197.20	202.95
		企　业　管　理　费　(元)		1921.78	2110.10	2512.61
		利　　润　(元)		1030.26	1131.22	1347.01
		一　般　风　险　费　(元)		119.61	131.33	156.39
	编码	名　称	单位	单价(元)	消　耗　量	
人工	000300060	模板综合工	工日	120.00	64.910	71.320	85.190
材料	050303800	木材 锯材	m³	1547.01	0.946	0.946	1.131
	350100011	复合模板	m²	23.93	52.719	59.997	59.389
	032102830	支撑钢管及扣件	kg	3.68	65.360	69.641	71.630
	002000010	其他材料费	元	—	217.90	243.90	243.53
机械	990401025	载重汽车 6t	台班	422.13	0.249	0.265	0.273
	990304001	汽车式起重机 5t	台班	473.39	0.166	0.177	0.182
	990706010	木工圆锯机 直径500mm	台班	25.81	0.050	0.060	0.060

E.2.1.27　台阶模板(编码:011702027)

工作内容:1.模板及支撑制作、安装、拆除、整理堆放及场内外运输。
　　　　　2.清理模板粘结物及模内杂物、刷隔离剂等。

计量单位:100m²

定　额　编　号				AE0170
项　目　名　称				台阶
综　合　单　价　(元)				**6573.95**
费用	其中	人　工　费　(元)		2343.60
		材　料　费　(元)		3321.01
		施工机具使用费　(元)		4.75
		企　业　管　理　费　(元)		565.95
		利　　润　(元)		303.41
		一　般　风　险　费　(元)		35.23
	编码	名　称	单位	单价(元)	消　耗　量
人工	000300060	模板综合工	工日	120.00	19.530
材料	050303800	木材 锯材	m³	1547.01	1.359
	350100011	复合模板	m²	23.93	45.085
	002000010	其他材料费	元	—	139.74
机械	990706010	木工圆锯机 直径500mm	台班	25.81	0.184

工作内容: 1.模板及支撑制作、安装、拆除、整理堆放及场内外运输。

2.清理模板粘结物及模内杂物、刷隔离剂等。

计量单位:100m²

定　额　编　号				AE0171	
项　目　名　称				地沟(电缆沟)	
	综　合　单　价　(元)			**5005.71**	
费用	其中	人　工　费　(元)		2307.60	
		材　料　费　(元)		1808.90	
		施工机具使用费　(元)		0.23	
		企　业　管　理　费　(元)		556.19	
		利　　　润　(元)		298.17	
		一　般　风　险　费　(元)		34.62	
	编码	名　　称	单位	单价(元)	消　耗　量
人工	000300060	模板综合工	工日	120.00	19.230
材料	050303800	木材 锯材	m³	1547.01	0.690
	350100011	复合模板	m²	23.93	24.675
	032130010	铁件 综合	kg	3.68	7.970
	002000010	其他材料费	元	—	121.66
机械	990706010	木工圆锯机 直径500mm	台班	25.81	0.009

工作内容: 1.模板及支撑制作、安装、拆除、整理堆放及场内外运输。

2.清理模板粘结物及模内杂物、刷隔离剂等。

计量单位:10m³

定　额　编　号				AE0172	
项　目　名　称				零星构件	
	综　合　单　价　(元)			**10142.65**	
费用	其中	人　工　费　(元)		5079.60	
		材　料　费　(元)		3064.44	
		施工机具使用费　(元)		30.28	
		企　业　管　理　费　(元)		1231.48	
		利　　　润　(元)		660.20	
		一　般　风　险　费　(元)		76.65	
	编码	名　　称	单位	单价(元)	消　耗　量
人工	000300060	模板综合工	工日	120.00	42.330
材料	050303800	木材 锯材	m³	1547.01	1.238
	350100011	复合模板	m²	23.93	39.818
	032130010	铁件 综合	kg	3.68	10.360
	002000010	其他材料费	元	—	158.27
机械	990706010	木工圆锯机 直径500mm	台班	25.81	1.173

E.2.2 构件超高模板

工作内容:1.模板及支撑制作、安装、拆除、整理堆放及场内外运输。
2.清理模板粘结物及模内杂物、刷隔离剂等。

计量单位:100m²

定 额 编 号					AE0173	AE0174
项 目 名 称					高度超过3.6m 每超过1m	
					柱	梁
综 合 单 价 (元)					**514.73**	**566.77**
费用	其中	人 工 费 (元)			330.00	344.40
		材 料 费 (元)			44.77	43.72
		施 工 机 具 使 用 费 (元)			9.27	33.20
		企 业 管 理 费 (元)			81.77	91.00
		利 润 (元)			43.83	48.79
		一 般 风 险 费 (元)			5.09	5.66
	编码	名 称	单位	单价(元)	消 耗 量	
人工	000300060	模板综合工	工日	120.00	2.750	2.870
材料	032102830	支撑钢管及扣件	kg	3.68	3.337	11.881
	050303800	木材 锯材	m³	1547.01	0.021	—
机械	990401025	载重汽车 6t	台班	422.13	0.013	0.045
	990304001	汽车式起重机 5t	台班	473.39	0.008	0.030

工作内容:1.模板及支撑制作、安装、拆除、整理堆放及场内外运输。
2.清理模板粘结物及模内杂物、刷隔离剂等。

计量单位:100m²

定 额 编 号					AE0175	AE0176
项 目 名 称					高度超过3.6m 每超过1m	
					墙	板
综 合 单 价 (元)					**472.84**	**564.87**
费用	其中	人 工 费 (元)			330.00	351.60
		材 料 费 (元)			8.36	37.98
		施 工 机 具 使 用 费 (元)			5.32	28.77
		企 业 管 理 费 (元)			80.81	91.67
		利 润 (元)			43.32	49.14
		一 般 风 险 费 (元)			5.03	5.71
	编码	名 称	单位	单价(元)	消 耗 量	
人工	000300060	模板综合工	工日	120.00	2.750	2.930
材料	032102830	支撑钢管及扣件	kg	3.68	1.850	10.320
	050303800	木材 锯材	m³	1547.01	0.001	—
机械	990401025	载重汽车 6t	台班	422.13	0.007	0.039
	990304001	汽车式起重机 5t	台班	473.39	0.005	0.026

E.3 钢筋铁件制作、安装

E.3.1 钢筋工程(编码:010515)

E.3.1.1 现浇构件钢筋(编码:010515001)

工作内容:钢筋制作、水平运输、绑扎、安装、点焊。

计量单位:t

定 额 编 号					AE0177	AE0178	AE0179
项 目 名 称					现浇钢筋		
					钢筋直径		箍筋
					φ10mm 以内	φ10mm 以上	
综 合 单 价 (元)					**4584.73**	**4265.35**	**5042.24**
费用	其中	人 工 费 (元)			1111.20	802.80	1300.80
		材 料 费 (元)			3014.33	3079.76	3184.87
		施工机具使用费 (元)			22.50	53.10	40.07
		企 业 管 理 费 (元)			273.22	206.27	323.15
		利 润 (元)			146.47	110.58	173.24
		一 般 风 险 费 (元)			17.01	12.84	20.11
	编码	名 称	单位	单价(元)	消 耗		量
人工	000300070	钢筋综合工	工日	120.00	9.260	6.690	10.840
材料	010100315	钢筋 φ10 以外	t	2960.00	—	1.030	—
	010100300	钢筋 φ10 以内	t	2905.98	1.030	—	—
	010100013	钢筋	t	3070.18	—	—	1.030
	031350010	低碳钢焊条 综合	kg	4.19	—	4.600	—
	341100100	水	m³	4.42	0.100	0.100	—
	002000010	其他材料费	元	—	20.73	11.24	22.58
机械	990701010	钢筋调直机 14mm	台班	36.89	0.240	0.080	0.220
	990702010	钢筋切断机 40mm	台班	41.85	0.110	0.100	0.140
	990703010	钢筋弯曲机 40mm	台班	25.84	0.350	0.210	1.010
	990904040	直流弧焊机 32kV·A	台班	89.62	—	0.360	—
	990910030	对焊机 75kV·A	台班	109.41	—	0.070	—
	990919010	电焊条烘干箱 450×350×450	台班	17.13	—	0.036	—

E.3.1.2 预制构件钢筋(编码:010515002)

工作内容:钢筋制作、水平运输、绑扎、安装、点焊。
计量单位:t

定 额 编 号					AE0180	
项 目 名 称					预制钢筋	
综 合 单 价 (元)					**4508.66**	
费用	其中	人 工 费 (元)			913.20	
		材 料 费 (元)			3162.93	
		施 工 机 具 使 用 费 (元)			58.31	
		企 业 管 理 费 (元)			234.13	
		利 润 (元)			125.52	
		一 般 风 险 费 (元)			14.57	
	编码	名 称	单位	单价(元)	消 耗 量	
人工	000300070	钢筋综合工	工日	120.00	7.610	
材料	010100013	钢筋	t	3070.18	1.020	
	031350010	低碳钢焊条 综合	kg	4.19	5.110	
	341100100	水	m³	4.42	0.290	
	002000010	其他材料费	元	—	8.65	
机械	990701010	钢筋调直机 14mm	台班	36.89	0.012	
	990702010	钢筋切断机 40mm	台班	41.85	0.075	
	990703010	钢筋弯曲机 40mm	台班	25.84	0.150	
	990904040	直流弧焊机 32kV·A	台班	89.62	0.373	
	990910030	对焊机 75kV·A	台班	109.41	0.068	
	990908020	点焊机 75kV·A	台班	134.31	0.069	
	990919010	电焊条烘干箱 450×350×450	台班	17.13	0.042	

E.3.1.3 钢筋网片(编码:010515003)

工作内容:钢筋制作、水平运输、绑扎、安装、点焊。
计量单位:t

定 额 编 号					AE0181	
项 目 名 称					钢筋网片	
综 合 单 价 (元)					**4839.86**	
费用	其中	人 工 费 (元)			1112.40	
		材 料 费 (元)			3081.19	
		施 工 机 具 使 用 费 (元)			157.22	
		企 业 管 理 费 (元)			305.98	
		利 润 (元)			164.03	
		一 般 风 险 费 (元)			19.04	
	编码	名 称	单位	单价(元)	消 耗 量	
人工	000300070	钢筋综合工	工日	120.00	9.270	
材料	032100970	钢筋网片	t	2991.45	1.030	
机械	990908020	点焊机 75kV·A	台班	134.31	1.070	
	990701010	钢筋调直机 14mm	台班	36.89	0.230	
	990702010	钢筋切断机 40mm	台班	41.85	0.120	

工作内容:钢筋制作、水平运输、绑扎、安装、点焊。　　　　　　　　　　　　　　　　　计量单位:t

定　额　编　号				AE0182	
项　目　名　称				钢筋笼	
费用	综　合　单　价　(元)			**4520.64**	
	其中	人　工　费　(元)		882.00	
		材　料　费　(元)		3195.06	
		施 工 机 具 使 用 费　(元)		74.96	
		企 业 管 理 费　(元)		230.63	
		利　　　润　(元)		123.64	
		一 般 风 险 费　(元)		14.35	
	编码	名　　称	单位	单价(元)	消　耗　量
人工	000300070	钢筋综合工	工日	120.00	7.350
材料	010100013	钢筋	t	3070.18	1.025
	031350010	低碳钢焊条 综合	kg	4.19	6.720
	002000010	其他材料费	元	—	19.97
机械	990701010	钢筋调直机 14mm	台班	36.89	0.190
	990702010	钢筋切断机 40mm	台班	41.85	0.120
	990703010	钢筋弯曲机 40mm	台班	25.84	0.280
	990904040	直流弧焊机 32kV·A	台班	89.62	0.560
	990910030	对焊机 75kV·A	台班	109.41	0.045
	990919010	电焊条烘干箱 450×350×450	台班	17.13	0.034

E.3.1.5　先张法预应力钢筋(编码:010515005)

工作内容:钢筋制作、水平运输、绑扎、电焊、安装、张拉、放张、切断等。　　　　　　　　计量单位:t

定　额　编　号				AE0183	AE0184	AE0185
项　目　名　称				先张法预应力钢筋		
				冷拔低碳钢 φ5以内	钢筋 φ12～18	钢筋 φ18以上
费用	综　合　单　价　(元)			**5399.98**	**4571.67**	**4086.90**
	其中	人　工　费　(元)		1708.80	776.40	554.40
		材　料　费　(元)		2954.78	3403.73	3254.85
		施 工 机 具 使 用 费　(元)		56.43	66.75	46.27
		企 业 管 理 费　(元)		425.42	203.20	144.76
		利　　　润　(元)		228.07	108.94	77.61
		一 般 风 险 费　(元)		26.48	12.65	9.01
	编码	名　　称	单位	单价(元)	消　　耗　　量	
人工	000300070	钢筋综合工	工日	120.00	14.240	6.470	4.620
材料	010304020	冷拔低碳钢丝 φ5以下	t	2560.00	1.090	—	—
	010100410	螺纹钢筋	t	2948.72	—	1.060	1.060
	032303830	张拉机具	kg	4.15	39.610	33.680	15.540
	032303820	冷拉机具	kg	4.15	—	32.530	15.020
	341100100	水	m³	4.42	—	0.750	0.540
机械	990701010	钢筋调直机 14mm	台班	36.89	0.590	0.100	0.030
	990703010	钢筋弯曲机 40mm	台班	25.84	—	0.060	—
	990702010	钢筋切断机 40mm	台班	41.85	0.063	0.063	0.059
	990705010	预应力钢筋拉伸机 650kN	台班	25.77	1.243	0.527	0.417
	990910030	对焊机 75kV·A	台班	109.41	0.414	0.292	

工作内容:钢筋制作、水平运输、绑扎、电焊、安装、张拉、放张、切断、孔道灌浆、锚具安装等。　　　　　　　　计量单位:t

定　额　编　号					AE0186	AE0187	AE0188
项　目　名　称					后张法预应力钢筋		
					钢筋 φ16～28	钢筋 φ28 以上	钢丝束(钢绞线)20φ₅
综　合　单　价　(元)					**6906.69**	**5134.98**	**11678.79**
费用	其中	人　工　费　(元)			1195.20	778.80	2274.00
		材　料　费　(元)			4646.24	3817.78	8054.78
		施 工 机 具 使 用 费　(元)			436.65	172.11	342.24
		企 业 管 理 费　(元)			393.28	229.17	630.51
		利　润　(元)			210.84	122.86	338.02
		一 般 风 险 费　(元)			24.48	14.26	39.24
	编码	名　称	单位	单价(元)	消　　耗　　量		
人工	000300070	钢筋综合工	工日	120.00	9.960	6.490	18.950
材料	040100015	水泥 32.5R	kg	0.31	1446.660	492.480	1205.000
	010100410	螺纹钢筋	t	2948.72	1.130	1.130	—
	010306500	碳素钢丝(综合)	t	2905.98	—	—	1.100
	031350010	低碳钢焊条 综合	kg	4.19	—	—	41.340
	032300010	锚具综合	套	34.19	—	—	15.200
	170104800	孔道成型钢管	kg	4.27	47.680	15.770	—
	173106300	灌浆管	kg	3.26	—	—	1.770
	172101300	波纹管 φ50	m	8.55	—	—	360.000
	173103100	弧形管	套	8.54	—	—	44.280
	032303830	张拉机具	kg	4.15	59.330	20.900	—
	032303820	冷拉机具	kg	4.15	77.180	24.260	—
	330500400	钢支架	kg	2.65	—	—	78.660
	341100100	水	m³	4.42	1.020	0.780	0.530
	002000020	其他材料费	元	—	91.10	74.86	119.04
机械	990610010	灰浆搅拌机 200L	台班	187.56	0.940	0.310	0.816
	990612020	挤压式灰浆输送泵 4m³/h	台班	215.36	0.940	0.310	—
	990701010	钢筋调直机 14mm	台班	36.89	—	—	0.315
	990702010	钢筋切断机 40mm	台班	41.85	0.063	0.063	—
	990705010	预应力钢筋拉伸机 650kN	台班	25.77	0.905	0.303	1.157
	990811010	高压油泵 压力 50MPa	台班	106.91	—	—	0.274
	990904040	直流弧焊机 32kV·A	台班	89.62	—	—	0.885
	990910030	对焊机 75kV·A	台班	109.41	0.292	0.336	—
	990219010	电动灌浆机	台班	24.79	—	—	1.579

E.3.1.7　预应力钢丝(编码:010515007)

工作内容:钢筋制作、水平运输、绑扎、电焊、安装、张拉、放张、切断、孔道灌浆、锚具安装等。　　　　　　　　计量单位:t

		定　　额　　编　　号			AE0189
		项　目　名　称			无粘结预应力钢丝束
		综　合　单　价（元）			**12106.93**
费用	其中	人　工　费（元）			2959.20
		材　料　费（元）			7527.29
		施工机具使用费（元）			346.92
		企业管理费（元）			796.78
		利　润（元）			427.15
		一般风险费（元）			49.59
	编码	名　　称	单位	单价（元）	消　耗　量
人工	000300070	钢筋综合工	工日	120.00	24.660
材料	010100010	钢筋 综合	kg	3.07	11.000
	010700430	无粘结钢丝束	t	4957.26	1.060
	032131710	七孔板	kg	3.50	45.150
	032134110	承压板	kg	3.85	49.200
	032300010	锚具综合	套	34.19	52.560
	172500420	塑料管 $D32$	m	2.99	3.380
	020901240	穴膜	套	1.88	37.440
	002000010	其他材料费	元	—	13.86
机械	990306010	自升式塔式起重机 600kN•m	台班	545.50	0.044
	990401025	载重汽车 6t	台班	422.13	0.323
	990811010	高压油泵 压力 50MPa	台班	106.91	1.593
	990316010	立式油压千斤顶 100t	台班	10.21	1.593

E.3.1.8　预应力钢绞线(编码:010515008)

工作内容:钢筋制作、水平运输、绑扎、电焊、安装、张拉、放张、切断、孔道灌浆、锚具安装等。　　　　　　　　计量单位:t

		定　　额　　编　　号			AE0190
		项　目　名　称			有粘结预应力钢绞线
		综　合　单　价（元）			**19203.41**
费用	其中	人　工　费（元）			7515.60
		材　料　费（元）			7496.58
		施工机具使用费（元）			935.76
		企业管理费（元）			2036.78
		利　润（元）			1091.92
		一般风险费（元）			126.77
	编码	名　　称	单位	单价（元）	消　耗　量
人工	000300070	钢筋综合工	工日	120.00	62.630
材料	040100013	水泥 32.5	t	299.15	0.647
	010100010	钢筋 综合	kg	3.07	49.000
	010700130	钢绞线 7ϕ5	t	3811.97	1.060
	032134110	承压板	kg	3.85	112.850
	032300240	JM15－4 锚具	个	25.64	11.810
	172500420	塑料管 $D32$	m	2.99	15.470
	172101300	波纹管 ϕ50	m	8.55	249.260
	144303500	黑胶布	盘	2.56	8.540
	042703500	盖板	个	4.00	41.110
	002000010	其他材料费	元	—	10.90
机械	990612010	挤压式灰浆输送泵 3m³/h	台班	203.49	1.490
	990701010	钢筋调直机 14mm	台班	36.89	0.394
	990702010	钢筋切断机 40mm	台班	41.85	0.394
	990811010	高压油泵 压力 50MPa	台班	106.91	4.452
	990904040	直流弧焊机 32kV•A	台班	89.62	0.894
	990316010	立式油压千斤顶 100t	台班	10.21	4.452

E.3.1.9 声测管(编码:010515010)

工作内容:清理基底、下管、铺管、管道安装、水平运输等。　　　　　　　　　　　　　　　　　　　　　　　计量单位:10m

定　额　编　号					AE0191	
项　目　名　称					声测管	
费用	综　合　单　价　(元)				**69.49**	
	其中	人　工　费　(元)			27.60	
		材　料　费　(元)			31.26	
		施　工　机　具　使　用　费　(元)			—	
		企　业　管　理　费　(元)			6.65	
		利　　润　(元)			3.57	
		一　般　风　险　费　(元)			0.41	
	编码	名　　称	单位	单价(元)	消　耗　量	
人工	000300070	钢筋综合工	工日	120.00	0.230	
材料	173104200	声测管	m	3.08	10.150	

E.3.2 螺栓、铁件(编码:010516)

E.3.2.1 螺栓(编码:010516001)

工作内容:螺栓定位、水平运输、预埋、安装、固定等。　　　　　　　　　　　　　　　　　　　　　　　　　计量单位:t

定　额　编　号					AE0192	
项　目　名　称					螺栓预埋	
费用	综　合　单　价　(元)				**7892.72**	
	其中	人　工　费　(元)			1824.00	
		材　料　费　(元)			4810.73	
		施　工　机　具　使　用　费　(元)			400.95	
		企　业　管　理　费　(元)			536.21	
		利　　润　(元)			287.46	
		一　般　风　险　费　(元)			33.37	
	编码	名　　称	单位	单价(元)	消　耗　量	
人工	000300070	钢筋综合工	工日	120.00	15.200	
材料	031350010	低碳钢焊条 综合	kg	4.19	52.680	
	030125010	螺栓	kg	4.50	1020.000	
机械	990904040	直流弧焊机 32kV·A	台班	89.62	4.390	
	990919010	电焊条烘干箱 450×350×450	台班	17.13	0.439	

E.3.2.2 预埋铁件制作安装(编码:010516002)

工作内容:预埋铁件制作、定位、安装、水平运输等。

计量单位:t

定 额 编 号					AE0193	
项 目 名 称					预埋铁件制作安装	
综 合 单 价 (元)					**6610.77**	
费用	其中	人 工 费 (元)			1824.00	
		材 料 费 (元)			3528.78	
		施 工 机 具 使 用 费 (元)			400.95	
		企 业 管 理 费 (元)			536.21	
		利 润 (元)			287.46	
		一 般 风 险 费 (元)			33.37	
	编码	名 称	单位	单价(元)	消 耗 量	
人工	000300070	钢筋综合工	工日	120.00	15.200	
材料	010000120	钢材	t	2957.26	1.070	
	031350010	低碳钢焊条 综合	kg	4.19	36.000	
	002000010	其他材料费	元	—	213.67	
机械	990904040	直流弧焊机 32kV·A	台班	89.62	4.390	
	990919010	电焊条烘干箱 450×350×450	台班	17.13	0.439	

E.3.2.3 机械连接(编码:010516003)

工作内容:1.焊接固定。
2.钢筋截料、磨光、车丝、现场安装。

计量单位:10个

定 额 编 号					AE0194	AE0195
项 目 名 称					机械连接	
					钢筋直径(mm)	
					25 以内	25 以上
综 合 单 价 (元)					**149.45**	**177.36**
费用	其中	人 工 费 (元)			72.00	85.20
		材 料 费 (元)			36.94	38.61
		施 工 机 具 使 用 费 (元)			9.22	14.97
		企 业 管 理 费 (元)			19.58	24.14
		利 润 (元)			10.49	12.94
		一 般 风 险 费 (元)			1.22	1.50
	编码	名 称	单位	单价(元)	消 耗 量	
人工	000300070	钢筋综合工	工日	120.00	0.600	0.710
材料	292102800	螺纹套筒连接件 φ25 以内	套	3.42	10.100	—
	292102900	螺纹套筒连接件 φ25 以上	套	3.42	—	10.100
	002000010	其他材料费	元	—	2.40	4.07
机械	990702010	钢筋切断机 40mm	台班	41.85	0.118	0.197
	990790010	螺纹车丝机 直径 45mm	台班	13.65	0.314	0.493

E.3.2.4 植筋连接(编码:010516B01)

工作内容:钻孔、清孔、灌注胶泥。

计量单位:10 个

定 额 编 号					AE0196	AE0197	AE0198	AE0199	AE0200	AE0201
项 目 名 称					植筋连接					
					钢筋直径(mm)					
					6.5	8	10	12	14	16
综 合 单 价 (元)					**19.88**	**23.05**	**53.65**	**66.03**	**77.09**	**97.54**
费用	其中	人 工 费 (元)			9.60	10.80	31.20	38.40	44.40	52.80
		材 料 费 (元)			6.59	8.09	10.43	12.84	15.58	24.41
		施工机具使用费 (元)			—	—	—	—	—	—
		企 业 管 理 费 (元)			2.31	2.60	7.52	9.25	10.70	12.72
		利 润 (元)			1.24	1.40	4.03	4.96	5.74	6.82
		一 般 风 险 费 (元)			0.14	0.16	0.47	0.58	0.67	0.79
	编码	名 称	单位	单价(元)	消 耗 量					
人工	000300070	钢筋综合工	工日	120.00	0.080	0.090	0.260	0.320	0.370	0.440
材料	031391110	合金钢钻头	个	17.09	0.300	0.330	0.363	0.399	0.439	0.483
	144108200	植筋胶泥	kg	12.82	0.114	0.191	0.330	0.470	0.630	1.260

工作内容:钻孔、清孔、灌注胶泥。

计量单位:10 个

定 额 编 号					AE0202	AE0203	AE0204	AE0205	AE0206	AE0207
项 目 名 称					植筋连接					
					钢筋直径(mm)					
					18	20	22	25	28	32
综 合 单 价 (元)					**146.21**	**182.06**	**204.69**	**236.49**	**277.08**	**319.57**
费用	其中	人 工 费 (元)			81.60	99.60	110.40	124.80	144.00	159.60
		材 料 费 (元)			33.18	44.10	51.76	63.62	77.62	98.50
		施工机具使用费 (元)			—	—	—	—	—	—
		企 业 管 理 费 (元)			19.67	24.00	26.61	30.08	34.70	38.46
		利 润 (元)			10.54	12.87	14.26	16.12	18.60	20.62
		一 般 风 险 费 (元)			1.22	1.49	1.66	1.87	2.16	2.39
	编码	名 称	单位	单价(元)	消 耗 量					
人工	000300070	钢筋综合工	工日	120.00	0.680	0.830	0.920	1.040	1.200	1.330
材料	031391110	合金钢钻头	个	17.09	0.531	0.585	0.643	0.707	0.896	1.135
	144108200	植筋胶泥	kg	12.82	1.880	2.660	3.180	4.020	4.860	6.170

E.3.2.5 电渣压力焊(编码:010516B02)

工作内容:校正、下料、焊接、清理等。 计量单位:10 个

	定 额 编 号				AE0208	
	项 目 名 称				电渣压力焊	
费用	综 合 单 价 (元)				**75.17**	
	其中	人 工 费 (元)			32.40	
		材 料 费 (元)			9.31	
		施 工 机 具 使 用 费 (元)			15.15	
		企 业 管 理 费 (元)			11.46	
		利 润 (元)			6.14	
		一 般 风 险 费 (元)			0.71	
	编码	名 称	单位	单价(元)	消 耗 量	
人工	000300070	钢筋综合工	工日	120.00	0.270	
材料	031350010	低碳钢焊条 综合	kg	4.19	0.060	
	010100010	钢筋 综合	kg	3.07	1.240	
	002000010	其他材料费	元	—	5.25	
机械	990904040	直流弧焊机 32kV·A	台班	89.62	0.009	
	990916010	电渣焊机 1000A	台班	161.11	0.089	

E.3.2.6 钢骨柱(梁)钻孔(编码:010516B03)

工作内容:画线、钻孔、清理。 计量单位:10 个

	定 额 编 号				AE0209	
	项 目 名 称				钢骨柱(梁)钻孔	
费用	综 合 单 价 (元)				**137.38**	
	其中	人 工 费 (元)			98.40	
		材 料 费 (元)			1.08	
		施 工 机 具 使 用 费 (元)			—	
		企 业 管 理 费 (元)			23.71	
		利 润 (元)			12.71	
		一 般 风 险 费 (元)			1.48	
	编码	名 称	单位	单价(元)	消 耗 量	
人工	000300070	钢筋综合工	工日	120.00	0.820	
材料	031391110	合金钢钻头	个	17.09	0.063	

E.4 预制构件混凝土

E.4.1 预制混凝土柱

E.4.1.1 矩形柱(编码:010509001)

工作内容:1.搅拌混凝土、水平运输、浇捣、养护。
2.起槽、场内运输、水平堆放。

计量单位:10m³

定 额 编 号					AE0210	
项 目 名 称					矩形柱	
综 合 单 价 (元)					**4319.70**	
费用	其中	人 工 费 (元)			959.10	
		材 料 费 (元)			2686.76	
		施 工 机 具 使 用 费 (元)			219.75	
		企 业 管 理 费 (元)			284.10	
		利 润 (元)			152.31	
		一 般 风 险 费 (元)			17.68	
	编码	名 称	单位	单价(元)	消 耗 量	
人工	000300080	混凝土综合工	工日	115.00	8.340	
材料	800206040	砼 C30(塑、特、碎 5～31.5,坍 10～30)	m³	260.69	10.100	
	341100100	水	m³	4.42	10.210	
	002000010	其他材料费	元	—	8.66	
机械	990406010	机动翻斗车 1t	台班	188.07	0.564	
	990511020	皮带运输机 长 15m×宽 0.5m	台班	287.06	0.221	
	990602020	双锥反转出料混凝土搅拌机 350L	台班	226.31	0.222	

E.4.1.2 异型柱(编码:010509002)

工作内容:1.搅拌混凝土、水平运输、浇捣、养护。
2.起槽、场内运输、水平堆放。

计量单位:10m³

定 额 编 号					AE0211	
项 目 名 称					异型柱	
综 合 单 价 (元)					**4582.55**	
费用	其中	人 工 费 (元)			1152.30	
		材 料 费 (元)			2681.99	
		施 工 机 具 使 用 费 (元)			219.75	
		企 业 管 理 费 (元)			330.66	
		利 润 (元)			177.27	
		一 般 风 险 费 (元)			20.58	
	编码	名 称	单位	单价(元)	消 耗 量	
人工	000300080	混凝土综合工	工日	115.00	10.020	
材料	800206040	砼 C30(塑、特、碎 5～31.5,坍 10～30)	m³	260.69	10.100	
	341100100	水	m³	4.42	9.690	
	002000010	其他材料费	元	—	6.19	
机械	990406010	机动翻斗车 1t	台班	188.07	0.564	
	990511020	皮带运输机 长 15m×宽 0.5m	台班	287.06	0.221	
	990602020	双锥反转出料混凝土搅拌机 350L	台班	226.31	0.222	

E.4.2 预制混凝土梁

E.4.2.1 矩形梁(编码:010510001)

工作内容:1.搅拌混凝土、水平运输、浇捣、养护。
2.起槽、场内运输、水平堆放。

计量单位:10m³

定 额 编 号					AE0212	
项 目 名 称					矩形梁	
费用	综 合 单 价 (元)				**4494.11**	
	其中	人 工 费 (元)			989.00	
		材 料 费 (元)			2688.01	
		施 工 机 具 使 用 费 (元)			314.85	
		企 业 管 理 费 (元)			314.23	
		利 润 (元)			168.46	
		一 般 风 险 费 (元)			19.56	
	编码	名 称	单位	单价(元)	消 耗 量	
人工	000300080	混凝土综合工	工日	115.00	8.600	
材料	800206040	砼 C30(塑、特、碎 5~31.5,坍 10~30)	m³	260.69	10.100	
	341100100	水	m³	4.42	10.260	
	002000010	其他材料费	元	—	9.69	
机械	990309020	门式起重机 10t	台班	430.32	0.221	
	990406010	机动翻斗车 1t	台班	188.07	0.564	
	990511020	皮带运输机 长 15m×宽 0.5m	台班	287.06	0.221	
	990602020	双锥反转出料混凝土搅拌机 350L	台班	226.31	0.222	

E.4.2.2 异型梁(编码:010510002)

工作内容:1.搅拌混凝土、水平运输、浇捣、养护。
2.起槽、场内运输、水平堆放。

计量单位:10m³

定 额 编 号					AE0213	
项 目 名 称					异型梁	
费用	综 合 单 价 (元)				**4666.68**	
	其中	人 工 费 (元)			1269.60	
		材 料 费 (元)			2691.51	
		施 工 机 具 使 用 费 (元)			156.31	
		企 业 管 理 费 (元)			343.64	
		利 润 (元)			184.23	
		一 般 风 险 费 (元)			21.39	
	编码	名 称	单位	单价(元)	消 耗 量	
人工	000300080	混凝土综合工	工日	115.00	11.040	
材料	800206040	砼 C30(塑、特、碎 5~31.5,坍 10~30)	m³	260.69	10.100	
	341100100	水	m³	4.42	10.260	
	002000010	其他材料费	元	—	13.19	
机械	990406010	机动翻斗车 1t	台班	188.07	0.564	
	990602020	双锥反转出料混凝土搅拌机 350L	台班	226.31	0.222	

E.4.2.3 过梁(编码:010510003)

工作内容:1.搅拌混凝土、水平运输、浇捣、养护。
2.起槽、场内运输、水平堆放。

计量单位:10m³

	定 额 编 号				AE0214	
	项 目 名 称				过梁	
	综 合 单 价(元)				**4761.87**	
费用	其中	人 工 费(元)			1166.10	
		材 料 费(元)			2710.46	
		施 工 机 具 使 用 费(元)			314.85	
		企 业 管 理 费(元)			356.91	
		利 润(元)			191.34	
		一 般 风 险 费(元)			22.21	
	编码	名 称	单位	单价(元)	消 耗 量	
人工	000300080	混凝土综合工	工日	115.00	10.140	
材料	800206040	砼 C30(塑、特、碎 5~31.5,坍 10~30)	m³	260.69	10.100	
	341100100	水	m³	4.42	12.120	
	002000010	其他材料费	元	—	23.92	
机械	990309020	门式起重机 10t	台班	430.32	0.221	
	990406010	机动翻斗车 1t	台班	188.07	0.564	
	990511020	皮带运输机 长 15m×宽 0.5m	台班	287.06	0.221	
	990602020	双锥反转出料混凝土搅拌机 350L	台班	226.31	0.222	

E.4.2.4 拱形梁(编码:010510004)

工作内容:1.搅拌混凝土、水平运输、浇捣、养护。
2.起槽、场内运输、水平堆放。

计量单位:10m³

	定 额 编 号				AE0215	
	项 目 名 称				拱形梁	
	综 合 单 价(元)				**4893.15**	
费用	其中	人 工 费(元)			1269.60	
		材 料 费(元)			2698.37	
		施 工 机 具 使 用 费(元)			314.85	
		企 业 管 理 费(元)			381.85	
		利 润(元)			204.71	
		一 般 风 险 费(元)			23.77	
	编码	名 称	单位	单价(元)	消 耗 量	
人工	000300080	混凝土综合工	工日	115.00	11.040	
材料	800206040	砼 C30(塑、特、碎 5~31.5,坍 10~30)	m³	260.69	10.100	
	341100100	水	m³	4.42	11.240	
	002000010	其他材料费	元	—	15.72	
机械	990309020	门式起重机 10t	台班	430.32	0.221	
	990406010	机动翻斗车 1t	台班	188.07	0.564	
	990511020	皮带运输机 长 15m×宽 0.5m	台班	287.06	0.221	
	990602020	双锥反转出料混凝土搅拌机 350L	台班	226.31	0.222	

E.4.2.5 鱼腹式吊车梁(编码:010510005)

工作内容:1.搅拌混凝土、水平运输、浇捣、养护。
2.起槽、场内运输、水平堆放。

计量单位:10m³

定 额 编 号					AE0216	
项 目 名 称					鱼腹式吊车梁	
综 合 单 价 (元)					**4470.03**	
费用	其中	人 工 费 (元)			1051.10	
		材 料 费 (元)			2723.49	
		施 工 机 具 使 用 费 (元)			209.76	
		企 业 管 理 费 (元)			303.87	
		利 润 (元)			162.90	
		一 般 风 险 费 (元)			18.91	
	编码	名 称	单位	单价(元)	消 耗 量	
人工	000300080	混凝土综合工	工日	115.00	9.140	
材料	800206040	砼 C30(塑、特、碎 5～31.5,坍 10～30)	m³	260.69	10.100	
	341100100	水	m³	4.42	17.360	
	002000010	其他材料费	元	—	13.79	
机械	990406010	机动翻斗车 1t	台班	188.07	0.699	
	990602020	双锥反转出料混凝土搅拌机 350L	台班	226.31	0.346	

E.4.2.6 其他梁(编码:010510006)

工作内容:1.搅拌混凝土、水平运输、浇捣、养护。
2.起槽、场内运输、水平堆放。

计量单位:10m³

定 额 编 号					AE0217	
项 目 名 称					风道梁	
综 合 单 价 (元)					**4440.24**	
费用	其中	人 工 费 (元)			998.20	
		材 料 费 (元)			2709.97	
		施 工 机 具 使 用 费 (元)			250.91	
		企 业 管 理 费 (元)			301.04	
		利 润 (元)			161.38	
		一 般 风 险 费 (元)			18.74	
	编码	名 称	单位	单价(元)	消 耗 量	
人工	000300080	混凝土综合工	工日	115.00	8.680	
材料	800206040	砼 C30(塑、特、碎 5～31.5,坍 10～30)	m³	260.69	10.100	
	341100100	水	m³	4.42	11.690	
	002000010	其他材料费	元	—	25.33	
机械	990309020	门式起重机 10t	台班	430.32	0.221	
	990406010	机动翻斗车 1t	台班	188.07	0.224	
	990511020	皮带运输机 长 15m×宽 0.5m	台班	287.06	0.221	
	990602020	双锥反转出料混凝土搅拌机 350L	台班	226.31	0.222	

E.4.3 预制混凝土屋架

E.4.3.1 折线形屋架(编码:010511001)

工作内容:1.搅拌混凝土、水平运输、浇捣、养护。
　　　　　　2.起槽、场内运输、水平堆放。

计量单位:10m³

定　额　编　号					AE0218	AE0219
项　目　名　称					拱(梯)形屋架	三角形屋架
综　合　单　价　(元)					**4558.65**	**4619.30**
费用	其中	人　工　费　(元)			1117.80	1146.55
		材　料　费　(元)			2719.72	2740.54
		施工机具使用费　(元)			209.76	209.76
		企　业　管　理　费　(元)			319.94	326.87
		利　　　润　　　(元)			171.52	175.24
		一　般　风　险　费　(元)			19.91	20.34
	编码	名　称	单位	单价(元)	消　耗　量	
人工	000300080	混凝土综合工	工日	115.00	9.720	9.970
材料	800205040	砼 C30(塑、特、碎5~20,坍10~30)	m³	262.78	10.100	10.100
	341100100	水	m³	4.42	11.320	13.100
	002000010	其他材料费	元	—	15.61	28.56
机械	990406010	机动翻斗车 1t	台班	188.07	0.699	0.699
	990602020	双锥反转出料混凝土搅拌机 350L	台班	226.31	0.346	0.346

E.4.3.2 组合屋架(编码:010511002)

工作内容:1.搅拌混凝土、水平运输、浇捣、养护。
　　　　　　2.起槽、场内运输、水平堆放。

计量单位:10m³

定　额　编　号					AE0220
项　目　名　称					组合屋架
综　合　单　价　(元)					**4609.57**
费用	其中	人　工　费　(元)			1145.40
		材　料　费　(元)			2732.40
		施工机具使用费　(元)			209.76
		企　业　管　理　费　(元)			326.59
		利　　　润　　　(元)			175.09
		一　般　风　险　费　(元)			20.33
	编码	名　称	单位	单价(元)	消　耗　量
人工	000300080	混凝土综合工	工日	115.00	9.960
材料	800205040	砼 C30(塑、特、碎5~20,坍10~30)	m³	262.78	10.100
	341100100	水	m³	4.42	12.310
	002000010	其他材料费	元	—	23.91
机械	990406010	机动翻斗车 1t	台班	188.07	0.699
	990602020	双锥反转出料混凝土搅拌机 350L	台班	226.31	0.346

E.4.3.3　薄腹屋架(编码:010511003)

工作内容: 1.搅拌混凝土、水平运输、浇捣、养护。
2.起槽、场内运输、水平堆放。

计量单位:10m³

定　额　编　号			AE0221
项　目　名　称			薄腹屋架
综　合　单　价（元）			**4621.91**

费用	其中	人　工　费（元）	1169.55
		材　料　费（元）	2711.29
		施工机具使用费（元）	209.76
		企业管理费（元）	332.41
		利　润（元）	178.21
		一般风险费（元）	20.69

	编码	名　称	单位	单价（元）	消　耗　量
人工	000300080	混凝土综合工	工日	115.00	10.170
材料	800205040	砼 C30(塑、特、碎5～20、坍10～30)	m³	262.78	10.100
	341100100	水	m³	4.42	10.640
	002000010	其他材料费	元	—	10.18
机械	990406010	机动翻斗车 1t	台班	188.07	0.699
	990602020	双锥反转出料混凝土搅拌机 350L	台班	226.31	0.346

E.4.3.4　门式刚架(编码:010511004)

工作内容: 1.搅拌混凝土、水平运输、浇捣、养护。
2.起槽、场内运输、水平堆放。

计量单位:10m³

定　额　编　号			AE0222
项　目　名　称			门式刚架
综　合　单　价（元）			**4601.81**

费用	其中	人　工　费（元）	1137.35
		材　料　费（元）	2735.79
		施工机具使用费（元）	209.76
		企业管理费（元）	324.65
		利　润（元）	174.05
		一般风险费（元）	20.21

	编码	名　称	单位	单价（元）	消　耗　量
人工	000300080	混凝土综合工	工日	115.00	9.890
材料	800205040	砼 C30(塑、特、碎5～20、坍10～30)	m³	262.78	10.100
	341100100	水	m³	4.42	11.780
	002000010	其他材料费	元	—	29.64
机械	990406010	机动翻斗车 1t	台班	188.07	0.699
	990602020	双锥反转出料混凝土搅拌机 350L	台班	226.31	0.346

工作内容:1.搅拌混凝土、水平运输、浇捣、养护。

2.起槽、场内运输、水平堆放。

计量单位:10m³

定　额　编　号					AE0223
项　目　名　称					天窗架
综　合　单　价(元)					**5374.97**
费用	其中	人　工　费　(元)			1584.70
		材　料　费　(元)			2743.72
		施工机具使用费　(元)			314.85
		企　业　管　理　费　(元)			457.79
		利　　　　润　(元)			245.42
		一　般　风　险　费　(元)			28.49
	编码	名　　　称	单位	单价(元)	消　耗　量
人工	000300080	混凝土综合工	工日	115.00	13.780
材料	800205040	砼 C30(塑、特、碎 5～20,坍 10～30)	m³	262.78	10.100
	341100100	水	m³	4.42	13.010
	002000010	其他材料费	元	—	32.14
机械	990309020	门式起重机 10t	台班	430.32	0.221
	990406010	机动翻斗车 1t	台班	188.07	0.564
	990511020	皮带运输机 长 15m×宽 0.5m	台班	287.06	0.221
	990602020	双锥反转出料混凝土搅拌机 350L	台班	226.31	0.222

E.4.4　预制混凝土板

E.4.4.1　平板(编码:010512001)

工作内容:1.搅拌混凝土、水平运输、浇捣、养护。

2.起槽、场内运输、成品堆放。

计量单位:10m³

定　额　编　号					AE0224
项　目　名　称					平板
综　合　单　价(元)					**5008.80**
费用	其中	人　工　费　(元)			1311.00
		材　料　费　(元)			2751.30
		施工机具使用费　(元)			318.73
		企　业　管　理　费　(元)			392.76
		利　　　　润　(元)			210.56
		一　般　风　险　费　(元)			24.45
	编码	名　　　称	单位	单价(元)	消　耗　量
人工	000300080	混凝土综合工	工日	115.00	11.400
材料	800204040	砼 C30(塑、特、碎 5～10,坍 10～30)	m³	266.49	10.100
	341100100	水	m³	4.42	10.210
	002000010	其他材料费	元	—	14.62
机械	990309020	门式起重机 10t	台班	430.32	0.230
	990406010	机动翻斗车 1t	台班	188.07	0.564
	990511020	皮带运输机 长 15m×宽 0.5m	台班	287.06	0.221
	990602020	双锥反转出料混凝土搅拌机 350L	台班	226.31	0.222

工作内容:1.搅拌混凝土、水平运输、浇捣、养护。
　　　　　　2.起槽、场内运输、成品堆放。

计量单位:10m³

定　额　编　号					AE0225	
项　目　名　称					空心板	
综　合　单　价(元)					**5121.80**	
费用	其中	人　　工　　费(元)			1322.50	
		材　　料　　费(元)			2848.36	
		施 工 机 具 使 用 费(元)			318.73	
		企 业 管 理 费(元)			395.54	
		利　　　　润(元)			212.05	
		一 般 风 险 费(元)			24.62	
	编码	名　　　　　称	单位	单价(元)	消　耗　　量	
人工	000300080	混凝土综合工	工日	115.00	11.500	
材料	800204040	砼 C30(塑、特、碎 5～10,坍 10～30)	m³	266.49	10.100	
	341100100	水	m³	4.42	21.780	
	002000010	其他材料费	元	—	60.54	
机械	990309020	门式起重机 10t	台班	430.32	0.230	
	990406010	机动翻斗车 1t	台班	188.07	0.564	
	990511020	皮带运输机 长 15m×宽 0.5m	台班	287.06	0.221	
	990602020	双锥反转出料混凝土搅拌机 350L	台班	226.31	0.222	

工作内容:1.搅拌混凝土、水平运输、浇捣、养护。
　　　　　　2.起槽、场内运输、成品堆放。

计量单位:10m³

定　额　编　号					AE0226	
项　目　名　称					F 形板	
综　合　单　价(元)					**4865.43**	
费用	其中	人　　工　　费(元)			1074.10	
		材　　料　　费(元)			2936.09	
		施 工 机 具 使 用 费(元)			318.73	
		企 业 管 理 费(元)			335.67	
		利　　　　润(元)			179.95	
		一 般 风 险 费(元)			20.89	
	编码	名　　　　　称	单位	单价(元)	消　耗　　量	
人工	000300080	混凝土综合工	工日	115.00	9.340	
材料	800204040	砼 C30(塑、特、碎 5～10,坍 10～30)	m³	266.49	10.100	
	341100100	水	m³	4.42	32.550	
	002000010	其他材料费	元	—	100.67	
机械	990309020	门式起重机 10t	台班	430.32	0.230	
	990406010	机动翻斗车 1t	台班	188.07	0.564	
	990511020	皮带运输机 长 15m×宽 0.5m	台班	287.06	0.221	
	990602020	双锥反转出料混凝土搅拌机 350L	台班	226.31	0.222	

工作内容:1.搅拌混凝土、水平运输、浇捣、养护。
　　　　　2.起槽、场内运输、成品堆放。

计量单位:10m³

定　　额　　编　　号				AE0227	
项　目　名　称				大型屋面板	
费用其中	综　合　单　价(元)			**4846.83**	
	人　　工　　费　(元)			1064.90	
	材　　料　　费　(元)			2930.24	
	施 工 机 具 使 用 费 (元)			318.73	
	企 业 管 理 费 (元)			333.45	
	利　　　　润　(元)			178.76	
	一 般 风 险 费 (元)			20.75	
	编码	名　　　称	单位	单价(元)	消　耗　量
人工	000300080	混凝土综合工	工日	115.00	9.260
材料	800204040	砼 C30(塑、特、碎 5～10,坍 10～30)	m³	266.49	10.100
	341100100	水	m³	4.42	32.110
	002000010	其他材料费	元	—	96.76
机械	990309020	门式起重机 10t	台班	430.32	0.230
	990406010	机动翻斗车 1t	台班	188.07	0.564
	990511020	皮带运输机 长 15m×宽 0.5m	台班	287.06	0.221
	990602020	双锥反转出料混凝土搅拌机 350L	台班	226.31	0.222

工作内容:1.搅拌混凝土、水平运输、浇捣、养护。
　　　　　2.起槽、场内运输、成品堆放。

计量单位:10m³

定　　额　　编　　号				AE0228	
项　目　名　称				折线板	
费用其中	综　合　单　价(元)			**5288.37**	
	人　　工　　费　(元)			1381.15	
	材　　料　　费　(元)			2933.70	
	施 工 机 具 使 用 费 (元)			318.73	
	企 业 管 理 费 (元)			409.67	
	利　　　　润　(元)			219.62	
	一 般 风 险 费 (元)			25.50	
	编码	名　　　称	单位	单价(元)	消　耗　量
人工	000300080	混凝土综合工	工日	115.00	12.010
材料	800204040	砼 C30(塑、特、碎 5～10,坍 10～30)	m³	266.49	10.100
	341100100	水	m³	4.42	25.530
	002000010	其他材料费	元	—	129.31
机械	990309020	门式起重机 10t	台班	430.32	0.230
	990406010	机动翻斗车 1t	台班	188.07	0.564
	990511020	皮带运输机 长 15m×宽 0.5m	台班	287.06	0.221
	990602020	双锥反转出料混凝土搅拌机 350L	台班	226.31	0.222

工作内容:1.搅拌混凝土、水平运输、浇捣、养护。
　　　　　　2.起槽、场内运输、成品堆放。

计量单位:10m³

定　额　编　号					AE0229	
项　目　名　称					槽形板	
综　合　单　价　(元)					**5028.38**	
费用	其中	人　工　费　(元)			1255.80	
		材　料　费　(元)			2847.34	
		施 工 机 具 使 用 费　(元)			318.73	
		企 业 管 理 费　(元)			379.46	
		利　　润　(元)			203.43	
		一 般 风 险 费　(元)			23.62	
	编码	名　称	单位	单价(元)	消　耗　量	
人工	000300080	混凝土综合工	工日	115.00	10.920	
材料	800204040	砼 C30(塑、特、碎5~10,坍10~30)	m³	266.49	10.100	
	341100100	水	m³	4.42	23.410	
	002000010	其他材料费	元	—	52.32	
机械	990309020	门式起重机 10t	台班	430.32	0.230	
	990406010	机动翻斗车 1t	台班	188.07	0.564	
	990511020	皮带运输机 长15m×宽0.5m	台班	287.06	0.221	
	990602020	双锥反转出料混凝土搅拌机 350L	台班	226.31	0.222	

工作内容:1.搅拌混凝土、水平运输、浇捣、养护。
　　　　　　2.起槽、场内运输、成品堆放。

计量单位:10m³

定　额　编　号					AE0230	
项　目　名　称					网架板	
综　合　单　价　(元)					**4799.21**	
费用	其中	人　工　费　(元)			1064.90	
		材　料　费　(元)			2882.62	
		施 工 机 具 使 用 费　(元)			318.73	
		企 业 管 理 费　(元)			333.45	
		利　　润　(元)			178.76	
		一 般 风 险 费　(元)			20.75	
	编码	名　称	单位	单价(元)	消　耗　量	
人工	000300080	混凝土综合工	工日	115.00	9.260	
材料	800204040	砼 C30(塑、特、碎5~10,坍10~30)	m³	266.49	10.100	
	341100100	水	m³	4.42	20.620	
	002000010	其他材料费	元	—	99.93	
机械	990309020	门式起重机 10t	台班	430.32	0.230	
	990406010	机动翻斗车 1t	台班	188.07	0.564	
	990511020	皮带运输机 长15m×宽0.5m	台班	287.06	0.221	
	990602020	双锥反转出料混凝土搅拌机 350L	台班	226.31	0.222	

E.4.4.8 带肋板(编码:010512006)

工作内容:1.搅拌混凝土、水平运输、浇捣、养护。
　　　　　2.起槽、场内运输、成品堆放。

计量单位:10m³

定　额　编　号					AE0231
项　目　名　称					带肋板
综　合　单　价（元）					**5011.16**
费用	其中	人　工　费（元）			1219.00
		材　料　费（元）			2881.10
		施工机具使用费（元）			318.73
		企　业　管　理　费（元）			370.59
		利　润（元）			198.67
		一　般　风　险　费（元）			23.07
	编码	名　称	单位	单价(元)	消　耗　量
人工	000300080	混凝土综合工	工日	115.00	10.600
材料	800204040	砼 C30(塑、特、碎5~10,坍10~30)	m³	266.49	10.100
	341100100	水	m³	4.42	25.530
	002000010	其他材料费	元	—	76.71
机械	990309020	门式起重机 10t	台班	430.32	0.230
	990406010	机动翻斗车 1t	台班	188.07	0.564
	990511020	皮带运输机 长15m×宽0.5m	台班	287.06	0.221
	990602020	双锥反转出料混凝土搅拌机 350L	台班	226.31	0.222

E.4.4.9 其他板(编码:010512B01)

工作内容:1.搅拌混凝土、水平运输、浇捣、养护。
　　　　　2.起槽、场内运输、成品堆放。

计量单位:10m³

定　额　编　号				AE0232	AE0233	AE0234	AE0235	AE0236
项　目　名　称				双T板	挑檐板	天沟板	天窗侧板	天窗端壁板
综　合　单　价（元）				**4856.03**	**5184.03**	**5211.28**	**4872.27**	**4821.25**
费用	其中	人　工　费（元）		1106.30	1359.30	1409.90	1158.05	1072.95
		材　料　费（元）		2882.08	2859.63	2816.78	2826.64	2893.50
		施工机具使用费（元）		318.73	318.73	318.73	318.73	318.73
		企　业　管　理　费（元）		343.43	404.40	416.60	355.90	335.39
		利　润（元）		184.11	216.80	223.34	190.80	179.80
		一　般　风　险　费（元）		21.38	25.17	25.93	22.15	20.88
	编码	名　称	单位 单价(元)	消　　耗　　量				
人工	000300080	混凝土综合工	工日 115.00	9.620	11.820	12.260	10.070	9.330
材料	800204040	砼 C30(塑、特、碎5~10,坍10~30)	m³ 266.49	10.100	10.100	10.100	10.100	10.100
	341100100	水	m³ 4.42	20.330	19.440	16.420	18.950	23.310
	002000010	其他材料费	元 —	100.67	82.16	52.65	51.33	98.92
机械	990309020	门式起重机 10t	台班 430.32	0.230	0.230	0.230	0.230	0.230
	990406010	机动翻斗车 1t	台班 188.07	0.564	0.564	0.564	0.564	0.564
	990511020	皮带运输机 长15m×宽0.5m	台班 287.06	0.221	0.221	0.221	0.221	0.221
	990602020	双锥反转出料混凝土搅拌机 350L	台班 226.31	0.222	0.222	0.222	0.222	0.222

E.4.4.10　地沟盖板、井盖板、井圈(编码:010512008)

工作内容:1.搅拌混凝土、水平运输、浇捣、养护。
　　　　　2.起槽、场内运输、成品堆放。

计量单位:10m³

定　　额　　编　　号				AE0237	AE0238	AE0239
项　　目　　名　　称				地沟盖板	井盖板	预制井圈
综　合　单　价　(元)				**5182.30**	**5527.59**	**5561.79**
费用	其中	人　　工　　费　(元)		1400.70	1690.50	1689.35
		材　　料　　费　(元)		2800.55	2744.41	2780.20
		施 工 机 具 使 用 费　(元)		318.73	318.73	318.73
		企 业 管 理 费　(元)		414.38	484.22	483.95
		利　　　　润　(元)		222.15	259.59	259.44
		一 般 风 险 费　(元)		25.79	30.14	30.12
	编码	名　　　　称	单位	单价(元)	消　　耗　　量	
人工	000300080	混凝土综合工	工日	115.00	12.180	14.700	14.690
材料	800204040	砼 C30(塑、特、碎 5～10,坍 10～30)	m³	266.49	10.100	—	10.100
	800205040	砼 C30(塑、特、碎 5～20,坍 10～30)	m³	262.78	—	10.100	—
	341100100	水	m³	4.42	14.560	13.280	12.900
	002000010	其他材料费	元	—	44.65	31.63	31.63
机械	990309020	门式起重机 10t	台班	430.32	0.230	0.230	0.230
	990406010	机动翻斗车 1t	台班	188.07	0.564	0.564	0.564
	990511020	皮带运输机 长 15m×宽 0.5m	台班	287.06	0.221	0.221	0.221
	990602020	双锥反转出料混凝土搅拌机 350L	台班	226.31	0.222	0.222	0.222

E.4.4.11　雨篷(编码:010512B02)

工作内容:1.搅拌混凝土、水平运输、浇捣、养护。
　　　　　2.起槽、场内运输、成品堆放。

计量单位:10m³

定　　额　　编　　号				AE0240
项　　目　　名　　称				雨篷
综　合　单　价　(元)				**4970.95**
费用	其中	人　　工　　费　(元)		1300.65
		材　　料　　费　(元)		2727.79
		施 工 机 具 使 用 费　(元)		318.73
		企 业 管 理 费　(元)		390.27
		利　　　　润　(元)		209.22
		一 般 风 险 费　(元)		24.29
	编码	名　　　　称	单位	单价(元)	消　　耗　　量
人工	000300080	混凝土综合工	工日	115.00	11.310
材料	800205040	砼 C30(塑、特、碎 5～20,坍 10～30)	m³	262.78	10.100
	341100100	水	m³	4.42	13.600
	002000010	其他材料费	元	—	13.60
机械	990309020	门式起重机 10t	台班	430.32	0.230
	990406010	机动翻斗车 1t	台班	188.07	0.564
	990511020	皮带运输机 长 15m×宽 0.5m	台班	287.06	0.221
	990602020	双锥反转出料混凝土搅拌机 350L	台班	226.31	0.222

E.4.5 预制混凝土楼梯

E.4.5.1 楼梯(编码:010513001)

工作内容:1.搅拌混凝土、水平运输、浇捣、养护。
2.起槽、场内外运输、成品堆放。

计量单位:10m³

定 额 编 号				AE0241	AE0242	AE0243	AE0244
项 目 名 称				楼梯段		楼梯斜梁	楼梯踏步
				实心板	空心板		
综 合 单 价 (元)				**4805.64**	**4874.83**	**4793.63**	**5321.48**
费用	其中	人 工 费 (元)		1158.05	1221.30	1147.70	1461.65
		材 料 费 (元)		2760.01	2741.58	2762.33	2855.30
		施工机具使用费 (元)		318.73	318.73	318.73	318.73
		企 业 管 理 费 (元)		355.90	371.15	353.41	429.07
		利 润 (元)		190.80	198.97	189.46	230.02
		一 般 风 险 费 (元)		22.15	23.10	22.00	26.71
	编码	名 称	单位	单价(元)	消 耗 量		
人工	000300080	混凝土综合工	工日	115.00	10.070	10.620	9.980	12.710
材料	800205040	砼 C30(塑、特、碎 5~20,坍 10~30)	m³	262.78	10.100	—	10.100	10.100
	800204040	砼 C30(塑、特、碎 5~10,坍 10~30)	m³	266.49	—	10.100	—	—
	341100100	水	m³	4.42	14.780	9.410	14.890	23.450
	002000010	其他材料费	元	—	40.60	8.44	42.44	97.57
机械	990309020	门式起重机 10t	台班	430.32	0.230	0.230	0.230	0.230
	990406010	机动翻斗车 1t	台班	188.07	0.564	0.564	0.564	0.564
	990511020	皮带运输机 长 15m×宽 0.5m	台班	287.06	0.221	0.221	0.221	0.221
	990602020	双锥反转出料混凝土搅拌机 350L	台班	226.31	0.222	0.222	0.222	0.222

E.4.6 预制混凝土其他构件

E.4.6.1 垃圾道、通风道、烟道(编码:010514001)

工作内容:1.搅拌混凝土、水平运输、浇捣、养护。
2.起槽、场内外运输、成品堆放。

计量单位:10m³

定 额 编 号				AE0245
项 目 名 称				垃圾道、通风道、烟道
综 合 单 价 (元)				**5510.56**
费用	其中	人 工 费 (元)		1689.35
		材 料 费 (元)		2728.97
		施工机具使用费 (元)		318.73
		企 业 管 理 费 (元)		483.95
		利 润 (元)		259.44
		一 般 风 险 费 (元)		30.12
	编码	名 称	单位	单价(元)	消 耗 量
人工	000300080	混凝土综合工	工日	115.00	14.690
材料	800205040	砼 C30(塑、特、碎 5~20,坍 10~30)	m³	262.78	10.100
	341100100	水	m³	4.42	10.212
	002000010	其他材料费	元	—	29.75
机械	990309020	门式起重机 10t	台班	430.32	0.230
	990406010	机动翻斗车 1t	台班	188.07	0.564
	990511020	皮带运输机 长 15m×宽 0.5m	台班	287.06	0.221
	990602020	双锥反转出料混凝土搅拌机 350L	台班	226.31	0.222

E.4.6.2 **其他构件**(编码:010514002)

工作内容:1.搅拌混凝土、水平运输、浇捣、养护。
2.起槽、场内外运输、成品堆放。

计量单位:10m³

定 额 编 号					AE0246	AE0247
项 目 名 称					小型构件	漏空花格
综 合 单 价 (元)					**5946.80**	**6570.31**
费用	其中	人 工 费 (元)			1936.60	2078.05
		材 料 费 (元)			2822.72	3250.30
		施工机具使用费 (元)			318.73	318.73
		企 业 管 理 费 (元)			543.53	577.62
		利 润 (元)			291.39	309.66
		一 般 风 险 费 (元)			33.83	35.95
	编码	名 称	单位	单价(元)	消 耗 量	
人工	000300080	混凝土综合工	工日	115.00	16.840	18.070
材料	800204040	砼 C30(塑、特、碎 5~10,坍 10~30)	m³	266.49	10.100	10.100
	341100100	水	m³	4.42	17.270	70.800
	002000010	其他材料费	元	—	54.84	245.81
机械	990309020	门式起重机 10t	台班	430.32	0.230	0.230
	990406010	机动翻斗车 1t	台班	188.07	0.564	0.564
	990511020	皮带运输机 长 15m×宽 0.5m	台班	287.06	0.221	0.221
	990602020	双锥反转出料混凝土搅拌机 350L	台班	226.31	0.222	0.222

E.5 预制混凝土模板

E.5.1 柱模板

E.5.1.1 **矩形柱**(编码:010509001)

工作内容:1.模板及支撑制作、安装、拆除、整理堆放及水平运输。
2.清理模板粘结物及模内杂物、刷隔离剂等。

计量单位:10m³

定 额 编 号					AE0248
项 目 名 称					矩形柱
综 合 单 价 (元)					**4717.72**
费用	其中	人 工 费 (元)			1345.20
		材 料 费 (元)			2811.38
		施工机具使用费 (元)			31.02
		企 业 管 理 费 (元)			331.67
		利 润 (元)			177.81
		一 般 风 险 费 (元)			20.64
	编码	名 称	单位	单价(元)	消 耗 量
人工	000300060	模板综合工	工日	120.00	11.210
材料	350100011	复合模板	m²	23.93	8.708
	050303800	木材 锯材	m³	1547.01	0.282
	032140460	零星卡具	kg	6.67	5.900
	350100300	组合钢模板	kg	4.53	3.396
	032140480	梁卡具	kg	4.00	11.740
	041301200	砖地模	m²	31.07	59.020
	041301220	砖胎模	m²	42.72	2.930
	002000010	其他材料费	元	—	106.12
机械	990309020	门式起重机 10t	台班	430.32	0.071
	990706010	木工圆锯机 直径 500mm	台班	25.81	0.018

E.5.1.2　异型柱(编码:010509002)

工作内容:1.模板及支撑制作、安装、拆除、整理堆放及水平运输。
　　　　　2.清理模板粘结物及模内杂物、刷隔离剂等。

计量单位:10m³

定　额　编　号					AE0249	AE0250
项　目　名　称					工形柱	双肢柱
综　合　单　价　(元)					**5849.49**	**3279.48**
费用	其中	人　工　费　(元)			1504.80	976.80
		材　料　费　(元)			3732.80	1897.00
		施工机具使用费　(元)			23.27	21.23
		企　业　管　理　费　(元)			368.27	240.53
		利　润　(元)			197.43	128.95
		一　般　风　险　费　(元)			22.92	14.97
	编码	名　称	单位	单价(元)	消　耗　量	
人工	000300060	模板综合工	工日	120.00	12.540	8.140
材料	050303800	木材 锯材	m³	1547.01	0.487	0.343
	350100300	组合钢模板	kg	4.53	3.177	2.532
	041301200	砖地模	m²	31.07	—	33.500
	041301220	砖胎模	m²	42.72	58.680	—
	042703850	混凝土地模	m²	72.65	—	0.090
	350100011	复合模板	m²	23.93	12.303	7.125
	032140460	零星卡具	kg	6.67	5.550	1.860
	032140480	梁卡具	kg	4.00	4.440	9.160
	002000010	其他材料费	元	—	109.02	87.97
机械	990706010	木工圆锯机 直径500mm	台班	25.81	0.018	0.089
	990309020	门式起重机 10t	台班	430.32	0.053	0.044

E.5.1.3　围墙柱(编码:010509001、010509002)

工作内容:1.模板及支撑制作、安装、拆除、整理堆放及水平运输。
　　　　　2.清理模板粘结物及模内杂物、刷隔离剂等。

计量单位:10m³

定　额　编　号					AE0251
项　目　名　称					围墙柱
综　合　单　价　(元)					**2593.41**
费用	其中	人　工　费　(元)			1377.60
		材　料　费　(元)			682.36
		施工机具使用费　(元)			2.02
		企　业　管　理　费　(元)			332.49
		利　润　(元)			178.25
		一　般　风　险　费　(元)			20.69
	编码	名　称	单位	单价(元)	消　耗　量
人工	000300060	模板综合工	工日	120.00	11.480
材料	050303800	木材 锯材	m³	1547.01	0.340
	042703850	混凝土地模	m²	72.65	1.240
	002000010	其他材料费	元	—	66.29
机械	990706010	木工圆锯机 直径500mm	台班	25.81	0.035
	990710010	木工单面压刨床 刨削宽度600mm	台班	31.84	0.035

E.5.2 梁模板

E.5.2.1 矩形梁(编码:010510001)

工作内容:1.模板及支撑制作、安装、拆除、整理堆放及水平运输。
2.清理模板粘结物及模内杂物、刷隔离剂等。

计量单位:10m³

定　额　编　号					AE0252
项　目　名　称					矩形梁
	综　合　单　价（元）				**4690.63**
费用	其中	人　工　费　（元）			2396.40
		材　料　费　（元）			1281.74
		施工机具使用费　（元）			64.54
		企　业　管　理　费　（元）			593.09
		利　　　润　（元）			317.95
		一　般　风　险　费　（元）			36.91
	编码	名　称	单位	单价（元）	消　耗　量
人工	000300060	模板综合工	工日	120.00	19.970
材　　　料	050303800	木材 锯材	m³	1547.01	0.250
	350100300	组合钢模板	kg	4.53	9.471
	350100011	复合模板	m²	23.93	21.176
	032140460	零星卡具	kg	6.67	20.920
	032140480	梁卡具	kg	4.00	11.180
	002000010	其他材料费	元	—	161.09
机械	990309020	门式起重机 10t	台班	430.32	0.142
	990706010	木工圆锯机 直径500mm	台班	25.81	0.133

E.5.2.2 异型梁(编码:010510002)

工作内容:1.模板及支撑制作、安装、拆除、整理堆放及水平运输。
2.清理模板粘结物及模内杂物、刷隔离剂等。

计量单位:10m³

定　额　编　号					AE0253
项　目　名　称					异型梁
	综　合　单　价（元）				**5219.28**
费用	其中	人　工　费　（元）			1779.60
		材　料　费　（元）			2730.86
		施工机具使用费　（元）			16.83
		企　业　管　理　费　（元）			432.94
		利　　　润　（元）			232.10
		一　般　风　险　费　（元）			26.95
	编码	名　称	单位	单价（元）	消　耗　量
人工	000300060	模板综合工	工日	120.00	14.830
材料	050303800	木材 锯材	m³	1547.01	1.710
	002000010	其他材料费	元	—	85.47
机械	990706010	木工圆锯机 直径500mm	台班	25.81	0.292
	990710010	木工单面压刨床 刨削宽度600mm	台班	31.84	0.292

工作内容:1.模板及支撑制作、安装、拆除、整理堆放及水平运输。
　　　　　2.清理模板粘结物及模内杂物、刷隔离剂等。

计量单位:10m³

定　额　编　号				AE0254	
项　目　名　称				过梁	
费用	综　合　单　价（元）			**3148.59**	
	其中	人　工　费（元）		1651.20	
		材　料　费（元）		857.83	
		施 工 机 具 使 用 费（元）		2.54	
		企 业 管 理 费（元）		398.55	
		利　　润（元）		213.66	
		一 般 风 险 费（元）		24.81	
	编码	名　称	单位	单价(元)	消　耗　量
人工	000300060	模板综合工	工日	120.00	13.760
材料	050303800	木材 锯材	m³	1547.01	0.440
	002000010	其他材料费	元	—	177.15
机械	990706010	木工圆锯机 直径500mm	台班	25.81	0.044
	990710010	木工单面压刨床 刨削宽度600mm	台班	31.84	0.044

工作内容:1.模板及支撑制作、安装、拆除、整理堆放及水平运输。
　　　　　2.清理模板粘结物及模内杂物、刷隔离剂等。

计量单位:10m³

定　额　编　号				AE0255	
项　目　名　称				拱形梁	
费用	综　合　单　价（元）			**4612.10**	
	其中	人　工　费（元）		1760.40	
		材　料　费（元）		2171.44	
		施 工 机 具 使 用 费（元）		1.56	
		企 业 管 理 费（元）		424.63	
		利　　润（元）		227.64	
		一 般 风 险 费（元）		26.43	
	编码	名　称	单位	单价(元)	消　耗　量
人工	000300060	模板综合工	工日	120.00	14.670
材料	050303800	木材 锯材	m³	1547.01	1.253
	042703850	混凝土地模	m²	72.65	0.680
	002000010	其他材料费	元	—	183.63
机械	990706010	木工圆锯机 直径500mm	台班	25.81	0.027
	990710010	木工单面压刨床 刨削宽度600mm	台班	31.84	0.027

E.5.2.5　**鱼腹式吊车梁**(编码:010510005)

工作内容:1.模板及支撑制作、安装、拆除、整理堆放及水平运输。

2.清理模板粘结物及模内杂物、刷隔离剂等。

计量单位:10m³

定　额　编　号					AE0256
项　目　名　称					鱼腹式吊车梁
综 合 单 价 (元)					**11235.73**
费用其中	人 工 费 (元)				3477.60
	材 料 费 (元)				6405.86
	施 工 机 具 使 用 费 (元)				9.17
	企 业 管 理 费 (元)				840.31
	利 润 (元)				450.49
	一 般 风 险 费 (元)				52.30
	编码	名　　称	单位	单价(元)	消　耗　量
人工	000300060	模板综合工	工日	120.00	28.980
材料	050303800	木材 锯材	m³	1547.01	4.054
	002000010	其他材料费	元	—	134.28
机械	990706010	木工圆锯机 直径500mm	台班	25.81	0.159
	990710010	木工单面压刨床 刨削宽度600mm	台班	31.84	0.159

E.5.2.6　**其他梁**(托架梁、风道梁、薄腹梁)(编码:010510006)

工作内容:1.模板及支撑制作、安装、拆除、整理堆放及水平运输。

2.清理模板粘结物及模内杂物、刷隔离剂等。

计量单位:10m³

定　额　编　号					AE0257	AE0258	AE0259
项　目　名　称					托架梁	风道梁	薄腹梁
综 合 单 价 (元)					**7151.15**	**3418.47**	**7424.37**
费用其中	人 工 费 (元)				3788.40	628.80	3096.00
	材 料 费 (元)				1856.82	2536.41	3099.05
	施 工 机 具 使 用 费 (元)				33.67	7.98	26.52
	企 业 管 理 费 (元)				921.12	153.46	752.53
	利 润 (元)				493.81	82.27	403.43
	一 般 风 险 费 (元)				57.33	9.55	46.84
	编码	名　　称	单位	单价(元)	消	耗	量
人工	000300060	模板综合工	工日	120.00	31.570	5.240	25.800
材料	050303800	木材 锯材	m³	1547.01	1.170	0.258	1.947
	350100300	组合钢模板	kg	4.53	—	1.056	—
	350100011	复合模板	m²	23.93	—	3.434	—
	032140460	零星卡具	kg	6.67	—	1.310	—
	041301200	砖地模	m²	31.07	—	61.480	—
	002000010	其他材料费	元	—	46.82	131.40	87.02
机械	990309020	门式起重机 10t	台班	430.32	—	0.018	—
	990706010	木工圆锯机 直径500mm	台班	25.81	0.584	0.009	0.460
	990710010	木工单面压刨床 刨削宽度600mm	台班	31.84	0.584	—	0.460

E.5.3 屋架模板

E.5.3.1 折线型屋架(编码:010511001)

工作内容:1.模板及支撑制作、安装、拆除、整理堆放及水平运输。
2.清理模板粘结物及模内杂物、刷隔离剂等。

计量单位:10m³

定 额 编 号					AE0260	AE0261
项 目 名 称					折线型屋架	三角形屋架
综 合 单 价 (元)					**9945.99**	**11364.40**
费用	其中	人 工 费 (元)			4485.60	4894.80
		材 料 费 (元)			3692.94	4517.68
		施 工 机 具 使 用 费 (元)			28.59	47.96
		企 业 管 理 费 (元)			1087.92	1191.21
		利 润 (元)			583.23	638.61
		一 般 风 险 费 (元)			67.71	74.14
	编码	名 称	单位	单价(元)	消 耗 量	
人工	000300060	模板综合工	工日	120.00	37.380	40.790
材料	050303800	木材 锯材	m³	1547.01	2.293	2.846
	042703850	混凝土地模	m²	72.65	0.820	—
	002000010	其他材料费	元	—	86.07	114.89
机械	990706010	木工圆锯机 直径500mm	台班	25.81	0.496	0.832
	990710010	木工单面压刨床 刨削宽度600mm	台班	31.84	0.496	0.832

E.5.3.2 组合屋架(编码:010511002)

工作内容:1.模板及支撑制作、安装、拆除、整理堆放及水平运输。
2.清理模板粘结物及模内杂物、刷隔离剂等。

计量单位:10m³

定 额 编 号					AE0262
项 目 名 称					组合屋架
综 合 单 价 (元)					**9705.55**
费用	其中	人 工 费 (元)			4425.60
		材 料 费 (元)			3516.52
		施 工 机 具 使 用 费 (元)			42.37
		企 业 管 理 费 (元)			1076.78
		利 润 (元)			577.26
		一 般 风 险 费 (元)			67.02
	编码	名 称	单位	单价(元)	消 耗 量
人工	000300060	模板综合工	工日	120.00	36.880
材料	050303800	木材 锯材	m³	1547.01	2.213
	002000010	其他材料费	元	—	92.99
机械	990706010	木工圆锯机 直径500mm	台班	25.81	0.735
	990710010	木工单面压刨床 刨削宽度600mm	台班	31.84	0.735

工作内容:1.模板及支撑制作、安装、拆除、整理堆放及水平运输。
　　　　　2.清理模板粘结物及模内杂物、刷隔离剂等。

计量单位:10m³

定　额　编　号				AE0263
项　目　名　称				门式刚架
综　合　单　价　(元)				**6610.03**
费用	其中	人　工　费　(元)		3177.60
		材　料　费　(元)		2155.39
		施工机具使用费　(元)		38.28
		企　业　管　理　费　(元)		775.03
		利　　润　(元)		415.49
		一　般　风　险　费　(元)		48.24
	编码	名　称	单位	单价(元)	消　耗　量
人工	000300060	模板综合工	工日	120.00	26.480
材料	050303800	木材 锯材	m³	1547.01	1.360
	002000010	其他材料费	元	—	51.46
机械	990706010	木工圆锯机 直径500mm	台班	25.81	0.664
	990710010	木工单面压刨床 刨削宽度600mm	台班	31.84	0.664

工作内容:1.模板及支撑制作、安装、拆除、整理堆放及水平运输。
　　　　　2.清理模板粘结物及模内杂物、刷隔离剂等。

计量单位:10m³

定　额　编　号				AE0264	AE0265
项　目　名　称				天窗架	天窗端壁
综　合　单　价　(元)				**3720.13**	**8098.18**
费用	其中	人　工　费　(元)		1882.80	5594.40
		材　料　费　(元)		1101.45	169.39
		施工机具使用费　(元)		7.67	129.53
		企　业　管　理　费　(元)		455.60	1379.47
		利　　润　(元)		244.25	739.53
		一　般　风　险　费　(元)		28.36	85.86
	编码	名　称	单位	单价(元)	消　耗　量	
人工	000300060	模板综合工	工日	120.00	15.690	46.620
材料	050303800	木材 锯材	m³	1547.01	0.612	—
	350100310	定型钢模板	kg	4.53	—	28.630
	042703850	混凝土地模	m²	72.65	1.460	—
	002000010	其他材料费	元	—	48.61	39.70
机械	990309020	门式起重机 10t	台班	430.32	—	0.301
	990706010	木工圆锯机 直径500mm	台班	25.81	0.133	—
	990710010	木工单面压刨床 刨削宽度600mm	台班	31.84	0.133	—

E.5.4 板模板

E.5.4.1 平板(编码:010512001)

工作内容:1.模板及支撑制作、安装、拆除、整理堆放及水平运输。
　　　　　2.清理模板粘结物及模内杂物、刷隔离剂等。

计量单位:10m³

定　额　编　号					AE0266	
项　目　名　称					平板	
综　合　单　价(元)					**1079.78**	
费用	其中	人　工　费(元)			553.20	
		材　料　费(元)			139.44	
		施工机具使用费(元)			125.65	
		企　业　管　理　费(元)			163.60	
		利　　　润(元)			87.71	
		一　般　风　险　费(元)			10.18	
	编码	名　　称	单位	单价(元)	消　　耗　　量	
人工	000300060	模板综合工	工日	120.00	4.610	
材料	350100310	定型钢模板	kg	4.53	4.690	
	042703850	混凝土地模	m²	72.65	1.280	
	002000010	其他材料费	元	—	25.20	
机械	990309020	门式起重机 10t	台班	430.32	0.292	

E.5.4.2 空心板(编码:010512002)

工作内容:1.模板及支撑制作、安装、拆除、整理堆放及水平运输。
　　　　　2.清理模板粘结物及模内杂物、刷隔离剂等。

计量单位:10m³

定　额　编　号					AE0267	
项　目　名　称					空心板	
综　合　单　价(元)					**2503.07**	
费用	其中	人　工　费(元)			1545.60	
		材　料　费(元)			275.07	
		施工机具使用费(元)			62.83	
		企　业　管　理　费(元)			387.63	
		利　　　润(元)			207.81	
		一　般　风　险　费(元)			24.13	
	编码	名　　称	单位	单价(元)	消　　耗　　量	
人工	000300060	模板综合工	工日	120.00	12.880	
材料	350100310	定型钢模板	kg	4.53	32.750	
	042703850	混凝土地模	m²	72.65	1.410	
	002000010	其他材料费	元	—	24.28	
机械	990503020	电动卷扬机 单筒慢速 30kN	台班	186.98	0.336	

E.5.4.3　F形板(编码:010512003)

工作内容:1.模板及支撑制作、安装、拆除、整理堆放及水平运输。
　　　　　2.清理模板粘结物及模内杂物、刷隔离剂等。

计量单位:10m³

定　额　编　号					AE0268	
项　目　名　称					F形板	
综　合　单　价（元）					**2018.66**	
费用	其中	人　工　费　（元）			1270.80	
		材　料　费　（元）			126.62	
		施 工 机 具 使 用 费（元）			95.10	
		企 业 管 理 费（元）			329.18	
		利　　　　润　（元）			176.47	
		一 般 风 险 费（元）			20.49	
	编码	名　　称	单位	单价（元）	消　耗　量	
人工	000300060	模板综合工	工日	120.00	10.590	
材料	350100310	定型钢模板	kg	4.53	22.020	
	002000010	其他材料费	元	—	26.87	
机械	990309020	门式起重机 10t	台班	430.32	0.221	

E.5.4.4　大型屋面板(编码:010512007)

工作内容:1.模板及支撑制作、安装、拆除、整理堆放及水平运输。
　　　　　2.清理模板粘结物及模内杂物、刷隔离剂等。

计量单位:10m³

定　额　编　号					AE0269	
项　目　名　称					大型屋面板	
综　合　单　价（元）					**2430.66**	
费用	其中	人　工　费　（元）			1562.40	
		材　料　费　（元）			150.20	
		施 工 机 具 使 用 费（元）			83.91	
		企 业 管 理 费（元）			396.76	
		利　　　　润　（元）			212.70	
		一 般 风 险 费（元）			24.69	
	编码	名　　称	单位	单价（元）	消　耗　量	
人工	000300060	模板综合工	工日	120.00	13.020	
材料	350100310	定型钢模板	kg	4.53	26.040	
	002000010	其他材料费	元	—	32.24	
机械	990309020	门式起重机 10t	台班	430.32	0.195	

E.5.4.5 折线形板(编码:010512005)

工作内容:1.模板及支撑制作、安装、拆除、整理堆放及水平运输。
2.清理模板粘结物及模内杂物、刷隔离剂等。

计量单位:10m³

定 额 编 号					AE0270	
项 目 名 称					折线形板	
综 合 单 价 (元)					**1029.27**	
费用	其中	人 工 费 (元)			486.00	
		材 料 费 (元)			354.61	
		施 工 机 具 使 用 费 (元)			1.04	
		企 业 管 理 费 (元)			117.38	
		利 润 (元)			62.93	
		一 般 风 险 费 (元)			7.31	
	编码	名 称	单位	单价(元)	消 耗 量	
人工	000300060	模板综合工	工日	120.00	4.050	
材 料	050303800	木材 锯材	m³	1547.01	0.130	
	042703850	混凝土地模	m²	72.65	1.650	
	002000010	其他材料费	元	—	33.63	
机 械	990706010	木工圆锯机 直径500mm	台班	25.81	0.018	
	990710010	木工单面压刨床 刨削宽度600mm	台班	31.84	0.018	

E.5.4.6 槽形板(编码:010512003)

工作内容:1.模板及支撑制作、安装、拆除、整理堆放及水平运输。
2.清理模板粘结物及模内杂物、刷隔离剂等。

计量单位:10m³

定 额 编 号					AE0271	
项 目 名 称					槽形板	
综 合 单 价 (元)					**2414.80**	
费用	其中	人 工 费 (元)			1520.40	
		材 料 费 (元)			177.01	
		施 工 机 具 使 用 费 (元)			95.10	
		企 业 管 理 费 (元)			389.34	
		利 润 (元)			208.72	
		一 般 风 险 费 (元)			24.23	
	编码	名 称	单位	单价(元)	消 耗 量	
人工	000300060	模板综合工	工日	120.00	12.670	
材 料	350100310	定型钢模板	kg	4.53	33.540	
	002000010	其他材料费	元	—	25.07	
机 械	990309020	门式起重机 10t	台班	430.32	0.221	

工作内容:1.模板及支撑制作、安装、拆除、整理堆放及水平运输。
　　　　　2.清理模板粘结物及模内杂物、刷隔离剂等。

计量单位:10m³

定　额　编　号				AE0272	
项　目　名　称				网架板	
综　合　单　价　(元)				**11625.51**	
费用	其中	人　工　费　(元)		8181.60	
		材　料　费　(元)		160.63	
		施工机具使用费　(元)		95.10	
		企　业　管　理　费　(元)		1994.68	
		利　　　润　(元)		1069.35	
		一　般　风　险　费　(元)		124.15	
	编　码	名　　称	单位	单价(元)	消　耗　量
人工	000300060	模板综合工	工日	120.00	68.180
材料	350100310	定型钢模板	kg	4.53	28.410
	002000010	其他材料费	元	—	31.93
机械	990309020	门式起重机 10t	台班	430.32	0.221

工作内容:1.模板及支撑制作、安装、拆除、整理堆放及水平运输。
　　　　　2.清理模板粘结物及模内杂物、刷隔离剂等。

计量单位:10m³

定　额　编　号				AE0273	
项　目　名　称				单肋板	
综　合　单　价　(元)				**2653.06**	
费用	其中	人　工　费　(元)		1706.40	
		材　料　费　(元)		173.12	
		施工机具使用费　(元)		83.91	
		企　业　管　理　费　(元)		431.47	
		利　　　润　(元)		231.31	
		一　般　风　险　费　(元)		26.85	
	编　码	名　　称	单位	单价(元)	消　耗　量
人工	000300060	模板综合工	工日	120.00	14.220
材料	350100310	定型钢模板	kg	4.53	30.120
	002000010	其他材料费	元	—	36.68
机械	990309020	门式起重机 10t	台班	430.32	0.195

E.5.4.9 其他板(编码:010512B01)

工作内容:1.模板及支撑制作、安装、拆除、整理堆放及水平运输。
2.清理模板粘结物及模内杂物、刷隔离剂等。

计量单位:10m³

定 额 编 号					AE0274	AE0275	AE0276	AE0277	AE0278
项 目 名 称					双T板	天沟板	挑檐板	窗台板	隔板
综 合 单 价 (元)					**2006.03**	**3724.35**	**1281.47**	**3072.38**	**2255.63**
费用	其中	人 工 费 (元)			1273.20	2454.00	684.00	1368.00	1023.60
		材 料 费 (元)			116.02	119.42	332.55	1171.04	834.22
		施 工 机 具 使 用 费 (元)			91.23	148.46	1.04	4.61	2.54
		企 业 管 理 费 (元)			328.83	627.19	165.09	330.80	247.30
		利 润 (元)			176.28	336.24	88.51	177.34	132.58
		一 般 风 险 费 (元)			20.47	39.04	10.28	20.59	15.39
	编码	名 称	单位	单价(元)	消 耗 量				
人工	000300060	模板综合工	工日	120.00	10.610	20.450	5.700	11.400	8.530
材料	350100310	定型钢模板	kg	4.53	19.850	19.630	—	—	—
	050303800	木材 锯材	m³	1547.01	—	—	0.142	0.474	0.345
	042703850	混凝土地模	m²	72.65	—	—	1.040	4.490	2.980
	002000010	其他材料费	元	—	—	26.10	30.50	37.32	111.56	84.00
机械	990309020	门式起重机 10t	台班	430.32	0.212	0.345	—	—	—
	990706010	木工圆锯机 直径500mm	台班	25.81	—	—	0.018	0.080	0.044
	990710010	木工单面压刨床 刨削宽度600mm	台班	31.84	—	—	0.018	0.080	0.044

工作内容:1.模板及支撑制作、安装、拆除、整理堆放及水平运输。
2.清理模板粘结物及模内杂物、刷隔离剂等。

计量单位:10m³

定 额 编 号					AE0279	AE0280	AE0281	AE0282
项 目 名 称					栏板	遮阳板	天窗侧板	天窗上下档及封檐板
综 合 单 价 (元)					**2126.61**	**3410.32**	**4912.08**	**7615.28**
费用	其中	人 工 费 (元)			1041.60	1891.20	3338.40	4228.80
		材 料 费 (元)			679.55	773.71	161.36	1747.65
		施 工 机 具 使 用 费 (元)			3.06	12.22	91.23	7.15
		企 业 管 理 费 (元)			251.76	458.72	826.54	1020.86
		利 润 (元)			134.97	245.92	443.11	547.28
		一 般 风 险 费 (元)			15.67	28.55	51.44	63.54
	编码	名 称	单位	单价(元)	消 耗 量			
人工	000300060	模板综合工	工日	120.00	8.680	15.760	27.820	35.240
材料	350100310	定型钢模板	kg	4.53	—	—	28.190	—
	050303800	木材 锯材	m³	1547.01	0.320	0.330	—	0.919
	042703850	混凝土地模	m²	72.65	1.630	3.090	—	2.200
	002000010	其他材料费	元	—	66.09	38.71	33.66	166.12
机械	990309020	门式起重机 10t	台班	430.32	—	—	0.212	—
	990706010	木工圆锯机 直径500mm	台班	25.81	0.053	0.212	—	0.124
	990710010	木工单面压刨床 刨削宽度600mm	台班	31.84	0.053	0.212	—	0.124

E.5.4.10　地沟盖板、井盖板、井圈(编码:010512008)

工作内容:1.模板及支撑制作、安装、拆除、整理堆放及水平运输。
　　　　　　2.清理模板粘结物及模内杂物、刷隔离剂等。

计量单位:10m³

定　额　编　号					AE0283	AE0284	AE0285
项　目　名　称					地沟盖板	井盖	井圈
	综　合　单　价　(元)				**1280.31**	**3318.12**	**6458.75**
费用	其中	人　工　费　(元)			680.40	1404.00	2749.20
		材　料　费　(元)			335.02	1368.35	2634.27
		施工机具使用费　(元)			2.02	3.57	11.76
		企　业　管　理　费　(元)			164.46	339.23	665.39
		利　　　润　(元)			88.17	181.86	356.72
		一　般　风　险　费　(元)			10.24	21.11	41.41
	编码	名　称	单位	单价(元)	消　　耗　　量		
人工	000300060	模板综合工	工日	120.00	5.670	11.700	22.910
材料	050303800	木材 锯材	m³	1547.01	0.142	0.787	1.520
	042703850	混凝土地模	m²	72.65	1.170	1.240	2.260
	002000010	其他材料费	元	—	30.34	60.77	118.63
机械	990706010	木工圆锯机 直径500mm	台班	25.81	0.035	0.062	0.204
	990710010	木工单面压刨床 刨削宽度600mm	台班	31.84	0.035	0.062	0.204

E.5.4.11　雨篷板(编码:010512B02)

工作内容:1.模板及支撑制作、安装、拆除、整理堆放及水平运输。
　　　　　　2.清理模板粘结物及模内杂物、刷隔离剂等。

计量单位:10m³

定　额　编　号					AE0286
项　目　名　称					雨篷板
	综　合　单　价　(元)				**2461.26**
费用	其中	人　工　费　(元)			1382.40
		材　料　费　(元)			445.98
		施工机具使用费　(元)			72.47
		企　业　管　理　费　(元)			350.62
		利　　　润　(元)			187.97
		一　般　风　险　费　(元)			21.82
	编码	名　称	单位	单价(元)	消　耗　量
人工	000300060	模板综合工	工日	120.00	11.520
材料	050303800	木材 锯材	m³	1547.01	0.251
	042703850	混凝土地模	m²	72.65	0.350
	002000010	其他材料费	元	—	32.25
机械	990706010	木工圆锯机 直径500mm	台班	25.81	1.257
	990710010	木工单面压刨床 刨削宽度600mm	台班	31.84	1.257

E.5.5 楼梯模板

E.5.5.1 楼梯(编码:010513001)

工作内容:1.模板及支撑制作、安装、拆除、整理堆放及水平运输。

2.清理模板粘结物及模内杂物、刷隔离剂等。

计量单位:10m³

	定 额 编 号				AE0287	AE0288	AE0289	AE0290
	项 目 名 称				楼梯段		楼梯斜梁	楼梯踏步
					实心	空心		
	综 合 单 价 (元)				3023.46	4229.78	3768.22	5679.44
费用	其中	人 工 费 (元)			2007.60	2863.20	1820.40	3667.20
		材 料 费 (元)			100.06	105.12	1243.09	590.45
		施 工 机 具 使 用 费 (元)			102.85	114.47	2.54	6.63
		企 业 管 理 费 (元)			508.62	717.62	439.33	885.39
		利 润 (元)			272.67	384.71	235.52	474.66
		一 般 风 险 费 (元)			31.66	44.66	27.34	55.11
	编码	名 称	单位	单价(元)	消 耗 量			
人工	000300060	模板综合工	工日	120.00	16.730	23.860	15.170	30.560
材料	050303800	木材 锯材	m³	1547.01	—	—	0.620	0.320
	350100310	定型钢模板	kg	4.53	18.230	20.850	3.500	3.500
	042703850	混凝土地模	m²	72.65	—	—	2.560	0.220
	002000010	其他材料费	元	—	17.48	10.67	82.10	63.57
机械	990309020	门式起重机 10t	台班	430.32	0.239	0.266	—	—
	990706010	木工圆锯机 直径500mm	台班	25.81	—	—	0.044	0.115
	990710010	木工单面压刨床 刨削宽度600mm	台班	31.84	—	—	0.044	0.115

E.5.6 其他构件模板

E.5.6.1 垃圾道、通风道、烟道(编码:010514001)

工作内容:1.模板及支撑制作、安装、拆除、整理堆放及水平运输。

2.清理模板粘结物及模内杂物、刷隔离剂等。

计量单位:10m³

	定 额 编 号				AE0291
	项 目 名 称				垃圾道、通风道、烟道
	综 合 单 价 (元)				2556.95
费用	其中	人 工 费 (元)			697.20
		材 料 费 (元)			1580.24
		施 工 机 具 使 用 费 (元)			7.90
		企 业 管 理 费 (元)			169.93
		利 润 (元)			91.10
		一 般 风 险 费 (元)			10.58
	编码	名 称	单位	单价(元)	消 耗 量
人工	000300060	模板综合工	工日	120.00	5.810
材料	050303800	木材 锯材	m³	1547.01	0.990
	042703850	混凝土地模	m²	72.65	0.100
	002000010	其他材料费	元	—	41.44
机械	990706010	木工圆锯机 直径500mm	台班	25.81	0.147
	990710010	木工单面压刨床 刨削宽度600mm	台班	31.84	0.129

工作内容:1.模板及支撑制作、安装、拆除、整理堆放及水平运输。
　　　　　2.清理模板粘结物及模内杂物、刷隔离剂等。

计量单位:10m³

定　额　编　号					AE0292	AE0293	AE0294	AE0295
项　目　名　称					小型构件	池槽	支架	漏空花格
费用	综　合　单　价　(元)				**6488.14**	**4411.02**	**6076.43**	**10172.52**
	其中	人　工　费　(元)			3138.00	1773.60	3570.00	4597.20
		材　料　费　(元)			2100.97	1942.25	1097.45	3727.34
		施工机具使用费　(元)			29.17	8.65	24.41	55.69
		企　业　管　理　费　(元)			763.29	429.52	866.25	1121.35
		利　　　润　　　(元)			409.20	230.27	464.40	601.15
		一　般　风　险　费　(元)			47.51	26.73	53.92	69.79
	编码	名　称	单位	单价(元)	消　　耗　　量			
人工	000300060	模板综合工	工日	120.00	26.150	14.780	29.750	38.310
材料	050303800	木材 锯材	m³	1547.01	1.000	1.180	0.480	2.060
	350100300	组合钢模板	kg	4.53	—	—	31.880	—
	042703850	混凝土地模	m²	72.65	4.880	0.600	0.580	—
	002000010	其他材料费	元	—	199.43	73.19	168.33	540.50
机械	990309020	门式起重机 10t	台班	430.32	—	—	0.053	—
	990706010	木工圆锯机 直径 500mm	台班	25.81	0.506	0.150	0.062	0.966
	990710010	木工单面压刨床 刨削宽度 600mm	台班	31.84	0.506	0.150	—	0.966

工作内容:筒芯及箱体安放、定位校正、固定、场内运输等。

计量单位:m³

定　额　编　号					AE0296	AE0297	AE0298	AE0299
项　目　名　称					空心楼板筒芯安装		空心楼板箱体安装	
					筒芯直径≤200mm	筒芯直径>200mm	箱体高度≤200mm	箱体高度>200mm
费用	综　合　单　价　(元)				**978.58**	**702.43**	**694.04**	**589.98**
	其中	人　工　费　(元)			219.84	106.80	104.40	51.60
		材　料　费　(元)			674.06	554.49	549.42	518.50
		施工机具使用费　(元)			—	—	—	—
		企　业　管　理　费　(元)			52.98	25.74	25.16	12.44
		利　　　润　　　(元)			28.40	13.80	13.49	6.67
		一　般　风　险　费　(元)			3.30	1.60	1.57	0.77
	编码	名　称	单位	单价(元)	消　　耗　　量			
人工	000300060	模板综合工	工日	120.00	1.832	0.890	0.870	0.430
材料	041301210	内模	m³	475.73	1.010	1.010	1.010	1.010
	010100010	钢筋 综合	kg	3.07	26.750	10.320	9.800	6.310
	002000010	其他材料费	元	—	111.45	42.32	38.85	18.64

E.5.7 长线台砼地模

工作内容:1.模板及支撑制作、安装、拆除、整理堆放及水平运输。
2.清理模板粘结物及模内杂物、刷隔离剂等。

计量单位:100m²

定 额 编 号				AE0300	
项 目 名 称				长线台砼地模	
综 合 单 价 (元)				**23396.98**	
费用其中	人 工 费 (元)			11991.60	
	材 料 费 (元)			6368.26	
	施 工 机 具 使 用 费 (元)			301.73	
	企 业 管 理 费 (元)			2962.69	
	利 润 (元)			1588.30	
	一 般 风 险 费 (元)			184.40	

	编码	名 称	单位	单价(元)	消 耗 量
人工	000300060	模板综合工	工日	120.00	99.930
材料	050303800	木材 锯材	m³	1547.01	0.180
	040100013	水泥 32.5	t	299.15	5.474
	010100315	钢筋 φ10 以外	t	2960.00	0.460
	012900030	钢板 综合	kg	3.21	0.220
	010304020	冷拔低碳钢丝 φ5 以下	t	2560.00	0.280
	350100300	组合钢模板	kg	4.53	28.200
	370100020	钢轨	kg	4.15	160.000
	040300760	特细砂	t	63.11	5.310
	040500207	碎石 5~31.5	t	67.96	13.420
	030125950	带帽螺栓综合	kg	7.45	42.930
	330101900	钢支撑	kg	3.42	4.220
机械	990123020	电动夯实机 200~620N·m	台班	27.58	2.912
	990501020	电动卷扬机 单筒快速 10kN	台班	178.37	0.212
	990503030	电动卷扬机 单筒慢速 50kN	台班	192.37	0.053
	990602020	双锥反转出料混凝土搅拌机 350L	台班	226.31	0.656
	990610010	灰浆搅拌机 200L	台班	187.56	0.133

E.6 预制构件安装、接头灌浆

E.6.1 柱安装

工作内容:1.构件翻身、就位、加固、安装、校正、垫实结点、焊接或紧固螺栓。
2.混凝土水平运输。
3.混凝土搅拌、捣固、养护。

计量单位:10m³

定 额 编 号					AE0301	
项 目 名 称					柱	
	综 合 单 价 (元)				3447.58	
费 用	其 中	人 工 费 (元)			1506.50	
		材 料 费 (元)			452.86	
		施 工 机 具 使 用 费 (元)			655.44	
		企 业 管 理 费 (元)			521.03	
		利 润 (元)			279.32	
		一 般 风 险 费 (元)			32.43	
	编码	名 称	单位	单价(元)	消 耗 量	
人 工	000300080	混凝土综合工	工日	115.00	13.100	
材 料	800212040	砼 C30(塑、特、碎 5～31.5,坍 35～50)	m³	264.64	0.620	
	050303800	木材 锯材	m³	1547.01	0.090	
	032130210	垫铁	kg	3.75	32.940	
	031350010	低碳钢焊条 综合	kg	4.19	4.600	
	341100100	水	m³	4.42	0.710	
	002000010	其他材料费	元	—	3.62	
机 械	990302025	履带式起重机 25t	台班	764.02	0.273	
	990302035	履带式起重机 40t	台班	1235.46	0.058	
	990302040	履带式起重机 50t	台班	1354.21	0.012	
	990303040	轮胎式起重机 25t	台班	963.44	0.125	
	990303050	轮胎式起重机 40t	台班	1181.24	0.067	
	990401025	载重汽车 6t	台班	422.13	0.003	
	990602020	双锥反转出料混凝土搅拌机 350L	台班	226.31	0.051	
	990901020	交流弧焊机 32kV·A	台班	85.07	1.723	

E.6.2 梁安装

工作内容：1.构件翻身、就位、加固、安装、校正、垫实结点、焊接或紧固螺栓。
2.混凝土水平运输。
3.混凝土搅拌、捣固、养护。

计量单位：10m³

定　额　编　号					AE0302	AE0303	AE0304	AE0305	AE0306
项　目　名　称					梁	过梁	鱼腹式T形吊车梁	托架	薄腹梁
综　合　单　价　（元）					1805.93	2633.83	2371.14	2945.01	2028.01
费用	其中	人　工　费　（元）			724.50	1281.10	867.10	1012.00	815.35
		材　料　费　（元）			333.73	390.62	579.28	697.64	310.45
		施工机具使用费　（元）			338.31	338.31	426.48	610.41	424.59
		企　业　管　理　费　（元）			256.14	390.28	311.75	391.00	298.82
		利　　　润　　（元）			137.31	209.23	167.13	209.62	160.20
		一　般　风　险　费　（元）			15.94	24.29	19.40	24.34	18.60
	编码	名　称	单位	单价（元）	消　　耗　　量				
人工	000300080	混凝土综合工	工日	115.00	6.300	11.140	7.540	8.800	7.090
材料	800212040	砼 C30(塑、特、碎5～31.5,坍35～50)	m³	264.64	0.160	0.190	0.920	0.550	0.550
	850201030	预拌水泥砂浆 1:2	m³	398.06	0.350	0.420	—	—	—
	050303800	木材 锯材	m³	1547.01	0.043	0.052	0.140	0.259	0.058
	032130210	垫铁	kg	3.75	9.550	11.460	5.570	5.340	7.610
	031350010	低碳钢焊条 综合	kg	4.19	7.730	7.730	7.590	11.870	10.090
	341100100	水	m³	4.42	0.520	0.520	1.040	0.660	0.660
	002000010	其他材料费	元	—	15.05	15.05	61.94	78.73	1.44
机械	990302015	履带式起重机 15t	台班	704.65	0.222	0.222	0.262	0.106	0.117
	990302025	履带式起重机 25t	台班	764.02	—	—	0.017	0.126	0.145
	990303030	轮胎式起重机 20t	台班	923.12	0.115	0.115	0.131	0.215	0.058
	990303040	轮胎式起重机 25t	台班	963.44	—	—	0.008	0.062	0.071
	990401025	载重汽车 6t	台班	422.13	0.002	0.002	0.009	0.024	0.009
	990602020	双锥反转出料混凝土搅拌机 350L	台班	226.31	0.029	0.029	0.080	0.044	0.044
	990610010	灰浆搅拌机 200L	台班	187.56	0.050	0.050	—	—	—
	990706010	木工圆锯机 直径 500mm	台班	25.81	0.065	0.065	0.283	0.018	0.018
	990901020	交流弧焊机 32kV·A	台班	85.07	0.673	0.673	0.835	1.889	1.119

E.6.3 屋架安装

工作内容: 1.构件翻身、就位、加固、安装、校正、垫实结点、焊接或紧固螺栓。
2.混凝土水平运输。
3.混凝土搅拌、捣固、养护。

计量单位:10m³

定 额 编 号				AE0307	AE0308	AE0309	AE0310	AE0311
项 目 名 称				屋架	锯齿形屋架	门式刚架	天窗架天窗端壁	大型屋面板
综 合 单 价 (元)				**4177.12**	**4489.79**	**4572.48**	**6913.71**	**2616.22**
费用其中	人 工 费 (元)			1715.80	1888.30	1757.20	2141.30	1151.15
	材 料 费 (元)			365.02	308.92	846.13	806.82	496.84
	施工机具使用费 (元)			1036.22	1129.94	932.92	2267.37	378.87
	企 业 管 理 费 (元)			663.24	727.40	648.32	1062.49	368.73
	利 润 (元)			355.56	389.96	347.56	569.60	197.68
	一 般 风 险 费 (元)			41.28	45.27	40.35	66.13	22.95
	编码	名 称	单位	单价(元)	消	耗	量	
人工	000300080	混凝土综合工	工日	115.00	14.920	16.420	15.280	18.620	10.010
材料	800212040	砼 C30(塑、特、碎 5~31.5,坍 35~50)	m³	264.64	0.050	0.050	—	—	—
	800210040	砼 C30(塑、特、碎 5~10,坍 35~50)	m³	270.44	—	—	0.230	0.010	1.030
	850201030	预拌水泥砂浆 1:2	m³	398.06	—	—	0.020	—	0.010
	050303800	木材 锯材	m³	1547.01	0.122	0.075	0.087	0.228	0.076
	052500910	木楔	m³	923.08	—	—	0.129	0.119	—
	010500930	钢丝绳 φ15	kg	5.60	—	—	1.750	—	—
	030125951	带帽螺栓	套	0.30	—	—	1.820	—	—
	032130210	垫铁	kg	3.75	11.850	13.040	2.270	11.320	8.310
	031350010	低碳钢焊条 综合	kg	4.19	14.170	15.590	20.020	44.150	6.000
	341100100	水	m³	4.42	0.060	0.060	0.280	0.010	1.270
	002000010	其他材料费	元	—		58.98	65.17	418.32	114.07	34.82
机械	990302015	履带式起重机 15t	台班	704.65	—	—	—	1.283	0.232
	990302025	履带式起重机 25t	台班	764.02	1.009	1.106	0.530	—	—
	990303030	轮胎式起重机 20t	台班	923.12	—	—	0.269	1.093	0.116
	990401025	载重汽车 6t	台班	422.13	0.014	—	0.009	0.022	0.009
	990602020	双锥反转出料混凝土搅拌机 350L	台班	226.31	0.004	0.004	0.018	0.001	0.169
	990610010	灰浆搅拌机 200L	台班	187.56	—	—	—	—	0.009
	990706010	木工圆锯机 直径 500mm	台班	25.81	0.009	0.009	—	0.031	0.221
	990901020	交流弧焊机 32kV·A	台班	85.07	3.036	3.336	3.195	4.044	0.692

E.6.4 板安装

工作内容:1.构件翻身、就位、加固、安装、校正、垫实结点、焊接或紧固螺栓。
2.混凝土水平运输。
3.混凝土搅拌、捣固、养护。

计量单位:10m³

	定 额 编 号				AE0312	AE0313	AE0314
	项 目 名 称				天沟板	空心板	平板
	综 合 单 价(元)				**3302.12**	**2005.60**	**3641.23**
费用	其中	人 工 费 (元)			1506.50	1131.60	1883.70
		材 料 费 (元)			457.29	401.91	900.40
		施 工 机 具 使 用 费 (元)			547.23	26.13	94.95
		企 业 管 理 费 (元)			494.95	279.01	476.86
		利 润 (元)			265.34	149.58	255.64
		一 般 风 险 费 (元)			30.81	17.37	29.68
	编码	名 称	单位	单价(元)	消	耗	量
人工	000300080	混凝土综合工	工日	115.00	13.100	9.840	16.380
材料	800210040	砼 C30(塑、特、碎5~10,坍35~50)	m³	270.44	1.030	0.540	0.620
	850201030	预拌水泥砂浆 1:2	m³	398.06	0.010	0.320	0.670
	041503310	混凝土预制块	块	4.98	—	0.230	—
	050303800	木材 锯材	m³	1547.01	0.029	0.045	0.207
	032130210	垫铁	kg	3.75	16.600	—	19.530
	031350010	低碳钢焊条 综合	kg	4.19	6.530	0.200	6.010
	341100100	水	m³	4.42	1.270	1.930	1.590
	002000010	其他材料费	元	—	34.67	48.36	40.35
机械	990210025	履带式起重机 25t	台班	764.02	0.335	—	—
	990303030	轮胎式起重机 20t	台班	923.12	0.169	—	—
	990401025	载重汽车 6t	台班	422.13	0.009	0.009	0.018
	990602020	双锥反转出料混凝土搅拌机 350L	台班	226.31	0.169	0.048	0.044
	990610010	灰浆搅拌机 200L	台班	187.56	0.009	0.027	0.098
	990706010	木工圆锯机 直径 500mm	台班	25.81	0.221	0.159	0.398
	990901020	交流弧焊机 32kV·A	台班	85.07	1.009	0.027	0.573

E.6.5 楼梯安装

工作内容:1.构件翻身、就位、加固、安装、校正、垫实结点、焊接或紧固螺栓。
2.混凝土水平运输。
3.混凝土搅拌、捣固、养护。

计量单位:10m³

	定 额 编 号			AE0315
	项 目 名 称			楼梯踏步(包括楼梯平台)
	综 合 单 价(元)			**1954.29**
费用	其中	人 工 费 (元)		1082.15
		材 料 费 (元)		185.09
		施 工 机 具 使 用 费 (元)		195.06
		企 业 管 理 费 (元)		307.81
		利 润 (元)		165.02
		一 般 风 险 费 (元)		19.16
	编码	名 称	单位	单价(元)	消 耗 量
人工	000300080	混凝土综合工	工日	115.00	9.410
材料	800210040	砼 C30(塑、特、碎5~10,坍35~50)	m³	270.44	0.160
	850201030	预拌水泥砂浆 1:2	m³	398.06	0.120
	050303800	木材 锯材	m³	1547.01	0.015
	032130210	垫铁	kg	3.75	13.610
	031350010	低碳钢焊条 综合	kg	4.19	4.190
	341100100	水	m³	4.42	0.360
	002000010	其他材料费	元	—	0.66
机械	990302015	履带式起重机 15t	台班	704.65	0.073
	990303030	轮胎式起重机 20t	台班	923.12	0.022
	990602020	双锥反转出料混凝土搅拌机 350L	台班	226.31	0.018
	990610010	灰浆搅拌机 200L	台班	187.56	0.018
	990901020	交流弧焊机 32kV·A	台班	85.07	1.362

E.6.6　其他构件

工作内容:1.构件翻身、就位、加固、安装、校正、垫实结点、焊接或紧固螺栓。
　　　　　2.混凝土水平运输。
　　　　　3.混凝土搅拌、捣固、养护。

计量单位:10m³

定　额　编　号					AE0316
项　目　名　称					小型构件
综　合　单　价　(元)					**2189.33**
费用	其中	人　工　费　(元)			1109.75
		材　料　费　(元)			569.47
		施 工 机 具 使 用 费 (元)			59.65
		企 业 管 理 费 (元)			281.83
		利　润　(元)			151.09
		一 般 风 险 费 (元)			17.54
	编码	名　称	单位	单价(元)	消　耗　量
人工	000300080	混凝土综合工	工日	115.00	9.650
材料	800210040	砼 C30(塑、特、碎 5~10,坍 35~50)	m³	270.44	0.920
	850201030	预拌水泥砂浆 1:2	m³	398.06	0.230
	050303800	木材 锯材	m³	1547.01	0.082
	032130210	垫铁	kg	3.75	7.930
	031350010	低碳钢焊条 综合	kg	4.19	4.590
	341100100	水	m³	4.42	0.940
	002000010	其他材料费	元	—	49.13
机械	990401025	载重汽车 6t	台班	422.13	0.009
	990602020	双锥反转出料混凝土搅拌机 350L	台班	226.31	0.053
	990610010	灰浆搅拌机 200L	台班	187.56	0.035
	990706010	木工圆锯机 直径 500mm	台班	25.81	0.133
	990901020	交流弧焊机 32kV·A	台班	85.07	0.398

E.7　构件运输

工作内容:装车绑扎、运输、按规定地点卸车堆放、支垫稳固。

计量单位:10m³

定　额　编　号				AE0317	AE0318	AE0319	AE0320	AE0321	AE0322
项　目　名　称				Ⅰ类构件汽车运输		Ⅱ类构件汽车运输		Ⅲ类构件汽车运输	
				1km 以内	每增加 1km	1km 以内	每增加 1km	1km 以内	每增加 1km
综　合　单　价　(元)				**1338.89**	**96.12**	**1139.21**	**66.87**	**1920.48**	**161.66**
费用	其中	人　工　费　(元)		250.70	27.60	211.60	18.40	276.00	34.50
		材　料　费　(元)		21.76	—	26.86	—	45.32	—
		施 工 机 具 使 用 费 (元)		700.16	41.79	591.42	29.88	1077.71	82.20
		企 业 管 理 费 (元)		229.16	16.72	193.53	11.63	326.24	28.13
		利　润　(元)		122.85	8.97	103.75	6.24	174.90	15.08
		一 般 风 险 费 (元)		14.26	1.04	12.05	0.72	20.31	1.75
	编码	名　称	单位	单价(元)	消	耗		量	
人工	000300010	建筑综合工	工日	115.00	2.180	0.240	1.840	0.160	2.400	0.300
材料	050303800	木材 锯材	m³	1547.01	0.010	—	0.010	—	0.020	—
	010502470	加固钢丝绳	kg	5.38	0.310	—	0.320	—	0.250	—
	330105800	钢支架摊销	kg	2.65	—	—	—	—	2.130	—
	002000010	其他材料费	元	—	4.62	—	9.67	—	7.39	—
机械	990304001	汽车式起重机 5t	台班	473.39	0.664	—	0.522	—	—	—
	990304012	汽车式起重机 12t	台班	797.85	—	—	—	—	0.496	—
	990401025	载重汽车 6t	台班	422.13	0.914	0.099	—	—	—	—
	990401030	载重汽车 8t	台班	474.25	—	—	0.726	0.063	—	—
	990403020	平板拖车组 20t	台班	1014.84	—	—	—	—	0.672	0.081

F　金属结构工程
（0106）

说　　明

一、金属结构制作、安装：

1.本章钢构件制作定额子目适用于现场和加工厂制作的构件,构件制作定额子目已包括加工厂预装配所需的人工、材料、机械台班用量及预拼装平台摊销费用。

2.构件制作包括分段制作和整体预装配的人工、材料及机械台班用量,整体预装配用的螺栓已包括在定额子目内。

3.本章除注明外,均包括现场内(工厂内)的材料运输、下料、加工、组装及成品堆放等全部工序。

4.构件制作定额子目中钢材的损耗量已包括了切割和制作损耗,对于设计有特殊要求的,消耗量可进行调整。

5.构件制作定额子目中钢材按钢号 Q235 编制,构件制作设计使用的钢材强度等级、型材组成比例与定额不同时,可按设计图纸进行调整,用量不变。

6.钢筋混凝土组合屋架的钢拉杆,执行屋架钢支撑子目。

7.自加工钢构件适用于由钢板切割加工而成的钢构件。

8.钢制动梁、钢制动板、钢车档套用钢吊车梁相应子目。

9.加工铁件(自制门闩、门轴等)及其他零星钢构件(单个构件质量在25kg 以内)执行零星钢构件子目。

10.本章钢栏杆仅适用于工业厂房平台、操作台、钢楼梯、钢走道板等与金属结构相连的栏杆,民用建筑钢栏杆执行本定额楼地面装饰工程章节中相应子目。

11.钢结构安装定额子目中所列的铁件,实际施工用量与定额不同时,不允许调整。

12.实腹钢柱(梁)是指 H 形、箱形、T 形、L 形、十字形等,空腹钢柱是指格构形等。

13.钢柱安在混凝土柱上时,执行钢柱安装相应子目,其中人工费、机械费乘以系数1.2,其余不变。

14.轻钢屋架是指单榀质量在 1t 以内,且用角钢或圆钢、管材作为支撑、拉杆的钢屋架。

15.钢支撑包括柱间支撑、屋面支撑、系杆、拉条、撑杆、隔撑等;钢天窗架包括钢天窗架、钢通风气楼、钢风机架。其中,钢天窗架及钢通风气楼上 C 型、Z 型钢套用钢檩条子目,一次性成型的成品通风架另行计算。

16.混凝土柱上的钢牛腿制作及安装执行零星钢构件定额子目。

17.地沟、电缆沟钢盖板执行零星钢构件相应定额子目,篦式钢平台和钢盖板均执行钢平台相应定额子目。

18.构件制作定额子目中自加工焊接 H 型等钢构件均按钢板加工焊接编制,如实际采用成品 H 型钢的,人工、机械及除钢材外的其他材料乘以系数 0.6,成品 H 型钢按成品价格进行调差。

19.钢桁架制作、安装定额子目按直线形编制,如设计为曲线、折线形时,其制作定额子目人工、机械乘以系数 1.3,安装定额子目人工、机械乘以系数 1.2。

20.成品钢网架安装是按平面网格结构钢网架进行编制的,如设计为筒壳、球壳及其他曲面结构的,其安装定额子目人工、机械乘以系数 1.2。

21.钢网架安装子目是按分体吊装编制的,若使用整体安装时,可另行补充。

22.整座网架质量<120 t,其相应定额子目人工、机械消耗量乘以系数 1.2。

23.现场制作网架时,其安装按成品安装相应网架子目执行,扣除其定额中的成品网架材料费,其余不变。

24.不锈钢螺栓球网架制作执行焊接不锈钢网架制作定额子目,其安装执行螺栓空心球网架安装定额子目,取消其定额中的油漆及稀释剂,同时安装人工减少 0.2 工日。

25.定额中圆(方)钢管构件按成品钢管编制,如实际采用钢板加工而成的,主材价格调整,加工费用另计。

26.型钢混凝土组合结构中的钢构件套用本章相应定额子目,制作定额子目人工、机械乘以系数1.15。

27.金属构件的拆除执行金属构件安装相应定额子目并乘以系数 0.6。

28.弧形钢构件子目按相应定额子目的人工、机械费乘以系数 1.2。

29.本章构件制作定额子目中,不包括除锈工作内容,发生时执行相应子目。其中,喷砂或抛丸除锈定额子目按 Sa2.5 级除锈等级编制,如设计为 Sa3 级则定额乘以系数 1.1,如设计要求按 Sa2 或 Sa1 级则定额乘以系数 0.75。手工除锈定额子目按 St3 除锈等级编制,如设计为 St2 级则定额乘以系数 0.75。

30.本章构件制作定额子目中不包括油漆、防火涂料的工作内容,如设计有防腐、防火要求时,按"本定额装饰分册的油漆、涂料、裱糊工程"的相应子目执行。

31.钢通风气楼、钢风机架制作安装套用钢天窗架相应定额子目。

32.钢构件制作定额未包含表面镀锌费用,发生时另行计算。

33.柱间、梁间、屋架间的 H 形或箱形钢支撑,执行相应的钢柱或钢梁制作、安装定额子目;墙架柱、墙架梁和相配套连接杆件执行钢墙架相应定额子目。

34.钢支撑(钢拉条)制作不包括花篮螺栓。设计采用花篮螺栓时,删除定额中的"六角螺栓",其余不变,花篮螺栓按相应定额子目执行。

35.钢格栅如采用成品格栅,制作人工、辅材及机械乘以系数 0.6。

36.构件制作、安装子目中不包括磁粉探伤、超声波探伤等检测费,发生时另行计算。

37.属施工单位承包范围内的金属结构构件由建设单位加工(或委托加工)交施工单位安装时,施工单位按以下规定计算:安装按构件安装定额基价(人工费+机械费)计取所有费用,并以相应制作定额子目的取费基数(人工费+机械费)收取 60%的企业管理费、规费及税金。

38.钢结构构件 15t 及以下构件按单机吊装编制,15t 以上钢构件按双机抬吊考虑吊装机械,网架按分块吊装考虑配置相应机械,吊装机械配置不同时不予调整。但因施工条件限制需采用特大型机械吊装时,其施工方案经监理或业主批准后方可进行调整。

39.钢构件安装子目按檐高 20m 以内、跨内吊装编制,实际须采用跨外吊装的,应按施工方案进行调整。

40.钢构件安装子目中已考虑现场拼装费用,但未考虑分块或整体吊装的钢网架、钢桁架地面平台拼装摊销,如发生则执行现场拼装平台摊销定额子目。

41.不锈钢天沟、彩钢板天沟展开宽度为 600mm,如实际展开宽度与定额不同时,板材按比例调整,其他不变。

42.天沟支架制作、安装套用钢檩条相应定额子目。

43.檐口端面封边、包角也适用于雨篷等处的封边、包角。

44.屋脊盖板封边、包角子目内已包括屋脊托板含量,如屋脊托板使用其他材料,则屋脊盖板含量应作调整。

45.金属构件成品价包含金属构件制作工厂底漆及场外运输费用。金属构件成品价中未包括安装现场油漆、防火涂料的工料。

二、钢构件运输:

1.构件运输中已考虑一般运输支架的摊销费,不另计算。

2.金属结构构件运输适用于重庆市范围内的构件运输(路桥费按实计算),超出重庆市范围的运输按实计算。

3.构件运输按下表分类:

金属结构构件分类表

构件分类	构件名称
Ⅰ	钢柱、屋架、托架、桁架、吊车梁、网架、
Ⅱ	钢梁、型钢檩条、钢支撑、上下档、钢拉杆、栏杆、盖板、笆子、爬梯、零星构件、平台、操纵台、走道休息台、扶梯、钢吊车梯台、烟囱紧固箍
Ⅲ	墙架、挡风架、天窗架、组合檩条、轻型屋架、滚动支架、悬挂支架、管道支架、其他构件

4.单构件长度大于 14m 的或特殊构件,其运输费用根据设计和施工组织设计按实计算。

5.金属结构构件运输过程中,如遇路桥限载(限高)而发生的加固、拓宽的费用及有电车线路和公安交通管理部门的保安护送费用,应另行处理。

三、金属结构楼(墙)面板及其他：

1.压型楼面板的收边板未包括在楼面板子目内,应单独计算。

2.固定压型钢板楼板的支架费用另行套用定额计算。

3.楼板栓钉另行套用定额计算。

4.自承式楼层板上钢筋桁架列入钢筋子目计算。

5.钢板楼板上浇筑钢筋混凝土,其混凝土和钢筋执行本定额"E 混凝土及钢筋混凝土工程"中相应子目。

6.其他封板、包角定额子目适用于墙面、板面、高低屋面等处需封边、包角的项目。

7.金属网栏立柱的基础另行计算。

四、其他说明：

1.本章未包含钢架桥的相关定额子目,发生时执行 2018《重庆市市政工程计价定额》相关子目。

2.本章未包含砌块墙钢丝网加固的相关定额子目,发生时执行本定额 M 墙、柱面装饰与隔断、幕墙工程中相应子目。

工程量计算规则

一、金属构件制作：

1.金属构件的制作工程量按设计图示尺寸计算的理论质量以"t"计算。

2.金属构件计算工程量时,不扣除单个面积≤0.3m²的孔洞质量,焊缝、铆钉、螺栓(高强螺栓、花篮螺栓、剪力栓钉除外)等不另增加质量。

3.金属构件安装使用的高强螺栓、花篮螺栓和剪力栓钉按设计图示数量以"套"为单位计算。

4.钢网架计算工程量时,不扣除孔洞眼的质量,焊缝、铆钉等不另增加质量。焊接空心球网架质量包括连接钢管杆件、连接球、支托和网架支座等零件的质量,螺栓球节点网架质量包括连接钢管杆件(含高强螺栓、销子、套筒、锥头或封板)、螺栓球、支托和网架支座等零件的质量。

5.依附在钢柱上的牛腿及悬臂梁的质量并入钢柱的质量内,钢柱上的柱脚板、加劲板、柱顶板、隔板和肋板并入钢柱工程量内。

6.计算钢墙架制作工程量时,应包括墙架柱、墙架梁及连系拉杆的质量。

7.钢管柱上的节点板、加强环、内衬管、牛腿等并入钢管柱工程量内。

8.钢平台的工程量包括钢平台的柱、梁、板、斜撑的质量,依附于钢平台上的钢扶梯及平台栏杆应按相应构件另行列项计算。

9.钢栏杆包括扶手的质量,合并执行钢栏杆子目。

10.钢楼梯的工程量包括楼梯平台、楼梯梁、楼梯踏步等的质量,钢楼梯上的扶手、栏杆另行列项计算。

二、钢构件运输、安装：

1.钢构件的运输、安装工程量等于制作工程量。

2.钢构件现场拼装平台摊销工程量按实施拼装构件的工程量计算。

三、金属结构楼(墙)面板及其他：

1.钢板楼板按设计图示铺设面积以"m²"计算,不扣除单个面积≤0.3m²的柱、垛及孔洞所占面积。

2.钢板墙板按设计图示面积以"m²"计算,不扣除单个面积≤0.3m²的梁、孔洞所占面积。

3.钢板天沟计算工程量时,依附天沟的型钢并入天沟工程量内。不锈钢天沟、彩钢板天沟按设计图示长度以"m"计算。

4.槽铝檐口端面封边包角、槽铝混凝土浇捣收边板高度按150mm考虑,工程量按设计图示长度以"延长米"计算,其他材料的封边包角、混凝土浇捣收边板按设计图示展开面积以"m²"计算。

5.成品空调金属百叶护栏及成品栅栏按设计图示框外围展开面积以"m²"计算。

6.成品雨篷适用于挑出宽度1m以内的雨篷,工程量按设计图示接触边长度以"延长米"计算。

7.金属网栏按设计图示框外围展开面积以"m²"计算。

8.金属网定额子目适用于后浇带及混凝土构件中不同强度等级交接处铺设的金属网,其工程量按图示面积以"m²"计算。

F.1 构件制作和安装

F.1.1 钢网架(编码:010601)

F.1.1.1 钢网架(编码:010601001)

工作内容:制作:放样、画线、裁料、平直、钻孔、拼装、焊接、成品矫正、成品编号堆放。

计量单位:t

	定 额 编 号				AF0001	AF0002	AF0003
	项 目 名 称				焊接空心球网架	螺栓球网架	焊接不锈钢网架
					制作		
	综 合 单 价 (元)				**6034.80**	**6939.22**	**28871.83**
费用	其中	人 工 费 (元)			1200.00	1401.60	1984.80
		材 料 费 (元)			3555.74	3499.28	25567.31
		施 工 机 具 使 用 费 (元)			589.67	1081.75	400.79
		企 业 管 理 费 (元)			431.31	598.49	574.93
		利 润 (元)			231.23	320.85	308.22
		一 般 风 险 费 (元)			26.85	37.25	35.78
	编码	名 称	单位	单价(元)	消	耗	量
人工	000300160	金属制安综合工	工日	120.00	10.000	11.680	16.540
材料	010000120	钢材	t	2957.26	0.854	0.967	—
	170500010	不锈钢管 综合	t	24017.00	—	—	0.972
	030113210	预拼装用高强度螺栓	套	7.69	—	10.000	—
	030113150	高强螺栓	kg	7.69	—	0.111	—
	031350820	低合金钢焊条 E43 系列	kg	5.98	5.030	4.000	—
	334100405	钢球	t	3550.00	0.226	0.113	—
	334100403	不锈钢球	t	16000.00	—	—	0.108
	031360810	不锈钢焊丝 1Cr18Ni9Ti	kg	33.64	—	—	8.250
	002000010	其他材料费	元	—	197.86	136.79	217.26
机械	991302030	轨道平板车 10t	台班	32.14	0.220	0.220	0.220
	990305010	叉式起重机 3t	台班	452.38	0.100	0.810	0.200
	990718020	普通车床 400×2000	台班	198.93	1.050	1.110	—
	990728030	摇臂钻床 钻孔直径 63mm	台班	41.49	0.100	0.100	0.100
	990747020	管子切断机 管径 150mm	台班	33.58	0.960	1.030	0.880
	990761020	摩擦压力机 压力 3000kN	台班	381.22	0.400	0.100	—
	990762030	开式可倾压力机 压力 1250kN	台班	353.69	—	0.100	—
	990760010	空气锤 锤体质量 75kg	台班	206.13	—	0.810	—
	990901020	交流弧焊机 32kV·A	台班	85.07	1.310	0.810	—
	990913020	二氧化碳气体保护焊机 500A	台班	128.14	—	0.810	—
	990743010	等离子切割机 电流 400A	台班	223.46	0.100	0.100	0.100
	990912010	氩弧焊机 500A	台班	93.99	—	—	2.630
	991207010	箱式加热炉 45kW	台班	117.26	—	0.060	—
	990919010	电焊条烘干箱 450×350×450	台班	17.13	0.340	0.360	—

工作内容:构件拼装、加固、就位、吊装、校正、焊接、安装等全过程。 计量单位:t

定 额 编 号					AF0004	AF0005	AF0006	AF0007
项 目 名 称					成品焊接空心球网架	成品螺栓空心球网架	成品焊接不锈钢空心球网架	成品板节点钢网架
					安装			
综 合 单 价 (元)					**5639.01**	**5604.36**	**23781.59**	**5889.60**
费用	其中	人 工 费 (元)			868.80	820.80	868.80	1075.20
		材 料 费 (元)			3946.66	4048.80	22097.95	3911.35
		施 工 机 具 使 用 费 (元)			352.93	302.19	346.65	352.93
		企 业 管 理 费 (元)			294.44	270.64	292.92	344.18
		利 润 (元)			157.85	145.09	157.04	184.52
		一 般 风 险 费 (元)			18.33	16.84	18.23	21.42
	编码	名 称	单位	单价(元)	消 耗 量			
人工	000300160	金属制安综合工	工日	120.00	7.240	6.840	7.240	8.960
材料	334100400	成品焊接球网架	t	3589.74	1.000	—	—	—
	334100420	成品螺栓球网架	t	3675.21	—	1.000	—	—
	180503300	成品不锈钢钢管网架	t	21367.50	—	—	1.000	—
	334100410	成品板节点网架	t	3589.74	—	—	—	1.000
	130102100	环氧富锌底漆	kg	24.36	4.240	4.240	—	4.240
	031350820	低合金钢焊条 E43 系列	kg	5.98	7.519	—	—	4.050
	032130010	铁件 综合	kg	3.68	6.630	3.570	6.630	5.120
	030104300	六角螺栓 综合	kg	5.40	—	19.890	—	2.160
	031360810	不锈钢焊丝 1Cr18Ni9Ti	kg	33.64	—	—	10.043	—
	050303800	木材 锯材	m³	1547.01	0.034	0.034	0.034	0.034
	002000010	其他材料费	元	—	131.67	97.16	315.61	111.00
机械	990304020	汽车式起重机 20t	台班	968.56	0.312	0.312	0.312	0.312
	990901020	交流弧焊机 32kV·A	台班	85.07	0.238	—	—	0.238
	990913020	二氧化碳气体保护焊机 500A	台班	128.14	0.238	—	—	0.238
	990912010	氩弧焊机 500A	台班	93.99	—	—	0.473	—

F.1.2 钢屋架、钢托架、钢桁架、钢架桥(编码:010602)

F.1.2.1 钢屋架(编码:010602001)

工作内容:制作:放样、画线、裁料、平直、钻孔、拼装、焊接、成品矫正、成品编号堆放。

计量单位:t

定 额 编 号					AF0008	AF0009	AF0010	AF0011
项 目 名 称					焊接轻钢屋架	焊接H型钢屋架	焊接箱型钢屋架	圆(方)钢管屋架
					制作			
综 合 单 价 (元)					6555.10	5710.56	6183.09	5362.96
费用其中		人 工 费 (元)			1680.00	1050.00	1425.60	848.40
		材 料 费 (元)			3468.16	3491.81	3516.08	3399.60
		施 工 机 具 使 用 费 (元)			548.52	551.75	499.76	568.98
		企 业 管 理 费 (元)			537.07	386.02	464.01	341.59
		利 润 (元)			287.92	206.95	248.76	183.13
		一 般 风 险 费 (元)			33.43	24.03	28.88	21.26
	编码	名 称	单位	单价(元)	消 耗 量			
人工	000300160	金属制安综合工	工日	120.00	14.000	8.750	11.880	7.070
材料	010000120	钢材	t	2957.26	1.080	1.080	1.080	1.080
	030104300	六角螺栓 综合	kg	5.40	1.740	1.740	1.740	1.740
	031350820	低合金钢焊条 E43系列	kg	5.98	14.300	15.210	16.730	9.900
	002000010	其他材料费	元	—	179.41	197.62	212.80	137.16
机械	990309020	门式起重机 10t	台班	430.32	0.360	0.450	0.340	0.450
	991302030	轨道平板车 10t	台班	32.14	0.200	0.240	0.240	0.170
	990728020	摇臂钻床 钻孔直径 50mm	台班	21.15	0.100	0.120	0.120	0.080
	991233010	相贯线切割机 215	台班	79.54	—	—	—	0.160
	990747030	管子切断机 管径 250mm	台班	43.03	—	—	—	0.120
	990732050	剪板机 厚度 40mm×宽度 3100mm	台班	601.00	0.014	0.030	0.030	0.100
	990733020	板料校平机 厚度 16mm×宽度 2000mm	台班	1085.78	0.014	0.030	0.010	0.100
	990736020	刨边机 加工长度 12000mm	台班	539.06	0.021	0.030	0.020	0.010
	990749010	型钢剪板机 剪断宽度 500mm	台班	260.86	0.077	0.010	0.010	0.070
	990751010	型钢矫正机 厚度 60mm×宽度 800mm	台班	233.82	0.077	0.010	0.010	0.070
	990901020	交流弧焊机 32kV·A	台班	85.07	0.980	0.860	0.890	0.440
	990915010	自动埋弧焊机 500A	台班	104.82	2.090	1.840	2.020	0.930
	990919010	电焊条烘干箱 450×350×450	台班	17.13	0.560	0.590	0.650	0.390

工作内容:安装:构件拼装、加固、绑扎吊装、校正、焊接、固定、补漆、清理等。　　　　　　　　　　　　　　　　　　　计量单位:t

定　额　编　号				AF0012	AF0013	AF0014	AF0015	AF0016	AF0017
项　目　名　称				轻钢屋架	钢屋架				
				安装	1.5t 以内	3t 以内	8t 以内	15t 以内	25t 以内
					安装				
综　合　单　价　(元)				1314.50	1045.79	952.70	855.20	1011.69	1289.06
费用	其中	人　工　费　(元)		551.16	360.24	367.80	333.72	347.16	366.36
		材　料　费　(元)		117.39	113.15	96.79	92.33	94.59	105.67
		施工机具使用费　(元)		313.05	313.05	250.10	217.01	314.91	487.95
		企　业　管　理　费　(元)		208.28	162.26	148.91	132.73	159.56	205.89
		利　　　　润　(元)		111.66	86.99	79.83	71.15	85.54	110.38
		一　般　风　险　费　(元)		12.96	10.10	9.27	8.26	9.93	12.81
	编码	名　　称	单位	单价(元)	消　　　耗　　　量				
人工	000300160	金属制安综合工	工日	120.00	4.593	3.002	3.065	2.781	2.893	3.053
材料	130102100	环氧富锌 底漆	kg	24.36	1.060	1.060	1.060	1.060	1.060	1.060
	031350820	低合金钢焊条 E43 系列	kg	5.98	1.236	1.236	1.236	1.483	1.854	2.966
	032130010	铁件 综合	kg	3.68	7.344	6.120	4.284	2.244	2.244	2.244
	050303800	木材 锯材	m³	1547.01	0.013	0.013	0.007	0.007	0.007	0.007
	002000010	其他材料费	元	—	37.04	37.30	36.98	38.55	38.59	43.02
机械	990304020	汽车式起重机 20t	台班	968.56	0.299	0.299	0.234	0.195	—	—
	990304036	汽车式起重机 40t	台班	1456.19	—	—	—	—	0.195	—
	990901020	交流弧焊机 32kV•A	台班	85.07	0.110	0.110	0.110	0.132	0.165	0.264
	990913020	二氧化碳气体保护焊机 500A	台班	128.14	0.110	0.110	0.110	0.132	0.132	0.198
	990302040	履带式起重机 50t	台班	1354.21	—	—	—	—	—	0.325

F.1.2.2　钢托架(编码:010602002)

工作内容:制作:放样、画线、裁料、平直、钻孔、拼装、焊接、成品矫正、成品编号堆放;
　　　　　安装:放线、卸料、检验、画线、构件拼装、加固,翻身就位、绑扎吊装、校正、
　　　　　焊接、固定、补漆、清理等。

计量单位:t

定　额　编　号				AF0018	AF0019	AF0020	AF0021	AF0022
项　目　名　称				焊接钢托架		钢托架		
				H 型	箱型	3t 以内	8t 以内	15t 以内
				制作		安装		
综　合　单　价　(元)				**5718.67**	**6299.28**	**560.24**	**515.34**	**750.84**
费用其中		人　工　费　(元)		1144.80	1492.80	146.04	137.88	181.20
		材　料　费　(元)		3433.20	3495.26	116.16	110.94	118.92
		施工机具使用费　(元)		505.12	531.47	174.55	154.06	275.00
		企　业　管　理　费　(元)		397.63	487.85	77.26	70.36	109.94
		利　　润　　(元)		213.17	261.54	41.42	37.72	58.94
		一　般　风　险　费　(元)		24.75	30.36	4.81	4.38	6.84
	编码	名　称	单位	单价(元)	消　　耗　　量			
人工	000300160	金属制安综合工	工日	120.00	9.540	12.440	1.217	1.149	1.510
材料	010000120	钢材	t	2957.26	1.080	1.080	—	—	—
	031350820	低合金钢焊条 E43 系列	kg	5.98	11.760	15.030	1.236	1.483	2.966
	030104300	六角螺栓 综合	kg	5.40	1.740	1.740	—	—	—
	130102100	环氧富锌 底漆	kg	24.36	—	—	1.060	1.060	1.060
	032130010	铁件 综合	kg	3.68	—	—	7.344	5.100	3.672
	050303800	木材 锯材	m³	1547.01	—	—	0.012	0.012	0.012
	002000010	其他材料费	元	—	159.64	202.14	37.36	38.92	43.28
机械	990309020	门式起重机 10t	台班	430.32	0.450	0.340	—	—	—
	991302030	轨道平板车 10t	台班	32.14	0.240	0.250	—	—	—
	990728020	摇臂钻床 钻孔直径 50mm	台班	21.15	0.120	0.130	—	—	—
	990732050	剪板机 厚度 40mm×宽度 3100mm	台班	601.00	0.030	0.030	—	—	—
	990733020	板料校平机 厚度 16mm×宽度 2000mm	台班	1085.78	0.030	0.030	—	—	—
	990736020	刨边机 加工长度 12000mm	台班	539.06	0.030	0.030	—	—	—
	990749010	型钢剪板机 剪断宽度 500mm	台班	260.86	0.010	0.010	—	—	—
	990751010	型钢矫正机 厚度 60mm×宽度 800mm	台班	233.82	0.010	0.010	—	—	—
	990901020	交流弧焊机 32kV·A	台班	85.07	0.720	0.950	0.110	0.132	0.264
	990915010	自动埋弧焊机 500A	台班	104.82	1.530	2.020	—	—	—
	990919010	电焊条烘干箱 450×350×450	台班	17.13	0.460	0.590	—	—	—
	990304020	汽车式起重机 20t	台班	968.56	—	—	0.156	0.130	—
	990304036	汽车式起重机 40t	台班	1456.19	—	—	—	—	0.156
	990913020	二氧化碳气体保护焊机 500A	台班	128.14	—	—	0.110	0.132	0.198

工作内容:制作:放样、画线、裁料、平直、钻孔、拼装、焊接、成品矫正、成品编号堆放。 计量单位:t

定 额 编 号					AF0023	AF0024	AF0025
项 目 名 称					焊接H型(箱型)钢组合型钢桁架	圆(方)钢管组合型钢桁架	其他型钢组合型钢桁架
					制作		
综 合 单 价 (元)					**5600.27**	**6194.45**	**6065.80**
费用	其中	人 工 费 (元)			832.80	1384.80	1311.60
		材 料 费 (元)			3587.72	3492.06	3525.66
		施 工 机 具 使 用 费 (元)			620.10	566.10	522.17
		企 业 管 理 费 (元)			350.15	470.17	441.94
		利 润 (元)			187.71	252.06	236.92
		一 般 风 险 费 (元)			21.79	29.26	27.51
	编码	名 称	单位	单价(元)	消 耗		量
人工	000300160	金属制安综合工	工日	120.00	6.940	11.540	10.930
材料	010000120	钢材	t	2957.26	1.080	1.080	1.080
	031350820	低合金钢焊条 E43 系列	kg	5.98	15.030	9.900	11.760
	030104300	六角螺栓 综合	kg	5.40	1.740	1.740	1.740
	032130010	铁件 综合	kg	3.68	25.000	25.000	25.000
	002000010	其他材料费	元	—	202.60	137.62	160.10
机械	990309020	门式起重机 10t	台班	430.32	—	—	0.450
	990309030	门式起重机 20t	台班	604.77	0.340	0.450	—
	990304020	汽车式起重机 20t	台班	968.56	0.030	0.030	0.030
	991302030	轨道平板车 10t	台班	32.14	0.250	0.220	0.180
	990728020	摇臂钻床 钻孔直径 50mm	台班	21.15	0.130	0.110	0.090
	990747030	管子切断机 管径 250mm	台班	43.03	—	0.160	—
	991233010	相贯线切割机 215	台班	79.54	—	0.220	—
	990732050	剪板机 厚度 40mm×宽度 3100mm	台班	601.00	0.030	0.020	0.010
	990733020	板料校平机 厚度 16mm×宽度 2000mm	台班	1085.78	0.030	0.020	0.010
	990736020	刨边机 加工长度 12000mm	台班	539.06	0.030	0.010	0.020
	990749010	型钢剪板机 剪断宽度 500mm	台班	260.86	0.010	0.010	0.070
	990751010	型钢矫正机 厚度 60mm×宽度 800mm	台班	233.82	0.010	0.010	0.070
	990901020	交流弧焊机 32kV·A	台班	85.07	0.953	0.580	0.720
	990915010	自动埋弧焊机 500A	台班	104.82	2.020	1.250	1.530
	990919010	电焊条烘干箱 450×350×450	台班	17.13	0.590	0.390	0.460

工作内容:安装:放线、卸料、检验、画线、构件拼装加固、翻身就位、绑扎吊装、校正、焊接、固定、补漆、清理等。 **计量单位:t**

定 额 编 号					AF0026	AF0027	AF0028	AF0029	AF0030	AF0031
项 目 名 称					钢桁架					
					1.5t 以内	3t 以内	8t 以内	15t 以内	25t 以内	40t 以内
					安装					
综 合 单 价 (元)					1402.37	1141.11	1115.71	1237.26	1705.08	2019.61
费 用	其 中	人 工 费 (元)			521.64	428.88	394.68	408.72	523.20	644.64
		材 料 费 (元)			170.24	158.36	144.25	140.61	157.79	157.79
		施 工 机 具 使 用 费 (元)			367.86	280.59	306.63	382.96	593.81	699.44
		企 业 管 理 费 (元)			214.37	170.98	169.02	190.80	269.20	323.92
		利 润 (元)			114.92	91.66	90.61	102.29	144.32	173.66
		一 般 风 险 费 (元)			13.34	10.64	10.52	11.88	16.76	20.16
	编码	名 称	单位	单价(元)	消	耗		量		
人工	000300160	金属制安综合工	工日	120.00	4.347	3.574	3.289	3.406	4.360	5.372
材 料	031350820	低合金钢焊条 E43 系列	kg	5.98	3.461	2.843	2.163	2.163	3.461	3.461
	032130010	铁件 综合	kg	3.68	5.508	4.488	3.162	2.193	2.193	2.193
	130102100	环氧富锌 底漆	kg	24.36	2.120	2.120	2.120	2.120	2.120	2.120
	050303800	木材 锯材	m³	1547.01	0.013	0.013	0.013	0.013	0.013	0.013
	002000010	其他材料费	元	—	57.52	53.09	47.92	47.85	57.27	57.27
机 械	990304020	汽车式起重机 20t	台班	968.56	0.312	0.234	0.273	—	—	—
	990304036	汽车式起重机 40t	台班	1456.19	—	—	—	0.234	—	—
	990901020	交流弧焊机 32kV·A	台班	85.07	0.308	0.253	0.198	0.198	0.308	0.308
	990913020	二氧化碳气体保护焊机 500A	台班	128.14	0.308	0.253	0.198	0.198	0.308	0.308
	990302040	履带式起重机 50t	台班	1354.21	—	—	—	—	0.390	0.468

F.1.3 钢柱(编码:010603)

F.1.3.1 实腹钢柱(编码:010603001)

工作内容:制作:放样、画线、裁料、平直、钻孔、拼装、焊接、成品矫正、成品编号堆放。 **计量单位:t**

定 额 编 号					AF0032	AF0033
项 目 名 称					实腹钢柱	自加工焊接 H 型钢柱
					制作	
综 合 单 价 (元)					5337.72	5707.76
费 用	其 中	人 工 费 (元)			800.52	1093.20
		材 料 费 (元)			3484.26	3531.87
		施 工 机 具 使 用 费 (元)			537.52	477.61
		企 业 管 理 费 (元)			322.47	378.57
		利 润 (元)			172.88	202.95
		一 般 风 险 费 (元)			20.07	23.56
	编码	名 称	单位	单价(元)	消 耗	量
人工	000300160	金属制安综合工	工日	120.00	6.671	9.110
材 料	010000120	钢材	t	2957.26	1.080	1.096
	031350820	低合金钢焊条 E43 系列	kg	5.98	15.400	15.410
	030104300	六角螺栓 综合	kg	5.40	1.740	1.740
	002000010	其他材料费	元	—	188.93	189.17
机 械	991302030	轨道平板车 10t	台班	32.14	0.150	0.150
	990309030	门式起重机 20t	台班	604.77	0.340	0.340
	990728020	摇臂钻床 钻孔直径 50mm	台班	21.15	0.080	0.080
	990732050	剪板机 厚度 40mm×宽度 3100mm	台班	601.00	0.060	0.060
	990733020	板料校平机 厚度 16mm×宽度 2000mm	台班	1085.78	0.060	0.060
	990736020	刨边机 加工长度 12000mm	台班	539.06	0.070	0.070
	990749010	型钢剪板机 剪断宽度 500mm	台班	260.86	0.010	0.010
	990751010	型钢矫正机 厚度 60mm×宽度 800mm	台班	233.82	0.010	0.010
	990901040	交流弧焊机 42kV·A	台班	118.13	0.500	0.330
	990915010	自动埋弧焊机 500A	台班	104.82	1.070	0.690
	990919010	电焊条烘干箱 450×350×450	台班	17.13	0.600	0.600

F.1.3.2 空腹钢柱(编码:010603002)

工作内容:制作:放样、画线、裁料、平直、钻孔、拼装、焊接、成品矫正、成品编号堆放。 计量单位:t

定 额 编 号					AF0034	
项 目 名 称					空腹钢柱	
					制作	
综 合 单 价 (元)					**6157.52**	
费用	其中	人 工 费 (元)			1213.20	
		材 料 费 (元)			3596.28	
		施 工 机 具 使 用 费 (元)			635.80	
		企 业 管 理 费 (元)			445.61	
		利 润 (元)			238.89	
		一 般 风 险 费 (元)			27.74	
	编码	名 称	单位	单价(元)	消 耗 量	
人工	000300160	金属制安综合工	工日	120.00	10.110	
材料	010000120	钢材	t	2957.26	1.080	
	031350820	低合金钢焊条 E43 系列	kg	5.98	23.000	
	030104300	六角螺栓 综合	kg	5.40	1.740	
	002000010	其他材料费	元	—	255.50	
机械	990309030	门式起重机 20t	台班	604.77	0.340	
	991302030	轨道平板车 10t	台班	32.14	0.200	
	990749010	型钢剪板机 剪断宽度 500mm	台班	260.86	0.010	
	990732050	剪板机 厚度 40mm×宽度 3100mm	台班	601.00	0.080	
	990733020	板料校平机 厚度 16mm×宽度 2000mm	台班	1085.78	0.080	
	990736020	刨边机 加工长度 12000mm	台班	539.06	0.090	
	990901040	交流弧焊机 42kV·A	台班	118.13	0.600	
	990728020	摇臂钻床 钻孔直径 50mm	台班	21.15	0.100	
	990915010	自动埋弧焊机 500A	台班	104.82	1.280	
	990919010	电焊条烘干箱 450×350×450	台班	17.13	0.690	
	990751010	型钢矫正机 厚度 60mm×宽度 800mm	台班	233.82	0.080	

F.1.3.3 钢管柱(编码:010603003)

工作内容:制作:放样、画线、裁料、平直、钻孔、拼装、焊接、成品矫正、成品编号堆放。 计量单位:t

定 额 编 号					AF0035	
项 目 名 称					钢管柱	
					制作	
综 合 单 价 (元)					**5440.66**	
费用	其中	人 工 费 (元)			997.20	
		材 料 费 (元)			3406.32	
		施 工 机 具 使 用 费 (元)			471.42	
		企 业 管 理 费 (元)			353.94	
		利 润 (元)			189.75	
		一 般 风 险 费 (元)			22.03	
	编码	名 称	单位	单价(元)	消 耗 量	
人工	000300160	金属制安综合工	工日	120.00	8.310	
材料	010000120	钢材	t	2957.26	1.080	
	031350820	低合金钢焊条 E43 系列	kg	5.98	10.470	
	030104300	六角螺栓 综合	kg	5.40	0.400	
	002000010	其他材料费	元	—	147.71	
机械	990309030	门式起重机 20t	台班	604.77	0.340	
	991302030	轨道平板车 10t	台班	32.14	0.220	
	990901040	交流弧焊机 42kV·A	台班	118.13	0.710	
	990728020	摇臂钻床 钻孔直径 50mm	台班	21.15	0.110	
	990915010	自动埋弧焊机 500A	台班	104.82	1.510	
	990919010	电焊条烘干箱 450×350×450	台班	17.13	0.430	
	990747030	管子切断机 管径 250mm	台班	43.03	0.160	

F.1.3.4　钢柱安装（编码:010603B01）

工作内容:安装:放线、卸料、检验、画线、构件拼装加固、翻身就位、绑扎吊装、校正、焊接、固定、补漆、清理等。 计量单位:t

定 额 编 号					AF0036	AF0037	AF0038	AF0039
项 目 名 称					钢柱			
					3t 以内	8t 以内	15t 以内	25t 以内
					安装			
	综 合 单 价 （元）				956.99	797.15	963.67	1144.10
费用其中		人 工 费 （元）			414.00	336.00	308.40	362.40
		材 料 费 （元）			141.73	124.82	110.65	115.39
		施 工 机 具 使 用 费 （元）			174.55	149.37	307.41	380.24
		企 业 管 理 费 （元）			141.84	116.97	148.41	178.98
		利 润 （元）			76.04	62.71	79.56	95.95
		一 般 风 险 费 （元）			8.83	7.28	9.24	11.14
	编码	名 称	单位	单价（元）	消 耗 量			
人工	000300160	金属制安综合工	工日	120.00	3.450	2.800	2.570	3.020
材料	031350820	低合金钢焊条 E43 系列	kg	5.98	1.236	1.236	1.236	1.483
	130102100	环氧富锌 底漆	kg	24.36	1.060	1.060	1.060	1.060
	032130010	铁件 综合	kg	3.68	10.588	7.344	3.570	2.550
	050303800	木材 锯材	m³	1547.01	0.019	0.016	0.016	0.019
	002000010	其他材料费	元	—	40.16	39.83	39.55	41.92
机械	990304020	汽车式起重机 20t	台班	968.56	0.156	0.130	—	—
	990304036	汽车式起重机 40t	台班	1456.19	—	—	0.195	—
	990901020	交流弧焊机 32kV·A	台班	85.07	0.110	0.110	0.110	0.132
	990913020	二氧化碳气体保护焊机 500A	台班	128.14	0.110	0.110	0.110	0.132
	990302040	履带式起重机 50t	台班	1354.21	—	—	—	0.260

F.1.4 钢梁(编码:010604)

F.1.4.1 钢梁(编码:010604001)

工作内容:制作:放样、画线、裁料、平直、钻孔、拼装、焊接、成品矫正、成品编号堆放。
安装:放线、卸料、检验、画线、构件拼装、加固、翻身就位、绑扎吊装、校正、
焊接、固定、补漆、清理等。

计量单位:t

定 额 编 号				AF0040	AF0041	AF0042	AF0043	AF0044	AF0045	AF0046
项 目 名 称				钢吊车梁	自加工焊接钢梁		钢梁			
					H型	箱形	1.5t以内	3t以内	8t以内	15t以内
				制作			安装			
综 合 单 价 (元)				5132.11	6256.47	5924.11	927.66	744.49	723.79	880.63
费用	其中	人 工 费 (元)		921.60	1450.80	1131.60	286.80	251.88	193.56	220.56
		材 料 费 (元)		3435.71	3549.07	3508.57	144.99	127.81	110.44	123.65
		施 工 机 具 使 用 费 (元)		303.06	503.72	612.22	278.22	193.31	249.23	325.92
		企 业 管 理 费 (元)		295.14	471.04	420.26	136.17	107.29	106.71	131.70
		利 润 (元)		158.23	252.52	225.30	73.00	57.52	57.21	70.60
		一 般 风 险 费 (元)		18.37	29.32	26.16	8.48	6.68	6.64	8.20
	编码	名 称	单位	单价(元)	消	耗	量			
人工	000300160	金属制安综合工	工日	120.00	7.680	12.090	9.430	2.390	2.099	1.613	1.838
材料	010000120	钢材	t	2957.26	1.080	1.096	1.080	—	—	—	—
	031350820	低合金钢焊条 E43系列	kg	5.98	12.320	16.950	16.950	3.461	2.163	1.854	2.163
	032130010	铁件 综合	kg	3.68	—	—	—	7.344	7.344	3.672	5.304
	050303800	木材 锯材	m³	1547.01	—	—	—	0.012	0.012	0.012	0.012
	130102100	环氧富锌 底漆	kg	24.36	—	—	—	1.060	1.060	1.060	1.060
	002000010	其他材料费	元	—	168.20	206.55	213.37	52.88	43.46	41.45	46.81
机械	990309020	门式起重机 10t	台班	430.32	0.271	0.450	—	—	—	—	—
	990309030	门式起重机 20t	台班	604.77	—	—	0.340	—	—	—	—
	990304020	汽车式起重机 20t	台班	968.56	—	—	—	0.234	0.156	0.221	—
	991302030	轨道平板车 10t	台班	32.14	0.103	0.170	0.140	—	—	—	—
	990728020	摇臂钻床 钻孔直径 50mm	台班	21.15	0.048	0.080	0.070	—	—	—	—
	990732050	剪板机 厚度40mm×宽度3100mm	台班	601.00	0.042	0.070	0.060	—	—	—	—
	990733020	板料校平机 厚度16mm×宽度2000mm	台班	1085.78	0.042	0.070	0.060	—	—	—	—
	990736020	刨边机 加工长度12000mm	台班	539.06	0.048	0.080	0.070	—	—	—	—
	990749010	型钢剪板机 剪断宽度500mm	台班	260.86	0.006	0.010	0.010	—	—	—	—
	990751010	型钢矫正机 厚度60mm×宽度800mm	台班	233.82	0.006	0.010	0.010	—	—	—	—
	990901040	交流弧焊机 42kV·A	台班	118.13	0.223	0.370	0.720	—	—	—	—
	990915010	自动埋弧焊机 500A	台班	104.82	0.470	0.780	1.530	—	—	—	—
	990919010	电焊条烘干箱 450×350×450	台班	17.13	0.398	0.660	0.660	—	—	—	—
	990901020	交流弧焊机 32kV·A	台班	85.07	—	—	—	0.308	0.198	0.165	0.195
	990913020	二氧化碳气体保护焊机 500A	台班	128.14	—	—	—	0.198	0.198	0.165	0.198
	990304036	汽车式起重机 40t	台班	1456.19	—	—	—	—	—	—	0.195

F.1.4.2　钢吊车梁(编码:010604002)

工作内容:制作:放样、画线、裁料、平直、钻孔、拼装、焊接、成品矫正、成品编号堆放。
　　　　　安装:放线、卸料、检验、画线、构件拼装、加固、翻身就位、绑扎吊装、校正、焊接、固定、补漆、清理等。

计量单位:t

定　额　编　号				AF0047	AF0048	AF0049	AF0050	AF0051	AF0052
项　目　名　称				自加工焊接钢吊车梁		钢吊车梁			
				H 型	箱形	3t 以内	8t 以内	15t 以内	25t 以内
				制作		安装			
费用	综　合　单　价　(元)			6144.41	6160.99	827.31	678.08	662.97	934.28
	其中	人　工　费　(元)		1399.20	1248.00	224.40	164.40	115.20	177.60
		材　料　费　(元)		3450.74	3481.45	137.54	123.76	123.76	135.57
		施工机具使用费　(元)		545.41	686.40	273.55	235.78	274.07	399.00
		企　业　管　理　费　(元)		468.65	466.19	120.01	96.44	93.81	138.96
		利　　润　　(元)		251.24	249.93	64.34	51.70	50.29	74.50
		一　般　风　险　费　(元)		29.17	29.02	7.47	6.00	5.84	8.65
	编码	名　称	单位	单价(元)		消　耗		量	
人工	000300160	金属制安综合工	工日	120.00	11.660	10.400	1.870	1.370	0.960	1.480
材料	010000120	钢材	t	2957.26	1.080	1.080	—	—	—	—
	031350820	低合金钢焊条 E43 系列	kg	5.98	14.000	15.410	2.472	2.472	2.472	2.472
	130102100	环氧富锌底漆	kg	24.36			1.060	1.060	1.060	1.060
	032130010	铁件 综合	kg	3.68			7.344	3.672	3.672	5.712
	050303800	木材 锯材	m³	1547.01	—	—	0.012	0.012	0.012	0.012
	002000010	其他材料费	元	—	173.18	195.46	51.35	51.08	51.08	55.38
机械	990309030	门式起重机 20t	台班	604.77	0.420	0.420	—	—	—	—
	990304020	汽车式起重机 20t	台班	968.56	0.030	0.030	0.234	0.195	—	—
	991302030	轨道平板车 10t	台班	32.14	0.150	0.140	—	—	—	—
	990728020	摇臂钻床 钻孔直径 50mm	台班	21.15	0.080	0.070	—	—	—	—
	990732050	剪板机 厚度 40mm×宽度 3100mm	台班	601.00	0.060	0.060	—	—	—	—
	990733020	板料校平机 厚度 16mm×宽度 2000mm	台班	1085.78	0.060	0.060	—	—	—	—
	990736020	刨边机 加工长度 12000mm	台班	539.06	0.070	0.070	—	—	—	—
	990749010	型钢剪板机 剪断宽度 500mm	台班	260.86	0.010	0.010	—	—	—	—
	990751010	型钢矫正机 厚度 60mm×宽度 800mm	台班	233.82	0.010	0.010	—	—	—	—
	990901040	交流弧焊机 42kV·A	台班	118.13	0.300	0.710	—	—	—	—
	990915010	自动埋弧焊机 500A	台班	104.82	0.640	1.520	—	—	—	—
	990919010	电焊条烘干箱 450×350×450	台班	17.13	0.550	0.600	—	—	—	—
	990304036	汽车式起重机 40t	台班	1456.19	—	—	—	—	0.156	—
	990901020	交流弧焊机 32kV·A	台班	85.07	—	—	0.220	0.220	0.220	0.220
	990913020	二氧化碳气体保护焊机 500A	台班	128.14	—	—	0.220	0.220	0.220	0.220
	990302040	履带式起重机 50t	台班	1354.21	—	—	—	—	—	0.260

F.1.5 钢板楼板、墙板(编码:010605)

F.1.5.1 钢板楼板(编码:010605001)

工作内容:放料、下料、切割断料。开门窗洞口,周边塞口,清扫;弹线、安装。　　　　　　　　计量单位:100m²

定　额　编　号					AF0053	AF0054
项　目　名　称					压型钢板楼板	自承式钢板楼板
					安装	
综　合　单　价　(元)					**7702.61**	**8134.67**
费用	其中	人　工　费　(元)			1808.40	2164.80
		材　料　费　(元)			5069.75	5008.12
		施工机具使用费　(元)			92.31	92.31
		企　业　管　理　费　(元)			458.07	543.96
		利　　　润　(元)			245.57	291.62
		一　般　风　险　费　(元)			28.51	33.86
	编码	名　称	单位	单价(元)	消　耗　量	
人工	000300160	金属制安综合工	工日	120.00	15.070	18.040
材料	012903500	压型钢楼板 0.9mm	m²	46.22	106.000	—
	012904290	自承式钢板楼板 厚2mm	m²	45.65	—	106.000
	032130010	铁件 综合	kg	3.68	5.000	5.000
	002000010	其他材料费	元	—	152.03	150.82
机械	990303030	轮胎式起重机 20t	台班	923.12	0.100	0.100

F.1.5.2 钢板墙板(编码:010605002)

工作内容:放料、下料、切割断料。开门窗洞口,周边塞口,清扫;弹线、安装。　　　　　　　　计量单位:100m²

定　额　编　号					AF0055	AF0056
项　目　名　称					彩钢夹芯板墙板	钢板墙板(压型钢板0.5mm)
					安装	
综　合　单　价　(元)					**14525.54**	**7813.60**
费用	其中	人　工　费　(元)			1808.40	1446.72
		材　料　费　(元)			11892.68	5681.73
		施工机具使用费　(元)			92.31	92.31
		企　业　管　理　费　(元)			458.07	370.91
		利　　　润　(元)			245.57	198.84
		一　般　风　险　费　(元)			28.51	23.09
	编码	名　称	单位	单价(元)	消　耗　量	
人工	000300160	金属制安综合工	工日	120.00	15.070	12.056
材料	092500350	彩钢夹芯板	m²	45.00	106.000	—
	012903510	压型钢板 0.5mm	m²	34.08	—	106.000
	014900840	地槽铝 75	m	23.93	14.500	—
	014900700	槽铝 75	m	7.65	34.400	—
	014900900	工字铝 综合	m	23.93	167.900	—
	014900010	角铝 25.4×1	m	3.23	26.500	—
	030134730	金属膨胀螺栓 M10	百套	97.00	0.400	—
	030100570	铝拉铆钉 M5×40	百个	8.55	7.200	3.500
	030126120	普碳钢六角螺栓 M6×35	百个	13.68	0.200	0.200
	144101210	玻璃胶	支	21.37	29.000	29.000
	031391920	合金钻头	个	10.26	0.600	0.600
	020301130	橡皮密封条 20×4	m	7.03	173.300	173.300
	032130010	铁件 综合	kg	3.68	—	5.000
	002000010	其他材料费	元	—	461.81	174.00
机械	990303030	轮胎式起重机 20t	台班	923.12	0.100	0.100

F.1.6 钢构件(编码:010606)

F.1.6.1 钢支撑(钢拉条)(编码:010606001)

工作内容:制作:放样、画线、裁料、平直、钻孔、拼装、焊接、成品矫正、成品编号堆放;
安装:放线、卸料、检验、画线、构件加固、翻身就位、绑扎吊装、校正、焊接、固定、补漆、清理等。　　计量单位:t

定　额　编　号				AF0057	AF0058	AF0059	AF0060
项　目　名　称				钢支撑(钢拉条)			安装
				钢管	圆钢	其他型材	
				制作			
综　合　单　价　(元)				4972.40	5141.43	5355.33	983.64
费用 其中		人　工　费　(元)		795.60	966.00	1010.40	339.48
		材　料　费　(元)		3444.71	3371.00	3458.89	163.16
		施 工 机 具 使 用 费 (元)		307.27	312.11	358.67	252.84
		企 业 管 理 费 (元)		265.79	308.02	329.95	142.75
		利　　润　　(元)		142.49	165.13	176.88	76.53
		一 般 风 险 费 (元)		16.54	19.17	20.54	8.88
	编码	名　　称	单位	单价(元)	消　　耗　　量		
人工	000300160	金属制安综合工	工日	120.00	6.630	8.050	8.420	2.829
材料	010000120	钢材	t	2957.26	1.080	1.080	1.080	—
	031350820	低合金钢焊条 E43 系列	kg	5.98	22.000	19.000	33.000	3.461
	030104300	六角螺栓 综合	kg	5.40	12.000	1.740	1.740	5.304
	130102100	环氧富锌 底漆	kg	24.36	—	—	—	2.120
	050303800	木材 锯材	m³	1547.01	—	—	—	0.014
	002000010	其他材料费	元	—	54.51	54.14	58.31	40.52
机械	990309020	门式起重机 10t	台班	430.32	0.190	0.190	0.190	—
	990304020	汽车式起重机 20t	台班	968.56	—	—	—	0.234
	991302030	轨道平板车 10t	台班	32.14	0.250	0.250	0.180	—
	990701010	钢筋调直机 14mm	台班	36.89	—	0.190	—	—
	990702010	钢筋切断机 40mm	台班	41.85	—	0.190	—	—
	990728020	摇臂钻床 钻孔直径 50mm	台班	21.15	0.130	—	0.090	—
	990747030	管子切断机 管径 250mm	台班	43.03	0.180	—	0.180	—
	990749010	型钢剪板机 剪断宽度 500mm	台班	260.86	0.070	0.070	0.070	—
	990751010	型钢矫正机 厚度 60mm×宽度 800mm	台班	233.82	0.070	0.070	0.070	—
	990901020	交流弧焊机 32kV·A	台班	85.07	2.160	1.980	2.580	0.308
	990919010	电焊条烘干箱 450×350×450	台班	17.13	0.290	0.250	0.430	—

F.1.6.2 钢檩条(编码:010606002)

工作内容:制作:1.放样、画线、裁料、平直、钻孔、拼装、焊接、成品矫正、成品编号堆放;
　　　　　2.C、Z型钢檩条:送料、调试设定、开卷、轧制、平直、钻孔、成品矫正、成品编号堆放;
　　　　　安装:放线、卸料、检验、画线、构件加固、翻身就位、绑扎吊装、校正、焊接、固定、补漆、清理等。　　　　　计量单位:t

定 额 编 号			AF0061	AF0062	AF0063	AF0064
项 目 名 称			钢檩条			安装
			圆(方)钢管	C、Z型钢	其他型钢	
			制作			
综 合 单 价 (元)			4709.34	4085.03	5198.46	726.58
费用	其中	人 工 费 (元)	574.80	542.40	956.40	208.80
		材 料 费 (元)	3533.22	3225.86	3277.98	169.24
		施 工 机 具 使 用 费 (元)	274.26	77.85	430.02	193.55
		企 业 管 理 费 (元)	204.62	149.48	334.13	96.97
		利 润 (元)	109.70	80.14	179.13	51.98
		一 般 风 险 费 (元)	12.74	9.30	20.80	6.04
	编码	名 称	单位	单价(元)	消 耗 量			
人工	000300160	金属制安综合工	工日	120.00	4.790	4.520	7.970	1.740
材料	010000120	钢材	t	2957.26	1.080	1.080	1.080	—
	030104300	六角螺栓 综合	kg	5.40	1.740	—	1.740	9.690
	130102100	环氧富锌 底漆	kg	24.36	—	—	—	2.120
	031350820	低合金钢焊条 E43 系列	kg	5.98	41.800	—	—	0.618
	050303800	木材 锯材	m³	1547.01	—	—	—	0.014
	002000010	其他材料费	元	—	80.02	32.02	74.74	39.92
机械	990309020	门式起重机 10t	台班	430.32	0.190	0.160	0.160	—
	990919010	电焊条烘干箱 450×350×450	台班	17.13	0.540	—	0.890	—
	991302030	轨道平板车 10t	台班	32.14	0.280	0.280	0.280	—
	990728020	摇臂钻床 钻孔直径 50mm	台班	21.15	0.140	—	0.140	—
	990747030	管子切断机 管径 250mm	台班	43.03	0.200	—	—	—
	991233010	相贯线切割机 215	台班	79.54	0.140	—	—	—
	990732050	剪板机 厚度 40mm×宽度 3100mm	台班	601.00	—	—	0.020	—
	990733020	板料校平机 厚度 16mm×宽度 2000mm	台班	1085.78	—	—	0.020	—
	990736020	刨边机 加工长度 12000mm	台班	539.06	—	—	0.030	—
	990749010	型钢剪板机 剪断宽度 500mm	台班	260.86	0.110	—	0.070	—
	990901040	交流弧焊机 42kV·A	台班	118.13	1.040	—	2.250	—
	990901020	交流弧焊机 32kV·A	台班	85.07	—	—	—	0.055
	990304020	汽车式起重机 20t	台班	968.56	—	—	—	0.195

工作内容:制作:放样、画线、裁料、平直、钻孔、拼装、焊接、成品矫正、成品编号堆放;
　　　　　安装:放线、卸料、检验、画线、构件加固、翻身就位、绑扎吊装、校正、焊接、固定、补漆、清理等。　　　　　计量单位:t

定 额 编 号				AF0065	AF0066
项 目 名 称				钢天窗架	
				制作	安装
综 合 单 价 (元)				**5915.38**	**1274.43**
费用其中		人 工 费 (元)		1329.60	548.52
		材 料 费 (元)		3427.08	159.90
		施 工 机 具 使 用 费 (元)		466.74	256.08
		企 业 管 理 费 (元)		432.92	193.91
		利 润 (元)		232.09	103.95
		一 般 风 险 费 (元)		26.95	12.07
	编码	名 称	单位	单价(元)	消 耗 量	
人工	000300160	金属制安综合工	工日	120.00	11.080	4.571
材料	010000120	钢材	t	2957.26	1.080	—
	031350820	低合金钢焊条 E43 系列	kg	5.98	29.000	2.163
	030104300	六角螺栓 综合	kg	5.40	1.000	3.570
	130102100	环氧富锌 底漆	kg	24.36	—	2.120
	050303800	木材 锯材	m³	1547.01	—	0.023
	002000010	其他材料费	元	—	54.42	40.46
机械	990309020	门式起重机 10t	台班	430.32	0.220	—
	990728020	摇臂钻床 钻孔直径 50mm	台班	21.15	0.080	—
	990732050	剪板机 厚度 40mm×宽度 3100mm	台班	601.00	0.070	—
	990749010	型钢剪板机 剪断宽度 500mm	台班	260.86	0.010	—
	990736020	刨边机 加工长度 12000mm	台班	539.06	0.080	—
	990901020	交流弧焊机 32kV·A	台班	85.07	2.260	0.198
	991302030	轨道平板车 10t	台班	32.14	0.170	—
	990733020	板料校平机 厚度 16mm×宽度 2000mm	台班	1085.78	0.070	—
	990751010	型钢矫正机 厚度 60mm×宽度 800mm	台班	233.82	0.010	—
	990919010	电焊条烘干箱 450×350×450	台班	17.13	0.380	—
	990304020	汽车式起重机 20t	台班	968.56	—	0.247

工作内容:制作:放样、画线、裁料、平直、钻孔、拼装、焊接、成品矫正、成品编号堆放;
　　　　安装:放线、卸料、检验、画线、构件加固、翻身就位、绑扎吊装、校正、焊接、固定、补漆、清理等。　　　　计量单位:t

定　额　编　号					AF0067	AF0068
项　目　名　称					钢挡风架	
					制作	安装
综　合　单　价（元）					**5872.95**	**1417.58**
费用其中		人　工　费　（元）			1300.80	677.04
		材　料　费　（元）			3449.29	159.90
		施 工 机 具 使 用 费 （元）			448.88	230.90
		企 业 管 理 费 （元）			421.67	218.81
		利　　　润　　　（元）			226.06	117.31
		一 般 风 险 费 （元）			26.25	13.62
	编码	名　　　称	单位	单价(元)	消　　耗　　量	
人工	000300160	金属制安综合工	工日	120.00	10.840	5.642
材料	010000120	钢材	t	2957.26	1.080	—
	030104300	六角螺栓 综合	kg	5.40	1.500	3.570
	031350820	低合金钢焊条 E43 系列	kg	5.98	29.000	2.163
	130102100	环氧富锌 底漆	kg	24.36	—	2.120
	050303800	木材 锯材	m³	1547.01	—	0.023
	002000010	其他材料费	元	—	73.93	40.46
机械	990728020	摇臂钻床 钻孔直径 50mm	台班	21.15	0.080	—
	990309020	门式起重机 10t	台班	430.32	0.220	—
	990732050	剪板机 厚度 40mm×宽度 3100mm	台班	601.00	0.070	—
	990749010	型钢剪板机 剪断宽度 500mm	台班	260.86	0.010	—
	990736020	刨边机 加工长度 12000mm	台班	539.06	0.080	—
	990901020	交流弧焊机 32kV·A	台班	85.07	2.050	0.198
	991302030	轨道平板车 10t	台班	32.14	0.170	—
	990733020	板料校平机 厚度 16mm×宽度 2000mm	台班	1085.78	0.070	—
	990751010	型钢矫正机 厚度 60mm×宽度 800mm	台班	233.82	0.010	—
	990919010	电焊条烘干箱 450×350×450	台班	17.13	0.380	—
	990304020	汽车式起重机 20t	台班	968.56	—	0.221

F.1.6.5 钢墙架(编码:010606005)

工作内容:制作:放样、画线、裁料、平直、钻孔、拼装、焊接、成品矫正、成品编号堆放;
安装:放线、卸料、检验、画线、构件加固、翻身就位、绑扎吊装、校正、焊接、固定、补漆、清理等。

计量单位:t

定 额 编 号					AF0069	AF0070
项 目 名 称					钢墙架	
					制作	安装
综 合 单 价 (元)					**6328.17**	**1201.16**
费用其中		人 工 费 (元)			1566.48	520.80
		材 料 费 (元)			3452.59	159.90
		施 工 机 具 使 用 费 (元)			509.45	230.90
		企 业 管 理 费 (元)			500.30	181.16
		利 润 (元)			268.21	97.12
		一 般 风 险 费 (元)			31.14	11.28
	编 码	名 称	单位	单价(元)	消 耗 量	
人工	000300160	金属制安综合工	工日	120.00	13.054	4.340
材料	010000120	钢材	t	2957.26	1.080	—
	031350820	低合金钢焊条 E43 系列	kg	5.98	30.000	2.163
	130102100	环氧富锌 底漆	kg	24.36	—	2.120
	030104300	六角螺栓 综合	kg	5.40	1.000	3.570
	050303800	木材 锯材	m³	1547.01	—	0.023
	002000010	其他材料费	元	—	73.95	40.46
机械	990309020	门式起重机 10t	台班	430.32	0.220	—
	990728020	摇臂钻床 钻孔直径 50mm	台班	21.15	0.080	—
	990732050	剪板机 厚度 40mm×宽度 3100mm	台班	601.00	0.070	—
	990749010	型钢剪板机 剪断宽度 500mm	台班	260.86	0.010	—
	990736020	刨边机 加工长度 12000mm	台班	539.06	0.080	—
	990901020	交流弧焊机 32kV·A	台班	85.07	2.760	0.198
	991302030	轨道平板车 10t	台班	32.14	0.170	—
	990733020	板料校平机 厚度 16mm×宽度 2000mm	台班	1085.78	0.070	—
	990751010	型钢矫正机 厚度 60mm×宽度 800mm	台班	233.82	0.010	—
	990919010	电焊条烘干箱 450×350×450	台班	17.13	0.390	—
	990304020	汽车式起重机 20t	台班	968.56	—	0.221

工作内容:制作:放样、画线、裁料、平直、钻孔、拼装、焊接、成品矫正、成品编号堆放;
　　　　　安装:放线、卸料、检验、画线、构件拼装、加固、翻身就位、绑扎吊装、校正、
　　　　　焊接、固定、补漆、清理等。

计量单位:t

定　额　编　号				AF0071	AF0072	AF0073	AF0074
项　目　名　称				钢平台、钢走道			钢平台
				花纹钢板	圆钢	钢格栅板	(钢走道)
				制作			安装
综　合　单　价　(元)				5504.54	5750.29	6566.80	1498.14
费用	其中	人　工　费　(元)		1112.40	1284.00	1849.80	719.88
		材　料　费　(元)		3392.49	3460.06	3410.21	133.28
		施工机具使用费　(元)		412.33	369.36	429.00	265.44
		企　业　管　理　费　(元)		367.46	398.46	549.19	237.46
		利　　　润　(元)		196.99	213.61	294.42	127.30
		一　般　风　险　费　(元)		22.87	24.80	34.18	14.78
	编码	名　　称	单位	单价(元)	消　　耗　　量		
人工	000300160	金属制安综合工	工日	120.00	9.270	10.700	15.415	5.999
材料	010000120	钢材	t	2957.26	1.080	1.080	1.080	—
	031350820	低合金钢焊条 E43 系列	kg	5.98	20.000	28.000	22.000	3.461
	030104300	六角螺栓 综合	kg	5.40	1.000	1.000	1.000	5.406
	130102100	环氧富锌 底漆	kg	24.36	—	—	—	2.120
	002000010	其他材料费	元	—	73.65	93.38	79.41	31.75
机械	991302030	轨道平板车 10t	台班	32.14	0.140	0.140	0.140	—
	990309020	门式起重机 10t	台班	430.32	0.220	0.220	0.220	—
	990728020	摇臂钻床 钻孔直径 50mm	台班	21.15	0.070	0.070	0.070	—
	990732050	剪板机 厚度 40mm×宽度 3100mm	台班	601.00	0.060		0.060	—
	990749010	型钢剪板机 剪断宽度 500mm	台班	260.86	0.010	0.010	0.010	—
	990736020	刨边机 加工长度 12000mm	台班	539.06	0.070		0.070	—
	990901020	交流弧焊机 32kV·A	台班	85.07	1.920	2.880	2.110	0.308
	990733020	板料校平机 厚度 16mm×宽度 2000mm	台班	1085.78	0.060		0.060	—
	990751010	型钢矫正机 厚度 60mm×宽度 800mm	台班	233.82	0.010	0.010	0.010	—
	990919010	电焊条烘干箱 450×350×450	台班	17.13	0.260	0.360	0.290	—
	990304020	汽车式起重机 20t	台班	968.56	—	—	—	0.247
	990701010	钢筋调直机 14mm	台班	36.89	—	0.160	—	—
	990702010	钢筋切断机 40mm	台班	41.85	—	0.160	—	—

工作内容:制作:放样、画线、裁料、平直、钻孔、拼装、焊接、成品矫正、成品编号堆放。　　　　　　　　　　　计量单位:t

定　额　编　号					AF0075	AF0076	AF0077
项　目　名　称					钢楼梯		
					踏步式	爬式	螺旋式
					制作		
综　合　单　价　(元)					6856.74	6869.86	6632.27
费用	其中	人　工　费　(元)			2030.40	2001.60	1444.80
		材　料　费　(元)			3428.17	3428.17	3691.73
		施工机具使用费　(元)			444.74	483.02	678.03
		企　业　管　理　费　(元)			596.51	598.79	511.60
		利　　　润　(元)			319.79	321.01	274.27
		一　般　风　险　费　(元)			37.13	37.27	31.84
	编码	名　称	单位	单价(元)	消　　耗　　量		
人工	000300160	金属制安综合工	工日	120.00	16.920	16.680	12.040
材料	010000120	钢材	t	2957.26	1.080	1.080	1.120
	031350820	低合金钢焊条 E43 系列	kg	5.98	24.990	24.990	42.290
	030104300	六角螺栓 综合	kg	5.40	1.740	1.740	1.740
	002000010	其他材料费	元	—	75.49	75.49	117.31
机械	990309020	门式起重机 10t	台班	430.32	0.220	0.220	0.220
	991302030	轨道平板车 10t	台班	32.14	0.200	0.200	0.280
	990728020	摇臂钻床 钻孔直径 50mm	台班	21.15	0.100	0.100	0.140
	990732050	剪板机 厚度 40mm×宽度 3100mm	台班	601.00	0.010	0.010	0.020
	990749010	型钢剪板机 剪断宽度 500mm	台班	260.86	0.080	0.080	0.110
	990736020	刨边机 加工长度 12000mm	台班	539.06	0.020	0.020	0.030
	990901020	交流弧焊机 32kV·A	台班	85.07	3.160	3.610	5.420
	990733020	板料校平机 厚度 16mm×宽度 2000mm	台班	1085.78	0.010	0.010	0.020
	990751010	型钢矫正机 厚度 60mm×宽度 800mm	台班	233.82	0.080	0.080	0.110
	990919010	电焊条烘干箱 450×350×450	台班	17.13	0.320	0.320	0.350

工作内容:安装:放线、卸料、检验、画线、构件拼装、加固、翻身就位、绑扎吊装、校正、
　　　　　焊接、固定、补漆、清理等。　　　　　　　　　　　　　　　　　　计量单位:t

定　额　编　号					AF0078	AF0079	AF0080
项　目　名　称					钢楼梯		
					踏步式	爬式	螺旋式
					安装		
综　合　单　价　(元)					1412.52	2175.28	2299.69
费用	其中	人　工　费　(元)			717.00	1206.12	1287.96
		材　料　费　(元)			121.42	171.06	182.11
		施工机具使用费　(元)			215.07	240.76	240.76
		企　业　管　理　费　(元)			224.63	348.70	368.42
		利　　　润　(元)			120.42	186.94	197.51
		一　般　风　险　费　(元)			13.98	21.70	22.93
	编码	名　称	单位	单价(元)	消　　耗　　量		
人工	000300160	金属制安综合工	工日	120.00	5.975	10.051	10.733
材料	031350820	低合金钢焊条 E43 系列	kg	5.98	3.461	5.191	5.191
	030104300	六角螺栓 综合	kg	5.40	3.570	—	—
	130102100	环氧富锌 底漆	kg	24.36	2.120	4.240	4.240
	002000010	其他材料费	元	—	29.80	36.73	47.78
机械	990304020	汽车式起重机 20t	台班	968.56	0.195	0.208	0.208
	990901020	交流弧焊机 32kV·A	台班	85.07	0.308	0.462	0.462

F.1.6.8 钢护栏(编码:010606009)

工作内容: 制作:放样、画线、裁料、平直、钻孔、拼装、焊接、成品矫正、成品编号堆放;
安装:放线、卸料、检验、画线、构件拼装、加固、翻身就位、绑扎吊装、校正、
焊接、固定、补漆、清理等。

计量单位:t

定　额　编　号					AF0081	AF0082	AF0083	AF0084
项　目　名　称					钢栏杆(钢护栏)			
					型钢	钢管	圆(方)钢	安装
					制作			
	综　合　单　价　(元)				6549.74	6994.24	6058.49	2039.85
费用其中	人　工　费　(元)				1896.00	2322.00	1526.40	1007.88
	材　料　费　(元)				3367.56	3367.56	3367.56	170.70
	施工机具使用费　(元)				401.27	296.16	416.23	341.49
	企　业　管　理　费　(元)				553.64	630.98	468.17	325.20
	利　　润　　(元)				296.81	338.27	250.99	174.34
	一　般　风　险　费　(元)				34.46	39.27	29.14	20.24
	编码	名　　称	单位	单价(元)	消　　耗　　量			
人工	000300160	金属制安综合工	工日	120.00	15.800	19.350	12.720	8.399
材料	010000120	钢材	t	2957.26	1.080	1.080	1.080	—
	031350820	低合金钢焊条 E43 系列	kg	5.98	20.000	20.000	20.000	5.191
	130102100	环氧富锌 底漆	kg	24.36	—	—	—	4.240
	002000010	其他材料费	元	—	54.12	54.12	54.12	36.37
机械	990309020	门式起重机 10t	台班	430.32	0.220	0.220	0.220	—
	990728020	摇臂钻床 钻孔直径 50mm	台班	21.15	0.070	0.070	0.070	—
	990732050	剪板机 厚度 40mm×宽度 3100mm	台班	601.00	0.060	—	0.060	—
	990749010	型钢剪板机 剪断宽度 500mm	台班	260.86	0.010	—	0.010	—
	990736020	刨边机 加工长度 12000mm	台班	539.06	0.070	—	0.070	—
	990901020	交流弧焊机 32kV·A	台班	85.07	1.790	2.090	1.790	0.462
	991302030	轨道平板车 10t	台班	32.14	0.140	0.140	0.140	—
	990733020	板料校平机 厚度 16mm×宽度 2000mm	台班	1085.78	0.060	—	0.060	—
	990751010	型钢矫正机 厚度 60mm×宽度 800mm	台班	233.82	0.010	—	0.010	—
	990919010	电焊条烘干箱 450×350×450	台班	17.13	0.260	0.260	0.260	—
	990701010	钢筋调直机 14mm	台班	36.89	—	0.070	0.190	—
	990702010	钢筋切断机 40mm	台班	41.85	—	0.070	0.190	—
	990747030	管子切断机 管径 250mm	台班	43.03	—	0.180	—	—
	990304020	汽车式起重机 20t	台班	968.56	—	—	—	0.312

F.1.6.9　钢漏斗(编码:010606010)

工作内容:制作:放样、画线、裁料、平直、钻孔、拼装、焊接、成品矫正;
　　　　　安装:构件加固、吊装校正、拧紧螺栓、电焊固定、翻身就位。

计量单位:t

定　额　编　号					AF0085	AF0086	AF0087	AF0088
项　目　名　称					钢漏斗			
					方形		圆形	
					制作	安装	制作	安装
综　合　单　价　(元)					8393.92	1637.99	7938.36	1637.99
费用其中	人　工　费　(元)				1464.60	1157.88	1135.08	1157.88
	材　料　费　(元)				3573.46	8.16	3586.78	8.16
	施工机具使用费　(元)				2015.38	18.72	2006.40	18.72
	企　业　管　理　费　(元)				838.67	283.56	757.10	283.56
	利　　　润　　　(元)				449.61	152.02	405.88	152.02
	一　般　风　险　费　(元)				52.20	17.65	47.12	17.65
	编码	名　　称	单位	单价(元)	消　　耗　　量			
人工	000300160	金属制安综合工	工日	120.00	12.205	9.649	9.459	9.649
材料	010000120	钢材	t	2957.26	1.080	—	1.080	—
	030125010	螺栓	kg	4.50	1.740	—	1.740	—
	031350010	低碳钢焊条 综合	kg	4.19	55.920	1.870	55.920	1.870
	140300440	汽油 90#	kg	6.75	3.000	—	3.000	—
	002000010	其他材料费	元	—	117.23	0.32	130.55	0.32
机械	990309020	门式起重机 10t	台班	430.32	0.398	—	0.398	—
	990309030	门式起重机 20t	台班	604.77	0.150	—	0.150	—
	990728020	摇臂钻床 钻孔直径 50mm	台班	21.15	0.107	—	0.107	—
	990732050	剪板机 厚度 40mm×宽度 3100mm	台班	601.00	0.084	—	0.084	—
	990749010	型钢剪板机 剪断宽度 500mm	台班	260.86	0.015	—	0.015	—
	990733040	板料校平机 厚度 30mm×宽度 2600mm	台班	2153.09	0.084	—	0.084	—
	990736020	刨边机 加工长度 12000mm	台班	539.06	0.100	—	0.100	—
	990751010	型钢矫正机 厚度 60mm×宽度 800mm	台班	233.82	0.015	—	0.015	—
	990901020	交流弧焊机 32kV·A	台班	85.07	—	0.220	—	0.220
	990901040	交流弧焊机 42kV·A	台班	118.13	2.913	—	2.837	—
	991003070	电动空气压缩机 10m³/min	台班	363.27	0.061	—	0.061	—
	991302030	轨道平板车 10t	台班	32.14	0.258	—	0.258	—
	990919020	电焊条烘干箱 550×450×550	台班	21.80	0.682	—	0.682	—
	991230010	机动艇 198kW	台班	1567.49	0.682	—	0.682	—

F.1.6.10　钢板天沟(编码:010606011)

工作内容:放样、画线、裁料、平整、拼装、焊接、成品矫正。

定　　额　　编　　号						AF0089	AF0090	AF0091
项　　目　　名　　称						钢板天沟	不锈钢天沟	0.8mm彩钢板天沟
						制作安装		
单　　　　　　　　位						t	10m	
综　合　单　价(元)						**6829.68**	**1374.63**	**579.21**
费用	其中	人　工　费　(元)				1711.44	109.20	117.60
		材　料　费　(元)				3990.33	1129.94	358.03
		施工机具使用费(元)				338.33	67.45	42.07
		企业管理费　(元)				494.00	42.57	38.48
		利　　润　　(元)				264.83	22.82	20.63
		一般风险费　(元)				30.75	2.65	2.40
	编码	名　　　称	单位	单价(元)		消　　耗　　量		
人工	000300160	金属制安综合工	工日	120.00		14.262	0.910	0.980
材料	012900078	钢板3~10	t	3427.35		1.080	—	—
	012902670	不锈钢板1	m²	127.48		—	7.200	—
	012904260	彩钢板0.8	m²	37.61		—	—	7.200
	334100530	槽形彩钢条	m	3.85		—	—	16.300
	031350820	低合金钢焊条E43系列	kg	5.98		20.000	—	—
	183105000	彩钢堵头	个	1.84		—	4.200	4.200
	031360710	不锈钢焊丝	kg	48.63		—	3.300	—
	144101210	玻璃胶	支	21.37		0.800	—	—
	002000010	其他材料费	元	—		152.10	43.88	16.75
机械	990732050	剪板机 厚度40mm×宽度3100mm	台班	601.00		0.110	0.070	0.070
	990901020	交流弧焊机32kV·A	台班	85.07		3.200	—	—
	990912010	氩弧焊机500A	台班	93.99		—	0.270	—

F.1.6.11　钢支架(编码:010606012)

工作内容:制作:放样、画线、裁料、平直、钻孔、拼装、焊接、成品矫正;
安装:构件加固、吊装校正、拧紧螺栓、电焊固定、翻身就位。

计量单位:t

定　　额　　编　　号						AF0092	AF0093
项　　目　　名　　称						钢支架	
						制作	安装
综　合　单　价(元)						**6105.22**	**3546.22**
费用	其中	人　工　费　(元)				1668.00	2366.16
		材　料　费　(元)				3468.64	15.61
		施工机具使用费(元)				235.39	182.65
		企业管理费　(元)				458.72	614.26
		利　　润　　(元)				245.92	329.31
		一般风险费　(元)				28.55	38.23
	编码	名　　　称	单位	单价(元)		消　　耗　　量	
人工	000300160	金属制安综合工	工日	120.00		13.900	19.718
材料	010000120	钢材	t	2957.26		1.080	—
	031350010	低碳钢焊条 综合	kg	4.19		20.760	1.000
	002000010	其他材料费	元	—		187.81	11.42
机械	990728020	摇臂钻床 钻孔直径50mm	台班	21.15		0.491	—
	990901020	交流弧焊机32kV·A	台班	85.07		2.645	2.147

F.1.6.12　**其他钢构件**(编码:010606013)

F.1.6.12.1　零星钢构件

工作内容:制作:放样、画线、裁料、平直、钻孔、拼装、焊接、成品矫正、成品编号堆放;
　　　　　安装:放线、卸料、检验、画线、构件拼装、加固、翻身就位、绑扎吊装、校正、
　　　　　焊接、固定、补漆、清理等。

计量单位:t

定 额 编 号					AF0094	AF0095	AF0096
项 目 名 称					零星钢构件		现场拼装平台
					制作	安装	摊销
综 合 单 价 (元)					**7160.32**	**1812.74**	**522.08**
费用 其 中	人 工 费 (元)				1752.00	882.60	189.60
	材 料 费 (元)				3540.89	187.59	190.88
	施 工 机 具 使 用 费 (元)				860.93	290.62	49.50
	企 业 管 理 费 (元)				629.72	282.75	57.62
	利 润 (元)				337.59	151.58	30.89
	一 般 风 险 费 (元)				39.19	17.60	3.59
	编码	名 称	单位	单价(元)	消	耗	量
人工	000300160	金属制安综合工	工日	120.00	14.600	7.355	1.580
材 料	010000120	钢材	t	2957.26	1.080	—	0.043
	030104300	六角螺栓 综合	kg	5.40	18.830	6.630	—
	130102100	环氧富锌 底漆	kg	24.36	—	2.120	—
	031350820	低合金钢焊条 E43 系列	kg	5.98	27.950	3.461	0.742
	050303800	木材 锯材	m³	1547.01	—	0.023	0.032
	002000010	其他材料费	元	—	78.23	43.87	9.78
机 械	990732050	剪板机 厚度 40mm×宽度 3100mm	台班	601.00	0.090	—	—
	990728020	摇臂钻床 钻孔直径 50mm	台班	21.15	0.110	—	—
	990901020	交流弧焊机 32kV·A	台班	85.07	6.290	0.308	0.055
	990309020	门式起重机 10t	台班	430.32	0.220	—	—
	991302030	轨道平板车 10t	台班	32.14	0.220	—	—
	990733020	板料校平机 厚度 16mm×宽度 2000mm	台班	1085.78	0.090	—	—
	990736020	刨边机 加工长度 12000mm	台班	539.06	0.100	—	—
	990749010	型钢剪板机 剪断宽度 500mm	台班	260.86	0.020	—	—
	990751010	型钢矫正机 厚度 60mm×宽度 800mm	台班	233.82	0.020	—	—
	990919010	电焊条烘干箱 450×350×450	台班	17.13	0.360	—	—
	990304020	汽车式起重机 20t	台班	968.56	—	0.273	0.039
	990913020	二氧化碳气体保护焊机 500A	台班	128.14	—	—	0.055

工作内容：放样、画线、裁料、平整、拼装、焊接、成品矫正。 计量单位：10m²

定 额 编 号				AF0097	AF0098	AF0099	AF0100	AF0101
项 目 名 称				屋脊盖板	防水扣槽	檐口端面		
				钢板	彩钢板			槽铝(10m)
				安装				
综 合 单 价 （元）				3539.50	1260.74	960.49	943.42	211.21
费用	其中	人 工 费 （元）		898.20	314.76	283.44	283.44	2.40
		材 料 费 （元）		1993.12	766.46	509.59	492.52	149.60
		施 工 机 具 使 用 费 （元）		218.16	42.07	42.07	42.07	42.07
		企 业 管 理 费 （元）		269.04	86.00	78.45	78.45	10.72
		利 润 （元）		144.23	46.10	42.06	42.06	5.75
		一 般 风 险 费 （元）		16.75	5.35	4.88	4.88	0.67
	编码	名 称	单位	单价(元)	消 耗 量			
人工	000300160	金属制安综合工	工日	120.00	7.485	2.623	2.362	2.362	0.020
材料	012901380	中厚钢板 4	m²	100.64	19.080	—	—	—	—
	012904260	彩钢板 0.8	m²	37.61	—	19.080	10.600	10.600	—
	014900810	槽铝 150	m	13.56	—	—	—	—	10.600
	144104310	密封胶	支	4.60	0.400	0.400	1.600	1.350	0.300
	002000010	其他材料费	元	—	71.07	47.02	103.56	87.64	4.48
机械	990732050	剪板机 厚度 40mm×宽度 3100mm	台班	601.00	0.070	0.070	0.070	0.070	0.070
	990901020	交流弧焊机 32kV·A	台班	85.07	2.070	—	—	—	—

工作内容：放样、画线、裁料、平整、拼装、焊接、成品矫正。 计量单位：10m²

定 额 编 号				AF0102	AF0103	AF0104	AF0105	AF0106
项 目 名 称				泛水板	门窗洞口	其他封边、包角		
				钢板	彩钢板			钢板
				安装				
综 合 单 价 （元）				2587.95	991.22	919.07	848.79	2323.99
费用	其中	人 工 费 （元）		987.72	346.20	283.44	254.76	808.56
		材 料 费 （元）		917.56	453.40	468.17	437.62	901.78
		施 工 机 具 使 用 费 （元）		218.16	42.07	42.07	42.07	218.16
		企 业 管 理 费 （元）		290.62	93.57	78.45	71.54	247.44
		利 润 （元）		155.80	50.16	42.06	38.35	132.65
		一 般 风 险 费 （元）		18.09	5.82	4.88	4.45	15.40
	编码	名 称	单位	单价(元)	消 耗 量			
人工	000300160	金属制安综合工	工日	120.00	8.231	2.885	2.362	2.123	6.738
材料	012904260	彩钢板 0.8	m²	37.61	—	10.600	10.600	10.600	—
	012901150	热轧薄钢板 3.0	m²	80.54	10.600	—	—	—	10.600
	144104310	密封胶	支	4.60	0.760	0.760	1.000	0.510	0.510
	002000010	其他材料费	元	—	60.34	51.24	64.90	36.61	45.71
机械	990732050	剪板机 厚度 40mm×宽度 3100mm	台班	601.00	0.070	0.070	0.070	0.070	0.070
	990901020	交流弧焊机 32kV·A	台班	85.07	2.070	—	—	—	2.070

工作内容:放样、画线、裁料、平整、拼装、焊接、成品矫正。

定　额　编　号					AF0107	AF0108	AF0109
项　目　名　称					混凝土浇捣收边板		
					钢板	彩钢板	槽铝
单　　　　　位					10m²		10m
费用	综　合　单　价（元）				**3757.89**	**2621.39**	**2255.85**
	其中	人　工　费（元）			1675.44	1523.04	1523.04
		材　料　费（元）			1134.88	453.40	87.86
		施工机具使用费（元）			218.16	42.07	42.07
		企　业　管　理　费（元）			456.36	377.19	377.19
		利　　润（元）			244.65	202.21	202.21
		一　般　风　险　费（元）			28.40	23.48	23.48
	编码	名　称	单位	单价（元）	消　　耗　　量		
人工	000300160	金属制安综合工	工日	120.00	13.962	12.692	12.692
材料	012901380	中厚钢板 4	m²	100.64	10.600	—	—
	012904260	彩钢板 0.8	m²	37.61	—	10.600	—
	014900700	槽铝 75	m	7.65	—	—	10.600
	144104310	密封胶	支	4.60	0.760	0.760	0.760
	002000010	其他材料费	元	—	64.60	51.24	3.27
机械	990732050	剪板机 厚度 40mm×宽度 3100mm	台班	601.00	0.070	0.070	0.070
	990901020	交流弧焊机 32kV·A	台班	85.07	2.070		

工作内容:制作:栓钉、画线、定位、清理场地、焊机固定等。　　　　　　　　　　　　　　　　　　　　计量单位:10 套

定　额　编　号					AF0110	AF0111	AF0112
项　目　名　称					螺栓安装		
					高强螺栓	花篮螺栓	剪力栓钉
费用	综　合　单　价（元）				**109.10**	**76.22**	**116.41**
	其中	人　工　费（元）			21.00	21.00	30.00
		材　料　费（元）			80.01	47.13	14.25
		施工机具使用费（元）			—	—	43.75
		企　业　管　理　费（元）			5.06	5.06	17.77
		利　　润（元）			2.71	2.71	9.53
		一　般　风　险　费（元）			0.32	0.32	1.11
	编码	名　称	单位	单价（元）	消　　耗　　量		
人工	000300160	金属制安综合工	工日	120.00	0.175	0.175	0.250
材料	030113200	高强螺栓	套	7.69	10.200	—	—
	030180930	花篮螺栓 M6×120	套	4.53	—	10.200	—
	030100710	剪力栓钉	套	1.37	—	—	10.200
	002000020	其他材料费	元	—	1.57	0.92	0.28
机械	990925010	栓钉焊机	台班	87.50	—	—	0.500

F.1.7 金属制品(编码:010607)

F.1.7.1 成品空调金属百叶护栏(编码:010607001)

工作内容:放样、画线、裁料、平整、拼装、焊接、成品矫正。　　　　　　　　　　　　　计量单位:100m²

定　额　编　号					AF0113
项　目　名　称					成品空调金属百叶护栏
					安装
综　合　单　价（元）					**10455.61**
费用	其中	人　工　费（元）			1068.00
		材　料　费（元）			8749.05
		施工机具使用费（元）			164.00
		企　业　管　理　费（元）			296.91
		利　　润（元）			159.17
		一　般　风　险　费（元）			18.48
	编码	名　　称	单位	单价(元)	消　耗　量
人工	000300160	金属制安综合工	工日	120.00	8.900
材料	030125010	螺栓	kg	4.50	3.900
	031350010	低碳钢焊条 综合	kg	4.19	3.090
	334100465	成品空调金属百叶护栏	m²	85.47	100.000
	002000020	其他材料费	元	—	171.55
机械	002000040	其他机械费	元	—	164.00

F.1.7.2 成品栅栏(编码:010607002)

工作内容:放样、画线、裁料、平整、拼装、焊接、成品矫正。　　　　　　　　　　　　　计量单位:100m²

定　额　编　号					AF0114
项　目　名　称					成品栅栏
					安装
综　合　单　价（元）					**8897.18**
费用	其中	人　工　费（元）			1305.60
		材　料　费（元）			6991.86
		施工机具使用费（元）			69.89
		企　业　管　理　费（元）			331.49
		利　　润（元）			177.71
		一　般　风　险　费（元）			20.63
	编码	名　　称	单位	单价(元)	消　耗　量
人工	000300160	金属制安综合工	工日	120.00	10.880
材料	031350010	低碳钢焊条 综合	kg	4.19	4.000
	334100430	成品金属栅栏	m²	68.38	100.000
	002000020	其他材料费	元	—	137.10
机械	002000040	其他机械费	元	—	69.89

F.1.7.3 成品雨篷(编码:010607003)

工作内容:放样、画线、裁料、平整、拼装、焊接、成品矫正。 计量单位:m

定 额 编 号					AF0115	
项 目 名 称					成品雨篷(出檐宽 900 以内)	
					安装	
综 合 单 价 (元)					**124.82**	
费用其中	人 工 费 (元)				13.20	
	材 料 费 (元)				106.53	
	施 工 机 具 使 用 费 (元)				—	
	企 业 管 理 费 (元)				3.18	
	利 润 (元)				1.71	
	一 般 风 险 费 (元)				0.20	
	编码	名 称	单位	单价(元)	消 耗 量	
人工	000300160	金属制安综合工	工日	120.00	0.110	
材料	030130120	膨胀螺栓	套	0.94	2.000	
	334100450	成品雨篷	m	102.56	1.000	
	002000020	其他材料费	元	—	2.09	

F.1.7.4 金属网栏(编码:010607004)

工作内容:放样、画线、裁料、平整、拼装、焊接、成品矫正。 计量单位:100m²

定 额 编 号					AF0116	
项 目 名 称					金属网栏	
					安装	
综 合 单 价 (元)					**6109.09**	
费用其中	人 工 费 (元)				1078.20	
	材 料 费 (元)				4378.12	
	施 工 机 具 使 用 费 (元)				171.42	
	企 业 管 理 费 (元)				301.16	
	利 润 (元)				161.45	
	一 般 风 险 费 (元)				18.74	
	编码	名 称	单位	单价(元)	消 耗 量	
人工	000300160	金属制安综合工	工日	120.00	8.985	
材料	031350010	低碳钢焊条 综合	kg	4.19	4.360	
	334100440	成品金属网栏	m²	42.74	100.000	
	002000020	其他材料费	元	—	85.85	
机械	002000040	其他机械费	元	—	171.42	

工作内容:放样、画线、裁料、平整、拼装、焊接、成品矫正。　　　　　　　　　　　　　　　　　　　　　计量单位:100m²

定　额　编　号					AF0117	
项　目　名　称					后浇带金属网	
					安装	
费用	其中	综　合　单　价　(元)			**883.40**	
		人　工　费　(元)			420.96	
		材　料　费　(元)			300.29	
		施工机具使用费　(元)			—	
		企　业　管　理　费　(元)			101.45	
		利　　　润　(元)			54.39	
		一　般　风　险　费　(元)			6.31	
	编码	名　　称	单位	单价(元)	消　耗　量	
人工	000300160	金属制安综合工	工日	120.00	3.508	
材料	032100900	钢丝网 综合	m²	2.56	115.000	
	002000020	其他材料费	元	—	5.89	

F.1.8　金属除锈

工作内容:喷砂除锈:运砂、烘砂、喷砂、砂子回收、现场清理及机具维修;
　　　　　抛丸除锈:运钢丸、喷砂机喷钢丸、钢丸回收、清理现场、机具维修;
　　　　　手工及动力工具除锈:除锈、现场清理。

计量单位:t

定　额　编　号					AF0118	AF0119	AF0120
项　目　名　称					喷砂除锈	抛丸除锈	手工除锈
					石英砂		
费用	其中	综　合　单　价　(元)			436.57	328.06	567.43
		人　工　费　(元)			96.60	48.30	304.87
		材　料　费　(元)			1.51	65.91	20.74
		施工机具使用费　(元)			217.48	140.95	89.80
		企　业　管　理　费　(元)			75.69	45.61	95.11
		利　　　润　(元)			40.58	24.45	50.99
		一　般　风　险　费　(元)			4.71	2.84	5.92
	编码	名　　称	单位	单价(元)	消　　耗　　量		
人工	000300010	建筑综合工	工日	115.00	0.840	0.420	2.651
材料	031393210	钢丝刷子	把	2.97	—	—	1.370
	040300450	石英砂	kg	0.09	16.800	—	—
	032130110	钢丸	kg	4.49	—	14.680	—
	031340210	铁砂布 0~2#	张	0.85	—	—	8.060
	022701800	破布 一级	kg	4.40	—	—	1.510
	341100400	电	kW·h	0.70	—	—	1.120
	032103460	圆形钢丝轮 φ100	片	17.09	—	—	0.140
机械	991003070	电动空气压缩机 10m³/min	台班	363.27	0.300	—	—
	990776010	抛丸除锈机 直径219mm	台班	283.70	—	0.150	—
	990775010	喷砂除锈机 能力 3m³/min	台班	33.70	0.300	—	—
	990304016	汽车式起重机 16t	台班	898.02	0.100	0.100	0.100
	990407020	轨道平车 10t	台班	85.91	0.100	0.100	—

F.2 构件运输

F.2.1 金属构件运输(编码:01060B)

(编码:01060B001)

工作内容:按技术要求装车绑扎、运输、按指定地点卸车、堆放。

计量单位:10t

定 额 编 号				AF0121	AF0122	AF0123	AF0124	AF0125	AF0126
项 目 名 称				Ⅰ类构件汽车运输		Ⅱ类构件汽车运输		Ⅲ类构件汽车运输	
				1km以内	每增加1km	1km以内	每增加1km	1km以内	每增加1km
综 合 单 价 (元)				**794.07**	**83.37**	**470.77**	**48.99**	**697.48**	**45.58**
费用	其中	人 工 费 (元)		75.79	10.81	55.32	5.98	89.01	7.82
		材 料 费 (元)		57.08	—	63.29	—	34.58	—
		施工机具使用费 (元)		456.26	49.38	238.85	29.39	389.55	25.09
		企 业 管 理 费 (元)		128.22	14.50	70.89	8.52	115.33	7.93
		利 润 (元)		68.74	7.78	38.01	4.57	61.83	4.25
		一 般 风 险 费 (元)		7.98	0.90	4.41	0.53	7.18	0.49

	编码	名 称	单位	单价(元)	消		耗		量	
人工	000300010	建筑综合工	工日	115.00	0.659	0.094	0.481	0.052	0.774	0.068
材	050303800	木材 锯材	m³	1547.01	0.030	—	0.036	—	0.020	—
	330105800	钢支架摊销	kg	2.65	1.580	—	—	—	—	—
料	002000010	其他材料费	元	—	—	6.48	—	7.60	—	3.64
机	990304001	汽车式起重机 5t	台班	473.39	—	—	0.203	0.018	0.327	0.053
	990304016	汽车式起重机 16t	台班	898.02	0.186	0.003	—	—	—	—
	990401030	载重汽车 8t	台班	474.25	—	—	0.301	0.044	0.495	—
械	990403020	平板拖车组 20t	台班	1014.84	0.285	0.046	—	—	—	—

G　木结构工程
(0107)

说　　明

1.本章是按机械和手工操作综合编制的,无论实际采用何种操作方法,均不作调整。

2.本章原木是按一二类综合编制的,如采用三四类木材(硬木)时,人工及机械乘以1.35。

3.本章列有锯材的项目,其锯材消耗量内已包括干燥损耗,不另计算。

4.本章项目中所注明的木材断面或厚度均以毛断面为准。如设计图纸注明的断面或厚度为净料时,应增加刨光损耗:方材一面刨光增加3mm,两面刨光增加5mm;板一面刨光增加3mm,两面刨光增加3.5mm;圆木直径加5mm。

5.原木加工成锯材的出材率为63%,方木加工成锯材的出材率为85%。

6.屋架的跨度是指屋架两端上下弦中心线交点之间的长度。屋架、檩木需刨光者,人工乘以系数1.15。

7.屋面板厚度是按毛料计算的,如厚度不同时,可按比例换算板材用量,其他不变。

8.木屋架、钢木屋架定额子目中的钢板、型钢、圆钢用量与设计不同时,可按设计数量另加8%损耗进行换算,其余不变。

工程量计算规则

一、木屋架：

1.木屋架、檩条工程量按设计图示体积以"m³"计算。附属于其上的木夹板、垫木、风撑、挑檐木、檩条三角条，均按木料体积并入屋架、檩条工程量内。单独挑檐木并入檩条工程量内。檩托木、檩垫木已包括在定额子目内，不另计算。

2.屋架的马尾、折角和正交部分半屋架，并入相连接屋架的体积内计算。

3.钢木屋架区分圆、方木，按设计断面以"m³"计算。圆木屋架连接的挑檐木、支撑等为方木时，其方木木料体积乘以系数1.7折合成圆木并入屋架体积内。单独的方木挑檐，按矩形檩木计算。

4.檩木按设计断面以"m³"计算。简支檩长度按设计规定计算，设计无规定者，按屋架或山墙中距增加0.2m计算，如两端出土，檩长度算至搏风板；连续檩条的长度按设计长度以"m"计算，其接头长度按全部连续檩木总体积的5%计算。檩条托木已计入相应的檩木制作安装项目中，不另计算。

二、木构件：

1.木柱、木梁按设计图示体积以"m³"计算。

2.木楼梯按设计图示尺寸计算的水平投影面积以"m²"计算，不扣除宽度≤300mm的楼梯井，其踢脚板、平台和伸入墙内部分不另行计算。

3.木地楞按设计图示体积以"m³"计算。定额内已包括平撑、剪刀撑、沿油木的用量，不再另行计算。

三、屋面木基层：

1.屋面木基层，按屋面的斜面积以"m²"计算。天窗挑檐重叠部分按设计规定计算，屋面烟囱及斜沟部分所占面积不扣除。

2.屋面椽子、屋面板、挂瓦条工程量按设计图示屋面斜面积以"m²"计算，不扣除屋面烟囱、风帽底座、风道、小气窗及斜沟等所占面积。小气窗的出檐部分也不增加面积。

3.封檐板工程量按设计图示檐口外围长度以"m"计算，搏风板按斜长度以"m"计算，有大刀头者每个大刀头增加长度0.5m计算。

G.1 木屋架(编码:010701)

G.1.1 木屋架(编码:010701001)

工作内容:屋架制作、拼装、安装、装配铁件、锚定、梁端刷防腐油。 计量单位:m³

定额编号					AG0001	AG0002	AG0003	AG0004
项目名称					圆木木屋架		方木木屋架	
					跨度			
					10m以内	10m以外	10m以内	10m以外
综合单价(元)					**2999.05**	**2604.26**	**3915.69**	**3472.59**
费用	其中	人工费(元)			615.88	540.75	581.75	491.75
		材料费(元)			2145.93	1855.22	3109.85	2791.42
		施工机具使用费(元)			—	—	—	—
		企业管理费(元)			148.43	130.32	140.20	118.51
		利润(元)			79.57	69.86	75.16	63.53
		一般风险费(元)			9.24	8.11	8.73	7.38
	编码	名称	单位	单价(元)	消 耗 量			
人工	000300050	木工综合工	工日	125.00	4.927	4.326	4.654	3.934
材料	050100500	原木	m³	982.30	1.230	1.178	—	—
	050303800	木材 锯材	m³	1547.01	—	—	1.190	1.170
	370911020	钢垫板夹板	kg	4.26	134.860	94.290	185.640	135.370
	292101000	钢拉杆	kg	3.63	16.990	22.330	22.890	31.310
	333300040	铸铁垫板(三角形)	kg	3.42	3.370	4.290	4.540	6.020
	002000010	其他材料费	元	—	290.00	200.67	379.46	270.50

G.1.2 钢木屋架(编码:010701002)

工作内容:屋架制作、拼装、安装、装配铁件、锚定、梁端刷防腐油。 计量单位:m³

定额编号					AG0005	AG0006	AG0007	AG0008	AG0009	AG0010
项目名称					圆木钢屋架			方木钢屋架		
					跨度					
					15m以内	20m以内	25m以内	15m以内	20m以内	25m以内
综合单价(元)					**3438.49**	**3701.65**	**3825.11**	**4678.34**	**4557.70**	**4846.21**
费用	其中	人工费(元)			1034.00	1060.38	1303.88	853.75	1018.13	1286.00
		材料费(元)			1953.50	2162.61	1958.76	3415.38	3057.06	2988.27
		施工机具使用费(元)			38.04	50.68	43.47	58.00	65.21	55.28
		企业管理费(元)			258.36	267.76	324.71	219.73	261.08	323.25
		利润(元)			138.51	143.55	174.08	117.80	139.97	173.29
		一般风险费(元)			16.08	16.67	20.21	13.68	16.25	20.12
	编码	名称	单位	单价(元)	消 耗 量					
人工	000300050	木工综合工	工日	125.00	8.272	8.483	10.431	6.830	8.145	10.288
材料	050100500	原木	m³	982.30	1.167	1.117	1.100	—	—	—
	050303800	木材 锯材	m³	1547.01	—	—	—	1.450	1.110	1.210
	370911020	钢垫板夹板	kg	4.26	70.110	87.670	62.080	95.380	105.120	78.090
	012100020	角钢 综合	t	2777.78	0.092	0.122	0.105	0.140	0.159	0.135
	292101000	钢拉杆	kg	3.63	40.410	55.510	54.450	61.410	72.300	70.010
	333300040	铸铁垫板(三角形)	kg	3.42	3.350	6.130	4.480	5.090	7.980	5.770
	031350010	低碳钢焊条 综合	kg	4.19	6.000	7.970	6.830	9.120	10.380	8.780
	002000010	其他材料费	元	—	69.65	97.16	80.51	98.47	117.17	98.07
机械	990901040	交流弧焊机 42kV·A	台班	118.13	0.322	0.429	0.368	0.491	0.552	0.468

G.2 木构件(编码:010702)

G.2.1 木柱(编码:010702001)

工作内容:1.放样,选料,运料,整剥,刨光,画线,起线,凿眼,挖底拔灰,据榫。

2.安装、吊线、校正、临时支撑等全部操作过程。 计量单位:m³

	定 额 编 号				AG0011	AG0012
	项 目 名 称				木柱	
					圆木	方木
	综 合 单 价 (元)				**2008.25**	**2474.50**
费 用	其 中	人 工 费 (元)			532.88	474.13
		材 料 费 (元)			1270.11	1817.74
		施 工 机 具 使 用 费 (元)			—	—
		企 业 管 理 费 (元)			128.42	114.26
		利 润 (元)			68.85	61.26
		一 般 风 险 费 (元)			7.99	7.11
	编码	名 称	单位	单价(元)	消 耗 量	
人工	000300050	木工综合工	工日	125.00	4.263	3.793
材料	050100500	原木	m³	982.30	1.293	—
	050303800	木材 锯材	m³	1547.01	—	1.175

G.2.2 木梁(编码:010702002)

工作内容:1.放样,选料,运料,整剥,刨光,画线,起线,凿眼,挖底拔灰,据榫。

2.安装、吊线、校正、临时支撑等全部操作过程,伸入墙内部分刷防腐油。 计量单位:m³

	定 额 编 号				AG0013	AG0014	AG0015	AG0016
	项 目 名 称				圆木梁		方木梁	
					直径		周长	
					24cm 以内	24cm 以上	1m 以内	1m 以外
	综 合 单 价 (元)				**2478.39**	**2526.53**	**3015.58**	**2823.52**
费 用	其 中	人 工 费 (元)			913.50	1013.50	942.00	812.75
		材 料 费 (元)			1213.02	1122.64	1710.72	1697.70
		施 工 机 具 使 用 费 (元)			—	—	—	—
		企 业 管 理 费 (元)			220.15	244.25	227.02	195.87
		利 润 (元)			118.02	130.94	121.71	105.01
		一 般 风 险 费 (元)			13.70	15.20	14.13	12.19
	编码	名 称	单位	单价(元)	消 耗 量			
人工	000300050	木工综合工	工日	125.00	7.308	8.108	7.536	6.502
材料	050100500	原木	m³	982.30	1.233	1.141	—	—
	050303800	木材 锯材	m³	1547.01	—	—	1.100	1.093
	032130010	铁件 综合	kg	3.68	0.500	0.500	0.500	0.500
	002000010	其他材料费	元	—	—	—	7.17	4.98

G.2.3 木檩(编码:010702003)

工作内容:制作、安装檩木、檩托木(或垫木),伸入墙内部分及垫木刷防腐油。 计量单位:m³

定　额　编　号					AG0017	AG0018
项　目　名　称					木檩	
					方木	圆木
综　合　单　价　(元)					**2201.74**	**1560.31**
费用其中		人　工　费　(元)			256.13	239.38
		材　料　费　(元)			1846.95	1228.72
		施工机具使用费　(元)			—	—
		企　业　管　理　费　(元)			61.73	57.69
		利　　润　(元)			33.09	30.93
		一　般　风　险　费　(元)			3.84	3.59
	编码	名　　称	单位	单价(元)	消　耗　量	
人工	000300050	木工综合工	工日	125.00	2.049	1.915
材料	050303800	木材 锯材	m³	1547.01	1.165	—
	050100500	原木	m³	982.30	—	1.217
	002000010	其他材料费	元	—	44.68	33.26

G.2.4 木楼梯(编码:010702004)

工作内容:制作、安装楼梯踏步、楼梯平台楞木,伸入墙身部分刷防腐油。 计量单位:10m²

定　额　编　号					AG0019
项　目　名　称					木楼梯
综　合　单　价　(元)					**4307.01**
费用其中		人　工　费　(元)			1406.63
		材　料　费　(元)			2358.54
		施工机具使用费　(元)			—
		企　业　管　理　费　(元)			339.00
		利　　润　(元)			181.74
		一　般　风　险　费　(元)			21.10
	编码	名　　称	单位	单价(元)	消　耗　量
人工	000300050	木工综合工	工日	125.00	11.253
材料	050303800	木材 锯材	m³	1547.01	1.497
	002000010	其他材料费	元	—	42.67

G.2.5 其他木构件(编码:010702005)

工作内容:制作、安装木地楞,搁墙部分刷防腐油。　　　　　　　　　　　　　　　　　计量单位:10m³

定　额　编　号					AG0020	AG0021	AG0022	AG0023
项　　目　　名　　称					木地楞			
					圆木		方木	
					带平撑	不带平撑	带剪刀撑	不带剪刀撑
综　合　单　价　(元)					**15933.38**	**14679.05**	**23414.01**	**20981.12**
费用	其中	人　工　费　(元)			3255.50	3088.63	3005.13	2504.25
		材　料　费　(元)			11423.86	10400.68	19251.30	17512.24
		施工机具使用费　(元)			—	—	—	—
		企业管理费　(元)			784.58	744.36	724.24	603.52
		利　　润　(元)			420.61	399.05	388.26	323.55
		一般风险费　(元)			48.83	46.33	45.08	37.56
	编码	名　　称	单位	单价(元)	消　　耗　　量			
人工	000300050	木工综合工	工日	125.00	26.044	24.709	24.041	20.034
材料	050100500	原木	m³	982.30	11.571	10.530	—	—
	050303800	木材 锯材	m³	1547.01	—	—	12.270	11.250
	002000010	其他材料费	元	—	57.67	57.06	269.49	108.38

G.3　屋面木基层(编码:010703)

G.3.1　屋面木基层(编码:010703001)

工作内容:屋面板制作。　　　　　　　　　　　　　　　　　　　　　　　　　　　　计量单位:100m²

定　额　编　号					AG0024	AG0025	AG0026	AG0027
项　　目　　名　　称					屋面板制作			
					平口	错口	平口	错口
					1.5cm 厚		1.5cm 厚(一面刨光)	
综　合　单　价　(元)					**2992.17**	**3407.60**	**3353.04**	**3796.53**
费用	其中	人　工　费　(元)			281.13	405.00	282.00	406.00
		材　料　费　(元)			2543.28	2753.68	2883.63	3120.32
		施工机具使用费　(元)			42.93	67.08	56.88	82.17
		企业管理费　(元)			78.10	113.77	81.67	117.65
		利　　润　(元)			41.87	60.99	43.78	63.07
		一般风险费　(元)			4.86	7.08	5.08	7.32
	编码	名　　称	单位	单价(元)	消　　耗　　量			
人工	000300050	木工综合工	工日	125.00	2.249	3.240	2.256	3.248
材料	050303800	木材 锯材	m³	1547.01	1.644	1.780	1.864	2.017
机械	990706010	木工圆锯机 直径 500mm	台班	25.81	0.230	0.250	0.230	0.250
	990709020	木工平刨床 刨削宽度 500mm	台班	23.12	1.600	1.730	—	—
	990710010	木工单面压刨床 刨削宽度 600mm	台班	31.84	—	—	1.600	1.730
	990717010	木工裁口机 宽度 400mm	台班	33.28	—	0.620	—	0.620

工作内容：檩木上钉椽板、挂瓦条，钉屋面板、挂瓦条，钉屋面，钉椽板。 计量单位：100m²

定 额 编 号					AG0028	AG0029	AG0030	AG0031	AG0032
项 目 名 称					檩木上钉椽子挂瓦条		檩木上钉屋面板	混凝土上钉挂瓦条	檩木上钉椽板
					檩木斜中距				
					1m 以内	1.5m 以内			
费用	综 合 单 价 （元）				2086.58	2336.38	11763.83	787.65	1921.80
	其中	人 工 费 （元）			478.88	479.63	500.75	190.75	332.00
		材 料 费 （元）			1423.24	1672.00	11070.19	523.43	1461.92
		施 工 机 具 使 用 费 （元）			—	—	—	—	—
		企 业 管 理 费 （元）			115.41	115.59	120.68	45.97	80.01
		利 润 （元）			61.87	61.97	64.70	24.64	42.89
		一 般 风 险 费 （元）			7.18	7.19	7.51	2.86	4.98
	编码	名 称	单位	单价（元）	消	耗		量	
人工	000300050	木工综合工	工日	125.00	3.831	3.837	4.006	1.526	2.656
材料	050303800	木材 锯材	m³	1547.01	0.876	1.046	—	0.320	0.945
	091100440	屋面板	m²	105.13	—	—	105.000	—	—
	002000010	其他材料费	元	—	68.06	53.83	31.54	28.39	—

工作内容：制作、安装封檐板、搏风板，檩木上钉竹帘子。 计量单位：100m

定 额 编 号					AG0033	AG0034
项 目 名 称					封檐板、搏风板	
					高 20cm 以内	高 30cm 以内
费用	综 合 单 价 （元）				1697.81	2315.40
	其中	人 工 费 （元）			532.75	608.00
		材 料 费 （元）			959.85	1473.20
		施 工 机 具 使 用 费 （元）			—	—
		企 业 管 理 费 （元）			128.39	146.53
		利 润 （元）			68.83	78.55
		一 般 风 险 费 （元）			7.99	9.12
	编码	名 称	单位	单价（元）	消	耗 量
人工	000300050	木工综合工	工日	125.00	4.262	4.864
材料	050303800	木材 锯材	m³	1547.01	0.615	0.945
	002000010	其他材料费	元	—	8.44	11.28

H 门窗工程
(0108)

说　明

一、一般说明：

1.本章是按机械和手工操作综合编制的，无论实际采用何种操作方法，均不作调整。

2.本章原木是按一二类综合编制的，如采用三四类木材(硬木)时，人工及机械乘以系数1.35。

3.本章列有锯材的子目，其锯材消耗量内已包括干燥损耗，不另计算。

4.本章子目中所注明的木材断面或厚度均以毛断面为准。如设计图纸注明的断面或厚度为净料时，应增加刨光损耗：板、枋材一面刨光增加3mm，两面刨光增加5mm，圆木每立方米体积增加0.05m³。

5.原木加工成锯材的出材率为63％，方木加工成锯材的出材率为85％。

二、木门、窗：

1.木门窗项目中所注明的框断面均以边框毛断面为准，框裁口如为钉条者，应加钉条的断面计算。如设计框断面与定额子目断面不同时，以每增加10cm²(不足10cm²按10cm²计算)，按下表增减材积。

单位：m³

子目	门	门带窗	窗
锯材(干)	0.3	0.32	0.4

2.各类门扇的区别如下：

(1)全部用冒头结构镶板者，称"镶板门"。

(2)在同一门扇上装玻璃和镶板(钉板)者，玻璃面积大于或等于镶板(钉板)面积的二分之一时，称"半玻门"。

(3)用上下冒头或带一根中冒头钉企口板，板面起三角槽者，称"拼板门"。

3.木门窗安装子目内已包括门窗框刷防腐油、安木砖、框边塞缝、装玻璃、钉玻璃压条或嵌油灰，以及安装一般五金等的工料。

4.木门窗五金一般包括：普通折页、插销、风钩、普通翻窗折页、门板扣和镀铬弓背拉手。使用以上五金不得调整和换算。如采用使用铜质、铝合金、不锈钢等五金时，其材料费用可另行计算，但不增加安装人工工日，同时子目中已包括的一般五金材料费也不扣除。

5.无亮木门安装时，应扣除单层玻璃材料费，人工费不变。

6.胶合板门、胶合板门带窗制作如设计要求不允许拼接时，胶合板的定额消耗量允许调整，胶合板门定额消耗量每100m²门洞口面积增加44.11m²，胶合板门带窗定额消耗量每100m²门洞口面积增加53.10 m²，其他子目胶合板消耗量不得进行调整。

三、金属门、窗：

金属门窗项目按工厂成品、现场安装编制除定额说明外。成品金属门窗价格均已包括玻璃及五金配件，定额包括安装固定门窗小五金配件材料及安装费用与辅料耗量。

四、金属卷帘(闸)：

1.金属卷帘(闸)门项目是按卷帘安装在洞口内侧或外侧考虑的，当设计为安装在洞口中时，按相应定额子目人工乘以系数1.1。

2.金属卷帘(闸)门项目是不带活动小门考虑的，当设计为带活动小门时，按相应定额子目人工乘以系数1.07，材料价格调整为带活动小门金属卷帘(闸)。

3.防火卷帘按特级防火卷帘(双轨双帘)编制，如设计材料不同可换算。

五、厂库房大门、特种门：

1.各种厂库大门项目内所含钢材、钢骨架、五金铁件(加工铁件)，可以换算，但子目中的人工、机械消耗量不作调整。

2.自加工门所用铁件已列入定额子目。墙、柱、楼地面等部位的预埋铁件按设计要求另行计算，执行相应的定额子目。

六、其他：

1.木门窗运输定额子目包括框和扇的运输。若单运框时,相应子目乘以系数 0.4;单运扇时,相应子目乘以系数 0.6。

2.本章项目工作内容的框边塞缝为安装过程中的固定塞缝,框边二次塞缝及收口收边工作未包含在内,均应按相应定额子目执行。

工程量计算规则

一、木门、窗：

制作、安装有框木门窗工程量，按门窗洞口设计图示面积以"m^2"计算；制作、安装无框木门窗工程量，按扇外围设计图示尺寸以"m^2"计算。

二、金属门、窗：

1.成品塑钢、钢门窗（飘凸窗、阳台封闭、纱门窗除外）安装按门窗洞口设计图示面积以"m^2"计算。

2.门连窗按设计图示洞口面积分别计算门、窗面积，其中窗的宽度算至门框的边外线。

3.塑钢飘凸窗、阳台封闭、纱门窗按框型材外围设计图示面积以"m^2"计算。

三、金属卷帘（闸）：

金属卷帘（闸）、防火卷帘按设计图示尺寸宽度乘高度（算至卷帘箱卷轴水平线）以"m^2"计算。电动装置安装按设计图示套数计算。

四、厂库房大门、特种门：

1.有框厂库房大门和特种门按洞口设计图示面积以"m^2"计算，无框的厂库房大门和特种门按门扇外围设计图示尺寸面积以"m^2"计算。

2.冷藏库大门、保温隔音门、变电室门、隔音门、射线防护门按洞口设计图示面积以"m^2"计算。

五、其他：

1.木窗上安装窗栅、钢筋御棍按窗洞口设计图示尺寸面积以"m^2"计算。

2.普通窗上部带有半圆窗的工程量应分别按半圆窗和普通窗计算，以普通窗和半圆窗之间的横框上的裁口线为分界线。

3.门窗贴脸按设计图示尺寸以外边线延长米计算。

4.水泥砂浆塞缝按门窗洞口设计图示尺寸以延长米计算。

5.门锁安装按"套"计算。

6.门、窗运输按门框、窗框外围设计图示面积以"m^2"计算。

H.1 木门(编码:010801)

H.1.1 木门制作(编码:010801001)

工作内容:制作门框、扇、钉木拉条等全部操作过程。　　　　　　　　　　　　　　　　　　　　　**计量单位:**100m²

定　额　编　号						AH0001	AH0002	AH0003	AH0004	AH0005	AH0006
项　目　名　称						镶板门制作			胶合板门制作		
						框断面52cm²					
						全板	半百叶	全百叶	全板	带观察口	带半百叶
综　合　单　价　(元)						**12748.58**	**14196.04**	**18136.17**	**12534.24**	**11607.82**	**15462.08**
费用	其中		人　工　费　(元)			3521.00	4009.00	6556.00	3419.00	2739.00	4457.00
			材　料　费　(元)			7546.99	8244.98	8573.20	7338.25	7338.25	8746.30
			施工机具使用费　(元)			234.12	287.17	347.67	332.07	343.28	391.24
			企　业　管　理　费　(元)			904.98	1035.38	1663.79	904.01	742.83	1168.43
			利　　　润　　　(元)			485.16	555.07	891.95	484.64	398.23	626.39
			一　般　风　险　费　(元)			56.33	64.44	103.56	56.27	46.23	72.72
	编码	名　　称	单位	单价(元)		消　　　　耗　　　　量					
人工	000300050	木工综合工	工日	125.00		28.168	32.072	52.448	27.352	21.912	35.656
材料	050303800	木材 锯材	m³	1547.01		4.823	5.274	5.486	3.158	3.158	4.067
	050500010	胶合板	m²	12.82		—	—	—	181.000	181.000	181.000
	002000010	其他材料费	元	—		85.76	86.05	86.30	132.37	132.37	134.19
机械	990706010	木工圆锯机 直径500mm	台班	25.81		0.930	1.030	1.250	0.740	0.760	0.870
	990709020	木工平刨床 刨削宽度500mm	台班	23.12		1.970	2.400	2.900	2.190	2.260	2.580
	990710010	木工单面压刨床 刨削宽度600mm	台班	31.84		1.890	2.310	2.800	2.090	2.160	2.460
	990714010	木工开榫机 榫头长度160mm	台班	49.59		1.290	1.650	2.000	2.800	2.900	3.300
	990715010	木工打眼机 榫槽宽度16mm	台班	8.90		1.550	1.960	2.370	3.070	3.170	3.620
	990717010	木工裁口机 宽度400mm	台班	33.28		0.800	0.970	1.170	0.890	0.920	1.050

工作内容:制作门框、扇、钉木拉条等全部操作过程。　　　　　　　　　　　　　　　　　　　　　**计量单位:**100m²

定　额　编　号						AH0007	AH0008	AH0009	AH0010	AH0011	AH0012
项　目　名　称						半截玻璃门制作		门带窗制作			
						框断面58cm²		镶板		胶合板	
						镶板	胶合板	框断面52cm²			
								全板	半玻	全板	半玻
综　合　单　价　(元)						**10099.27**	**11864.34**	**11806.04**	**11133.37**	**11193.48**	**10819.78**
费用	其中		人　工　费　(元)			2663.00	3419.00	3396.00	3199.00	2976.00	2976.00
			材　料　费　(元)			6152.37	6724.81	6834.77	6528.18	6754.71	6410.86
			施工机具使用费　(元)			186.34	291.32	192.85	125.57	228.42	206.88
			企　业　管　理　费　(元)			686.69	894.19	864.91	801.22	772.27	767.07
			利　　　润　　　(元)			368.13	479.37	463.68	429.53	414.01	411.23
			一　般　风　险　费　(元)			42.74	55.65	53.83	49.87	48.07	47.74
	编码	名　　称	单位	单价(元)		消　　　　耗　　　　量					
人工	000300050	木工综合工	工日	125.00		21.304	27.352	27.168	25.592	23.808	23.808
材料	050303800	木材 锯材	m³	1547.01		3.922	3.367	4.364	4.166	3.491	3.518
	050500010	胶合板	m²	12.82		—	110.350	—	—	96.300	66.300
	002000010	其他材料费	元	—		85.00	101.34	83.62	83.34	119.53	118.51
机械	990706010	木工圆锯机 直径500mm	台班	25.81		0.590	0.980	0.530	0.350	0.630	0.570
	990709020	木工平刨床 刨削宽度500mm	台班	23.12		1.540	2.400	1.510	0.980	1.790	1.620
	990710010	木工单面压刨床 刨削宽度600mm	台班	31.84		1.470	2.280	1.510	0.980	1.790	1.620
	990714010	木工开榫机 榫头长度160mm	台班	49.59		1.120	1.740	1.200	0.780	1.420	1.290
	990715010	木工打眼机 榫槽宽度16mm	台班	8.90		1.370	2.140	1.840	1.200	2.180	1.970
	990717010	木工裁口机 宽度400mm	台班	33.28		0.630	0.980	0.610	0.400	0.720	0.650

工作内容:制作门框、扇、纱门扇、压纱条、钉木拉条等全部操作过程。 计量单位:100m²

	定 额 编 号				AH0013	AH0014	AH0015	AH0016	AH0017
					拼板门制作	纱门扇制作	浴室、厕所隔断上小木门扇制作	壁柜门制作	单独门框制作
	项 目 名 称				框断面59.4cm²			一面钉板	框断面52cm²
	综 合 单 价 (元)				**14047.54**	**5275.91**	**13090.39**	**11016.85**	**3998.66**
费用	其中	人 工 费 (元)			3600.00	1450.00	5533.00	4000.00	988.00
		材 料 费 (元)			8670.98	3087.53	5059.45	5052.74	2553.66
		施 工 机 具 使 用 费 (元)			281.43	129.83	264.67	305.60	55.17
		企 业 管 理 费 (元)			935.43	380.74	1397.24	1037.65	251.40
		利 润 (元)			501.48	204.11	749.06	556.28	134.78
		一 般 风 险 费 (元)			58.22	23.70	86.97	64.58	15.65
	编码	名 称	单位	单价(元)	消	耗		量	
人工	000300050	木工综合工	工日	125.00	28.800	11.600	44.264	32.000	7.904
材料	050303800	木材 锯材	m³	1547.01	5.549	1.950	3.231	2.457	1.641
	050500010	胶合板	m²	12.82	—	—	—	88.680	—
	002000010	其他材料费	元	—	86.62	70.86	61.06	114.86	15.02
机械	990706010	木工圆锯机 直径500mm	台班	25.81	1.120	0.520	1.050	1.350	0.210
	990709020	木工平刨床 刨削宽度500mm	台班	23.12	2.370	1.090	2.220	2.710	0.560
	990710010	木工单面压刨床 刨削宽度600mm	台班	31.84	2.270	1.040	2.140	2.010	0.460
	990714010	木工开榫机 榫头长度160mm	台班	49.59	1.550	0.720	1.460	1.780	0.200
	990715010	木工打眼机 榫槽宽度16mm	台班	8.90	1.870	0.870	1.770	2.160	0.440
	990717010	木工裁口机 宽度400mm	台班	33.28	0.960	0.440	0.900	1.100	0.250

H.1.2 木门安装(编码:010801002)

工作内容:边框刷防腐油、木砖浸渍、安放、填麻刀石灰浆、装配小五金、
划安玻璃、嵌油灰等全部操作过程。 计量单位:100m²

	定 额 编 号				AH0018	AH0019	AH0020	AH0021
					镶板、胶合板门安装	镶板门安装	胶合板门安装	
	项 目 名 称						带百叶	带观察口
	综 合 单 价 (元)				**5301.03**	**5619.19**	**5072.08**	**5757.10**
费用	其中	人 工 费 (元)			2770.00	2900.00	2604.00	2742.00
		材 料 费 (元)			1461.95	1599.75	1462.95	1956.81
		施 工 机 具 使 用 费 (元)			1.50	1.70	1.50	1.50
		企 业 管 理 费 (元)			667.93	699.31	627.92	661.18
		利 润 (元)			358.08	374.90	336.63	354.46
		一 般 风 险 费 (元)			41.57	43.53	39.08	41.15
	编码	名 称	单位	单价(元)	消	耗		量
人工	000300050	木工综合工	工日	125.00	22.160	23.200	20.832	21.936
材料	050303800	木材 锯材	m³	1547.01	0.430	0.480	0.430	0.430
	064500025	玻璃5	m²	23.08	4.680	6.330	4.680	24.090
	341100100	水	m³	4.42	0.200	0.220	0.200	0.200
	002000110	五金材料费	元	—	423.12	423.12	423.12	423.12
	002000010	其他材料费	元	—	264.72	287.00	265.72	311.59
机械	990706010	木工圆锯机 直径500mm	台班	25.81	0.058	0.066	0.058	0.058

工作内容:边框刷防腐油、木砖浸渍、安放、填麻刀石灰浆、装配小五金、
　　　　划安玻璃、嵌油灰等全部操作过程。

计量单位:100m²

定　额　编　号					AH0022	AH0023	AH0024	AH0025
项　目　名　称					镶板、胶合板门安装	镶板、胶合板门带窗安装		拼板门安装
					半玻	全板	半玻	
综　合　单　价　(元)					6217.58	6258.11	7078.96	4690.98
费用	其中	人　工　费　(元)			2868.00	2983.00	3132.00	2380.00
		材　料　费　(元)			2242.86	2124.28	2738.73	1392.35
		施工机具使用费　(元)			1.42	1.29	1.29	1.34
		企业管理费　(元)			691.53	719.21	755.12	573.90
		利　润　(元)			370.73	385.57	404.82	307.67
		一般风险费　(元)			43.04	44.76	47.00	35.72
	编码	名　称	单位	单价(元)	消　　耗　　量			
人工	000300050	木工综合工	工日	125.00	22.944	23.864	25.056	19.040
材料	050303800	木材 锯材	m³	1547.01	0.393	0.307	0.307	0.330
	064500025	玻璃 5	m²	23.08	46.310	31.980	56.130	12.400
	341100100	水	m³	4.42	0.180	0.160	0.160	0.180
	002000010	其他材料费	元	—	327.83	315.78	372.85	169.93
	002000110	五金材料费	元	—	237.42	594.76	594.76	424.92
机械	990706010	木工圆锯机 直径 500mm	台班	25.81	0.055	0.050	0.050	0.052

工作内容:边框刷防腐油、木砖浸渍、安放、填麻刀石灰浆、装配小五金、
　　　　划安玻璃、钉塑料纱、嵌油灰等全部操作过程。

计量单位:100m²

定　额　编　号					AH0026	AH0027	AH0028	AH0029	AH0030
项　目　名　称					纱门扇安装	浴室、隔断上小木门扇安装	壁柜门安装	木门框安装	木门扇安装
							一面钉板		
综　合　单　价　(元)					2759.91	3581.83	4477.84	2727.89	1843.36
费用	其中	人　工　费　(元)			1634.00	2000.00	2300.00	1382.00	1121.00
		材　料　费　(元)			495.25	809.29	1289.71	812.11	290.55
		施工机具使用费　(元)			0.90	1.55	1.57	1.03	—
		企业管理费　(元)			394.01	482.37	554.68	333.31	270.16
		利　润　(元)			211.23	258.60	297.36	178.69	144.83
		一般风险费　(元)			24.52	30.02	34.52	20.75	16.82
	编码	名　称	单位	单价(元)	消　　耗　　量				
人工	000300050	木工综合工	工日	125.00	13.072	16.000	18.400	11.056	8.968
材料	021902300	塑料纱	m²	2.97	89.000	—	—	—	—
	050303800	木材 锯材	m³	1547.01	—	—	0.390	0.430	—
	341100100	水	m³	4.42	—	—	0.270	0.200	—
	002000110	五金材料费	元	—	173.40	44.41	398.75	—	227.07
	002000010	其他材料费	元	—	57.52	764.88	286.43	146.01	63.48
机械	990706010	木工圆锯机 直径 500mm	台班	25.81	0.035	0.060	0.061	0.040	—

H.2 金属门(编码:010802)

H.2.1 塑钢成品门安装(编码:010802001)

工作内容:现场搬运、安装框扇、五金配件、校正、框边塞缝等。

计量单位:100m²

	定 额 编 号				AH0031	AH0032	AH0033
	项 目 名 称				塑钢门安装		
					推拉	平开	纱门
	综 合 单 价 (元)				**25060.75**	**27071.94**	**16625.98**
费 用	其 中	人 工 费 (元)			1984.68	2225.16	1587.60
		材 料 费 (元)			22311.57	23989.65	14426.84
		施 工 机 具 使 用 费 (元)			—	—	—
		企 业 管 理 费 (元)			478.31	536.26	382.61
		利 润 (元)			256.42	287.49	205.12
		一 般 风 险 费 (元)			29.77	33.38	23.81
	编码	名 称	单位	单价(元)	消 耗 量		
人工	000300160	金属制安综合工	工日	120.00	16.539	18.543	13.230
材 料	111100400	塑钢推拉门	m²	196.58	97.000	—	—
	111100300	塑钢平开门	m²	205.13	—	97.000	—
	112100300	塑钢 纱门扇	m²	136.75	—	—	100.000
	144103110	聚氨酯发泡密封胶(750mL/支)	支	19.91	79.872	98.404	—
	144102310	硅酮耐候密封胶	kg	29.91	53.360	68.823	23.560
	002000010	其他材料费	元	—	57.06	74.32	47.16

H.2.2 成品钢门(编码:010802002)

工作内容:现场搬运、安装框扇、五金配件、校正、框边塞缝等。

计量单位:100m²

	定 额 编 号				AH0034
	项 目 名 称				钢门安装
	综 合 单 价 (元)				**20412.64**
费 用	其 中	人 工 费 (元)			3504.00
		材 料 费 (元)			15534.56
		施 工 机 具 使 用 费 (元)			17.57
		企 业 管 理 费 (元)			848.70
		利 润 (元)			454.99
		一 般 风 险 费 (元)			52.82
	编码	名 称	单位	单价(元)	消 耗 量
人工	000300160	金属制安综合工	工日	120.00	29.200
材 料	110300100	钢门	m²	156.84	97.000
	810201050	水泥砂浆 1:3 (特)	m³	213.87	1.351
	031350320	低碳钢焊条 J422 φ2.5~3.2	kg	4.19	6.000
	002000010	其他材料费	元	—	7.00
机 械	990901010	交流弧焊机 容量 21kV·A	台班	58.56	0.300

H.2.3 成品钢质防火门(编码:010802003)

工作内容:门洞修整、防火门安装、框周边塞缝等。 计量单位:100m²

定 额 编 号					AH0035	
项 目 名 称					钢质防火门安装	
综 合 单 价 (元)					**49473.05**	
费用	其中	人 工 费 (元)			3780.00	
		材 料 费 (元)			44236.99	
		施 工 机 具 使 用 费 (元)			—	
		企 业 管 理 费 (元)			910.98	
		利 润 (元)			488.38	
		一 般 风 险 费 (元)			56.70	
	编码	名 称	单位	单价(元)	消 耗 量	
人工	000300160	金属制安综合工	工日	120.00	31.500	
材料	110300300	钢质防火门	m²	452.99	97.000	
	810201050	水泥砂浆 1:3(特)	m³	213.87	1.351	
	002000010	其他材料费	元	—	8.02	

H.2.4 成品防盗门(编码:010802004)

工作内容:打眼剔洞、框扇安装校正、焊接、框周边塞封等。 计量单位:100m²

定 额 编 号					AH0036	
项 目 名 称					钢质防盗门安装	
综 合 单 价 (元)					**58785.98**	
费用	其中	人 工 费 (元)			3780.00	
		材 料 费 (元)			53516.66	
		施 工 机 具 使 用 费 (元)			24.01	
		企 业 管 理 费 (元)			916.77	
		利 润 (元)			491.48	
		一 般 风 险 费 (元)			57.06	
	编码	名 称	单位	单价(元)	消 耗 量	
人工	000300160	金属制安综合工	工日	120.00	31.500	
材料	112300900	防盗门	m²	547.01	97.000	
	032130010	铁件 综合	kg	3.68	95.779	
	810201050	水泥砂浆 1:3(特)	m³	213.87	0.260	
	002000010	其他材料费	元	—	48.62	
机械	990901010	交流弧焊机 容量 21kV·A	台班	58.56	0.410	

H.3 金属卷帘(闸)门(编码:010803)

H.3.1 卷帘(闸)门(编码:010803001)

工作内容:卷帘门、支架、导槽、附件安装、试开等全部操作过程。 计量单位:100m²

定 额 编 号						AH0037	AH0038
项 目 名 称						卷闸门安装	
						镀锌钢板	铝合金
综 合 单 价 (元)						**23302.10**	**22896.42**
费用	其中	人 工 费 (元)				5391.00	5940.00
		材 料 费 (元)				15817.45	14635.89
		施工机具使用费 (元)				12.30	23.42
		企 业 管 理 费 (元)				1302.19	1437.19
		利 润 (元)				698.11	770.47
		一 般 风 险 费 (元)				81.05	89.45
	编码	名 称	单位	单价(元)		消 耗 量	
人工	000300160	金属制安综合工	工日	120.00		44.925	49.500
材料	112500750	镀锌钢板手动卷闸门	m²	130.00		120.000	—
	112500850	铝合金手动卷闸门	m²	120.00		—	120.000
	032130010	铁件 综合	kg	3.68		28.799	28.799
	002000010	其他材料费	元	—		111.47	129.91
机械	990901010	交流弧焊机 容量21kV·A	台班	58.56		0.210	0.400

H.3.2 不锈钢卷门(编码:010803002)

工作内容:卷帘门、支架、附件安装、门锁(电动装置)安装、试开等全部操作过程。

定 额 编 号						AH0039	AH0040
项 目 名 称						卷闸门安装	
						不锈钢	电动装置
单 位						100m²	套
综 合 单 价 (元)						**20806.93**	**910.77**
费用	其中	人 工 费 (元)				5994.00	270.00
		材 料 费 (元)				12484.58	526.23
		施工机具使用费 (元)				14.05	7.61
		企 业 管 理 费 (元)				1447.94	66.90
		利 润 (元)				776.24	35.87
		一 般 风 险 费 (元)				90.12	4.16
	编码	名 称	单位	单价(元)		消 耗 量	
人工	000300160	金属制安综合工	工日	120.00		49.950	2.250
材料	112500400	不锈钢卷帘门	m²	110.00		110.000	—
	113700110	卷闸门电动装置	套	512.82		—	1.000
	032130010	铁件 综合	kg	3.68		28.799	—
	031350410	不锈钢焊条 综合	kg	33.00		5.712	—
	002000010	其他材料费	元	—		90.10	13.41
机械	990901010	交流弧焊机 容量21kV·A	台班	58.56		0.240	0.130

H.3.3 防火卷帘(闸)门(编码:010803003)

工作内容:卷帘门、导槽、端板及支撑,附件安装、门锁安装、调试等全部操作过程　　　　　计量单位:100m²

定 额 编 号					AH0041	
项 目 名 称					防火卷帘门安装	
费用	其中	综 合 单 价 (元)			**31580.29**	
		人 工 费 (元)			5976.00	
		材 料 费 (元)			23269.89	
		施 工 机 具 使 用 费 (元)			23.42	
		企 业 管 理 费 (元)			1445.86	
		利 润 (元)			775.13	
		一 般 风 险 费 (元)			89.99	
	编码	名 称	单位	单价(元)	消 耗 量	
人工	000300160	金属制安综合工	工日	120.00	49.800	
材料	112500020	防火卷帘门	m²	209.40	110.000	
	032130010	铁件 综合	kg	3.68	28.799	
	002000010	其他材料费	元	—	129.91	
机械	990901010	交流弧焊机 容量 21kV·A	台班	58.56	0.400	

H.4　厂库房大门、特种门(编码:010804)

H.4.1　木板大门制作、安装(编码:010804001)

工作内容:制作门框、门扇。　　　　　　　　　　　　　　　　　　　　　计量单位:100m²

定 额 编 号			AH0042	AH0043	AH0044	AH0045
项 目 名 称			木板大门制作			
			无框		有框	
			平开	推拉	单面钉板	双面钉板
费用	其中	综 合 单 价 (元)	**12498.10**	**13603.72**	**13421.40**	**17466.25**
		人 工 费 (元)	4371.25	4606.25	4750.00	5468.00
		材 料 费 (元)	6206.49	6995.75	6331.17	9284.00
		施 工 机 具 使 用 费 (元)	170.77	164.15	368.56	438.91
		企 业 管 理 费 (元)	1094.63	1149.67	1233.57	1423.57
		利 润 (元)	586.83	616.34	661.32	763.17
		一 般 风 险 费 (元)	68.13	71.56	76.78	88.60
	编码	名 称	单位	单价(元)	消 耗 量			
人工	000300050	木工综合工	工日	125.00	34.970	36.850	38.000	43.744
材料	050303800	木材 锯材	m³	1547.01	3.950	4.460	3.910	5.740
	002000010	其他材料费	元	—	95.80	96.09	282.36	404.16
机械	990706010	木工圆锯机 直径 500mm	台班	25.81	0.650	0.600	1.450	1.730
	990709020	木工平刨床 刨削宽度 500mm	台班	23.12	1.400	1.510	3.030	3.610
	990710010	木工单面压刨床 刨削宽度 600mm	台班	31.84	1.400	1.510	3.030	3.610
	990714010	木工开榫机 榫头长度 160mm	台班	49.59	0.980	0.770	2.090	2.490
	990715010	木工打眼机 榫槽宽度 16mm	台班	8.90	1.140	0.920	2.400	2.860
	990717010	木工裁口机 宽度 400mm	台班	33.28	0.550	0.580	1.190	1.410

工作内容: 1.安装门框、门扇。
　　　　2.边框刷防腐油、木砖浸油、安放木砖、划安玻璃及安五金、埋设铁件、嵌油灰等全部操作过程。

计量单位:100m²

定　额　编　号				AH0046	AH0047	AH0048
项　目　名　称				无框木板大门安装		木板大门安装
				无框		有框
				平开	推拉	
综　合　单　价　（元）				**6144.99**	**10677.35**	**6184.34**
费用	其中	人　工　费　（元）		2362.50	3222.50	2437.50
		材　料　费　（元）		2872.45	6213.54	2807.91
		施工机具使用费　（元）		—	—	—
		企　业　管　理　费　（元）		569.36	776.62	587.44
		利　　　润　（元）		305.24	416.35	314.93
		一　般　风　险　费　（元）		35.44	48.34	36.56
	编码	名　称	单位	单价（元）	消　　耗　　量	
人工	000300050	木工综合工	工日	125.00	18.900	25.780	19.500
材料	064500025	玻璃5	m²	23.08	13.160	15.080	7.740
	050303800	木材 锯材	m³	1547.01	—	0.061	—
	032134815	加工铁件	kg	4.06	621.300	1322.000	621.300
	020100103	橡胶板	m²	50.46	—	4.680	—
	002000110	五金材料费	元	—	12.00	12.00	12.00
	002000010	其他材料费	元	—	34.24	155.65	94.79

H.4.2　钢木大门制作、安装（编码:010804002）

工作内容: 制作门框、门扇。

计量单位:100m²

定　额　编　号				AH0049	AH0050	AH0051	AH0052	AH0053
项　目　名　称				钢木大门制作				
				一面铺板	二面铺板	一面铺板	二面铺板	折叠
				平开		推拉		
综　合　单　价　（元）				**18207.48**	**23784.09**	**18804.64**	**23069.91**	**19755.91**
费用	其中	人　工　费　（元）		4273.75	5552.50	5065.00	5550.00	7259.25
		材　料　费　（元）		12088.39	15725.40	11600.14	15040.65	8993.17
		施工机具使用费　（元）		143.73	265.20	136.05	246.46	510.56
		企　业　管　理　费　（元）		1064.61	1402.07	1253.45	1396.95	1872.52
		利　　　润　（元）		570.74	751.65	671.98	748.90	1003.86
		一　般　风　险　费　（元）		66.26	87.27	78.02	86.95	116.55
	编码	名　称	单位	单价（元）	消　　耗　　量				
人工	000300050	木工综合工	工日	125.00	34.190	44.420	40.520	44.400	58.074
材料	050303800	木材 锯材	m³	1547.01	3.590	5.190	3.370	4.970	2.484
	330104900	钢骨架	kg	2.99	2081.790	2292.070	2042.230	2220.420	1629.700
	150500910	矿棉	m³	205.13	—	0.160	—	0.160	—
	002000010	其他材料费	元	—	310.07	810.31	280.45	680.13	277.59
机械	990709020	木工平刨床 刨削宽度500mm	台班	23.12	1.750	3.540	1.790	3.290	6.830
	990706010	木工圆锯机 直径500mm	台班	25.81	0.430	0.770	0.420	0.750	1.550
	990710010	木工单面压刨床 刨削宽度600mm	台班	31.84	1.950	3.540	1.790	3.290	6.830
	990714010	木工开榫机 榫头长度160mm	台班	49.59	0.080	0.086	0.060	0.068	0.130
	990715010	木工打眼机 榫槽宽度16mm	台班	8.90	0.130	0.140	0.100	0.110	0.210
	990717010	木工裁口机 宽度400mm	台班	33.28	0.750	1.360	0.690	1.260	2.610

工作内容:1.安装门框、门扇。
　　　　2.边框刷防腐油、木砖浸油、安放木砖、划安玻璃及安五金、埋设铁件、嵌油灰等全部操作过程。

计量单位:100m²

定 额 编 号				AH0054	AH0055	AH0056
项 目 名 称				钢木大门安装		
				平开	推拉	折叠
综 合 单 价 （元）				**7068.58**	**15600.59**	**9148.89**
费用	其中	人 工 费 （元）		2685.00	3850.00	4465.00
		材 料 费 （元）		3349.31	10267.57	2963.96
		施 工 机 具 使 用 费 （元）		—	—	—
		企 业 管 理 费 （元）		647.09	927.85	1076.07
		利 润 （元）		346.90	497.42	576.88
		一 般 风 险 费 （元）		40.28	57.75	66.98
	编码	名 称	单位	单价（元）	消 耗 量	
人工	000300050	木工综合工	工日	125.00	21.480	30.800	35.720
材料	050303800	木材 锯材	m³	1547.01	0.046	—	—
	064500025	玻璃 5	m²	23.08	14.650	14.650	19.740
	032134815	加工铁件	kg	4.06	518.900	2295.500	352.790
	020100103	橡胶板	m²	50.46	14.760	9.390	5.510
	002000010	其他材料费	元	—	88.50	135.90	798.00

H.4.3　自加工钢门制作、安装（编码:010804003）

工作内容:放样、画线、裁料、平直、钻孔、拼装、焊接、成品校正、刷防锈漆及成品堆放。

计量单位:100m²

定 额 编 号				AH0057	AH0058	AH0059
项 目 名 称				全板钢大门制作		
				平开式	推拉式	折叠式
综 合 单 价 （元）				**28421.61**	**27878.89**	**23537.63**
费用	其中	人 工 费 （元）		10825.20	10825.20	10294.80
		材 料 费 （元）		10934.41	10794.21	8007.48
		施 工 机 具 使 用 费 （元）		1799.12	1508.52	916.69
		企 业 管 理 费 （元）		3042.46	2972.43	2701.97
		利 润 （元）		1631.06	1593.52	1448.52
		一 般 风 险 费 （元）		189.36	185.01	168.17
	编码	名 称	单位	单价（元）	消 耗 量	
人工	000300160	金属制安综合工	工日	120.00	90.210	90.210	85.790
材料	050303800	木材 锯材	m³	1547.01	0.001	0.001	0.001
	010000120	钢材	t	2957.26	3.206	3.206	0.701
	330104900	钢骨架	kg	2.99	—	—	1630.000
	031350010	低碳钢焊条 综合	kg	4.19	202.800	169.980	103.370
	002000010	其他材料费	元	—	602.16	599.47	626.07
机械	990901040	交流弧焊机 42kV·A	台班	118.13	15.230	12.770	7.760

工作内容:安装预埋铁件、五金铁件、橡胶板及密封条、塞缝、门扇安装等全部操作过程。　　　　　　　　计量单位:100m²

定　额　编　号					AH0060	AH0061	AH0062
项　目　名　称					全板钢大门安装		
					平开式	推拉式	折叠式
综　合　单　价　(元)					**6474.30**	**17013.42**	**5867.70**
费用	其中	人　工　费　(元)			1750.80	1924.80	1286.40
		材　料　费　(元)			3723.45	12971.04	4085.78
		施工机具使用费　(元)			235.08	993.47	—
		企　业　管　理　费　(元)			478.60	703.30	310.02
		利　　　润　(元)			256.58	377.04	166.20
		一　般　风　险　费　(元)			29.79	43.77	19.30
	编码	名　　称	单位	单价(元)	消　　耗　　量		
人工	000300160	金属制安综合工	工日	120.00	14.590	16.040	10.720
材料	050303800	木材 锯材	m³	1547.01	0.051	—	—
	032134815	加工铁件	kg	4.06	513.190	2974.570	386.110
	064500025	玻璃 5	m²	23.08	14.410	15.970	20.090
	031350010	低碳钢焊条 综合	kg	4.19	6.170	44.840	—
	020100103	橡胶板	m²	50.46	21.490	3.800	—
	002000010	其他材料费	元	—	118.18	146.07	2054.50
机械	990901040	交流弧焊机 42kV·A	台班	118.13	1.990	8.410	—

H.4.4　防护铁丝门(编码:010804004)

工作内容:1.放样、画线、裁料、平直、钻孔、拼装、焊接、成品校正、刷防锈漆及成品堆放。
2.安装预埋铁件、五金铁件、橡胶板及密封条、塞缝、门扇安装等全部操作过程。　　　　　计量单位:100m²

定　额　编　号					AH0063	AH0064	AH0065	AH0066
项　目　名　称					围墙钢大门制作		围墙钢大门安装	
					钢管框铁丝网	角钢框铁丝网	钢管框铁丝网	角钢框铁丝网
综　合　单　价　(元)					**29181.85**	**29446.74**	**3446.16**	**3482.96**
费用	其中	人　工　费　(元)			16931.88	16931.88	1491.60	1491.60
		材　料　费　(元)			5233.64	5434.72	1380.00	1416.80
		施工机具使用费　(元)			356.75	402.82	—	—
		企　业　管　理　费　(元)			4166.56	4177.66	359.48	359.48
		利　　　润　(元)			2233.69	2239.64	192.71	192.71
		一　般　风　险　费　(元)			259.33	260.02	22.37	22.37
	编码	名　　称	单位	单价(元)	消　　耗　　量			
人工	000300160	金属制安综合工	工日	120.00	141.099	141.099	12.430	12.430
材料	170100750	焊接钢管 D50×3.5	t	3085.00	1.020	—	—	—
	010000120	钢材	t	2957.26	—	1.104	—	—
	032100848	镀锌铁丝拔花网	m²	7.00	71.768	71.177	—	—
	050303800	木材 锯材	m³	1547.01	0.001	0.001	—	—
	032130010	铁件 综合	kg	3.68	384.420	402.190	375.000	385.000
	031350010	低碳钢焊条 综合	kg	4.19	40.180	45.360	—	—
机械	990901040	交流弧焊机 42kV·A	台班	118.13	3.020	3.410	—	—

工作内容:门安装、五金铁件等。　　　　　　　　　　　　　　　　　　　　　　　　　　　　计量单位:100m²

定额编号					AH0067	AH0068	AH0069	AH0070	AH0071
项目名称					冷藏库大门安装	保温门安装	变电室门安装	隔音门安装	射线防护门安装
		综合单价(元)			**162008.41**	**157784.36**	**84488.12**	**72700.46**	**124101.45**
费用	其中	人工费(元)			7959.60	5130.00	6140.16	1738.80	2337.84
		材料费(元)			150392.05	150503.19	75392.05	70116.79	120648.72
		施工机具使用费(元)			426.45	126.40	426.45	126.40	154.75
		企业管理费(元)			2021.04	1266.79	1582.55	449.51	600.71
		利润(元)			1083.48	679.13	848.41	240.98	322.04
		一般风险费(元)			125.79	78.85	98.50	27.98	37.39
	编码	名称	单位	单价(元)	消	耗		量	
人工	000300160	金属制安综合工	工日	120.00	66.330	42.750	51.168	14.490	19.482
材料	112300530	冷藏库大门	m²	1500.00	100.000	—	—	—	—
	112300730	保温门	m²	1500.00	—	100.000	—	—	—
	112300800	变电室门	m²	750.00	—	—	100.000	—	—
	112300750	隔音门	m²	700.00	—	—	—	100.000	—
	112300430	射线防护门	m²	1200.00	—	—	—	—	100.000
	031350110	低碳钢焊条结422综合	kg	4.58	85.600	25.500	85.600	25.500	31.100
	032130010	铁件 综合	kg	3.68	—	105.000	—	—	—
	032131310	预埋铁件	kg	4.06	—	—	—	—	124.700
机械	990901040	交流弧焊机 42kV·A	台班	118.13	3.610	1.070	3.610	1.070	1.310

H.5　木窗制作、安装(编码:010806)

H.5.1　木窗制作、安装(编码:010806001)

工作内容:制作窗框、木拉条。　　　　　　　　　　　　　　　　　　　　　　　　　　　　计量单位:100m²

定额编号					AH0072	AH0073	AH0074	AH0075	AH0076
项目名称					单层玻璃窗制作	单层矩形木百叶窗制作		天窗制作	
					框断面52cm²	固定	带开扇	全中悬	中悬带固定
		综合单价(元)			**11632.88**	**16883.88**	**20347.75**	**9686.00**	**8692.83**
费用	其中	人工费(元)			2796.00	5950.00	7650.00	2522.00	2273.00
		材料费(元)			7475.65	8306.89	9329.84	5940.89	5292.03
		施工机具使用费(元)			205.18	241.88	304.02	181.67	182.09
		企业管理费(元)			723.28	1492.24	1916.92	651.58	591.68
		利润(元)			387.75	799.99	1027.66	349.31	317.20
		一般风险费(元)			45.02	92.88	119.31	40.55	36.83
	编码	名称	单位	单价(元)	消	耗		量	
人工	000300050	木工综合工	工日	125.00	22.368	47.600	61.200	20.176	18.184
材料	050303800	木材 锯材	m³	1547.01	4.782	5.354	5.984	3.774	3.350
	002000010	其他材料费	元	—	77.85	24.20	72.53	102.47	109.55
机械	990706010	木工圆锯机 直径500mm	台班	25.81	0.530	1.550	2.120	0.420	0.490
	990709020	木工平刨床 刨削宽度500mm	台班	23.12	1.560	4.060	4.230	1.850	1.790
	990710010	木工单面压刨床 刨削宽度600mm	台班	31.84	1.560	0.730	0.950	1.850	1.790
	990714010	木工开榫机 榫头长度160mm	台班	49.59	1.260	0.810	1.210	0.770	0.830
	990715010	木工打眼机 榫槽宽度16mm	台班	8.90	2.320	3.590	5.050	1.460	1.640
	990717010	木工裁口机 宽度400mm	台班	33.28	0.680	0.380	0.490	0.540	0.460

工作内容：制作窗框、木拉条。　　　　　　　　　　　　　　　　　　　　　　　　　　　　计量单位：100m²

定　额　编　号					AH0077	AH0078	AH0079	AH0080
项　目　名　称					递物窗制作	圆形玻璃窗制作	半圆形玻璃窗制作	纱窗扇制作
综　合　单　价　（元）					**13494.07**	**14502.58**	**14642.67**	**5400.48**
费用	其中	人　工　费　（元）			2000.00	3790.00	3670.00	1687.50
		材　料　费　（元）			10476.35	9252.67	9558.99	2898.59
		施工机具使用费　（元）			178.54	—	—	118.66
		企　业　管　理　费　（元）			525.03	913.39	884.47	435.28
		利　　润　（元）			281.47	489.67	474.16	233.36
		一　般　风　险　费　（元）			32.68	56.85	55.05	27.09
	编码	名　称	单位	单价（元）	消　　耗　　量			
人工	000300050	木工综合工	工日	125.00	16.000	30.320	29.360	13.500
材料	050303800	木材　锯材	m³	1547.01	6.710	5.931	6.130	1.838
	002000010	其他材料费	元	—	95.91	77.35	75.82	55.19
机械	990706010	木工圆锯机　直径500mm	台班	25.81	0.510	—	—	0.310
	990709020	木工平刨床　刨削宽度500mm	台班	23.12	1.460	—	—	0.900
	990710010	木工单面压刨床　刨削宽度600mm	台班	31.84	1.460	—	—	0.900
	990714010	木工开榫机　榫头长度160mm	台班	49.59	0.970	—	—	0.730
	990715010	木工打眼机　榫槽宽度16mm	台班	8.90	1.730	—	—	1.350
	990717010	木工裁口机　宽度400mm	台班	33.28	0.650	—	—	0.390

工作内容：1.安装窗框、窗扇、幺扇
　　　　　2.边框刷防腐油、木砖安放、填麻刀石灰浆、装配小五金、划安玻璃、嵌油灰等全部操作过程。　　**计量单位：100m²**

定　额　编　号					AH0081	AH0082	AH0083	AH0084	AH0085	AH0086
项　目　名　称					单层玻璃窗安装	单层矩形百叶窗安装		天窗安装		递物窗安装
						固定	带开扇	全中悬	中悬带固定	
综　合　单　价　（元）					**6842.05**	**2318.81**	**5787.25**	**6305.84**	**6483.61**	**8844.33**
费用	其中	人　工　费　（元）			2587.50	1321.25	3281.25	2537.50	2502.50	3079.13
		材　料　费　（元）			3255.84	484.31	1237.76	2789.83	3016.08	4576.98
		施工机具使用费　（元）			1.45	3.10	3.10	0.77	0.77	1.55
		企　业　管　理　费　（元）			623.94	319.17	791.53	611.72	603.29	742.44
		利　　润　（元）			334.49	171.11	424.34	327.95	323.42	398.02
		一　般　风　险　费　（元）			38.83	19.87	49.27	38.07	37.55	46.21
	编码	名　称	单位	单价（元）	消　　耗　　量					
人工	000300050	木工综合工	工日	125.00	20.700	10.570	26.250	20.300	20.020	24.633
材料	050303800	木材　锯材	m³	1547.01	0.329	0.260	0.238	0.186	0.212	0.372
	064500025	玻璃5	m²	23.08	73.430	—	—	83.160	90.120	86.290
	341100100	水	m³	4.42	0.260	0.240	0.240	0.200	0.190	0.270
	002000010	其他材料费	元	—	439.44	81.03	191.26	379.55	404.98	411.47
	002000110	五金材料费	元	—	611.52	—	677.25	202.32	202.32	1597.26
机械	990706010	木工圆锯机　直径500mm	台班	25.81	0.056	0.120	0.120	0.030	0.030	0.060

工作内容:1.安装窗框、窗扇、幺扇。
　　　　2.边框刷防腐油、木砖安放、填麻刀石灰浆、装配小五金、划安玻璃、嵌油灰等全部操作过程。　　计量单位:100m²

定　额　编　号					AH0087	AH0088	AH0089	AH0090	AH0091
项　目　名　称					圆形玻璃窗安装	半圆形玻璃窗安装	纱窗扇安装	木窗上安	
								铁窗栅	钢筋御棍
综　合　单　价　(元)					8407.90	7644.68	3562.88	8566.53	3952.40
费用	其中	人　工　费　(元)			3404.25	3075.75	1843.75	568.75	1225.00
		材　料　费　(元)			3692.34	3384.14	1008.20	7778.70	2255.52
		施工机具使用费　(元)			—	—	0.52	—	—
		企　业　管　理　费　(元)			820.42	741.26	444.47	137.07	295.23
		利　　润　(元)			439.83	397.39	238.28	73.48	158.27
		一　般　风　险　费　(元)			51.06	46.14	27.66	8.53	18.38
	编码	名　　称	单位	单价(元)	消　　　耗　　　量				
人工	000300050	木工综合工	工日	125.00	27.234	24.606	14.750	4.550	9.800
材料	050303800	木材 锯材	m³	1547.01	0.816	0.460	—	—	—
	064500025	玻璃 5	m²	23.08	83.550	95.200	—	—	—
	341100100	水	m³	4.42	0.300	0.340	—	—	—
	330501500	铁窗栅	kg	6.84	—	—	—	1130.000	—
	010100315	钢筋 φ10 以外	t	2960.00	—	—	—	—	0.762
	021902300	塑料纱	m²	2.97	—	—	99.500	—	—
	002000010	其他材料费	元	—	500.32	473.80	163.56	49.50	—
	002000110	五金材料费	元	—	—	—	549.12	—	—
机械	990706010	木工圆锯机 直径 500mm	台班	25.81	—	—	0.020	—	—

H.6　金属窗(编码:010807)

H.6.1　成品塑钢窗(编码:010807001)

工作内容:现场搬运、定位、画线、吊正、安装、框周边塞缝等　　　　　　　　　　　　　　　　　　　计量单位:100m²

定　额　编　号					AH0092	AH0093	AH0094	AH0095	AH0096
项　目　名　称					塑钢成品窗安装				
					推拉	外平开	飘凸	阳台封闭	纱窗
综　合　单　价　(元)					25628.13	27793.11	20721.18	21393.52	15685.55
费用	其中	人　工　费　(元)			1212.00	1503.60	1747.20	1923.60	1200.00
		材　料　费　(元)			23949.27	25710.32	18300.95	18728.95	14023.31
		施工机具使用费　(元)			—	—	—	—	—
		企　业　管　理　费　(元)			292.09	362.37	421.08	463.59	289.20
		利　　润　(元)			156.59	194.27	225.74	248.53	155.04
		一　般　风　险　费　(元)			18.18	22.55	26.21	28.85	18.00
	编码	名　　称	单位	单价(元)	消　　　耗　　　量				
人工	000300160	金属制安综合工	工日	120.00	10.100	12.530	14.560	16.030	10.000
材料	111100200	塑钢 推拉窗	m²	205.13	97.000	—	—	—	—
	111100100	塑钢 平开窗	m²	213.68	—	97.000	—	—	—
	111100220	塑钢 飘凸窗	m²	149.57	—	—	100.000	—	—
	111100230	塑钢阳台封闭窗	m²	153.85	—	—	—	100.000	—
	112100200	塑钢纱窗扇	m²	128.21	—	—	—	—	100.000
	144103110	聚氨酯发泡密封胶(750mL/支)	支	19.91	99.840	123.000	86.100	86.100	30.420
	144102310	硅酮耐候密封胶	kg	29.91	66.800	81.792	52.688	52.688	18.600
料	002000010	其他材料费	元	—	65.86	88.03	53.80	53.80	40.32

H.6.2　成品防火窗(编码:010807002)

工作内容:现场搬运、安装框扇、校正、安装五金配件、框边塞缝等。　　　　　　计量单位:100m²

定　额　编　号					AH0097	
项　目　名　称					成品防火窗安装	
综　合　单　价　（元）					**47738.18**	
费用	其中	人　工　费　（元）			3142.80	
		材　料　费　（元）			43366.12	
		施工机具使用费　（元）			13.47	
		企　业　管　理　费　（元）			760.66	
		利　　　润　　　（元）			407.79	
		一　般　风　险　费　（元）			47.34	
	编码	名　　称	单位	单价(元)	消　耗　量	
人工	000300160	金属制安综合工	工日	120.00	26.190	
材料	110000200	防火窗	m²	444.44	97.000	
	810201050	水泥砂浆 1:3（特）	m³	213.87	1.100	
	002000010	其他材料费	元	—	20.18	
机械	990901010	交流弧焊机 容量 21kV·A	台班	58.56	0.230	

H.6.3　成品金属百叶窗(编码:010807003)

工作内容:打眼剔洞、框扇安装校正、焊接、框边塞缝等。　　　　　　计量单位:100m²

定　额　编　号					AH0098	
项　目　名　称					成品金属百叶窗安装	
综　合　单　价　（元）					**9419.30**	
费用	其中	人　工　费　（元）			3108.00	
		材　料　费　（元）			5065.01	
		施工机具使用费　（元）			35.44	
		企　业　管　理　费　（元）			757.57	
		利　　　润　　　（元）			406.13	
		一　般　风　险　费　（元）			47.15	
	编码	名　　称	单位	单价(元)	消　耗　量	
人工	000300160	金属制安综合工	工日	120.00	25.900	
材料	093705200	金属百叶窗	m²	51.28	97.000	
	810201050	水泥砂浆 1:3（特）	m³	213.87	0.150	
	002000010	其他材料费	元	—	58.77	
机械	990901040	交流弧焊机 42kV·A	台班	118.13	0.300	

H.6.4 钢窗格栅窗(编码:010807004)

工作内容:现场搬运、安装框扇、五金配件、校正、框周边塞缝等。 计量单位:100m²

定 额 编 号					AH0099	AH0100	AH0101	AH0102
项 目 名 称					钢窗安装	圆钢防盗格栅窗安装	不锈钢防盗格栅窗安装	金属防护网安装
综 合 单 价 (元)					**13488.79**	**7460.71**	**11367.61**	**14640.30**
费用	其中	人 工 费 (元)			2160.00	2250.00	2079.60	3360.00
		材 料 费 (元)			10459.12	4276.92	8421.50	9945.12
		施工机具使用费 (元)			27.17	48.43	47.25	29.53
		企 业 管 理 费 (元)			527.11	553.92	512.57	816.88
		利 润 (元)			282.58	296.96	274.79	437.93
		一 般 风 险 费 (元)			32.81	34.48	31.90	50.84
	编码	名 称	单位	单价(元)	消 耗 量			
人工	000300160	金属制安综合工	工日	120.00	18.000	18.750	17.330	28.000
材料	110300400	钢窗	m²	106.84	97.000	—	—	—
	093704000	圆钢防盗格栅窗	M2	42.74	—	97.000	—	—
	093703000	不锈钢防盗格栅窗	M2	85.47	—	—	97.000	—
	032101070	金属防护网	m²	100.00	—	—	—	97.000
	032130010	铁件 综合	kg	3.68	—	—	—	53.220
	810201050	水泥砂浆 1:3 (特)	m³	213.87	0.150	0.150	0.150	0.120
	002000010	其他材料费	元	—	63.56	99.06	98.83	23.61
机械	990901040	交流弧焊机 42kV·A	台班	118.13	0.230	0.410	0.400	0.250

H.7 门窗套(编码:010808)

H.7.1 门窗木贴脸(编码:010808001)

工作内容:制作、安装等全部操作过程。 计量单位:100m

定 额 编 号					AH0103
项 目 名 称					门窗贴脸安装
综 合 单 价 (元)					**465.68**
费用	其中	人 工 费 (元)			132.13
		材 料 费 (元)			275.47
		施工机具使用费 (元)			5.19
		企 业 管 理 费 (元)			33.09
		利 润 (元)			17.74
		一 般 风 险 费 (元)			2.06
	编码	名 称	单位	单价(元)	消 耗 量
人工	000300050	木工综合工	工日	125.00	1.057
材料	050303800	木材 锯材	m³	1547.01	0.176
	002000010	其他材料费	元	—	3.20
机械	990706010	木工圆锯机 直径 500mm	台班	25.81	0.090
	990710010	木工单面压刨床 刨削宽度 600mm	台班	31.84	0.090

H.8 其他(编码:010809)

H.8.1 门锁安装(编码:010809001)

工作内容:制作、安装等全部操作过程。

计量单位:10 套

定 额 编 号					AH0104	AH0105
项 目 名 称					门锁安装	
					执手锁	弹子锁
综 合 单 价 (元)					**671.86**	**163.62**
费用	其中	人 工 费 (元)			161.00	68.25
		材 料 费 (元)			448.84	69.08
		施工机具使用费 (元)			—	—
		企 业 管 理 费 (元)			38.80	16.45
		利 润 (元)			20.80	8.82
		一 般 风 险 费 (元)			2.42	1.02
	编码	名 称	单位	单价(元)	消 耗 量	
人工	000300050	木工综合工	工日	125.00	1.288	0.546
材料	030320530	执手锁	把	44.44	10.100	—
	030320540	弹子锁	把	6.84	—	10.100

H.8.2 成品门窗塞缝(编码:010809002)

工作内容:各种门窗安装后的门窗周边二次塞缝、收边收口、扫灰清扫等操作过程。

计量单位:100m

定 额 编 号					AH0106
项 目 名 称					成品门窗塞缝
综 合 单 价 (元)					**251.65**
费用	其中	人 工 费 (元)			156.25
		材 料 费 (元)			35.21
		施工机具使用费 (元)			—
		企 业 管 理 费 (元)			37.66
		利 润 (元)			20.19
		一 般 风 险 费 (元)			2.34
	编码	名 称	单位	单价(元)	消 耗 量
人工	000300110	抹灰综合工	工日	125.00	1.250
材料	810201040	水泥砂浆 1:2.5 (特)	m³	232.40	0.150
	341100100	水	m³	4.42	0.080

H.8.3 木门窗运输(编码:010809003)

工作内容:装车、绑扎、运输,按指定地点卸车、堆放。

计量单位:100m²

定 额 编 号					AH0107	AH0108
项 目 名 称					汽车运输	
					1km 以内	每增加 1km
综 合 单 价(元)					**260.78**	**19.24**
费用	其中	人 工 费 (元)			66.70	4.60
		材 料 费 (元)			—	—
		施工机具使用费 (元)			121.57	9.29
		企 业 管 理 费 (元)			45.37	3.35
		利 润 (元)			24.32	1.79
		一 般 风 险 费 (元)			2.82	0.21
	编码	名 称	单位	单价(元)	消 耗 量	
人工	000300010	建筑综合工	工日	115.00	0.580	0.040
机械	990401025	载重汽车 6t	台班	422.13	0.288	0.022

J 屋面及防水工程
(0109)

说　　明

一、瓦屋面、型材屋面：

1.25％＜坡度≤45％及人字形、锯齿形、弧形等不规则瓦屋面，人工乘以系数1.3；坡度＞45％的，人工乘以系数1.43。

2.玻璃钢瓦屋面铺在混凝土或木檩子上，执行钢檩上定额子目。

3.瓦屋面的屋脊和瓦出线已包括在定额子目内，不另计算。

4.屋面彩瓦定额子目中，彩瓦消耗量与定额子目消耗量不同时，可以调整，其他不变。

5.型材屋面定额子目均不包含屋脊的工作内容，另按金属结构工程相应定额子目执行。

6.压型板屋面定额子目中的压型板按成品压型板考虑。

二、屋面防水及其他：

1.屋面防水

(1)平屋面以坡度小于15％为准，15％＜坡度≤25％的，按相应定额子目执行，人工乘以系数1.18；25％＜坡度≤45％及人字形、锯齿形、弧形等不规则屋面，人工乘以系数1.3；坡度＞45％的，人工乘以系数1.43。

(2)卷材防水、涂料防水定额子目，如设计的材料品种与定额子目不同时，材料进行换算，其他不变。

(3)卷材防水、涂料防水屋面的附加层、接缝、收头、基层处理剂工料已包括在定额子目内，不另计算。

(4)卷材防水冷粘法定额子目，按粘结满铺编制，如采用点、条铺粘结时，按相应定额子目人工乘以系数0.91，粘结剂乘以系数0.7。

(5)本章"二布三涂"或"每增减一布一涂"项目，是指涂料构成防水层数，而非指涂刷遍数。

(6)刚性防水屋面分格缝已含在定额子目内，不另计算。

(7)找平层、刚性层分格缝盖缝，应另行计算，执行相应定额子目。

2.屋面排水：

(1)铁皮排水定额子目已包括铁皮咬口、卷边、搭接的工料，不另计算。

(2)塑料水落管定额子目已包含塑料水斗、塑料弯管，不另计算。

(3)高层建筑使用PVC塑料消音管执行塑料管项目。

(4)阳台、空调连通水落管执行塑料水落管 ϕ50 项目。

3.屋面变形缝：

(1)变形缝包括温度缝、沉降缝、抗震缝。

(2)基础、墙身、楼地面变形缝填缝均执行屋面填缝定额子目。

(3)变形缝填缝定额子目中，建筑油膏断面为 30mm×20mm；油浸木丝板断面为 150 mm×25 mm；浸油麻丝、泡沫塑料断面为 150 mm×30 mm，如设计断面与定额子目不同时，材料进行换算，人工不变。

(4)屋面盖缝定额子目，如设计宽度与定额子目不同时，材料进行换算，人工不变。

(5)紫铜板止水带展开宽度为400mm，厚度为2mm；钢板止水带展开宽度为400mm，厚度为3mm；氯丁橡胶宽300mm；橡胶、塑料止水带为150mm×30mm。如设计断面不同时，材料进行换算，人工不变。

(6)当采用金属止水环时，执行混凝土和钢筋混凝土章节中预埋铁件制作安装项目。

三、墙面防水、防潮：

1.卷材防水、涂料防水的接缝、收头、基层处理剂工料已包括在定额子目内，不另计算。

2.墙面变形缝定额子目，如设计宽度与定额子目不同时，材料进行换算，人工不变。

四、楼地面防水、防潮：

1.卷材防水、涂料防水的附加层、接缝、收头、基层处理剂工料已包括在定额子目内，不另计算。

2.楼地面防水子目中的附加层仅包含管道伸出楼地面根部部分附加层，阴阳角附加层另行计算。

3.楼、地面变形缝定额子目，如设计宽度与定额子目不同时，材料进行换算，人工不变。

工程量计算规则

一、瓦屋面、型材屋面：

瓦屋面、彩钢板屋面、压型板屋面均按设计图示面积以"m²"计算（斜屋面按斜面面积以"m²"计算）。不扣除房上烟囱、风帽底座、风道、屋面小气窗、斜沟和脊瓦所占面积，小气窗的出檐部分也不增加面积。

二、屋面防水及其他：

1.屋面防水：

（1）卷材防水、涂料防水屋面按设计图示面积以"m²"计算（斜屋面按斜面面积以"m²"计算）。不扣除房上烟囱、风帽底座、风道、屋面小气窗、斜沟、变形缝所占面积，屋面的女儿墙、伸缩缝和天窗等处的弯起部分，按图示尺寸并入屋面工程量计算。如设计图示无规定时，伸缩缝、女儿墙及天窗的弯起部分按防水层至屋面面层厚度另加250mm计算。

（2）刚性屋面按设计图示面积以"m²"计算（斜屋面按斜面面积以"m²"计算）。不扣除房上烟道、风帽底座、风道、屋面小气窗等所占面积，屋面泛水、变形缝等弯起部分和加厚部分，已包括在定额子目内。挑出墙外的出檐和屋面天沟，另按相应项目计算。

（3）分格缝按设计图示长度以"m"计算，盖缝按设计图示面积以"m²"计算。

2.屋面排水：

（1）塑料水落管按图示长度以"m"计算，如设计未标注尺寸，以檐口至设计室外散水上表面垂直距离计算。

（2）阳台、空调连通水落管按"套"计算。

（3）铁皮排水按图示面积以"m²"计算。

3.屋面变形缝按设计图示长度以"m"计算。

三、墙面防水、防潮

1.墙面防潮层，按设计展开面积以"m²"计算，扣除门窗洞口及单个面积大于0.3m²孔洞所占面积。

2.变形缝按设计图示长度以"m"计算。

四、楼地面防水、防潮

1.墙基防水、防潮层，外墙长度按中心线，内墙长度按净长，乘以墙宽以"m²"计算。

2.楼地面防水、防潮层，按墙间净空面积以"m²"计算，门洞下口防水层工程量并入相应楼地面工程量内。扣除凸出地面的构筑物、设备基础及单个面积大于0.3m²柱、垛、烟囱和孔洞所占面积。门洞、空圈、暖气包槽、壁龛的开口部分不增加面积。

3.与墙面连接处，上卷高度在300mm以内按展开面积以"m²"计算，执行楼地面防水定额子目；高度超过300mm以上时，按展开面积以"m²"计算，执行墙面防水定额子目。

4.变形缝按设计图示长度以"m"计算。

J.1 瓦、型材屋面(编码:010901)

J.1.1 瓦屋面(编码:010901001)

工作内容:1.钢檩上铺玻璃钢瓦、安置脊瓦。
　　　　2.调制砂浆、铺瓦。
　　　　3.安脊瓦、檐口瓦头抹灰。
　　　　4.固定钉固定、粘接铺瓦、满粘加钉脊瓦、封檐。

计量单位:100m²

定　额　编　号				AJ0001	AJ0002	AJ0003	AJ0004
项　目　名　称				玻璃钢瓦	屋面彩瓦		铺设叠合沥青瓦
				钢檩上	粘贴	挂贴	
综　合　单　价　(元)				**2698.26**	**8881.52**	**9042.26**	**8105.38**
费用 其中		人　　工　　费　(元)		892.50	3032.50	3335.00	716.25
		材　　料　　费　(元)		1461.97	4598.03	4353.51	7113.23
		施　工　机　具　使　用　费　(元)		—	59.83	49.89	—
		企　业　管　理　费　(元)		215.09	745.25	815.76	172.62
		利　　　　　润　(元)		115.31	399.53	437.33	92.54
		一　般　风　险　费　(元)		13.39	46.38	50.77	10.74
	编码	名　　称	单位	单价(元)	消　　耗　　量		
人工	000300110	抹灰综合工	工日	125.00	7.140	24.260	26.680	5.730
材料	041700330	玻璃钢瓦 1800×740×10	块	11.11	111.300	—	—	—
	041700310	玻璃钢脊瓦	块	11.11	13.700	—	—	—
	311100300	彩瓦	m²	26.19	—	143.450	143.780	—
	311100360	彩瓦瓦脊	块	2.56	—	29.570	29.570	—
	041701510	沥青瓦 1000×333	块	9.88	—	—	—	690.000
	810201040	水泥砂浆 1:2.5(特)	m³	232.40	—	3.223	2.002	—
	341100100	水	m³	4.42	—	0.200	0.180	—
	133505070	冷底子油 30:70	kg	2.99	—	—	—	84.000
料	002000010	其他材料费	元	—	73.22	15.47	46.15	44.87
机械	990610010	灰浆搅拌机 200L	台班	187.56	—	0.319	0.266	—

J.1.2 型材屋面(编码:010901002)

工作内容:截料、制作安装铁件,吊装安装屋面板,安装檐口堵头。

计量单位:100m²

定　额　编　号				AJ0005	AJ0006	AJ0007
项　目　名　称				单层彩钢板	彩钢夹芯板	压型板屋面
				檩条或基层混凝土(钢)板面上		
综　合　单　价　(元)				**7136.47**	**7929.08**	**10473.32**
费用 其中		人　　工　　费　(元)		1008.00	1476.00	1960.56
		材　　料　　费　(元)		5073.90	5218.24	7091.27
		施　工　机　具　使　用　费　(元)		481.00	481.00	481.00
		企　业　管　理　费　(元)		358.85	471.64	588.42
		利　　　　　润　(元)		192.38	252.84	315.45
		一　般　风　险　费　(元)		22.34	29.36	36.62
	编码	名　　称	单位	单价(元)	消　　耗　　量		
人工	000300160	金属制安综合工	工日	120.00	8.400	12.300	16.338
材料	012904280	压型彩钢板 0.5	m²	37.61	128.260	—	—
	092500350	彩钢夹芯板	m²	45.00	—	105.000	—
	091100430	压型屋面板	m²	55.73	—	—	110.000
	012904255	彩钢板 0.5	m²	30.40	—	8.000	6.000
	032130010	铁件 综合	kg	3.68	9.710	9.710	—
	031350010	低碳钢焊条 综合	kg	4.19	4.030	4.030	7.480
料	002000010	其他材料费	元	—	197.42	197.42	610.43
	133502000	密封膏	kg	13.68	—	—	10.000
机械	990901020	交流弧焊机 32kV·A	台班	85.07	1.100	1.100	1.100
	990304020	汽车式起重机 20t	台班	968.56	0.400	0.400	0.400

J.2 屋面防水及其他(编码:010902)

J.2.1 卷材防水 (编码:010902001)

J.2.1.1 玻璃纤维布卷材防水

工作内容:清理基层、铺贴、涂刷,贴防水附加层。　　　　　　　　　　　　　　　　　　　计量单位:100m²

定　额　编　号					AJ0008	AJ0009	AJ0010
项　目　名　称					氯丁胶乳沥青卷材防水层		
					二布六涂	每增减一布一涂	每增减一涂
综　合　单　价　(元)					**2139.55**	**618.44**	**190.82**
费用	其中	人　工　费　(元)			622.15	182.85	90.85
		材　料　费　(元)			1277.75	365.16	64.98
		施工机具使用费　(元)			—	—	—
		企　业　管　理　费　(元)			149.94	44.07	21.89
		利　　润　(元)			80.38	23.62	11.74
		一　般　风　险　费　(元)			9.33	2.74	1.36
	编码	名　称	单位	单价(元)	消　　耗　　量		
人工	000300130	防水综合工	工日	115.00	5.410	1.590	0.790
材料	155501400	玻璃纤维布	m²	2.14	239.100	116.300	—
	144103920	氯丁胶乳沥青涂料	kg	3.42	224.000	34.000	19.000

工作内容:清理基层、铺贴、涂刷,贴防水附加层。　　　　　　　　　　　　　　　　　　　计量单位:100m²

定　额　编　号					AJ0011	AJ0012
项　目　名　称					塑料油膏	
					玻璃纤维布	
					一布二油	每增一布一油
综　合　单　价　(元)					**4217.93**	**1830.81**
费用	其中	人　工　费　(元)			317.40	200.10
		材　料　费　(元)			3778.27	1553.64
		施工机具使用费　(元)			—	—
		企　业　管　理　费　(元)			76.49	48.22
		利　　润　(元)			41.01	25.85
		一　般　风　险　费　(元)			4.76	3.00
	编码	名　称	单位	单价(元)	消　　耗　　量	
人工	000300130	防水综合工	工日	115.00	2.760	1.740
材料	155501400	玻璃纤维布	m²	2.14	127.000	115.600
	133503000	塑料油膏	kg	4.02	872.260	324.940

J.2.1.2 改性沥青卷材防水

工作内容:1.清理基层、刷基层处理剂、铺贴、钉压条及收头处嵌密封膏等全部操作过程。
2.防水薄弱处铺附加层。

计量单位:100m²

定 额 编 号					AJ0013	AJ0014	AJ0015	AJ0016	AJ0017	AJ0018
项 目 名 称					改性沥青卷材					
					热熔法一层	热熔法每增加一层	冷粘法一层	冷粘法每增加一层	自粘法一层	自粘法每增加一层
综 合 单 价 (元)					**4418.81**	**3551.88**	**5038.72**	**4198.67**	**3109.05**	**2484.47**
费用	其中	人 工 费 (元)			496.00	361.79	452.76	330.74	412.28	300.38
		材 料 费 (元)			3731.76	3050.73	4411.56	3740.53	2537.96	2068.38
		施工机具使用费 (元)			—	—	—	—	—	—
		企 业 管 理 费 (元)			119.53	87.19	109.11	79.71	99.36	72.39
		利 润 (元)			64.08	46.74	58.50	42.73	53.27	38.81
		一 般 风 险 费 (元)			7.44	5.43	6.79	4.96	6.18	4.51
	编码	名 称	单位	单价(元)	消 耗 量					
人工	000300130	防水综合工	工日	115.00	4.313	3.146	3.937	2.876	3.585	2.612
材料	133302600	改性沥青卷材	m²	25.64	132.970	115.635	132.970	115.635	—	—
	133302630	改性沥青自粘卷材	m²	17.83	—	—	—	—	132.970	115.635
	133505080	改性沥青嵌缝油膏	kg	1.28	5.977	5.165	5.977	5.165	5.977	5.165
	144103900	氯丁胶粘结剂	kg	12.82	—	—	59.117	59.987	—	—
	143900900	液化石油气	kg	2.63	29.689	30.128	—	—	—	—
	002000010	其他材料费	元	—	236.68		236.68		159.45	

J.2.2 涂料防水(编码:010902002)

工作内容:清理基层、调配及涂刷涂料,刷防水附加层。

计量单位:100m²

定 额 编 号					AJ0019	AJ0020	AJ0021	AJ0022
项 目 名 称					聚氨酯防水涂料		聚合物水泥防水涂料	
					厚度2mm	厚度每增减0.5mm	厚度1mm	厚度每增减0.5mm
综 合 单 价 (元)					**3930.47**	**1015.08**	**3785.98**	**1592.12**
费用	其中	人 工 费 (元)			534.29	123.63	369.15	136.28
		材 料 费 (元)			3190.38	843.84	3274.63	1403.35
		施工机具使用费 (元)			—	—	—	—
		企 业 管 理 费 (元)			128.76	29.79	88.97	32.84
		利 润 (元)			69.03	15.97	47.69	17.61
		一 般 风 险 费 (元)			8.01	1.85	5.54	2.04
	编码	名 称	单位	单价(元)	消 耗 量			
人工	000300130	防水综合工	工日	115.00	4.646	1.075	3.210	1.185
材料	130501510	聚氨酯防水涂料	kg	10.09	311.280	81.740	—	—
	130500510	聚合物水泥防水涂料	kg	13.50	—	—	242.550	103.950
	341100100	水	m³	4.42	—	—	0.047	0.005
	002000010	其他材料费	元	—	49.56	19.08	—	—

工作内容:清理基层、调配及涂刷涂料,刷防水附加层。

计量单位:100m²

定 额 编 号					AJ0023	AJ0024
项 目 名 称					水泥基渗透结晶防水涂料	
					厚度 1mm	厚度每增减 0.5mm
综 合 单 价 (元)					**2580.66**	**815.30**
费用	其中	人 工 费 (元)			387.67	136.28
		材 料 费 (元)			2043.66	626.53
		施工机具使用费 (元)			—	—
		企 业 管 理 费 (元)			93.43	32.84
		利 润 (元)			50.09	17.61
		一 般 风 险 费 (元)			5.81	2.04
	编码	名 称	单位	单价(元)	消 耗 量	
人工	000300130	防水综合工	工日	115.00	3.371	1.185
材料	130503100	水泥基渗透结晶防水涂料	kg	13.56	150.700	46.200
	341100100	水	m³	4.42	0.038	0.013

J.2.3 刚性屋面(编码:010902003)

工作内容:1.清理基层、混凝土浇捣、压实、养护、屋面分格缝设置及泛水处理。
2.商品混凝土振捣、养护、屋面分格缝设置及泛水处理。

计量单位:100m²

定 额 编 号					AJ0025	AJ0026	AJ0027	AJ0028
项 目 名 称					刚性屋面			
					自拌砼		商品砼	
					厚度 40mm	厚度每增减 5mm	厚度 40mm	厚度每增减 5mm
综 合 单 价 (元)					**3625.87**	**472.27**	**2909.42**	**406.25**
费用	其中	人 工 费 (元)			1520.30	210.45	932.65	151.80
		材 料 费 (元)			1406.05	166.95	1614.91	195.98
		施工机具使用费 (元)			82.22	9.96	1.88	—
		企 业 管 理 费 (元)			386.21	53.12	225.22	36.58
		利 润 (元)			207.05	28.48	120.74	19.61
		一 般 风 险 费 (元)			24.04	3.31	14.02	2.28
	编码	名 称	单位	单价(元)	消 耗 量			
人工	000300080	混凝土综合工	工日	115.00	13.220	1.830	8.110	1.320
材料	800210020	砼 C20(塑、特、碎 5~10,坍 35~50)	m³	235.62	4.460	0.560	—	—
	840201140	商品砼	m³	266.99	—	—	4.800	0.600
	810425010	素水泥浆	m³	479.39	0.120	—	0.120	—
	133501000	建筑油膏	kg	2.74	81.170	10.150	81.170	10.150
	020900900	塑料薄膜	m²	0.45	33.300	—	33.900	—
	341100100	水	m³	4.42	8.690	0.280	3.690	0.280
	002000010	其他材料费	元	—	21.86	5.95	21.86	6.74
机械	990602020	双锥反转出料混凝土搅拌机 350L	台班	226.31	0.355	0.044	—	—
	990610010	灰浆搅拌机 200L	台班	187.56	0.010		0.010	

工作内容:清理基层、刷水泥浆、调运砂浆、铺抹、收光、养护、屋面分格缝设置及泛水处理。　　　　　　　　　　计量单位:100m²

定 额 编 号					AJ0029	AJ0030
项 目 名 称					防水砂浆	
					厚度 25mm	厚度每增减 5mm
综 合 单 价 （元）					**2261.42**	**378.74**
费用	其中	人 工 费 （元）			963.75	158.75
		材 料 费 （元）			830.30	140.65
		施 工 机 具 使 用 费 （元）			69.40	13.13
		企 业 管 理 费 （元）			248.99	41.42
		利 润 （元）			133.48	22.21
		一 般 风 险 费 （元）			15.50	2.58
	编码	名 称	单位	单价（元）	消 耗 量	
人工	000300110	抹灰综合工	工日	125.00	7.710	1.270
材料	810201030	水泥砂浆 1:2（特）	m³	256.68	2.530	0.510
	133500200	防水粉	kg	0.68	69.700	14.330
	133501000	建筑油膏	kg	2.74	18.500	—
	810425010	素水泥浆	m³	479.39	0.100	—
	341100100	水	m³	4.42	3.800	—
	002000010	其他材料费	元	—	18.08	—
机械	990610010	灰浆搅拌机 200L	台班	187.56	0.370	0.070

工作内容:1.清理基层、油膏嵌缝。
　　　　　2.清理平整、铺设土工布、缝合及锚固土工布。

定 额 编 号					AJ0031	AJ0032	AJ0033
项 目 名 称					分格缝		土工布隔离层
					厚度 20mm	厚度每增加 10mm	
单 位					100m		100m²
综 合 单 价 （元）					**738.97**	**194.85**	**1106.01**
费用	其中	人 工 费 （元）			466.90	110.40	366.85
		材 料 费 （元）			92.23	41.92	597.85
		施 工 机 具 使 用 费 （元）			—	—	—
		企 业 管 理 费 （元）			112.52	26.61	88.41
		利 润 （元）			60.32	14.26	47.40
		一 般 风 险 费 （元）			7.00	1.66	5.50
	编码	名 称	单位	单价（元）	消 耗 量		
人工	000300130	防水综合工	工日	115.00	4.060	0.960	3.190
材料	133501000	建筑油膏	kg	2.74	33.660	15.300	—
	022700700	土工布	m²	5.29	—	—	111.520
	002000010	其他材料费	元	—	—	—	7.91

J.2.4 屋面排水管(编码:010902004)

工作内容:画线、埋设管卡、安装塑料管、弯管、水斗等全部操作过程。

定 额 编 号					AJ0034	AJ0035	AJ0036
项 目 名 称					塑料水落管(直径 mm)		阳台、空调连通管(直径 mm)
					φ75	φ114	φ50 以内
单 位					10m		套
综 合 单 价 (元)					**198.97**	**296.96**	**83.14**
费用	其中	人 工 费 (元)			58.75	80.00	25.00
		材 料 费 (元)			117.59	186.14	48.50
		施 工 机 具 使 用 费 (元)			—	—	—
		企 业 管 理 费 (元)			14.16	19.28	6.03
		利 润 (元)			7.59	10.34	3.23
		一 般 风 险 费 (元)			0.88	1.20	0.38
	编码	名 称	单位	单价(元)	消 耗		量
人工	000300150	管工综合工	工日	125.00	0.470	0.640	0.200
材料	172506840	硬塑料管 φ75	m	7.52	12.500	—	—
	180913100	塑料弯管 φ75	个	6.84	0.630	—	—
	172506850	硬塑料管 φ114	m	14.53	—	10.500	—
	180913200	塑料弯管 φ114	个	15.38	—	0.630	—
	030781420	塑料水斗	个	12.82	0.630	0.630	—
	172506820	硬塑料管 φ50	m	4.27	—	—	1.010
	172512300	塑料短管 φ50×400	个	17.09	—	—	1.010
	180906370	塑料排水三通 D110	个	17.09	—	—	1.010
	180908900	塑料硬管弯头 φ90	个	9.40	—	—	1.010
	002000010	其他材料费	元	—	11.20	15.81	0.17

J.2.5 屋面、阳台吐水管(编码:010902006)

工作内容:吐水管就位安装。

计量单位:10个

定 额 编 号					AJ0037	AJ0038
项 目 名 称					吐水管	
					钢管	塑料管
综 合 单 价 (元)					**166.86**	**109.64**
费用	其中	人 工 费 (元)			76.25	62.50
		材 料 费 (元)			61.24	23.06
		施 工 机 具 使 用 费 (元)			—	—
		企 业 管 理 费 (元)			18.38	15.06
		利 润 (元)			9.85	8.08
		一 般 风 险 费 (元)			1.14	0.94
	编码	名 称	单位	单价(元)	消 耗	量
人工	000300150	管工综合工	工日	125.00	0.610	0.500
材料	170101600	钢管 D50	m	12.00	5.050	—
	172500440	塑料管 D50	m	4.44	—	5.050
	002000010	其他材料费	元	—	0.64	0.64

J.2.6 屋面天沟、檐沟(编码:010902007)

工作内容:铁皮截料、制作安装。　　　　　　　　　　　　　　　　　　　　　　　　　计量单位:100m²

定　额　编　号				AJ0039	
项　目　名　称				铁皮排水天沟、泛水	
费用其中	综　合　单　价　(元)			**4373.83**	
		人　工　费　(元)		999.60	
		材　料　费　(元)		2989.19	
		施工机具使用费　(元)		—	
		企　业　管　理　费　(元)		240.90	
		利　　润　(元)		129.15	
		一　般　风　险　费　(元)		14.99	
	编码	名　　称	单位	单价(元)	消　耗　量
人工	000300160	金属制安综合工	工日	120.00	8.330
材料	012903069	镀锌铁皮	m²	27.68	105.400
	002000010	其他材料费	元	—	71.72

J.2.7 屋面变形缝(编码:010902008)
J.2.7.1 填　缝

工作内容:1.清理变形缝,调制建筑油膏,填塞、嵌缝。
　　　　　2.清理变形缝,熬沥青,调制沥青麻丝,填塞、嵌缝。
　　　　　3.清理变形缝,熬沥青,浸油木丝板,填塞、嵌缝。
　　　　　4.清理变形缝,熬沥青,泡沫塑料,填塞、嵌缝。

计量单位:100m

定　额　编　号					AJ0040	AJ0041	AJ0042	AJ0043
项　目　名　称					建筑油膏	浸油麻丝	浸油木丝板	泡沫塑料
费用其中	综　合　单　价　(元)				**816.47**	**2166.89**	**1243.67**	**834.47**
		人　工　费　(元)			417.45	816.50	484.15	393.30
		材　料　费　(元)			238.22	1035.87	573.03	289.67
		施工机具使用费　(元)			—	—	—	—
		企　业　管　理　费　(元)			100.61	196.78	116.68	94.79
		利　　润　(元)			53.93	105.49	62.55	50.81
		一　般　风　险　费　(元)			6.26	12.25	7.26	5.90
	编码	名　　称	单位	单价(元)	消　　耗　　量			
人工	000300130	防水综合工	工日	115.00	3.630	7.100	4.210	3.420
材料	133501000	建筑油膏	kg	2.74	86.940	—	—	—
	022900900	麻丝	kg	8.85	—	55.087	—	—
	051500100	木丝板 25×610×1830	m²	10.26	—	—	15.530	—
	151300800	硬泡沫塑料板	m³	401.71	—	—	—	0.600
	133100600	石油沥青 10#	kg	2.56	—	214.200	161.600	—
	133100700	石油沥青 30#	kg	2.56	—	—	—	19.000

J.2.7.2 盖　缝

工作内容:镀锌铁皮、铝板、不锈钢板制作,盖缝板安装。　　　　　　　　　　　　　　**计量单位:**100m

定　额　编　号					AJ0044	AJ0045	AJ0046
项　目　名　称					顶棚变形缝		
					镀锌铁皮	铝板	不锈钢板
					缝宽 100mm 内		
综　合　单　价　(元)					**2717.16**	**6451.16**	**7493.21**
费用	其中	人　工　费　(元)			985.20	1047.60	1047.60
		材　料　费　(元)			1352.46	5000.03	6042.08
		施工机具使用费　(元)			—	—	—
		企　业　管　理　费　(元)			237.43	252.47	252.47
		利　　润　(元)			127.29	135.35	135.35
		一　般　风　险　费　(元)			14.78	15.71	15.71
	编码	名　　称	单位	单价(元)	消　　耗　　量		
人工	000300160	金属制安综合工	工日	120.00	8.210	8.730	8.730
材料	012903069	镀锌铁皮	m²	27.68	36.720	—	—
	090501520	铝板(各种规格)	kg	30.00	—	156.980	—
	012902610	不锈钢板	m²	156.63	—	—	36.720
	002000010	其他材料费	元	—	336.05	290.63	290.63

工作内容:铝板、胶合板加工,盖缝板安装。　　　　　　　　　　　　　　　　　　　　**计量单位:**100m

定　额　编　号					AJ0047	AJ0048
项　目　名　称					吊顶变形缝	
					铝板	胶合板
					缝宽 250mm 内	
综　合　单　价　(元)					**5384.75**	**814.97**
费用	其中	人　工　费　(元)			573.60	392.40
		材　料　费　(元)			4590.20	271.41
		施工机具使用费　(元)			—	—
		企　业　管　理　费　(元)			138.24	94.57
		利　　润　(元)			74.11	50.70
		一　般　风　险　费　(元)			8.60	5.89
	编码	名　　称	单位	单价(元)	消　　耗　　量	
人工	000300160	金属制安综合工	工日	120.00	4.780	3.270
材料	090501520	铝板(各种规格)	kg	30.00	152.620	—
	050500010	胶合板	m²	12.82	—	10.500
	002000010	其他材料费	元	—	11.60	136.80

工作内容:镀锌铁皮、铝板、不锈钢板加工,盖缝板安装,砂浆抹灰。　　　　　　　　　　　　　　　　　　　计量单位:100m

定　额　编　号					AJ0049	AJ0050	AJ0051
项　目　名　称					屋面变形缝		
					镀锌铁皮	铝板	不锈钢板
					缝宽 100mm 内		
综　合　单　价　(元)					**4416.41**	**5846.14**	**8687.14**
费用	其中	人　工　费　(元)			2160.00	2160.00	2160.00
		材　料　费　(元)			1424.38	2854.11	5695.11
		施工机具使用费　(元)			—	—	—
		企　业　管　理　费　(元)			520.56	520.56	520.56
		利　　润　(元)			279.07	279.07	279.07
		一　般　风　险　费　(元)			32.40	32.40	32.40
	编码	名　　称	单位	单价(元)	消　　耗　　量		
人工	000300160	金属制安综合工	工日	120.00	18.000	18.000	18.000
材料	012903069	镀锌铁皮	m²	27.68	36.210	—	—
	090501520	铝板(各种规格)	kg	30.00	—	82.560	—
	012902610	不锈钢板	m²	156.63	—	—	36.210
	002000010	其他材料费	元	—	422.09	377.31	23.54

J.2.7.3　止水带

工作内容:1.清理基层、刷底胶、粘贴止水带。
**　　　　　2.钢板(紫铜板)剪裁、焊接成型、铺设。**　　　　　　　　　　　　　　　　　　　计量单位:100m

定　额　编　号					AJ0052	AJ0053	AJ0054
项　目　名　称					氯丁橡胶片止水带	预埋式金属止水带	
						紫铜板	钢板
综　合　单　价　(元)					**3059.19**	**36377.98**	**4418.89**
费用	其中	人　工　费　(元)			370.80	1338.00	1340.40
		材　料　费　(元)			2545.56	34403.94	2441.53
		施工机具使用费　(元)			—	87.09	87.09
		企　业　管　理　费　(元)			89.36	343.45	344.03
		利　　润　(元)			47.91	184.12	184.43
		一　般　风　险　费　(元)			5.56	21.38	21.41
	编码	名　　称	单位	单价(元)	消　　耗　　量		
人工	000300160	金属制安综合工	工日	120.00	3.090	11.150	11.170
材料	020100103	橡胶板	m²	50.46	31.820	—	—
	013500200	紫铜板 综合	kg	42.05	—	810.900	—
	012900030	钢板 综合	kg	3.21	—	—	715.200
	031351310	铜焊条 综合	kg	21.37	—	14.300	—
	031350010	低碳钢焊条 综合	kg	4.19	—	—	13.280
	144102700	胶粘剂	kg	12.82	60.580	—	—
	002000010	其他材料费	元	—	163.29	—	90.09
机械	990732035	剪板机 厚度20×宽度2500	台班	306.05	—	0.090	0.090
	990901020	交流弧焊机 32kV·A	台班	85.07	—	0.700	0.700

定 额 编 号				AJ0055	AJ0056
项 目 名 称				预埋式止水带	
				橡胶	塑料
综 合 单 价 (元)				**5377.08**	**3402.03**
费用	其中	人 工 费 (元)		1112.40	1112.40
		材 料 费 (元)		3836.18	1861.13
		施工机具使用费 (元)		—	—
		企 业 管 理 费 (元)		268.09	268.09
		利 润 (元)		143.72	143.72
		一 般 风 险 费 (元)		16.69	16.69
	编码	名 称	单位	单价(元)	消 耗 量
人工	000300160	金属制安综合工	工日	120.00	9.270	9.270
材料	133700600	橡胶止水带	m	35.90	105.000	—
	133700400	塑料止水带	m	17.09	—	105.000
	144102700	胶粘剂	kg	12.82	3.040	3.040
	002000010	其他材料费	元	—	27.71	27.71

J.3 墙面防水、防潮(编码:010903)

J.3.1 卷材防水(编码:010903001)

定 额 编 号				AJ0057	AJ0058	AJ0059
项 目 名 称				改性沥青卷材		
				热熔	冷贴	自粘
综 合 单 价 (元)				**4137.53**	**4736.57**	**2939.18**
费用	其中	人 工 费 (元)		634.46	620.77	528.77
		材 料 费 (元)		3258.68	3876.68	2206.73
		施工机具使用费 (元)		—	—	—
		企 业 管 理 费 (元)		152.90	149.61	127.43
		利 润 (元)		81.97	80.20	68.32
		一 般 风 险 费 (元)		9.52	9.31	7.93
	编码	名 称	单位	单价(元)	消 耗 量		
人工	000300130	防水综合工	工日	115.00	5.517	5.398	4.598
材料	133302600	改性沥青卷材	m²	25.64	115.635	115.635	—
	133302630	改性沥青自粘卷材	m²	17.83	—	—	115.635
	133505080	改性沥青嵌缝油膏	kg	1.28	5.977	5.977	—
	144103900	氯丁胶粘结剂	kg	12.82	—	53.743	—
	143900900	液化石油气	kg	2.63	26.992	—	—
	002000010	其他材料费	元	—	215.16	215.16	144.96

J.3.2 涂料防水(编码:010903002)

工作内容:清理基层、调配及涂刷防水涂料。 计量单位:100m²

定 额 编 号					AJ0060	AJ0061	AJ0062	AJ0063
项 目 名 称					聚氨酯防水涂料		聚合物水泥防水涂料	
					厚度 2mm	厚度每增减 0.5mm	厚度 1mm	厚度每增减 0.5mm
费用	综 合 单 价 (元)				**4005.90**	**1012.01**	**3776.40**	**1578.54**
	其中	人 工 费 (元)			689.20	159.39	408.14	144.90
		材 料 费 (元)			3051.22	791.23	3211.05	1377.83
		施 工 机 具 使 用 费 (元)			—	—	—	—
		企 业 管 理 费 (元)			166.10	38.41	98.36	34.92
		利 润 (元)			89.04	20.59	52.73	18.72
		一 般 风 险 费 (元)			10.34	2.39	6.12	2.17
	编码	名 称	单位	单价(元)	消 耗		量	
人工	000300130	防水综合工	工日	115.00	5.993	1.386	3.549	1.260
材料	130501510	聚氨酯防水涂料	kg	10.09	298.130	76.770	—	—
	130500510	聚合物水泥防水涂料	kg	13.50	—	—	237.840	102.060
	341100100	水	m³	4.42	—	—	0.047	0.005
	002000010	其他材料费	元	—	43.09	16.62	—	—

工作内容:清理基层、调配及涂刷防水涂料。 计量单位:100m²

定 额 编 号					AJ0064	AJ0065
项 目 名 称					渗透结晶防水涂料	
					厚度 1mm	厚度每增减 0.5mm
费用	综 合 单 价 (元)				**2571.86**	**815.87**
	其中	人 工 费 (元)			408.14	144.90
		材 料 费 (元)			2006.51	615.16
		施 工 机 具 使 用 费 (元)			—	—
		企 业 管 理 费 (元)			98.36	34.92
		利 润 (元)			52.73	18.72
		一 般 风 险 费 (元)			6.12	2.17
	编码	名 称	单位	单价(元)	消 耗	量
人工	000300130	防水综合工	工日	115.00	3.549	1.260
材料	130503100	水泥基渗透结晶防水涂料	kg	13.56	147.960	45.360
	341100100	水	m³	4.42	0.038	0.017

J.3.3 砂浆防水(编码:010903003)

工作内容:清理基层、调运砂浆、抹水泥砂浆。

计量单位:100m²

		定 额 编 号				AJ0066
		项 目 名 称				防水砂浆
		综 合 单 价 (元)				**2274.54**
费 用	其 中	人 工 费 (元)				1156.25
		材 料 费 (元)				594.95
		施 工 机 具 使 用 费 (元)				56.27
		企 业 管 理 费 (元)				292.22
		利 润 (元)				156.66
		一 般 风 险 费 (元)				18.19
	编码	名 称	单位	单价(元)	消 耗	量
人工	000300110	抹灰综合工	工日	125.00	9.250	
材 料	810201030	水泥砂浆 1:2(特)	m³	256.68	2.142	
	133500200	防水粉	kg	0.68	57.750	
	002000010	其他材料费	元	—	5.87	
机械	990610010	灰浆搅拌机 200L	台班	187.56	0.300	

J.3.4 墙面变形缝(编码:010903004)

工作内容:镀锌铁皮、铝板、不锈钢板加工,盖缝板安装。

计量单位:100m

		定 额 编 号			AJ0067	AJ0068	AJ0069
		项 目 名 称			外墙变形缝		
					镀锌铁皮	铝板	不锈钢板
					缝宽 50mm 以内		
		综 合 单 价 (元)			**2218.55**	**4862.13**	**5305.45**
费 用	其 中	人 工 费 (元)			852.00	906.00	906.00
		材 料 费 (元)			1038.36	3607.13	4050.45
		施 工 机 具 使 用 费 (元)			—	—	—
		企 业 管 理 费 (元)			205.33	218.35	218.35
		利 润 (元)			110.08	117.06	117.06
		一 般 风 险 费 (元)			12.78	13.59	13.59
	编码	名 称	单位	单价(元)	消	耗	量
人工	000300160	金属制安综合工	工日	120.00	7.100	7.550	7.550
材 料	012903069	镀锌铁皮	m²	27.68	25.860	—	—
	090501520	铝板(各种规格)	kg	30.00	—	110.550	—
	012902610	不锈钢板	m²	156.63	—	—	25.860
	002000010	其他材料费	元	—	—	322.56	290.63	—

工作内容:镀锌铁皮、铝板、不锈钢板加工,盖缝板安装。   计量单位:100m

定 额 编 号					AJ0070	AJ0071	AJ0072
项 目 名 称					外墙变形缝		
					镀锌铁皮	铝板	不锈钢板
					缝宽100mm以内		
综 合 单 价 (元)					**2735.35**	**6951.49**	**7863.22**
费 用	其 中	人 工 费 (元)			895.20	951.60	951.60
		材 料 费 (元)			1495.32	5633.33	6545.06
		施 工 机 具 使 用 费 (元)			—	—	—
		企 业 管 理 费 (元)			215.74	229.34	229.34
		利 润 (元)			115.66	122.95	122.95
		一 般 风 险 费 (元)			13.43	14.27	14.27
	编码	名 称	单位	单价(元)	消 耗 量		
人工	000300160	金属制安综合工	工日	120.00	7.460	7.930	7.930
材 料	012903069	镀锌铁皮	m²	27.68	41.660	—	—
	090501520	铝板(各种规格)	kg	30.00	—	178.090	—
	012902610	不锈钢板	m²	156.63	—	—	41.660
	002000010	其他材料费	元	—	342.17	290.63	19.85

工作内容:镀锌铁皮、铝板、不锈钢板加工,盖缝板安装。   计量单位:100m

定 额 编 号					AJ0073	AJ0074	AJ0075
项 目 名 称					内墙变形缝		
					镀锌铁皮	铝板	不锈钢板
					缝宽100mm以内		
综 合 单 价 (元)					**2592.49**	**6039.49**	**7093.48**
费 用	其 中	人 工 费 (元)			895.20	951.60	951.60
		材 料 费 (元)			1352.46	4721.33	5775.32
		施 工 机 具 使 用 费 (元)			—	—	—
		企 业 管 理 费 (元)			215.74	229.34	229.34
		利 润 (元)			115.66	122.95	122.95
		一 般 风 险 费 (元)			13.43	14.27	14.27
	编码	名 称	单位	单价(元)	消 耗 量		
人工	000300160	金属制安综合工	工日	120.00	7.460	7.930	7.930
材 料	012903069	镀锌铁皮	m²	27.68	36.720	—	—
	090501520	铝板(各种规格)	kg	30.00	—	156.980	—
	012902610	不锈钢板	m²	156.63	—	—	36.720
	002000010	其他材料费	元	—	336.05	11.93	23.87

J.4 楼地面防水、防潮(编码:010904)

J.4.1 卷材防水(编码:010904001)

工作内容:1.清理基层、刷基层处理剂、铺贴防水卷材。
　　　　　2.铺设管道根部防水附加层。

计量单位:100m²

定　额　编　号				AJ0076	AJ0077	AJ0078
项　目　名　称				改性沥青卷材		
				热熔	冷贴	自粘
综　合　单　价　(元)				**4034.30**	**4630.15**	**2826.87**
费用	其中	人　工　费　(元)		442.52	404.23	368.00
		材　料　费　(元)		3421.32	4070.21	2317.11
		施工机具使用费　(元)		—	—	—
		企　业　管　理　费　(元)		106.65	97.42	88.69
		利　　润　(元)		57.17	52.23	47.55
		一　般　风　险　费　(元)		6.64	6.06	5.52
	编码	名　称	单位	单价(元)	消　耗　　量	
人工	000300130	防水综合工	工日	115.00	3.848	3.515	3.200
材料	133302600	改性沥青卷材	m²	25.64	121.420	121.420	—
	133302630	改性沥青自粘卷材	m²	17.83	—	—	121.420
	143900900	液化石油气	kg	2.63	28.342	—	—
	133505080	改性沥青嵌缝油膏	kg	1.28	5.977	5.977	—
	144103900	氯丁胶粘结剂	kg	12.82	—	56.430	—
	002000010	其他材料费	元	—	225.92	225.92	152.19

J.4.2 涂料防水(编码:010904002)

工作内容:1.清理基层、调配及涂刷防水涂料。
　　　　　2.管道根部附加层涂刷。

计量单位:100m²

定　额　编　号				AJ0079	AJ0080	AJ0081	AJ0082
项　目　名　称				聚氨酯防水涂料		聚合物水泥防水涂料	
				厚度 2mm	厚度每增减 0.5mm	厚度 1mm	厚度每增减 0.5mm
综　合　单　价　(元)				**3573.70**	**923.36**	**3582.58**	**1508.17**
费用	其中	人　工　费　(元)		477.02	110.40	329.71	121.67
		材　料　费　(元)		2912.93	770.43	3125.86	1339.63
		施工机具使用费　(元)		—	—	—	—
		企　业　管　理　费　(元)		114.96	26.61	79.46	29.32
		利　　润　(元)		61.63	14.26	42.60	15.72
		一　般　风　险　费　(元)		7.16	1.66	4.95	1.83
	编码	名　称	单位	单价(元)	消　耗　　量			
人工	000300130	防水综合工	工日	115.00	4.148	0.960	2.867	1.058
材料	130501510	聚氨酯防水涂料	kg	10.09	284.210	74.630	—	—
	130500510	聚合物水泥防水涂料	kg	13.50	—	—	231.530	99.230
	341100100	水	m³	4.42	—	—	0.047	0.005
	002000010	其他材料费	元	—	45.25	17.41	—	—

工作内容:1.清理基层、调配及涂刷防水涂料。
　　　　2.管道根部附加层涂刷。

计量单位:100m²

定　额　编　号					AJ0083	AJ0084
项　目　名　称					渗透结晶防水涂料	
					厚度 1mm	厚度每增减 0.5mm
综　合　单　价　（元）					**2549.87**	**814.46**
费用	其中	人　工　费　（元）			329.71	121.67
		材　料　费　（元）			2093.15	645.92
		施 工 机 具 使 用 费 （元）			—	—
		企　业　管　理　费　（元）			79.46	29.32
		利　　　润　　　（元）			42.60	15.72
		一　般　风　险　费　（元）			4.95	1.83
	编码	名　　　称	单位	单价（元）	消　　耗　　量	
人工	000300130	防水综合工	工日	115.00	2.867	1.058
材	130503100	水泥基渗透结晶防水涂料	kg	13.56	154.350	47.630
料	341100100	水	m³	4.42	0.038	0.013

工作内容:清理基层、刷冷底子油。

计量单位:100m²

定　额　编　号					AJ0085	AJ0086
项　目　名　称					冷底子油	
					一遍	每增加一遍
综　合　单　价　（元）					**369.57**	**299.88**
费用	其中	人　工　费　（元）			162.15	138.00
		材　料　费　（元）			144.96	108.72
		施 工 机 具 使 用 费 （元）			—	—
		企　业　管　理　费　（元）			39.08	33.26
		利　　　润　　　（元）			20.95	17.83
		一　般　风　险　费　（元）			2.43	2.07
	编码	名　　　称	单位	单价（元）	消　　耗　　量	
人工	000300130	防水综合工	工日	115.00	1.410	1.200
材料	133505070	冷底子油 30:70	kg	2.99	48.480	36.360

J.4.3 砂浆防水(编码:010904003)

工作内容:清理基层、调运砂浆、抹水泥砂浆。　　　　　　　　　　　　　　　　　　　　计量单位:100m²

	定　额　编　号				AJ0087
	项　目　名　称				防水砂浆
费用	**综　合　单　价(元)**				**2046.79**
	其中	人　工　费(元)			1012.50
		材　料　费(元)			566.34
		施工机具使用费(元)			56.27
		企　业　管　理　费(元)			257.57
		利　　润(元)			138.08
		一　般　风　险　费(元)			16.03
	编码	名　称	单位	单价(元)	消　耗　量
人工	000300110	抹灰综合工	工日	125.00	8.100
材料	810201030	水泥砂浆1:2(特)	m³	256.68	2.040
	133500200	防水粉	kg	0.68	55.000
	002000010	其他材料费	元	—	5.31
机械	990610010	灰浆搅拌机200L	台班	187.56	0.300

J.4.4 楼地面变形缝(编码:010904004)

工作内容:钢板、铝板、塑料硬板加工,预埋铁件、盖缝板安装。　　　　　　　　　　　　计量单位:100m

	定　额　编　号			AJ0088	AJ0089	AJ0090	AJ0091	AJ0092	AJ0093
	项　目　名　称			楼地面变形缝					
				钢板	铝板	塑料硬板	钢板	铝板	塑料硬板
				缝宽50mm内			缝宽150mm内		
费用	**综　合　单　价(元)**			**4283.17**	**5681.09**	**3239.30**	**5272.23**	**7751.92**	**2960.73**
	其中	人　工　费(元)		1218.00	1218.00	1218.00	1339.20	1339.20	1339.20
		材　料　费(元)		2595.99	3993.91	1552.12	3417.17	5896.86	1105.67
		施工机具使用费(元)		—	—	—	—	—	—
		企　业　管　理　费(元)		293.54	293.54	293.54	322.75	322.75	322.75
		利　　润(元)		157.37	157.37	157.37	173.02	173.02	173.02
		一　般　风　险　费(元)		18.27	18.27	18.27	20.09	20.09	20.09
	编码	名　称	单位	单价(元)	消　　耗　　量				
人工	000300160	金属制安综合工	工日	120.00	10.150	10.150	10.150	11.160	11.160	11.160
材料	012903410	花纹钢板	t	3444.44	0.458	—	—	0.977	0.008	0.001
	090501520	铝板(各种规格)	kg	30.00	—	99.690	—	—	194.850	—
	021101030	硬塑料板	m²	47.32	—	—	11.600	—	—	22.790
	010000100	型钢综合	t	3085.47	0.302	0.302	0.302	—	—	—
	032130010	铁件综合	kg	3.68	0.012	—	—	—	—	—
料	002000010	其他材料费	元	—	86.58	71.40	71.40	51.95	23.80	23.80

K 防腐工程
(0110)

说　　明

1.各种砂浆、胶泥、混凝土配合比以及各种整体面层的厚度,如设计与定额不同时,可以换算。定额已综合考虑了各种块料面层的结合层、胶结料厚度及灰缝宽度。

2.软聚氯乙烯板地面定额子目内已包含踢脚板工料,不另计算,其他整体面层踢脚板按整体面层相应定额子目执行。

3.块料面层踢脚板按立面块料面层相应定额子目人工乘以系数1.2,其他不变。

4.花岗石面层以六面剁斧的块料为准,结合层厚度为15mm,如板底为毛面时,其结合层胶结料用量按设计厚度调整。

5.环氧自流平洁净地面中间层(刮腻子)按每层1mm厚度考虑,如设计要求厚度与定额子目不同时,可以调整。

6.卷材防腐接缝、附加层、收头工料已包括在定额内,不另计算。

7.块料防腐定额子目中的块料面层,如设计的规格、材质与定额子目不同时,可以调整。

工程量计算规则

1.防腐工程面层、隔离层及防腐油漆工程量按设计图示面积以"m²"计算。

2.平面防腐工程量应扣除凸出地面的构筑物、设备基础及单个面积大于 0.3 m² 柱、垛、烟囱和孔洞所占面积。门洞、空圈、暖气包槽、壁龛的开口部分不增加面积。

3.立面防腐工程量应扣除门窗洞口以及单个面积大于 0.3 m² 孔洞、柱、垛所占面积,门窗洞口侧壁、垛凸出部分按展开面积并入墙面内。

4.踢脚板工程量按设计图示长度乘以高度以"m²"计算,扣除门洞所占面积,并相应增加门洞侧壁的面积。

5.池、槽块料防腐面层工程量按设计图示面积以"m²"计算。

6.砌筑沥青浸渍砖工程量按设计图示面积以"m²"计算。

7.混凝土面及抹灰面防腐按设计图示面积以"m²"计算。

K.1 防腐面层(编码:011002)

K.1.1 防腐混凝土面层(编码:011002001)

工作内容:清理基层、制运混凝土、胶泥、涂刷胶泥,铺设混凝土、养护等。 计量单位:100m²

定 额 编 号					AK0001	AK0002	AK0003	AK0004
项 目 名 称					水玻璃耐酸砼		耐酸沥青砼	
					厚度60mm	厚度每增减5mm	厚度60mm	厚度每增减5mm
综 合 单 价 (元)					**19049.18**	**1638.89**	**36652.87**	**3010.49**
费用	其中	人 工 费 (元)			3094.65	332.35	1822.75	195.50
		材 料 费 (元)			14236.97	1135.44	33602.50	2696.60
		施工机具使用费 (元)			379.37	31.10	379.37	31.10
		企 业 管 理 费 (元)			837.24	87.59	530.71	54.61
		利 润 (元)			448.84	46.96	284.51	29.28
		一 般 风 险 费 (元)			52.11	5.45	33.03	3.40
	编码	名 称	单位	单价(元)	消 耗 量			
人工	000300080	混凝土综合工	工日	115.00	26.910	2.890	15.850	1.700
材料	143110200	水玻璃耐酸砼	m³	2226.36	6.120	0.510	—	—
	850701060	水玻璃胶泥1:0.15:1.2:1.1	m³	2912.62	0.210	—	—	—
	840402030	沥青耐酸混凝土	m³	5339.81	—	—	6.060	0.505
	810322010	沥青稀胶泥	m³	5477.55	—	—	0.202	—
	133501500	冷底子油	kg	2.87	—	—	47.660	—
机械	990601030	涡浆式混凝土搅拌机500L	台班	310.96	1.220	0.100	1.220	0.100

工作内容:清理基层、选料、铺设混凝土、养护等。 计量单位:100m²

定 额 编 号					AK0005	AK0006	AK0007
项 目 名 称					耐碱混凝土	密实混凝土	
					厚度60mm		厚度每增减5mm
综 合 单 价 (元)					**3946.12**	**3659.42**	**320.52**
费用	其中	人 工 费 (元)			1186.80	1186.80	110.40
		材 料 费 (元)			1800.34	1510.20	125.39
		施工机具使用费 (元)			362.27	364.76	30.47
		企 业 管 理 费 (元)			373.33	373.93	33.95
		利 润 (元)			200.14	200.46	18.20
		一 般 风 险 费 (元)			23.24	23.27	2.11
	编码	名 称	单位	单价(元)	消 耗 量		
人工	000300080	混凝土综合工	工日	115.00	10.320	10.320	0.960
材料	840402010	耐碱混凝土	m³	291.26	6.060	—	—
	840402020	密实混凝土	m³	242.72	—	6.100	0.510
	002000020	其他材料费	元	—	35.30	29.61	1.60
机械	990601030	涡浆式混凝土搅拌机500L	台班	310.96	1.165	1.173	0.098

工作内容:清理基层、选料、铺设混凝土、养护等。 计量单位:100m²

定 额 编 号					AK0008	AK0009
项 目 名 称					重晶石砼	
					厚度60mm	厚度每增减5mm
费用		**综 合 单 价(元)**			**11888.04**	**1157.84**
	其中	人 工 费(元)			1159.20	211.60
		材 料 费(元)			9780.51	822.95
		施工机具使用费(元)			362.27	30.16
		企 业 管 理 费(元)			366.67	58.26
		利 润(元)			196.57	31.24
		一 般 风 险 费(元)			22.82	3.63
	编码	名 称	单位	单价(元)	消 耗 量	
人工	000300080	混凝土综合工	工日	115.00	10.080	1.840
材料	801506010	重晶石砼	m³	1590.25	6.060	0.510
	002000020	其他材料费	元	—	143.59	11.92
机械	990601030	涡浆式混凝土搅拌机500L	台班	310.96	1.165	0.097

K.1.2 防腐砂浆面层(编码:011002002)

工作内容:清理基层、制运砂浆、胶泥,涂刷胶泥,铺设压实砂浆。 计量单位:100m²

定 额 编 号					AK0010	AK0011	AK0012	AK0013
项 目 名 称					水玻璃耐酸砂浆		耐酸沥青砂浆	
					厚度20mm	厚度每增减5mm	厚度30mm	厚度每增减5mm
费用		**综 合 单 价(元)**			**14616.89**	**2955.65**	**6087.77**	**788.34**
	其中	人 工 费(元)			2436.25	262.50	1597.50	252.50
		材 料 费(元)			11154.64	2570.21	3743.72	416.75
		施工机具使用费(元)			63.21	15.76	94.72	15.76
		企 业 管 理 费(元)			602.37	67.06	407.82	64.65
		利 润(元)			322.93	35.95	218.63	34.66
		一 般 风 险 费(元)			37.49	4.17	25.38	4.02
	编码	名 称	单位	单价(元)	消 耗 量			
人工	000300110	抹灰综合工	工日	125.00	19.490	2.100	12.780	2.020
材料	810308010	水玻璃耐酸砂浆1:0.15:1.1:2.6	m³	5089.53	2.020	0.505	—	—
	850701060	水玻璃胶泥1:0.15:1.2:1.1	m³	2912.62	0.300	—	—	—
	850401070	石油沥青砂浆1:2:7	m³	825.24	—	—	3.030	0.505
	810322010	沥青稀胶泥	m³	5477.55	—	—	0.202	—
	002000010	其他材料费	元	—	—	—	136.78	—
机械	990610010	灰浆搅拌机200L	台班	187.56	0.337	0.084	0.505	0.084

工作内容:清理基层、制运砂浆、胶泥、涂刷胶泥、铺设压实砂浆。   计量单位:100m²

定 额 编 号					AK0014	AK0015	AK0016	AK0017
项 目 名 称					环氧砂浆		不饱和聚酯砂浆	
					厚度5mm	厚度每增减1mm	厚度5mm	厚度每增减1mm
综 合 单 价 (元)					**14243.31**	**2395.40**	**14141.39**	**1915.59**
费用	其中	人 工 费 (元)			3570.00	561.25	3570.00	525.00
		材 料 费 (元)			9184.67	1617.96	9082.75	1188.35
		施工机具使用费 (元)			81.92	—	81.92	—
		企业管理费 (元)			880.11	135.26	880.11	126.53
		利 润 (元)			471.83	72.51	471.83	67.83
		一般风险费 (元)			54.78	8.42	54.78	7.88
	编码	名 称	单位	单价(元)	消 耗 量			
人工	000300110	抹灰综合工	工日	125.00	28.560	4.490	28.560	4.200
材料	850701050	环氧树脂砂浆	m³	16019.42	0.510	0.100	—	—
	810320010	环氧树脂打底料 1:1:0.07:0.15	m³	30794.16	0.030	—	0.100	—
	850701020	不饱和聚酯砂浆	m³	11650.49	—	—	0.500	0.100
	002000020	其他材料费	元	—	90.94	16.02	178.09	23.30
机械	991201010	轴流通风机 7.5kW	台班	40.96	2.000	—	2.000	—

工作内容:清理基层、制运砂浆、胶泥、涂刷胶泥、铺设压实砂浆。   计量单位:100m²

定 额 编 号					AK0018	AK0019	AK0020	AK0021
项 目 名 称					钢屑砂浆		不发火沥青砂浆	不发火水泥石灰砂浆
					一般抹面	吊车梁抹面		
					厚度30mm		厚度20mm	
综 合 单 价 (元)					**6688.30**	**6837.20**	**9363.39**	**2178.02**
费用	其中	人 工 费 (元)			1698.75	1806.25	2653.75	1150.00
		材 料 费 (元)			4203.98	4203.98	5687.42	585.04
		施工机具使用费 (元)			94.72	94.72	—	—
		企业管理费 (元)			432.23	458.13	639.55	277.15
		利 润 (元)			231.72	245.61	342.86	148.58
		一般风险费 (元)			26.90	28.51	39.81	17.25
	编码	名 称	单位	单价(元)	消 耗 量			
人工	000300110	抹灰综合工	工日	125.00	13.590	14.450	21.230	9.200
材料	810425010	素水泥浆	m³	479.39	0.101	0.101	—	0.100
	850701030	钢屑砂浆	m³	1359.22	3.030	3.030	—	—
	850701040	水泥石灰膏砂浆	m³	252.43	—	—	—	2.000
	810306010	不发火沥青砂浆 1:0.533:0.533:3.12	m³	2199.60	—	—	2.020	—
	810322010	沥青稀胶泥	m³	5477.55	—	—	0.202	—
	341100100	水	m³	4.42	8.400	8.400	—	4.700
	002000010	其他材料费	元	—	—	—	137.76	11.47
机械	990610010	灰浆搅拌机 200L	台班	187.56	0.505	0.505		

工作内容: 1.清理基层、碎石灌沥青。
2.配料、涂刷、酸化处理。

计量单位:100m²

定 额 编 号					AK0022	AK0023
项 目 名 称					碎石灌沥青	酸化处理
					厚度 100mm	
综 合 单 价 (元)					**15169.97**	**795.88**
费用	其中	人 工 费 (元)			2961.25	561.25
		材 料 费 (元)			11068.05	18.44
		施 工 机 具 使 用 费 (元)			—	—
		企 业 管 理 费 (元)			713.66	135.26
		利 润 (元)			382.59	72.51
		一 般 风 险 费 (元)			44.42	8.42
	编码	名 称	单位	单价(元)	消 耗 量	
人工	000300110	抹灰综合工	工日	125.00	23.690	4.490
材料	040500300	碎石 15	m³	101.94	10.800	—
	133100920	石油沥青	kg	2.56	3608.000	—
	140300400	汽油 综合	kg	6.75	108.240	—
	143102200	硫酸 38%	kg	0.40	—	45.000
	341100100	水	m³	4.42	—	0.100

K.1.3 防腐胶泥面层(编码:011002003)

工作内容: 清理基层、制运胶泥、涂刷胶泥。

计量单位:100m²

定 额 编 号					AK0024	AK0025	AK0026	AK0027
项 目 名 称					环氧稀胶泥		双酚 A 型不饱和聚酯稀胶泥	
					厚度 2mm	厚度每增减 1mm	厚度 2mm	厚度每增减 1mm
综 合 单 价 (元)					**8207.08**	**2911.65**	**5179.61**	**1737.41**
费用	其中	人 工 费 (元)			2971.25	896.25	2735.00	821.25
		材 料 费 (元)			3977.83	1670.16	1277.61	599.81
		施 工 机 具 使 用 费 (元)			81.92	—	81.92	—
		企 业 管 理 费 (元)			735.81	216.00	678.88	197.92
		利 润 (元)			394.47	115.80	363.95	106.11
		一 般 风 险 费 (元)			45.80	13.44	42.25	12.32
	编码	名 称	单位	单价(元)	消 耗 量			
人工	000300110	抹灰综合工	工日	125.00	23.770	7.170	21.880	6.570
材料	850701160	环氧稀胶泥	m³	16701.57	0.210	0.100	—	—
	810320010	环氧树脂打底料 1:1:0.07:0.15	m³	30794.16	0.014	—	—	—
	850701080	双酚 A 型不饱和聚酯胶泥	m³	5909.52	—	—	0.213	0.100
	002000020	其他材料费	元	—	—	39.38	18.88	8.86
机械	991201010	轴流通风机 7.5kW	台班	40.96	2.000	—	2.000	—

工作内容:清理基层、制运胶泥、涂刷胶泥。

计量单位:100m²

定 额 编 号					AK0028	AK0029
项 目 名 称					二甲苯不饱和聚酯稀胶泥	
					厚度2mm	厚度每增减1mm
综 合 单 价 (元)					**6119.39**	**2178.62**
费用	其中	人 工 费 (元)			2735.00	821.25
		材 料 费 (元)			2217.39	1041.02
		施 工 机 具 使 用 费 (元)			81.92	—
		企 业 管 理 费 (元)			678.88	197.92
		利 润 (元)			363.95	106.11
		一 般 风 险 费 (元)			42.25	12.32
	编码	名 称	单位	单价(元)	消 耗 量	
人工	000300110	抹灰综合工	工日	125.00	21.880	6.570
材料	850701090	二甲苯不饱和聚酯胶泥	m³	10256.41	0.213	0.100
	002000020	其他材料费	元	—	32.77	15.38
机械	991201010	轴流通风机 7.5kW	台班	40.96	2.000	—

K.1.4 玻璃钢防腐面层(编码:011002004)

工作内容:1.清理基层、填料干燥、过筛。
2.配制腻子及嵌刮,胶浆配置涂刷,贴布(包括脱脂下料),面漆。

计量单位:100m²

定 额 编 号					AK0030	AK0031	AK0032	AK0033	AK0034	AK0035
项 目 名 称					玻璃钢底漆及腻子		环氧玻璃钢		环氧酚醛玻璃钢	
					底漆每层	刮腻子	贴布每层	树脂每层	贴布每层	树脂每层
综 合 单 价 (元)					**1047.94**	**627.35**	**6136.95**	**844.84**	**6118.95**	**828.68**
费用	其中	人 工 费 (元)			430.00	260.00	3588.75	266.25	3588.75	270.00
		材 料 费 (元)			395.57	176.42	882.12	419.29	864.12	397.94
		施 工 机 具 使 用 费 (元)			40.96	65.54	204.80	40.96	204.80	40.96
		企 业 管 理 费 (元)			113.50	78.45	914.25	74.04	914.25	74.94
		利 润 (元)			60.85	42.06	490.13	39.69	490.13	40.18
		一 般 风 险 费 (元)			7.06	4.88	56.90	4.61	56.90	4.66
	编码	名 称	单位	单价(元)	消 耗 量					
人工	000300140	油漆综合工	工日	125.00	3.440	2.080	28.710	2.130	28.710	2.160
材料	142100400	环氧树脂	kg	18.89	16.500	3.590	30.000	20.000	21.000	14.000
	142100010	酚醛树脂	kg	17.95	—	—	—	—	9.000	6.000
	155500900	玻璃布 0.2	m²	1.88	—	—	115.000	—	115.000	—
	002000010	其他材料费	元	—	—	83.88	108.60	99.22	41.49	89.68	25.78
机械	991201010	轴流通风机 7.5kW	台班	40.96	1.000	1.600	5.000	1.000	5.000	1.000

工作内容:1.清理基层、填料干燥、过筛。
2.配制腻子及嵌刮,胶浆配置涂刷,贴布(包括脱脂下料),面漆。　　　　　　　　　　　　　　　计量单位:100m²

定 额 编 号					AK0036	AK0037	AK0038	AK0039
项 目 名 称					酚醛玻璃钢		环氧呋喃玻璃钢	
					贴布每层	树脂每层	贴布每层	树脂每层
综 合 单 价 (元)					**6744.42**	**837.67**	**6402.63**	**1032.06**
费用	其中	人 工 费 (元)			3947.50	270.00	3588.75	270.00
		材 料 费 (元)			992.66	406.93	1147.80	601.32
		施工机具使用费 (元)			204.80	40.96	204.80	40.96
		企 业 管 理 费 (元)			1000.70	74.94	914.25	74.94
		利 润 (元)			536.48	40.18	490.13	40.18
		一 般 风 险 费 (元)			62.28	4.66	56.90	4.66
	编 码	名 称	单位	单价(元)	消 耗 量			
人工	000300140	油漆综合工	工日	125.00	31.580	2.160	28.710	2.160
材料	142100010	酚醛树脂	kg	17.95	9.000	20.000	—	—
	142100400	环氧树脂	kg	18.89	21.000	—	21.000	14.000
	155500900	玻璃布 0.2	m²	1.88	115.000	—	115.000	—
	002000010	其他材料费	元	—	218.22	47.93	534.91	336.86
机械	991201010	轴流通风机 7.5kW	台班	40.96	5.000	1.000	5.000	1.000

工作内容:1.清理基层、填料干燥、过筛。
2.配制腻子及嵌刮,胶浆配置涂刷,贴布(包括脱脂下料),面漆。　　　　　　　　　　　　　　　计量单位:100m²

定 额 编 号					AK0040	AK0041	AK0042	AK0043
项 目 名 称					环氧煤焦油玻璃钢			
					底漆每层	刮腻子	贴布每层	树脂每层
综 合 单 价 (元)					**1637.44**	**3325.60**	**9893.39**	**1637.44**
费用	其中	人 工 费 (元)			650.00	1500.00	5500.00	650.00
		材 料 费 (元)			680.33	1134.33	1991.10	680.33
		施工机具使用费 (元)			40.96	81.92	204.80	40.96
		企 业 管 理 费 (元)			166.52	381.24	1374.86	166.52
		利 润 (元)			89.27	204.38	737.06	89.27
		一 般 风 险 费 (元)			10.36	23.73	85.57	10.36
	编 码	名 称	单位	单价(元)	消 耗 量			
人工	000300140	油漆综合工	工日	125.00	5.200	12.000	44.000	5.200
材料	131500020	玻璃钢底漆	kg	27.35	23.000	30.000	60.000	23.000
	143500400	NSJ—Ⅱ稀释剂	kg	31.62	1.200	—	3.000	1.200
	155500900	玻璃布 0.2	m²	1.88	—	—	115.000	—
	002000010	其他材料费	元	—	13.34	336.52	39.04	13.34
机械	991201010	轴流通风机 7.5kW	台班	40.96	1.000	2.000	5.000	1.000

工作内容:1.清理基层、填料干燥、过筛。
　　　　2.配制腻子及嵌刮,胶浆配置涂刷,贴布(包括脱脂下料),面漆。　　　　计量单位:100m²

定　额　编　号					AK0044	AK0045	AK0046	AK0047
项　目　名　称					不饱和聚酯树脂玻璃钢			
					底漆每层	刮腻子	贴布每层	树脂每层
综　合　单　价　(元)					**1640.50**	**3453.26**	**7646.19**	**1410.68**
费用	其中	人　工　费　(元)			700.00	1500.00	4652.50	750.00
		材　料　费　(元)			614.13	1091.77	917.86	315.05
		施工机具使用费　(元)			40.96	204.80	204.80	40.96
		企业管理费　(元)			178.57	410.86	1170.61	190.62
		利　　润　(元)			95.73	220.26	627.56	102.19
		一般风险费　(元)			11.11	25.57	72.86	11.86
	编码	名　　称	单位	单价(元)	消　　耗　　量			
人工	000300140	油漆综合工	工日	125.00	5.600	12.000	37.220	6.000
材料	142101210	不饱和聚酯树脂	kg	12.82	30.100	40.200	45.000	20.000
	143501600	促进剂 KA	kg	1.20	0.700	0.900	1.000	0.500
	143500400	NSJ-Ⅱ稀释剂	kg	31.62	4.500	—	—	—
	143519600	引发剂	kg	81.20	0.900	1.200	1.300	0.600
	040900300	石英粉	kg	9.51	—	48.000	—	—
	040300450	石英砂	kg	0.09	—	—	—	35.000
	155500900	玻璃布 0.2	m²	1.88	—	—	115.000	—
	002000020	其他材料费	元	—	—	12.04	21.41	18.00	6.18
机械	991201010	轴流通风机 7.5kW	台班	40.96	1.000	5.000	5.000	1.000

工作内容:1.清理基层、填料干燥、过筛。
　　　　2.配制腻子及嵌刮,胶浆配置涂刷,贴布(包括脱脂下料),面漆。　　　　计量单位:100m²

定　额　编　号					AK0048	AK0049	AK0050	AK0051
项　目　名　称					不饱和聚酯树脂玻璃钢			
					短切毡	表面毡	玻璃丝布 0.2mm	玻璃丝布 0.4mm
综　合　单　价　(元)					**9808.02**	**5898.23**	**6049.75**	**6515.16**
费用	其中	人　工　费　(元)			5500.00	2750.00	3500.00	3500.00
		材　料　费　(元)			1905.73	1805.24	917.86	1383.27
		施工机具使用费　(元)			204.80	204.80	204.80	204.80
		企业管理费　(元)			1374.86	712.11	892.86	892.86
		利　　润　(元)			737.06	381.76	478.66	478.66
		一般风险费　(元)			85.57	44.32	55.57	55.57
	编码	名　　称	单位	单价(元)	消　　耗　　量			
人工	000300140	油漆综合工	工日	125.00	44.000	22.000	28.000	28.000
材料	142101210	不饱和聚酯树脂	kg	12.82	110.000	110.000	45.000	75.000
	143519600	引发剂	kg	81.20	3.900	2.700	1.300	2.300
	143501600	促进剂 KA	kg	1.20	2.900	2.000	1.000	1.700
	155500900	玻璃布 0.2	m²	1.88	—	—	115.000	—
	150701730	玻璃丝布	m²	1.79	—	—	—	115.000
	150701740	短切毡	m²	1.20	115.000	—	—	—
	150701750	表面毡	m²	1.20	—	115.000	—	—
	002000020	其他材料费	元	—	37.37	35.40	18.00	27.12
机械	991201010	轴流通风机 7.5kW	台班	40.96	5.000	5.000	5.000	5.000

工作内容：撒砂　　　　　　　　　　　　　　　　　　　　　　　　　　　　　　　　　　　　　**计量单位：100m²**

定　额　编　号					AK0052	AK0053
项　目　名　称					玻璃钢撒砂	
					平面	立面
费用	综　合　单　价（元）				**4500.08**	**5355.13**
	其中	人　工　费　（元）			130.00	227.50
		材　料　费　（元）			4320.00	5040.00
		施工机具使用费（元）			—	—
		企　业　管　理　费（元）			31.33	54.83
		利　润　（元）			16.80	29.39
		一　般　风　险　费（元）			1.95	3.41
	编码	名　称	单位	单价（元）	消　耗	量
人工	000300140	油漆综合工	工日	125.00	1.040	1.820
材料	040300400	石英砂 综合	m³	144.00	30.000	35.000

K.1.5　聚氯乙烯板面层（编码：011002005）

工作内容：1.清理基层、配料、下料、涂胶。
　　　　　　2.铺贴、滚压、养护、焊接缝、整平、安装压条。
　　　　　　3.铺贴踢脚板。　　　　　　　　　　　　　　　　　　　　　　　　　　　　　　　　**计量单位：100m²**

定　额　编　号					AK0054
项　目　名　称					软聚氯乙烯板地面
费用	综　合　单　价（元）				**18728.26**
	其中	人　工　费　（元）			5953.75
		材　料　费　（元）			10401.70
		施工机具使用费（元）			57.34
		企　业　管　理　费（元）			1448.67
		利　润　（元）			776.63
		一　般　风　险　费（元）			90.17
	编码	名　称	单位	单价（元）	消　耗　量
人工	000300050	木工综合工	工日	125.00	47.630
材料	050303800	木材 锯材	m³	1547.01	0.339
	021101020	软聚氯乙烯板 3厚	m²	49.40	149.020
	143500400	NSJ—Ⅱ稀释剂	kg	31.62	35.300
	144101000	XY—401胶	kg	14.20	90.000
	120103010	木压条	m	0.68	0.176
	030190010	圆钉综合	kg	6.60	1.080
	002000010	其他材料费	元	—	114.24
机械	991201010	轴流通风机 7.5kW	台班	40.96	1.400

K.1.6 块料防腐面层(编码:011002006)

K.1.6.1 平面防腐

工作内容:清理基层,清洗砖板,调制胶泥,涂底料,铺砌砖板。 计量单位:100m²

定 额 编 号					AK0055	AK0056	AK0057	AK0058
项 目 名 称					环氧树脂胶泥			
					铺砌厚度65mm	铺砌厚度113mm	铺砌厚度30mm	
					瓷砖		瓷板	陶板
					230×113×65		150×150×30	
综 合 单 价 (元)					**60509.43**	**74801.49**	**46708.50**	**46800.34**
费用	其中	人 工 费 (元)			9913.80	12897.30	10273.90	10340.20
		材 料 费 (元)			45411.85	55571.18	31112.12	31112.12
		施 工 机 具 使 用 费 (元)			985.40	985.40	985.40	985.40
		企 业 管 理 费 (元)			2626.71	3345.73	2713.49	2729.47
		利 润 (元)			1408.18	1793.64	1454.70	1463.27
		一 般 风 险 费 (元)			163.49	208.24	168.89	169.88
	编码	名 称	单位	单价(元)	消 耗 量			
人工	000300120	镶贴综合工	工日	130.00	76.260	99.210	79.030	79.540
材料	132102510	耐酸瓷砖230×113×65	块	5.05	3774.144	3703.350	—	—
	132100600	耐酸板150×150×30	块	1.88	—	—	4442.667	—
	132100610	耐酸陶板150×150×30	块	1.88	—	—	—	4442.667
	810316010	环氧树脂胶泥1:0.1:0.08:2	m³	25629.25	0.890	1.300	0.750	0.750
	850701150	环氧树脂胶泥打底料	m³	17478.63	0.200	0.200	0.200	0.200
	022700020	棉纱头	kg	8.19	2.460	2.460	2.460	2.460
	341100100	水	m³	4.42	6.000	8.000	5.000	5.000
机械	991101010	轴流通风机7.5kW	台班	40.96	2.000	2.000	2.000	2.000
	990601010	涡浆式混凝土搅拌机250L	台班	225.87	4.000	4.000	4.000	4.000

工作内容:清理基层,清洗砖板,调制胶泥,涂底料,铺砌砖板。 计量单位:100m²

定 额 编 号					AK0059	AK0060	AK0061	AK0062
项 目 名 称					酚醛树脂胶泥			
					铺砌厚度65mm	铺砌厚度113mm	铺砌厚度30mm	
					瓷砖		瓷板	陶板
					230×113×65		150×150×30	
综 合 单 价 (元)					**59702.78**	**74046.22**	**45884.31**	**45976.15**
费用	其中	人 工 费 (元)			9913.80	12897.30	10273.90	10340.20
		材 料 费 (元)			45856.70	56067.40	31539.43	31539.43
		施 工 机 具 使 用 费 (元)			81.92	81.92	81.92	81.92
		企 业 管 理 费 (元)			2408.97	3127.99	2495.75	2511.73
		利 润 (元)			1291.45	1676.92	1337.97	1346.54
		一 般 风 险 费 (元)			149.94	194.69	155.34	156.33
	编码	名 称	单位	单价(元)	消 耗 量			
人工	000300120	镶贴综合工	工日	130.00	76.260	99.210	79.030	79.540
材料	132102510	耐酸瓷砖230×113×65	块	5.05	3774.144	3703.350	—	—
	132100600	耐酸板150×150×30	块	1.88	—	—	4442.667	—
	132100610	耐酸陶板150×150×30	块	1.88	—	—	—	4442.667
	810315010	酚醛树脂胶泥1:0.06:0.08:1.8	m³	25754.55	0.890	1.300	0.750	0.750
	850701100	酚醛树脂打底料	m³	19145.30	0.200	0.200	0.200	0.200
	022700020	棉纱头	kg	8.19	2.460	2.460	2.460	2.460
	341100100	水	m³	4.42	6.000	8.000	5.000	5.000
机械	991201010	轴流通风机7.5kW	台班	40.96	2.000	2.000	2.000	2.000

工作内容：清理基层,清洗砖板,调制胶泥,涂底料,铺砌砖板。 计量单位:100m²

定 额 编 号					AK0063	AK0064	AK0065	AK0066
项 目 名 称					环氧酚醛胶泥			
					铺砌厚度65mm	铺砌厚度113mm	铺砌厚度30mm	
					瓷砖		瓷板	陶板
					230×113×65		150×150×30	
费用	综 合 单 价 （元）				61503.49	75954.98	46409.91	46508.96
	其中	人 工 费 （元）			9818.90	12880.40	10188.10	10259.60
		材 料 费 （元）			46537.37	56748.07	30932.38	30932.38
		施工机具使用费 （元）			985.40	985.40	985.40	985.40
		企 业 管 理 费 （元）			2603.84	3341.66	2692.81	2710.05
		利 润 （元）			1395.92	1791.46	1443.62	1452.85
		一 般 风 险 费 （元）			162.06	207.99	167.60	168.68
	编码	名 称	单位	单价（元）	消 耗 量			
人工	000300120	镶贴综合工	工日	130.00	75.530	99.080	78.370	78.920
材料	132102510	耐酸瓷砖230×113×65	块	5.05	3774.144	3703.350	—	—
	132100600	耐酸板 150×150×30	块	1.88	—	—	4442.667	—
	132100610	耐酸陶板150×150×30	块	1.88	—	—	—	4442.667
	810315010	酚醛树脂胶泥1:0.06:0.08:1.8	m³	25754.55	0.890	1.300	0.700	0.700
	850701110	环氧酚醛树脂打底料	m³	22547.01	0.200	0.200	0.200	0.200
	022700020	棉纱头	kg	8.19	2.500	2.500	2.500	2.500
	341100100	水	m³	4.42	6.000	8.000	5.000	5.000
机械	991201010	轴流通风机 7.5kW	台班	40.96	2.000	2.000	2.000	2.000
	990601010	涡浆式混凝土搅拌机 250L	台班	225.87	4.000	4.000	4.000	4.000

工作内容：清理基层,清洗砖板,调制胶泥,涂底料,铺砌砖板。 计量单位:100m²

定 额 编 号					AK0067	AK0068	AK0069	AK0070
项 目 名 称					呋喃树脂胶泥			
					铺砌厚度65mm	铺砌厚度113mm	铺砌厚度30mm	
					瓷砖		瓷板	陶板
					230×113×65		150×150×30	
费用	综 合 单 价 （元）				49098.92	58465.30	36979.94	37071.78
	其中	人 工 费 （元）			9913.80	12897.30	10273.90	10340.20
		材 料 费 （元）			35252.84	40486.48	22635.06	22635.06
		施工机具使用费 （元）			81.92	81.92	81.92	81.92
		企 业 管 理 费 （元）			2408.97	3127.99	2495.75	2511.73
		利 润 （元）			1291.45	1676.92	1337.97	1346.54
		一 般 风 险 费 （元）			149.94	194.69	155.34	156.33
	编码	名 称	单位	单价（元）	消 耗 量			
人工	000300120	镶贴综合工	工日	130.00	76.260	99.210	79.030	79.540
材料	132102510	耐酸瓷砖230×113×65	块	5.05	3774.144	3703.350	—	—
	132100600	耐酸板 150×150×30	块	1.88	—	—	4442.667	—
	132100610	耐酸陶板150×150×30	块	1.88	—	—	—	4442.667
	850701070	呋喃树脂胶泥	m³	13615.38	0.890	1.300	0.750	0.750
	850701120	呋喃树脂打底料	m³	20145.30	0.200	0.200	0.200	0.200
	022700020	棉纱头	kg	8.19	2.460	2.460	2.460	2.460
	341100100	水	m³	4.42	6.000	8.000	5.000	5.000
机械	991201010	轴流通风机 7.5kW	台班	40.96	2.000	2.000	2.000	2.000

工作内容：清理基层，清洗砖板，调制胶泥，涂底料，铺砌砖板。计量单位：100m²

定 额 编 号					AK0071	AK0072	AK0073	AK0074
项 目 名 称					环氧呋喃树脂胶泥			
					铺砌厚度65mm	铺砌厚度113mm	铺砌厚度30mm	
					瓷砖		瓷板	陶板
					230×113×65		150×150×30	
综 合 单 价（元）					51579.55	60917.82	38656.25	38755.30
费用	其中	人 工 费（元）			9818.90	12880.40	10188.10	10259.60
		材 料 费（元）			36613.43	41710.91	23178.72	23178.72
		施工机具使用费（元）			985.40	985.40	985.40	985.40
		企 业 管 理 费（元）			2603.84	3341.66	2692.81	2710.05
		利 润（元）			1395.92	1791.46	1443.62	1452.85
		一 般 风 险 费（元）			162.06	207.99	167.60	168.68
	编码	名 称	单位	单价（元）	消 耗 量			
人工	000300120	镶贴综合工	工日	130.00	75.530	99.080	78.370	78.920
材料	132102510	耐酸瓷砖230×113×65	块	5.05	3774.144	3703.350	—	—
	132100600	耐酸板 150×150×30	块	1.88	—	—	4442.667	—
	132100610	耐酸陶板 150×150×30	块	1.88	—	—	—	4442.667
	850701070	呋喃树脂胶泥	m³	13615.38	0.900	1.300	0.700	0.700
	850701130	环氧呋喃树脂打底料	m³	26265.81	0.200	0.200	0.200	0.200
	022700020	棉纱头	kg	8.19	2.500	2.500	2.500	2.500
	341100100	水	m³	4.42	6.000	8.000	5.000	5.000
机械	991201010	轴流通风机 7.5kW	台班	40.96	2.000	2.000	2.000	2.000
	990601010	涡浆式混凝土搅拌机 250L	台班	225.87	4.000	4.000	4.000	4.000

工作内容：清理基层，清洗砖板，调制胶泥，涂底料，铺砌砖板。计量单位：100m²

定 额 编 号					AK0075	AK0076	AK0077	AK0078
项 目 名 称					不饱和聚酯胶泥（邻苯型、双酚"A"型）			
					铺砌厚度65mm	铺砌厚度113mm	铺砌厚度30mm	
					瓷砖		瓷板	陶板
					230×113×65		150×150×30	
综 合 单 价（元）					42669.28	48912.60	31274.54	31371.79
费用	其中	人 工 费（元）			10180.30	13232.70	10540.40	10610.60
		材 料 费（元）			28454.05	30469.19	16560.51	16560.51
		施工机具使用费（元）			81.92	81.92	81.92	81.92
		企 业 管 理 费（元）			2473.20	3208.82	2559.98	2576.90
		利 润（元）			1325.88	1720.25	1372.40	1381.47
		一 般 风 险 费（元）			153.93	199.72	159.33	160.39
	编码	名 称	单位	单价（元）	消 耗 量			
人工	000300120	镶贴综合工	工日	130.00	78.310	101.790	81.080	81.620
材料	132102510	耐酸瓷砖230×113×65	块	5.05	3774.144	3703.350	—	—
	132100600	耐酸板 150×150×30	块	1.88	—	—	4442.667	—
	132100610	耐酸陶板 150×150×30	块	1.88	—	—	—	4442.667
	850701080	双酚A型不饱和聚酯胶泥	m³	5909.52	0.900	1.300	0.700	0.700
	850701120	呋喃树脂打底料	m³	20145.30	0.200	0.200	0.200	0.200
	022700020	棉纱头	kg	8.19	2.500	2.500	2.500	2.500
	341100100	水	m³	4.42	6.000	8.000	5.000	5.000
机械	991201010	轴流通风机 7.5kW	台班	40.96	2.000	2.000	2.000	2.000

工作内容:清理基层,清洗砖板,调制胶泥,涂底料,铺砌砖板。 计量单位:100m²

定 额 编 号					AK0079	AK0080	AK0081	AK0082
项 目 名 称					环氧煤焦油胶泥			
					铺砌			
					厚度65mm	厚度113mm	厚度30mm	
					瓷砖		瓷板	陶板
					230×113×65		150×150×30	
综 合 单 价 (元)					52967.69	64803.69	38795.52	38894.57
费用	其中	人 工 费 (元)			9818.90	12880.40	10188.10	10259.60
		材 料 费 (元)			38001.57	45596.78	23317.99	23317.99
		施 工 机 具 使 用 费 (元)			985.40	985.40	985.40	985.40
		企 业 管 理 费 (元)			2603.84	3341.66	2692.81	2710.05
		利 润 (元)			1395.92	1791.46	1443.62	1452.85
		一 般 风 险 费 (元)			162.06	207.99	167.60	168.68
	编码	名 称	单位	单价(元)	消 耗 量			
人工	000300120	镶贴综合工	工日	130.00	75.530	99.080	78.370	78.920
材料	132102510	耐酸瓷砖 230×113×65	块	5.05	3774.144	3703.350	—	—
	132100600	耐酸板 150×150×30	块	1.88	—	—	4442.667	—
	132100610	耐酸陶板 150×150×30	块	1.88	—	—	—	4442.667
	810318010	环氧煤焦油胶泥 0.5∶0.5∶0.04∶2.2	m³	19859.71	0.900	1.300	0.700	0.700
	850701140	环氧煤焦油树脂打底料	m³	5107.02	0.200	0.200	0.200	0.200
	022700020	棉纱头	kg	8.19	2.500	2.500	2.500	2.500
	341100100	水	m³	4.42	6.000	8.000	5.000	5.000
机械	991201010	轴流通风机 7.5kW	台班	40.96	2.000	2.000	2.000	2.000
	990601010	涡浆式混凝土搅拌机 250L	台班	225.87	4.000	4.000	4.000	4.000

工作内容:清理基层,清洗砖板,调制胶泥,涂底料,铺砌砖板。 计量单位:100m²

定 额 编 号					AK0083	AK0084	AK0085	AK0086
项 目 名 称					环氧煤焦油胶泥			
					铺砌			
					厚度45mm	厚度65mm	厚度80mm	厚度100mm
					缸砖			
					300×200×45	300×200×65	300×200×80	300×200×100
综 合 单 价 (元)					50176.59	51053.51	52738.55	53697.89
费用	其中	人 工 费 (元)			12480.00	12480.00	13000.00	13000.00
		材 料 费 (元)			32644.28	33521.20	34485.94	35445.28
		施 工 机 具 使 用 费 (元)			176.88	176.88	176.88	176.88
		企 业 管 理 费 (元)			3050.31	3050.31	3175.63	3175.63
		利 润 (元)			1635.27	1635.27	1702.45	1702.45
		一 般 风 险 费 (元)			189.85	189.85	197.65	197.65
	编码	名 称	单位	单价(元)	消 耗 量			
人工	000300120	镶贴综合工	工日	130.00	96.000	96.000	100.000	100.000
材料	132102910	耐酸缸砖 300×200×45	块	3.01	1700.000	—	—	—
	132102920	耐酸缸砖 300×200×65	块	3.20	—	1700.000	—	—
	132102930	耐酸缸砖 300×200×80	块	3.40	—	—	1700.000	—
	132102940	耐酸缸砖 300×200×100	块	3.59	—	—	—	1700.000
	140500900	环氧煤焦油	kg	17.95	784.000	800.000	818.000	835.400
	040900300	石英粉	kg	9.51	1411.000	1440.000	1472.000	1506.000
	002000020	其他材料费	元	—	35.87	26.80	24.12	24.79
机械	991201010	轴流通风机 7.5kW	台班	40.96	2.000	2.000	2.000	2.000
	990772010	岩石切割机 3kW	台班	47.48	2.000	2.000	2.000	2.000

工作内容:清理基层,清洗砖板,调制胶泥,涂底料,铺砌砖板。　　　　　　　　　　　　　　　　　计量单位:100m²

定　额　编　号					AK0087	AK0088	AK0089	AK0090
项　目　名　称					水玻璃耐酸胶泥			
					铺砌			
					厚度65mm	厚度113mm	厚度30mm	
					瓷砖		瓷板	陶板
					230×113×65		150×150×30	
综　合　单　价(元)					**40483.38**	**51044.97**	**29090.22**	**29090.22**
费用	其中	人　　工　　费　(元)			9981.40	12897.30	10336.30	10336.30
		材　　料　　费　(元)			26543.67	33066.15	14658.91	14658.91
		施工机具使用费　(元)			81.92	81.92	81.92	81.92
		企　业　管　理　费　(元)			2425.26	3127.99	2510.79	2510.79
		利　　　润　(元)			1300.18	1676.92	1346.03	1346.03
		一　般　风　险　费　(元)			150.95	194.69	156.27	156.27
	编码	名　　称	单位	单价(元)	消　　耗　　量			
人工	000300120	镶贴综合工	工日	130.00	76.780	99.210	79.510	79.510
材料	132102510	耐酸瓷砖230×113×65	块	5.05	3774.144	3703.350	—	—
	132100600	耐酸板150×150×30	块	1.88	—	—	4442.667	—
	132100610	耐酸陶板150×150×30	块	1.88	—	—	—	4442.667
	810311010	水玻璃耐酸胶泥1:0.15:1.2:1.1	m³	8379.46	0.890	1.710	0.750	0.750
	341100100	水	m³	4.42	6.000	8.000	5.000	5.000
机械	991201010	轴流通风机7.5kW	台班	40.96	2.000	2.000	2.000	2.000

工作内容:清理基层,清洗砖板,调制胶泥,涂底料,铺砌砖板。　　　　　　　　　　　　　　　　　计量单位:100m²

定　额　编　号					AK0091	AK0092	AK0093	AK0094
项　目　名　称					耐酸沥青胶泥			
					铺砌			
					厚度65mm	厚度113mm	厚度30mm	
					瓷砖		瓷板	陶板
					230×113×65		150×150×30	
综　合　单　价(元)					**39609.48**	**45797.15**	**28425.36**	**28041.17**
费用	其中	人　　工　　费　(元)			9984.00	12899.90	10336.30	10336.30
		材　　料　　费　(元)			25666.16	27814.73	13994.05	13609.86
		施工机具使用费　(元)			81.92	81.92	81.92	81.92
		企　业　管　理　费　(元)			2425.89	3128.62	2510.79	2510.79
		利　　　润　(元)			1300.52	1677.25	1346.03	1346.03
		一　般　风　险　费　(元)			150.99	194.73	156.27	156.27
	编码	名　　称	单位	单价(元)	消　　耗　　量			
人工	000300120	镶贴综合工	工日	130.00	76.800	99.230	79.510	79.510
材料	132102510	耐酸瓷砖230×113×65	块	5.05	3774.144	3703.350	—	—
	132100600	耐酸板150×150×30	块	1.88	—	—	4442.667	—
	132100610	耐酸陶板150×150×30	块	1.88	—	—	—	4442.667
	810314030	耐酸沥青胶泥砌平面用1:1:0.5	m³	9604.75	0.660	0.920	0.560	0.520
	133501500	冷底子油	kg	2.87	84.000	84.000	84.000	84.000
	341100100	水	m³	4.42	6.000	8.000	5.000	5.000
机械	991201010	轴流通风机7.5kW	台班	40.96	2.000	2.000	2.000	2.000

工作内容:清理基层,清洗花岗石,调制砂浆,涂底料,铺砌花岗石。 计量单位:100m²

定 额 编 号					AK0095	AK0096	AK0097
项 目 名 称					水玻璃耐酸胶泥	水玻璃耐酸砂浆	耐酸沥青砂浆
					铺砌厚度80mm		
					花岗石板		
					500×400×80		
	综 合 单 价 (元)				**51956.85**	**41818.82**	**41034.15**
费用	其中	人 工 费 (元)			9678.50	9436.70	9369.10
		材 料 费 (元)			38436.71	28633.62	27942.59
		施 工 机 具 使 用 费 (元)			81.92	81.92	81.92
		企 业 管 理 费 (元)			2352.26	2293.99	2277.70
		利 润 (元)			1261.05	1229.81	1221.07
		一 般 风 险 费 (元)			146.41	142.78	141.77
	编码	名 称	单位	单价(元)	消 耗		量
人工	000300120	镶贴综合工	工日	130.00	74.450	72.590	72.070
材料	080300331	花岗石板 500×400×80	块	39.32	507.500	507.500	507.500
	810311010	水玻璃耐酸胶泥 1:0.15:1.2:1.1	m³	8379.46	2.200	—	—
	810308010	水玻璃耐酸砂浆 1:0.15:1.1:2.6	m³	5089.53	—	1.700	—
	850701010	耐酸沥青砂浆	m³	4854.37	—	—	1.640
	022700020	棉纱头	kg	8.19	2.500	—	—
	341100100	水	m³	4.42	6.000	6.000	6.000
机械	991201010	轴流通风机 7.5kW	台班	40.96	2.000	2.000	2.000

工作内容:1.清理基层,清洗块料。
2.调制胶泥,铺砌块料,树脂胶泥勾缝。 计量单位:100m²

定 额 编 号					AK0098	AK0099	AK0100	AK0101
项 目 名 称					水玻璃耐酸胶泥结合层、环氧树脂胶泥勾缝			
					铺砌			
					厚度65mm	厚度113mm	厚度30mm	
					瓷砖		瓷板	陶板
					230×113×65		150×150×30	
	综 合 单 价 (元)				**41023.74**	**48470.41**	**29566.90**	**29386.83**
费用	其中	人 工 费 (元)			10004.80	13473.20	10909.60	10779.60
		材 料 费 (元)			25800.12	28442.36	13089.94	13089.94
		施 工 机 具 使 用 费 (元)			985.40	985.40	985.40	985.40
		企 业 管 理 费 (元)			2648.64	3484.52	2866.70	2835.37
		利 润 (元)			1419.93	1868.05	1536.83	1520.04
		一 般 风 险 费 (元)			164.85	216.88	178.43	176.48
	编码	名 称	单位	单价(元)	消 耗		量	
人工	000300120	镶贴综合工	工日	130.00	76.960	103.640	83.920	82.920
材料	132102510	耐酸瓷砖 230×113×65	块	5.05	3586.350	3438.250	—	—
	132100600	耐酸板 150×150×30	块	1.88	—	—	4219.111	—
	132100610	耐酸陶板 150×150×30	块	1.88	—	—	—	4219.111
	850701060	水玻璃胶泥 1:0.15:1.2:1.1	m³	2912.62	1.040	1.500	0.790	0.790
	810316010	环氧树脂胶泥 1:0.1:0.08:2	m³	25629.25	0.180	0.260	0.110	0.110
	022700020	棉纱头	kg	8.19	2.460	2.460	2.460	2.460
	341100100	水	m³	4.42	6.000	6.000	4.000	4.000
机械	991201010	轴流通风机 7.5kW	台班	40.96	2.000	2.000	2.000	2.000
	990601010	涡浆式混凝土搅拌机 250L	台班	225.87	4.000	4.000	4.000	4.000

工作内容:1.清理基层,清洗块料。
　　　　　2.调制胶泥,铺砌块料,树脂胶泥勾缝。

计量单位:100m²

定　额　编　号					AK0102	AK0103	AK0104	AK0105
项　目　名　称					水玻璃耐酸砂浆结合层、环氧树脂胶泥勾缝			
					铺砌			
					厚度65mm	厚度113mm	厚度30mm	
					瓷砖		瓷板	陶板
					230×113×65		150×150×30	
	综　合　单　价　(元)				**50171.41**	**60150.65**	**36153.33**	**36152.62**
费用	其中	人　工　费　(元)			10988.90	13936.00	11173.50	11173.50
		材　料　费　(元)			33584.61	39481.53	19310.83	19310.12
		施工机具使用费　(元)			985.40	985.40	985.40	985.40
		企业管理费　(元)			2885.81	3596.06	2930.29	2930.29
		利　润　(元)			1547.08	1927.84	1570.93	1570.93
		一般风险费　(元)			179.61	223.82	182.38	182.38
	编码	名　称	单位	单价(元)	消　　耗　　量			
人工	000300120	镶贴综合工	工日	130.00	84.530	107.200	85.950	85.950
材料	132102510	耐酸瓷砖230×113×65	块	5.05	3586.350	3438.250	—	—
	132100600	耐酸板150×150×30	块	1.88	—	—	4219.111	—
	132100610	耐酸陶板150×150×30	块	1.88	—	—	—	4219.111
	810308010	水玻璃耐酸砂浆1:0.15:1.1:2.6	m³	5089.53	1.300	2.100	1.000	1.000
	810316010	环氧树脂胶泥1:0.1:0.08:2	m³	25629.25	0.200	0.300	0.100	0.100
	850701060	水玻璃胶泥1:0.15:1.2:1.1	m³	2912.62	0.200	0.200	0.200	0.200
	810320010	环氧树脂打底料1:1:0.07:0.15	m³	30794.16	0.100	0.100	0.100	0.100
	143102200	硫酸38%	kg	0.40	8.600	12.200	8.600	8.600
	022700020	棉纱头	kg	8.19	2.500	2.500	2.500	2.500
	341100100	水	m³	4.42	6.000	8.000	5.000	5.000
	002000010	其他材料费	元	—	18.93	18.92	18.49	17.78
机械	991201010	轴流通风机7.5kW	台班	40.96	2.000	2.000	2.000	2.000
	990601010	涡浆式混凝土搅拌机250L	台班	225.87	4.000	4.000	4.000	4.000

工作内容:1.清理基层,清洗块料。
　　　　　2.调制胶泥,铺砌块料,树脂胶泥勾缝。

计量单位:100m²

定　额　编　号					AK0106	AK0107	AK0108	AK0109
项　目　名　称					1:2水泥砂浆结合层、环氧树脂胶泥勾缝			
					铺砌			
					厚度65mm	厚度113mm	厚度30mm	
					瓷砖		瓷板	陶板
					230×113×65		150×150×30	
	综　合　单　价　(元)				**42226.31**	**48109.56**	**30146.54**	**30146.54**
费用	其中	人　工　费　(元)			10267.40	13029.90	10804.30	10804.30
		材　料　费　(元)			26700.45	28731.10	13876.96	13876.96
		施工机具使用费　(元)			940.99	959.75	940.99	940.99
		企业管理费　(元)			2701.22	3371.51	2830.62	2830.62
		利　润　(元)			1448.12	1807.46	1517.49	1517.49
		一般风险费　(元)			168.13	209.84	176.18	176.18
	编码	名　称	单位	单价(元)	消　　耗　　量			
人工	000300120	镶贴综合工	工日	130.00	78.980	100.230	83.110	83.110
材料	132102510	耐酸瓷砖230×113×65	块	5.05	3586.350	3438.250	—	—
	132100600	耐酸板150×150×30	块	1.88	—	—	4219.111	—
	132100610	耐酸陶板150×150×30	块	1.88	—	—	—	4219.111
	810201030	水泥砂浆1:2(特)	m³	256.68	1.300	2.100	1.000	1.000
	810316010	环氧树脂胶泥1:0.1:0.08:2	m³	25629.25	0.200	0.300	0.100	0.100
	810320010	环氧树脂打底料1:1:0.07:0.15	m³	30794.16	0.100	0.100	0.100	0.100
	143102200	硫酸38%	kg	0.40	8.600	12.200	8.600	8.600
	022700020	棉纱头	kg	8.19	2.500	2.500	2.500	2.500
	341100100	水	m³	4.42	6.000	8.000	5.000	5.000
机械	990610010	灰浆搅拌机200L	台班	187.56	0.200	0.300	0.200	0.200
	990601010	涡浆式混凝土搅拌机250L	台班	225.87	4.000	4.000	4.000	4.000

工作内容:1.清理基层,清洗花岗石板。
　　　　2.调制胶泥,铺砌块料,树脂胶泥勾缝。

计量单位:100m²

定　额　编　号				AK0110	AK0111	AK0112
项　目　名　称				水玻璃耐酸砂浆结合层	水玻璃耐酸胶泥结合层	1∶2水泥砂浆结合层
				环氧树脂胶泥勾缝 铺砌厚度80mm		
				花岗石		
				500×400×80		
综　合　单　价　(元)				51309.55	47155.64	41003.61
费用	其中	人　工　费　(元)		10127.00	10127.00	10127.00
		材　料　费　(元)		35916.65	31762.74	25646.24
		施工机具使用费　(元)		985.40	985.40	959.75
		企　业　管　理　费　(元)		2678.09	2678.09	2671.91
		利　　　润　　　(元)		1435.72	1435.72	1432.41
		一　般　风　险　费　(元)		166.69	166.69	166.30
	编码	名　　称	单位	单价(元)	消　　耗　　量	
人工	000300120	镶贴综合工	工日	130.00	77.900	77.900	77.900
材料	080300331	花岗石板 500×400×80	块	39.32	507.500	507.500	507.500
	810308010	水玻璃耐酸砂浆 1∶0.15∶1.1∶2.6	m³	5089.53	1.900	—	—
	810316010	环氧树脂胶泥 1∶0.1∶0.08∶2	m³	25629.25	0.100	0.100	0.100
	850701060	水玻璃胶泥 1∶0.15∶1.2∶1.1	m³	2912.62	0.200	2.100	2.100
	810320010	环氧树脂打底料 1∶1∶0.07∶0.15	m³	30794.16	0.100	0.100	0.100
	143102200	硫酸 38%	kg	0.40	5.000	5.000	5.000
	022700020	棉纱头	kg	8.19	2.500	2.500	2.500
	341100100	水	m³	4.42	6.000	6.000	6.000
	002000010	其他材料费	元	—	17.78	—	—
机械	991201010	轴流通风机 7.5kW	台班	40.96	2.000	2.000	2.000
	990601010	涡浆式混凝土搅拌机 250L	台班	225.87	4.000	4.000	4.000
	990610010	灰浆搅拌机 200L	台班	187.56	—	—	0.300

K.1.6.2　立面防腐

工作内容:清理基层,清洗砖板,调制胶泥,涂底料,铺砌砖板。

计量单位:100m²

定　额　编　号				AK0113	AK0114	AK0115	AK0116
项　目　名　称				环氧树脂胶泥			
				铺砌			
				厚度65mm	厚度113mm	厚度30mm	
				瓷砖	瓷板	陶板	
				230×113×65	150×150×30		
综　合　单　价　(元)				66362.80	81920.22	51402.29	51402.29
费用	其中	人　工　费　(元)		13954.20	18036.20	14587.30	14587.30
		材　料　费　(元)		45668.47	55571.50	29830.99	29830.99
		施工机具使用费　(元)		985.40	985.40	985.40	985.40
		企　业　管　理　费　(元)		3600.44	4584.21	3753.02	3753.02
		利　　　润　　　(元)		1930.20	2457.59	2011.99	2011.99
		一　般　风　险　费　(元)		224.09	285.32	233.59	233.59
	编码	名　　称	单位	单价(元)	消　　耗　　量		
人工	000300120	镶贴综合工	工日	130.00	107.340	138.740	112.210	112.210
材料	132102510	耐酸瓷砖 230×113×65	块	5.05	3774.144	3703.350	—	—
	132100600	耐酸板 150×150×30	块	1.88	—	—	4442.667	—
	132100610	耐酸陶板 150×150×30	块	1.88	—	—	—	4442.667
	810316010	环氧树脂胶泥 1∶0.1∶0.08∶2	m³	25629.25	0.900	1.300	0.700	0.700
	850701150	环氧树脂胶泥打底料	m³	17478.63	0.200	0.200	0.200	0.200
	022700020	棉纱头	kg	8.19	2.500	2.500	2.500	2.500
	341100100	水	m³	4.42	6.000	8.000	5.000	5.000
机械	991201010	轴流通风机 7.5kW	台班	40.96	2.000	2.000	2.000	2.000
	990601010	涡浆式混凝土搅拌机 250L	台班	225.87	4.000	4.000	4.000	4.000

工作内容: 清理基层,清洗砖板,调制胶泥,涂底料,铺砌砖板。 计量单位:100m²

	定 额 编 号				AK0117	AK0118	AK0119	AK0120
	项 目 名 称				酚醛树脂胶泥			
					铺砌			
					厚度65mm	厚度113mm	厚度30mm	
					瓷砖		瓷板	陶板
					230×113×65		150×150×30	
	综 合 单 价 (元)				56535.26	67296.14	43986.53	43986.53
费用	其中	人 工 费 (元)			14300.00	18388.50	14939.60	14939.60
		材 料 费 (元)			36613.43	41710.91	23178.72	23178.72
		施工机具使用费 (元)			81.92	81.92	81.92	81.92
		企 业 管 理 费 (元)			3466.04	4451.37	3620.19	3620.19
		利 润 (元)			1858.14	2386.38	1940.78	1940.78
		一 般 风 险 费 (元)			215.73	277.06	225.32	225.32
	编码	名 称	单位	单价(元)	消 耗 量			
人工	000300120	镶贴综合工	工日	130.00	110.000	141.450	114.920	114.920
材料	132102510	耐酸瓷砖230×113×65	块	5.05	3774.144	3703.350	—	—
	132100600	耐酸板 150×150×30	块	1.88	—	—	4442.667	—
	132100610	耐酸陶板 150×150×30	块	1.88	—	—	—	4442.667
	850701070	呋喃树脂胶泥	m³	13615.38	0.900	1.300	0.700	0.700
	850701130	环氧呋喃树脂打底料	m³	26265.81	0.200	0.200	0.200	0.200
	022700020	棉纱头	kg	8.19	2.500	2.500	2.500	2.500
	341100100	水	m³	4.42	6.000	8.000	5.000	5.000
机械	991201010	轴流通风机 7.5kW	台班	40.96	2.000	2.000	2.000	2.000

工作内容: 清理基层,清洗砖板,调制胶泥,涂底料,铺砌砖板。 计量单位:100m²

	定 额 编 号				AK0121	AK0122	AK0123	AK0124
	项 目 名 称				环氧酚醛胶泥			
					铺砌			
					厚度65mm	厚度113mm	厚度30mm	
					瓷砖		瓷板	陶板
					230×113×65		150×150×30	
	综 合 单 价 (元)				54637.76	64533.53	42508.07	42508.07
费用	其中	人 工 费 (元)			13954.20	18036.20	14587.30	14587.30
		材 料 费 (元)			33943.43	38184.81	20936.77	20936.77
		施工机具使用费 (元)			985.40	985.40	985.40	985.40
		企 业 管 理 费 (元)			3600.44	4584.21	3753.02	3753.02
		利 润 (元)			1930.20	2457.59	2011.99	2011.99
		一 般 风 险 费 (元)			224.09	285.32	233.59	233.59
	编码	名 称	单位	单价(元)	消 耗 量			
人工	000300120	镶贴综合工	工日	130.00	107.340	138.740	112.210	112.210
材料	132102510	耐酸瓷砖230×113×65	块	5.05	3774.144	3703.350	—	—
	132100600	耐酸板 150×150×30	块	1.88	—	—	4442.667	—
	132100610	耐酸陶板 150×150×30	块	1.88	—	—	—	4442.667
	810319020	环氧酚醛胶泥 0.7:0.3:0.06:0.05:1.7	m³	11475.12	0.900	1.300	0.700	0.700
	850701110	环氧酚醛树脂打底料	m³	22547.01	0.200	0.200	0.200	0.200
	022700020	棉纱头	kg	8.19	2.500	2.500	2.500	2.500
	341100100	水	m³	4.42	6.000	8.000	5.000	5.000
机械	991201010	轴流通风机 7.5kW	台班	40.96	2.000	2.000	2.000	2.000
	990601010	涡浆式混凝土搅拌机 250L	台班	225.87	4.000	4.000	4.000	4.000

工作内容：清理基层，清洗砖板，调制胶泥，涂底料，铺砌砖板。　　　　　　　　　　　　　　　　计量单位：100m²

定　额　编　号					AK0125	AK0126	AK0127	AK0128
项　目　名　称					环氧呋喃树脂胶泥			
					铺砌			
					厚度65mm	厚度113mm	厚度30mm	
					瓷砖		瓷板	陶板
					230×113×65		150×150×30	
综　合　单　价（元）					**57307.76**	**68059.63**	**44750.02**	**44750.02**
费用	其中	人　工　费（元）			13954.20	18036.20	14587.30	14587.30
		材　料　费（元）			36613.43	41710.91	23178.72	23178.72
		施工机具使用费（元）			985.40	985.40	985.40	985.40
		企业管理费（元）			3600.44	4584.21	3753.02	3753.02
		利　润（元）			1930.20	2457.59	2011.99	2011.99
		一般风险费（元）			224.09	285.32	233.59	233.59
	编码	名　称	单位	单价（元）	消　　耗　　量			
人工	000300120	镶贴综合工	工日	130.00	107.340	138.740	112.210	112.210
材料	132102510	耐酸瓷砖230×113×65	块	5.05	3774.144	3703.350	—	—
	132100600	耐酸板150×150×30	块	1.88	—	—	4442.667	—
	132100610	耐酸陶板150×150×30	块	1.88	—	—	—	4442.667
	850701070	呋喃树脂胶泥	m³	13615.38	0.900	1.300	0.700	0.700
	850701130	环氧呋喃树脂打底料	m³	26265.81	0.200	0.200	0.200	0.200
	022700020	棉纱头	kg	8.19	2.500	2.500	2.500	2.500
	341100100	水	m³	4.42	6.000	8.000	5.000	5.000
机械	991201010	轴流通风机7.5kW	台班	40.96	2.000	2.000	2.000	2.000
	990601010	涡浆式混凝土搅拌机250L	台班	225.87	4.000	4.000	4.000	4.000

工作内容：清理基层，清洗砖板，调制胶泥，涂底料，铺砌砖板。　　　　　　　　　　　　　　　　计量单位：100m²

定　额　编　号					AK0129	AK0130	AK0131	AK0132
项　目　名　称					不饱和聚脂胶泥（邻苯型、双酚"A"型）			
					铺砌			
					厚度65mm	厚度113mm	厚度30mm	
					瓷砖		瓷板	陶板
					230×113×65		150×150×30	
综　合　单　价（元）					**48384.89**	**56054.42**	**37368.32**	**37368.32**
费用	其中	人　工　费（元）			14306.50	18388.50	14939.60	14939.60
		材　料　费（元）			28454.05	30469.19	16560.51	16560.51
		施工机具使用费（元）			81.92	81.92	81.92	81.92
		企业管理费（元）			3467.61	4451.37	3620.19	3620.19
		利　润（元）			1858.98	2386.38	1940.78	1940.78
		一般风险费（元）			215.83	277.06	225.32	225.32
	编码	名　称	单位	单价（元）	消　　耗　　量			
人工	000300120	镶贴综合工	工日	130.00	110.050	141.450	114.920	114.920
材料	132102510	耐酸瓷砖230×113×65	块	5.05	3774.144	3703.350	—	—
	132100600	耐酸板150×150×30	块	1.88	—	—	4442.667	—
	132100610	耐酸陶板150×150×30	块	1.88	—	—	—	4442.667
	850701080	双酚A型不饱和聚酯胶泥	m³	5909.52	0.900	1.300	0.700	0.700
	850701120	呋喃树脂打底料	m³	20145.30	0.200	0.200	0.200	0.200
	022700020	棉纱头	kg	8.19	2.500	2.500	2.500	2.500
	341100100	水	m³	4.42	6.000	8.000	5.000	5.000
机械	991201010	轴流通风机7.5kW	台班	40.96	2.000	2.000	2.000	2.000

工作内容:清理基层,清洗砖板,调制胶泥,涂底料,铺砌砖板。 　　　　　　　　　　　　　　　　　　　　　计量单位:100m²

	定　额　编　号				AK0133	AK0134	AK0135	AK0136
	项　目　名　称				环氧煤焦油胶泥			
					铺砌			
					厚度65mm	厚度113mm	厚度30mm	
					瓷砖		瓷板	陶板
					230×113×65		150×150×30	
	综　合　单　价　（元）				**58634.68**	**71945.50**	**44889.29**	**44889.29**
费 用	其 中	人　　工　　费　（元）			13910.00	18036.20	14587.30	14587.30
		材　　料　　费　（元）			38001.57	45596.78	23317.99	23317.99
		施工机具使用费　（元）			985.40	985.40	985.40	985.40
		企　业　管　理　费　（元）			3589.79	4584.21	3753.02	3753.02
		利　　　　　润　（元）			1924.49	2457.59	2011.99	2011.99
		一　般　风　险　费　（元）			223.43	285.32	233.59	233.59
	编码	名　　　称	单位	单价（元）	消　　　　耗　　　　量			
人工	000300120	镶贴综合工	工日	130.00	107.000	138.740	112.210	112.210
材 料	132102510	耐酸瓷砖230×113×65	块	5.05	3774.144	3703.350	—	—
	132100600	耐酸板150×150×30	块	1.88	—	—	4442.667	—
	132100610	耐酸陶板150×150×30	块	1.88	—	—	—	4442.667
	810318010	环氧煤焦油胶泥 0.5:0.5:0.04:2.2	m³	19859.71	0.900	1.300	0.700	0.700
	850701140	环氧煤焦油树脂打底料	m³	5107.02	0.200	0.200	0.200	0.200
	022700020	棉纱头	kg	8.19	2.500	2.500	2.500	2.500
	341100100	水	m³	4.42	6.000	8.000	5.000	5.000
机 械	991101010	轴流通风机 7.5kW	台班	40.96	2.000	2.000	2.000	2.000
	990601010	涡浆式混凝土搅拌机 250L	台班	225.87	4.000	4.000	4.000	4.000

工作内容:清理基层,清洗砖板,调制胶泥,涂底料,铺砌砖板。 　　　　　　　　　　　　　　　　　　　　　计量单位:100m²

	定　额　编　号				AK0137	AK0138	AK0139	AK0140
	项　目　名　称				环氧煤焦油胶泥			
					铺砌			
					厚度45mm	厚度65mm	厚度80mm	厚度100mm
					缸砖			
					300×200×45	300×200×65	300×200×80	300×200×100
	综　合　单　价　（元）				**62006.59**	**63023.76**	**65580.56**	**66444.14**
费 用	其 中	人　　工　　费　（元）			15600.00	15600.00	16640.00	16640.00
		材　　料　　费　（元）			40086.68	41103.85	42220.04	43083.62
		施工机具使用费　（元）			224.36	224.36	224.36	224.36
		企　业　管　理　费　（元）			3813.67	3813.67	4064.31	4064.31
		利　　　　　润　（元）			2044.51	2044.51	2178.88	2178.88
		一　般　风　险　费　（元）			237.37	237.37	252.97	252.97
	编码	名　　　称	单位	单价（元）	消　　　　耗　　　　量			
人工	000300120	镶贴综合工	工日	130.00	120.000	120.000	128.000	128.000
材 料	132102910	耐酸缸砖300×200×45	块	3.01	1700.000	—	—	—
	132102920	耐酸缸砖300×200×65	块	3.20	—	1700.000	—	—
	132102930	耐酸缸砖300×200×80	块	3.40	—	—	1700.000	1700.000
	140500900	环氧煤焦油	kg	17.95	996.000	1016.000	1038.000	1063.000
	040900300	石英粉	kg	9.51	1793.000	1829.000	1869.000	1913.000
	002000020	其他材料费	元	—	40.05	32.86	33.75	30.14
机 械	991201010	轴流通风机 7.5kW	台班	40.96	2.000	2.000	2.000	2.000
	990772010	岩石切割机 3kW	台班	47.48	3.000	3.000	3.000	3.000

工作内容: 清理基层,清洗砖板,调制胶泥,涂底料,铺砌砖板。 计量单位:100m²

定 额 编 号			单位	单价(元)	AK0141	AK0142	AK0143	AK0144
项 目 名 称					水玻璃耐酸胶泥			
					铺砌			
					厚度65mm	厚度113mm	厚度30mm	
					瓷砖		瓷板	陶板
					230×113×65		150×150×30	
综 合 单 价 (元)					46494.98	58671.86	35487.19	35487.19
费用	其中	人 工 费 (元)			14306.50	18388.50	14939.60	14939.60
		材 料 费 (元)			26564.14	33086.63	14679.38	14679.38
		施 工 机 具 使 用 费 (元)			81.92	81.92	81.92	81.92
		企 业 管 理 费 (元)			3467.61	4451.37	3620.19	3620.19
		利 润 (元)			1858.98	2386.38	1940.78	1940.78
		一 般 风 险 费 (元)			215.83	277.06	225.32	225.32
	编码	名 称	单位	单价(元)	消 耗 量			
人工	000300120	镶贴综合工	工日	130.00	110.050	141.450	114.920	114.920
材料	132102510	耐酸瓷砖230×113×65	块	5.05	3774.144	3703.350	—	—
	132100600	耐酸板150×150×30	块	1.88	—	—	4442.667	—
	132100610	耐酸陶板150×150×30	块	1.88	—	—	—	4442.667
	810311010	水玻璃耐酸胶泥1:0.15:1.2:1.1	m³	8379.46	0.890	1.710	0.750	0.750
	022700020	棉纱头	kg	8.19	2.500	2.500	2.500	2.500
	341100100	水	m³	4.42	6.000	8.000	5.000	5.000
机械	991201010	轴流通风机7.5kW	台班	40.96	2.000	2.000	2.000	2.000

工作内容: 清理基层,清洗砖板,调制胶泥,涂底料,铺砌砖板。 计量单位:100m²

定 额 编 号			单位	单价(元)	AK0145	AK0146	AK0147	AK0148
项 目 名 称					耐酸沥青胶泥			
					铺砌			
					厚度65mm	厚度113mm	厚度30mm	
					瓷砖		瓷板	陶板
					230×113×65		150×150×30	
综 合 单 价 (元)					47761.21	57602.80	35484.51	35290.03
费用	其中	人 工 费 (元)			13496.60	17386.20	14446.90	14306.50
		材 料 费 (元)			28952.25	33405.96	15359.19	15359.19
		施 工 机 具 使 用 费 (元)			81.92	81.92	81.92	81.92
		企 业 管 理 费 (元)			3272.42	4209.82	3501.45	3467.61
		利 润 (元)			1754.34	2256.88	1877.12	1858.98
		一 般 风 险 费 (元)			203.68	262.02	217.93	215.83
	编码	名 称	单位	单价(元)	消 耗 量			
人工	000300120	镶贴综合工	工日	130.00	103.820	133.740	111.130	110.050
材料	132102510	耐酸瓷砖230×113×65	块	5.05	3774.144	3703.350	—	—
	132100600	耐酸板150×150×30	块	1.88	—	—	4442.667	—
	132100610	耐酸陶板150×150×30	块	1.88	—	—	—	4442.667
	810314030	耐酸沥青胶泥砌平面用1:1:0.5	m³	9604.75	1.000	1.500	0.700	0.700
	133501500	冷底子油	kg	2.87	84.000	84.000	84.000	84.000
	022700020	棉纱头	kg	8.19	2.500	2.500	2.500	2.500
	341100100	水	m³	4.42	6.000	8.000	5.000	5.000
机械	991201010	轴流通风机7.5kW	台班	40.96	2.000	2.000	2.000	2.000

工作内容：清理基层，清洗砖板，调制胶泥，涂底料，铺砌砖板。　　　　　　　　　　　　　　　　　　　　　　　　　　计量单位：100m²

定　额　编　号				单位	单价（元）	AK0149	AK0150	AK0151	AK0152
项　　目　　名　　称						水玻璃耐酸砂浆			
						铺砌			
						厚度65mm	厚度113mm	厚度30mm	
						瓷砖		瓷板	陶板
						230×113×65		150×150×30	
综　合　单　价　（元）						**46877.23**	**55359.10**	**35395.05**	**35395.05**
费用	其中	人　工　费　（元）				13865.80	18036.20	14411.80	14411.80
		材　料　费　（元）				26305.34	29010.38	14066.84	14066.84
		施工机具使用费　（元）				985.40	985.40	985.40	985.40
		企业管理费　（元）				3579.14	4584.21	3710.73	3710.73
		利　　润　（元）				1918.78	2457.59	1989.32	1989.32
		一　般　风　险　费　（元）				222.77	285.32	230.96	230.96
编码	名　　　称		单位	单价（元）		消　　耗　　量			
人工	000300120	镶贴综合工	工日	130.00		106.660	138.740	110.860	110.860
材料	132102510	耐酸瓷砖230×113×65	块	5.05		3774.144	3703.350	—	—
	132100600	耐酸板 150×150×30	块	1.88		—	—	4442.667	—
	132100610	耐酸陶板150×150×30	块	1.88		—	—	—	4442.667
	810308010	水玻璃耐酸砂浆 1:0.15:1.1:2.6	m³	5089.53		1.300	1.900	1.000	1.000
	850701060	水玻璃胶泥 1:0.15:1.2:1.1	m³	2912.62		0.200	0.200	0.200	0.200
	022700020	棉纱头	kg	8.19		2.500	2.500	2.500	2.500
	341100100	水	m³	4.42		6.000	8.000	5.000	5.000
机械	991201010	轴流通风机 7.5kW	台班	40.96		2.000	2.000	2.000	2.000
	990601010	涡浆式混凝土搅拌机 250L	台班	225.87		4.000	4.000	4.000	4.000

工作内容：清理基层，清洗砖板，调制胶泥，涂底料，铺砌砖板。　　　　　　　　　　　　　　　　　　　　　　　　　　计量单位：100m²

定　额　编　号				单位	单价（元）	AK0153	AK0154
项　　目　　名　　称						水玻璃耐酸砂浆	水玻璃耐酸胶泥
						铺砌厚度80mm	
						花岗石板	
						500×400×80	
综　合　单　价　（元）						**51180.68**	**59436.43**
费用	其中	人　工　费　（元）				14103.70	14103.70
		材　料　费　（元）				30279.26	38535.01
		施工机具使用费　（元）				985.40	985.40
		企业管理费　（元）				3636.47	3636.47
		利　　润　（元）				1949.51	1949.51
		一　般　风　险　费　（元）				226.34	226.34
编码	名　　　称		单位	单价（元）		消　　耗　　量	
人工	000300120	镶贴综合工	工日	130.00		108.490	108.490
材料	080300331	花岗石板500×400×80	块	39.32		510.000	510.000
	810311010	水玻璃耐酸胶泥 1:0.15:1.2:1.1	m³	8379.46		—	2.200
	810308010	水玻璃耐酸砂浆 1:0.15:1.1:2.6	m³	5089.53		2.000	—
	022700020	棉纱头	kg	8.19		2.500	2.500
	341100100	水	m³	4.42		6.000	6.000
机械	990601010	涡浆式混凝土搅拌机 250L	台班	225.87		4.000	4.000
	991201010	轴流通风机 7.5kW	台班	40.96		2.000	2.000

K.2 其他防腐(编码:011003)

K.2.1 隔离层(编码:011003001)

工作内容:1.清理基层,调制胶泥。
2.涂冷底子油,铺设油毡、玻璃丝布。

计量单位:100m²

	定 额 编 号				AK0155	AK0156	AK0157	AK0158
	项 目 名 称				耐酸沥青胶泥卷材		耐酸沥青胶泥玻璃布	
					二毡三油	增减一毡一油	一布二油	增减一布
费用	综 合 单 价 (元)				**5571.24**	**2002.77**	**3500.29**	**1930.06**
	其中	人 工 费 (元)			1029.25	461.15	553.15	424.35
		材 料 费 (元)			4145.52	1363.98	2734.06	1342.24
		施 工 机 具 使 用 费 (元)			—	—	—	—
		企 业 管 理 费 (元)			248.05	111.14	133.31	102.27
		利 润 (元)			132.98	59.58	71.47	54.83
		一 般 风 险 费 (元)			15.44	6.92	8.30	6.37
	编码	名 称	单位	单价(元)	消 耗 量			
人工	000300130	防水综合工	工日	115.00	8.950	4.010	4.810	3.690
材料	810314010	耐酸沥青胶泥隔离层用 1:0.3:0.05	m³	5494.22	0.567	0.181	0.400	0.200
	133301600	石油沥青油毡 350g	m²	2.99	237.500	115.400	—	—
	155500900	玻璃布 0.2	m²	1.88	—	—	115.000	115.000
	002000010	其他材料费	元	—	320.17	24.48	320.17	27.20

工作内容:清理基层,涂刷胶泥。

计量单位:100m²

	定 额 编 号				AK0159	AK0160
	项 目 名 称				沥青胶泥	
					厚度 8mm	厚度每增减 2mm
费用	综 合 单 价 (元)				**7254.77**	**2091.27**
	其中	人 工 费 (元)			2064.25	716.45
		材 料 费 (元)			4395.38	1098.84
		施 工 机 具 使 用 费 (元)				
		企 业 管 理 费 (元)			497.48	172.66
		利 润 (元)			266.70	92.57
		一 般 风 险 费 (元)			30.96	10.75
	编码	名 称	单位	单价(元)	消 耗 量	
人工	000300130	防水综合工	工日	115.00	17.950	6.230
材料	810314010	耐酸沥青胶泥隔离层用 1:0.3:0.05	m³	5494.22	0.800	0.200

K.2.2　砌筑沥青浸渍砖(编码:011003002)

工作内容:清理基层,清洗块料,调制胶泥,铺块料。　　　　　　　　　　　　　　　　　　计量单位:100m²

定　额　编　号					AK0161	AK0162
项　目　名　称					耐酸沥青胶泥	
					沥青浸渍砖	
					厚度 115mm	厚度 53mm
费用	综　合　单　价　(元)				**37851.42**	**24399.27**
	其中	人　工　费　(元)			11433.30	9260.95
		材　料　费　(元)			21900.53	11457.53
		施工机具使用费　(元)			81.92	81.92
		企　业　管　理　费　(元)			2775.17	2251.63
		利　　　润　(元)			1487.77	1207.10
		一　般　风　险　费　(元)			172.73	140.14
	编码	名　　称	单位	单价(元)	消　耗　量	
人工	000300100	砌筑综合工	工日	115.00	99.420	80.530
材料	810314010	耐酸沥青胶泥隔离层用 1:0.3:0.05	m³	5494.22	2.030	1.140
	041300010	标准砖 240×115×53	千块	422.33	7.390	3.570
	133100920	石油沥青	kg	2.56	2979.000	1440.000
机械	991201010	轴流通风机 7.5kW	台班	40.96	2.000	2.000

K.2.3　防腐油漆(编码:011003003)

工作内容:清理基层,调配油漆、涂刷。　　　　　　　　　　　　　　　　　　　　　　计量单位:100m²

定　额　编　号					AK0163	AK0164	AK0165	AK0166
项　目　名　称					环氧呋喃树脂漆			
					混凝土面			
					底漆		面漆	
					二遍	每增一遍	二遍	每增一遍
费用	综　合　单　价　(元)				**3134.41**	**1680.04**	**2747.35**	**1409.43**
	其中	人　工　费　(元)			999.38	571.00	771.00	380.75
		材　料　费　(元)			842.27	378.46	771.55	371.38
		施工机具使用费　(元)			655.36	368.64	655.36	368.64
		企　业　管　理　费　(元)			398.79	226.45	343.75	180.60
		利　　　润　(元)			213.79	121.40	184.29	96.82
		一　般　风　险　费　(元)			24.82	14.09	21.40	11.24
	编码	名　称	单位	单价(元)	消　　耗　　量			
人工	000300140	油漆综合工	工日	125.00	7.995	4.568	6.168	3.046
材料	142100400	环氧树脂	kg	18.89	24.440	10.500	22.700	10.900
	143300300	丙酮	kg	5.13	11.500	5.500	11.600	5.700
	143101600	邻苯二钾酸二丁酯	kg	5.13	3.300	1.400	3.500	1.700
	142100100	呋喃树脂	kg	22.22	10.000	4.700	10.400	5.000
	143303000	乙二胺	kg	13.68	2.400	1.200	2.500	1.200
	031340120	砂纸	张	0.26	30.000	15.000	—	—
	040900300	石英粉	kg	9.51	4.400	2.100	—	—
机械	991201010	轴流通风机 7.5kW	台班	40.96	16.000	9.000	16.000	9.000

工作内容:清理基层,调配油漆、涂刷。 计量单位:100m²

定 额 编 号					AK0167	AK0168	AK0169	AK0170
项 目 名 称					环氧呋喃树脂漆			
					抹灰面			
					底漆		面漆	
					二遍	每增一遍	二遍	每增一遍
费用	综 合 单 价 (元)				**2929.40**	**1581.33**	**2608.37**	**1351.31**
	其中	人 工 费 (元)			923.13	523.50	694.75	352.13
		材 料 费 (元)			742.88	345.54	738.20	352.91
		施 工 机 具 使 用 费 (元)			655.36	368.64	655.36	368.64
		企 业 管 理 费 (元)			380.41	215.01	325.38	173.70
		利 润 (元)			203.94	115.26	174.43	93.12
		一 般 风 险 费 (元)			23.68	13.38	20.25	10.81
	编码	名 称	单位	单价(元)	消 耗 量			
人工	000300140	油漆综合工	工日	125.00	7.385	4.188	5.558	2.817
材料	142100400	环氧树脂	kg	18.89	20.700	9.600	22.500	10.800
	143300300	丙酮	kg	5.13	11.000	5.300	8.700	4.200
	143101600	邻苯二钾酸二丁酯	kg	5.13	3.100	1.400	3.300	1.700
	142100100	呋喃树脂	kg	22.22	9.200	4.300	9.600	4.600
	143303000	乙二胺	kg	13.68	2.000	0.900	2.800	1.200
	031340120	砂纸	张	0.26	30.000	15.000	—	—
	040900300	石英粉	kg	9.51	4.200	1.900	—	—
机械	991201010	轴流通风机 7.5kW	台班	40.96	16.000	9.000	16.000	9.000

工作内容:清理基层,调配油漆、涂刷。 计量单位:100m²

定 额 编 号					AK0171	AK0172	AK0173	AK0174
项 目 名 称					氯磺化聚乙烯漆			
					混凝土面			
					底漆一遍	刮腻子	中间漆一遍	面漆一遍
费用	综 合 单 价 (元)				**2370.39**	**2103.51**	**2152.25**	**2376.15**
	其中	人 工 费 (元)			860.00	668.63	764.38	831.63
		材 料 费 (元)			668.48	666.69	582.78	713.55
		施 工 机 具 使 用 费 (元)			368.64	368.64	368.64	368.64
		企 业 管 理 费 (元)			296.10	249.98	273.06	289.26
		利 润 (元)			158.74	134.01	146.39	155.07
		一 般 风 险 费 (元)			18.43	15.56	17.00	18.00
	编码	名 称	单位	单价(元)	消 耗 量			
人工	000300140	油漆综合工	工日	125.00	6.880	5.349	6.115	6.653
材料	130303700	氯磺化聚乙烯底漆	kg	21.97	28.000	25.000	—	—
	130303900	氯磺化聚乙烯中间漆	kg	22.52	—	—	24.000	—
	130303800	氯磺化聚乙烯面漆	kg	25.47	—	—	—	26.000
	143504300	氯磺化聚乙烯稀释剂	kg	7.18	5.600	5.000	4.300	5.200
	040900300	石英粉	kg	9.51	—	7.200	—	—
	002000020	其他材料费	元	—	13.11	13.07	11.43	13.99
机械	991201010	轴流通风机 7.5kW	台班	40.96	9.000	9.000	9.000	9.000

工作内容:清理基层,调配油漆、涂刷。 计量单位:100m²

定 额 编 号					AK0175	AK0176	AK0177
项 目 名 称					氯磺化聚乙烯漆		
					抹灰面		
					底漆一遍	中间漆一遍	面漆一遍
综 合 单 价 (元)					**2304.94**	**2077.11**	**2309.15**
费用	其中	人 工 费 (元)			812.75	707.50	783.25
		材 料 费 (元)			668.48	586.44	713.55
		施 工 机 具 使 用 费 (元)			368.64	368.64	368.64
		企 业 管 理 费 (元)			284.71	259.35	277.61
		利 润 (元)			152.64	139.04	148.82
		一 般 风 险 费 (元)			17.72	16.14	17.28
	编码	名 称	单位	单价(元)	消 耗 量		
人工	000300140	油漆综合工	工日	125.00	6.502	5.660	6.266
材料	130303700	氯磺化聚乙烯底漆	kg	21.97	28.000	—	—
	130303900	氯磺化聚乙烯中间漆	kg	22.52	—	24.000	—
	130303800	氯磺化聚乙烯面漆	kg	25.47	—	—	26.000
	143504300	氯磺化聚乙烯稀释剂	kg	7.18	5.600	4.800	5.200
	002000020	其他材料费	元	—	13.11	11.50	13.99
机械	991201010	轴流通风机 7.5kW	台班	40.96	9.000	9.000	9.000

工作内容:清理基层,调配油漆、涂刷。 计量单位:100m²

定 额 编 号					AK0178	AK0179	AK0180	AK0181
项 目 名 称					苯乙烯漆			
					混凝土面、抹灰面			
					屋顶	墙面	地面	基层腻子
					一遍			
综 合 单 价 (元)					**2390.40**	**2275.03**	**2449.56**	**2195.63**
费用	其中	人 工 费 (元)			586.25	528.25	475.88	475.88
		材 料 费 (元)			1067.69	1032.66	1279.73	1025.80
		施 工 机 具 使 用 费 (元)			368.64	368.64	368.64	368.64
		企 业 管 理 费 (元)			230.13	216.15	203.53	203.53
		利 润 (元)			123.37	115.88	109.11	109.11
		一 般 风 险 费 (元)			14.32	13.45	12.67	12.67
	编码	名 称	单位	单价(元)	消 耗 量			
人工	000300140	油漆综合工	工日	125.00	4.690	4.226	3.807	3.807
材料	130300110	苯乙烯屋面漆	kg	34.19	31.000	—	—	—
	130300120	苯乙烯墙面漆	kg	33.06	—	31.000	—	—
	130300130	苯乙烯地面漆	kg	41.03	—	—	31.000	—
	130300140	苯乙烯清漆	kg	30.63	—	—	—	31.000
	040900300	石英粉	kg	9.51	—	—	—	7.200
	031340120	砂纸	张	0.26	30.000	30.000	30.000	30.000
机械	991201010	轴流通风机 7.5kW	台班	40.96	9.000	9.000	9.000	9.000

工作内容:清理基层,调配油漆、涂刷。 计量单位:100m²

定 额 编 号				AK0182	AK0183	AK0184	AK0185	AK0186
项 目 名 称				聚氨酯漆				
				混凝土面		混凝土面	混凝土面	
				清漆		刮腻子	底漆	
				二遍	每增一遍		二遍	每增一遍
综 合 单 价 (元)				**1440.62**	**835.38**	**844.98**	**1744.13**	**1118.65**
费用	其中	人 工 费 (元)		630.75	462.63	439.38	962.00	705.38
		材 料 费 (元)		566.91	194.55	236.35	411.57	141.56
		施工机具使用费 (元)		—	—	—	—	—
		企 业 管 理 费 (元)		152.01	111.49	105.89	231.84	170.00
		利 润 (元)		81.49	59.77	56.77	124.29	91.13
		一 般 风 险 费 (元)		9.46	6.94	6.59	14.43	10.58
	编码	名 称	单位	单价(元)	消 耗 量			
人工	000300140	油漆综合工	工日	125.00	5.046	3.701	3.515	7.696	5.643
材料	130103100	聚氨酯清漆	kg	17.09	30.000	9.900	—	—	—
	130103000	聚氨酯底漆	kg	14.53	—	—	—	26.000	8.580
	130303100	聚氨酯腻子	kg	14.37	—	—	15.000	—	—
	143301300	二甲苯	kg	3.42	12.600	6.300	3.800	7.600	3.800
	031340120	砂纸	张	0.26	—	—	30.000	30.000	15.000
	002000020	其他材料费	元	—	11.12	3.81	—		

工作内容:清理基层,调配油漆、涂刷。 计量单位:100m²

定 额 编 号				AK0187	AK0188	AK0189	AK0190
项 目 名 称				聚氨酯漆			
				混凝土面			
				中间漆		面漆	
				一遍	每增一遍	二遍	每增一遍
综 合 单 价 (元)				**838.02**	**713.91**	**1014.06**	**723.87**
费用	其中	人 工 费 (元)		458.38	458.38	687.63	504.63
		材 料 费 (元)		203.07	78.96	61.56	24.86
		施工机具使用费 (元)		—	—	—	—
		企 业 管 理 费 (元)		110.47	110.47	165.72	121.61
		利 润 (元)		59.22	59.22	88.84	65.20
		一 般 风 险 费 (元)		6.88	6.88	10.31	7.57
	编码	名 称	单位	单价(元)	消 耗 量			
人工	000300140	油漆综合工	工日	125.00	3.667	3.667	5.501	4.037
材料	130103000	聚氨酯底漆	kg	14.53	9.800	3.267		
	130102900	聚氨酯磁漆	kg	13.68	3.200	1.067	2.600	0.867
	143301300	二甲苯	kg	3.42	3.800	3.800	7.600	3.800
	031340120	砂纸	张	0.26	15.000	15.000	—	—

定　额　编　号				AK0191	AK0192	AK0193	AK0194	AK0195
项　目　名　称				聚氨酯漆				
				抹灰面		抹灰面	抹灰面	
				清漆		刮腻子	底漆	
				二遍	每增一遍		二遍	每增一遍
综　合　单　价　(元)				**1299.44**	**757.39**	**769.24**	**1594.23**	**1020.76**
费用	其中	人　工　费　(元)		588.25	431.38	411.13	875.25	641.88
		材　料　费　(元)		484.60	159.85	199.74	381.83	131.63
		施工机具使用费(元)		—	—	—	—	—
		企　业　管　理　费　(元)		141.77	103.96	99.08	210.94	154.69
		利　　　　润　(元)		76.00	55.73	53.12	113.08	82.93
		一　般　风　险　费　(元)		8.82	6.47	6.17	13.13	9.63
	编码	名　称	单位	单价(元)	消　　　　耗　　　　量			
人工	000300140	油漆综合工	工日	125.00	4.706	3.451	3.289	7.002	5.135
材	130103100	聚氨酯清漆	kg	17.09	27.800	9.170	—	—	—
	130103000	聚氨酯底漆	kg	14.53	—	—	—	24.000	7.920
	130303100	聚氨酯腻子	kg	14.37	—	—	13.900	—	—
	143301300	二甲苯	kg	3.42	—	—	—	7.400	3.700
	031340120	砂纸	张	0.26	—	—	—	30.000	15.000
料	002000020	其他材料费	元	—	9.50	3.13			

定　额　编　号				AK0196	AK0197	AK0198	AK0199
项　目　名　称				聚氨酯漆			
				抹灰面			
				中间漆		面漆	
				一遍	每增一遍	二遍	每增一遍
综　合　单　价　(元)				**785.39**	**714.70**	**1227.34**	**779.01**
费用	其中	人　工　费　(元)		431.00	431.00	630.75	474.25
		材　料　费　(元)		188.36	117.67	353.63	122.09
		施工机具使用费(元)		—	—	—	—
		企　业　管　理　费　(元)		103.87	103.87	152.01	114.29
		利　　　　润　(元)		55.69	55.69	81.49	61.27
		一　般　风　险　费　(元)		6.47	6.47	9.46	7.11
	编码	名　称	单位	单价(元)	消　　　　耗　　　　量		
人工	000300140	油漆综合工	工日	125.00	3.448	3.448	5.046	3.794
材	130102900	聚氨酯磁漆	kg	13.68	3.000	1.000	24.000	8.000
	130103000	聚氨酯底漆	kg	14.53	9.000	6.000	—	—
	143301300	二甲苯	kg	3.42	3.700	3.700	7.400	3.700
料	031340120	砂纸	张	0.26	15.000	16.000	—	—

工作内容:清理基层,调配油漆、涂刷。   计量单位:100m²

定 额 编 号					AK0200	AK0201	AK0202	AK0203
项 目 名 称					氯化橡胶漆			
					混凝土面			
					底漆		面漆	
					二遍	每增一遍	二遍	每增一遍
综 合 单 价 (元)					**4643.00**	**2321.58**	**4577.85**	**2288.84**
费用	其中	人 工 费 (元)			1732.13	866.13	1675.38	837.63
		材 料 费 (元)			1222.37	611.18	1235.83	617.92
		施 工 机 具 使 用 费 (元)			737.28	368.64	737.28	368.64
		企 业 管 理 费 (元)			595.13	297.58	581.45	290.71
		利 润 (元)			319.05	159.53	311.72	155.85
		一 般 风 险 费 (元)			37.04	18.52	36.19	18.09
	编码	名 称	单位	单价(元)	消 耗 量			
人工	000300140	油漆综合工	工日	125.00	13.857	6.929	13.403	6.701
材料	130105230	聚化橡胶底漆	kg	18.78	56.000	28.000	—	—
	130105231	聚化橡胶面漆	kg	20.68	—	—	52.000	26.000
	130105232	聚化橡胶稀释剂	kg	13.10	11.200	5.600	10.400	5.200
	002000020	其他材料费	元	—	23.97	11.98	24.23	12.12
机械	991201010	轴流通风机 7.5kW	台班	40.96	18.000	9.000	18.000	9.000

工作内容:清理基层,调配油漆、涂刷。   计量单位:100m²

定 额 编 号					AK0204	AK0205	AK0206	AK0207
项 目 名 称					氯化橡胶漆			
					抹灰面			
					底漆		面漆	
					二遍	每增一遍	二遍	每增一遍
综 合 单 价 (元)					**4511.22**	**2255.61**	**4440.38**	**2222.87**
费用	其中	人 工 费 (元)			1637.00	818.50	1580.00	790.00
		材 料 费 (元)			1222.37	611.18	1230.49	617.92
		施 工 机 具 使 用 费 (元)			737.28	368.64	737.28	368.64
		企 业 管 理 费 (元)			572.20	286.10	558.46	279.23
		利 润 (元)			306.76	153.38	299.39	149.70
		一 般 风 险 费 (元)			35.61	17.81	34.76	17.38
	编码	名 称	单位	单价(元)	消 耗 量			
人工	000300140	油漆综合工	工日	125.00	13.096	6.548	12.640	6.320
材料	130105230	聚化橡胶底漆	kg	18.78	56.000	28.000	—	—
	130105231	聚化橡胶面漆	kg	20.68	—	—	52.000	26.000
	130105232	聚化橡胶稀释剂	kg	13.10	11.200	5.600	10.400	5.200
	002000020	其他材料费	元	—	23.97	11.98	24.13	12.12
机械	991201010	轴流通风机 7.5kW	台班	40.96	18.000	9.000	18.000	9.000

工作内容：作业面维护，基层处理，配料、底漆、中漆、面漆、养护、修整。　　　　　　　　　　　　　　　　　计量单位：100m²

定　额　编　号					AK0208	AK0209	AK0210
项　目　名　称					环氧自流平防腐地面		
					底漆一遍	中间漆（刮腻子）	面漆一遍
综　合　单　价（元）					2475.84	7359.19	5090.04
费用其中	人　工　费（元）				612.50	1146.25	638.75
	材　料　费（元）				1230.50	5131.57	4091.77
	施工机具使用费（元）				286.53	461.91	81.92
	企业管理费（元）				216.67	387.57	173.68
	利　润（元）				116.15	207.77	93.11
	一般风险费（元）				13.49	24.12	10.81
	编码	名　称	单位	单价（元）	消　　耗　　量		
人工	000300140	油漆综合工	工日	125.00	4.900	9.170	5.110
材料	130105240	环氧渗透底漆	kg	28.00	30.640	—	—
	130105241	环氧渗透底漆固化剂	kg	41.60	5.500	—	—
	130105250	环氧砂浆主漆	kg	47.86	—	36.800	—
	130105251	环氧砂浆主漆固化剂	kg	16.24	—	23.000	—
	130105252	环氧砂浆主漆粉料	kg	34.40	—	82.800	—
	130105260	环氧自流平面漆	kg	20.90	—	—	115.040
	130105261	环氧自流平面漆固化剂	kg	56.00	—	—	28.700
	031395450	金刚石磨盘	个	23.93	5.000	2.000	—
	002000020	其他材料费	元	—	24.13	100.62	80.23
机械	991201010	轴流通风机 7.5kW	台班	40.96	2.000	2.000	2.000
	991219010	金刚石磨光机	台班	29.23	7.000	13.000	—

L 楼地面工程
(0111)

说　　明

一、找平层、面层：

1.整体面层、找平层的配合比，如设计规定与定额不同时，允许换算。

2.整体面层的水泥砂浆、混凝土面层、瓜米石（石屑）、水磨石子目不包括水泥砂浆踢脚线工料，按相应定额子目执行。

3.楼梯面层子目均不包括防滑条工料，如设计规定做防滑条时，按相应定额子目执行。

4.水磨石整体面层按玻璃嵌条编制，如用金属嵌条时，应取消子目中玻璃消耗量，金属嵌条用量按设计要求计算，执行相应定额子目。

5.水磨石整体面层嵌条分色以四边形分格为准，如设计采用多边形或美术图案时，人工乘以系数1.2。

6.彩色水磨石是按矿物颜料考虑的，如设计规定颜料品种和用量与定额子目不同时，允许调整（颜料损耗3%）。采用普通水磨石加颜料（深色水磨石），颜料用量按设计要求计算。

7.彩色镜面水磨石系指高级水磨石，按质量规范要求，其操作应按"五浆五磨"进行研磨，按七道"抛光"工序施工。

8.金钢砂面层设计厚度与定额子目不同时，可换算。

二、踢脚线均按高度150mm编制，如设计规定高度与子目不同时，定额材料耗量按高度比例进行增减调整，其余不变。

三、台阶定额子目不包括牵边及侧面抹灰，另执行零星抹灰子目。

工程量计算规则

一、找平层、整体面层：

整体面层及找平层按设计图示尺寸以面积计算。均应扣除凸出地面的构筑物、设备基础、室内铁道、地沟等所占的面积，但不扣除柱、垛、间壁墙、附墙烟囱及面积≤0.3m² 孔洞所占的面积，而门洞、空圈、暖气包槽、壁龛的开口部分的面积亦不增加。

二、楼梯面层：

1.楼梯面层按设计图示尺寸以楼梯（包括踏步、休息平台及≤500mm 的楼梯井）水平投影面积计算。楼梯与楼地面相连时，算至梯口梁内侧边沿；无梯口梁者，算至最上一层踏步边沿加 300mm。

2.单跑楼梯面层水平投影面积计算如下图所示：

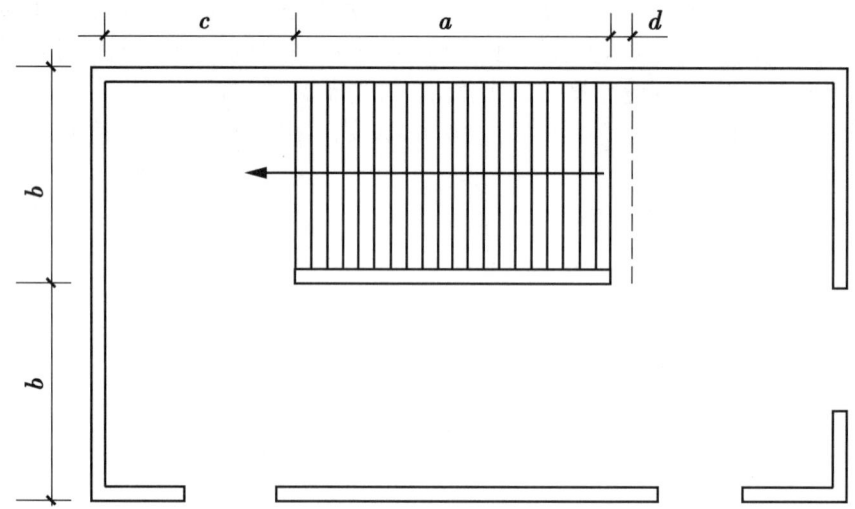

(1)计算公式：$(a+d) \times b + 2bc$。

(2)当 $c > b$ 时，c 按 b 计算；当 $c \leqslant b$ 时，c 按设计尺寸计算。

(3)有锁口梁时，$d =$ 锁口梁宽度；无锁口梁时，$d = 300$mm。

3.防滑条按楼梯踏步两端距离减 300mm 以延长米计算。

三、台阶按设计图示尺寸水平投影以面积计算，包括最上层踏步边沿加 300mm。

四、楼地面踢脚线按设计尺寸延长米计算。

L.1 找平层及整体面层(编码:011101)

L.1.1 水泥砂浆找平层(编码:011101006)

工作内容:1.现拌水泥砂浆、干混商品地面砂浆:清理基层、刷素水泥浆、调运砂浆、找平、压实。
2.湿拌商品地面砂浆:清理基层、刷素水泥浆、运砂浆、找平、压实。　　　　　　　　　　　　　　　　　　计量单位:100m²

定 额 编 号				AL0001	AL0002	AL0003	AL0004	AL0005	AL0006
项 目 名 称				水泥砂浆找平层					
				厚度 20mm					
				在砼或硬基层上			在填充材料上		
				现拌	干混商品砂浆	湿拌商品砂浆	现拌	干混商品砂浆	湿拌商品砂浆
综 合 单 价 (元)				**1750.65**	**2101.73**	**1727.29**	**1868.75**	**2333.49**	**1880.48**
费用	其中	人 工 费 (元)		833.63	750.25	708.63	855.00	769.50	726.75
		材 料 费 (元)		520.04	953.03	745.70	590.62	1132.37	873.78
		施 工 机 具 使 用 费 (元)		54.77	79.02	—	67.71	97.61	—
		企 业 管 理 费 (元)		214.10	199.85	170.78	222.37	208.97	175.15
		利 润 (元)		114.78	107.14	91.55	119.21	112.03	93.90
		一 般 风 险 费 (元)		13.33	12.44	10.63	13.84	13.01	10.90
编码	名 称	单位	单价(元)	消 耗 量					
人工	000300110	抹灰综合工	工日	125.00	6.669	6.002	5.669	6.840	6.156	5.814
材料	810201040	水泥砂浆 1:2.5(特)	m³	232.40	2.020	—	—	2.530	—	—
	850301050	干混商品地面砂浆 M15	t	262.14	—	3.434	—	—	4.301	—
	850302030	湿拌商品地面砂浆 M15	m³	337.86	—	—	2.060	—	—	2.581
	810425010	素水泥浆	m³	479.39	0.100	0.100	0.100	0.100	0.100	0.100
	341100100	水	m³	4.42	0.600	1.110	0.400	0.600	1.110	0.400
机械	990610010	灰浆搅拌机 200L	台班	187.56	0.292	—	—	0.361	—	—
	990611010	干混砂浆罐式搅拌机 20000L	台班	232.40	—	0.340	—	—	0.420	—

工作内容:1.现拌水泥砂浆、干混商品地面砂浆:清理基层、刷素水泥浆、调运砂浆、找平、压实。
2.湿拌商品地面砂浆:清理基层、刷素水泥浆、运砂浆、找平、压实。　　　　　　　　　　　　　　　　　　计量单位:100m²

定 额 编 号				AL0007	AL0008	AL0009
项 目 名 称				水泥砂浆找平层		
				厚度每增减 5mm		
				现拌	干混商品砂浆	湿拌商品砂浆
综 合 单 价 (元)				**299.78**	**395.84**	**312.00**
费用	其中	人 工 费 (元)		117.25	105.50	99.63
		材 料 费 (元)		117.36	224.92	174.00
		施 工 机 具 使 用 费 (元)		14.44	17.89	—
		企 业 管 理 费 (元)		31.74	29.74	24.01
		利 润 (元)		17.01	15.94	12.87
		一 般 风 险 费 (元)		1.98	1.85	1.49
编码	名 称	单位	单价(元)	消 耗 量		
人工	000300110	抹灰综合工	工日	125.00	0.938	0.844	0.797
材料	810201040	水泥砂浆 1:2.5(特)	m³	232.40	0.505	—	—
	850301050	干混商品地面砂浆 M15	t	262.14	—	0.858	—
	850302030	湿拌商品地面砂浆 M15	m³	337.86	—	—	0.515
机械	990610010	灰浆搅拌机 200L	台班	187.56	0.077	—	—
	990611010	干混砂浆罐式搅拌机 20000L	台班	232.40	—	0.077	—

L.1.2 细石砼找平层(编码:011101003)

工作内容:自拌混凝土搅拌、捣平、压实、养护;商品混凝土振捣、养护。　　　　　　　　　　计量单位:100m²

定 额 编 号					AL0010	AL0011	AL0012	AL0013
项 目 名 称					细石砼找平层			
					厚度30mm		厚度每增减5mm	
					自拌砼	商品砼	自拌砼	商品砼
综 合 单 价 (元)					**2120.86**	**1758.15**	**299.91**	**260.47**
费用	其中	人 工 费 (元)			867.88	566.88	120.88	85.88
		材 料 费 (元)			837.49	972.91	118.99	141.50
		施 工 机 具 使 用 费 (元)			58.61	—	9.73	—
		企 业 管 理 费 (元)			223.28	136.62	31.48	20.70
		利 润 (元)			119.70	73.24	16.87	11.10
		一 般 风 险 费 (元)			13.90	8.50	1.96	1.29
	编码	名 称	单位	单价(元)	消 耗 量			
人工	000300110	抹灰综合工	工日	125.00	6.943	4.535	0.967	0.687
材料	800210020	砼C20(塑、特、碎5~10、坍35~50)	m³	235.62	3.030	—	0.505	—
	810425010	素水泥浆	m³	479.39	0.100	0.100	—	—
	840201140	商品砼	m³	266.99	—	3.182	—	0.530
	341100100	水	m³	4.42	0.600	0.552	—	—
	002000010	其他材料费	元	—	—	72.97	—	72.97
机械	990602020	双锥反转出料混凝土搅拌机 350L	台班	226.31	0.259	—	0.043	—

L.1.3 水泥砂浆整体面层(编码:011101001)

工作内容:1.现拌水泥砂浆、干混商品地面砂浆:清理基层、刷素水泥浆、调运砂浆、抹面、压光、养护。
　　　　　2.湿拌商品地面砂浆:清理基层、刷素水泥浆、运砂浆、抹面、压光、养护。　　　　计量单位:100m²

定 额 编 号					AL0014	AL0015	AL0016	AL0017	AL0018	AL0019
项 目 名 称					楼地面面层					
					水泥砂浆					
					厚度20mm			每增减5mm		
					现拌	干混商品砂浆	湿拌商品砂浆	现拌	干混商品砂浆	湿拌商品砂浆
综 合 单 价 (元)					**2176.47**	**2445.04**	**2052.23**	**340.04**	**440.26**	**351.48**
费用	其中	人 工 费 (元)			1099.25	987.88	933.00	146.13	135.63	128.13
		材 料 费 (元)			559.48	967.18	759.84	117.36	227.28	174.00
		施 工 机 具 使 用 费 (元)			68.08	79.02	—	14.63	18.13	—
		企 业 管 理 费 (元)			281.33	257.12	224.85	38.74	37.05	30.88
		利 润 (元)			150.82	137.84	120.54	20.77	19.86	16.55
		一 般 风 险 费 (元)			17.51	16.00	14.00	2.41	2.31	1.92
	编码	名 称	单位	单价(元)	消 耗 量					
人工	000300110	抹灰综合工	工日	125.00	8.794	7.903	7.464	1.169	1.085	1.025
材料	810201040	水泥砂浆1:2.5(特)	m³	232.40	2.020	—	—	0.505	—	—
	850301050	干混商品地面砂浆 M15	t	262.14	—	3.434	—	—	0.867	—
	850302030	湿拌商品地面砂浆 M15	m³	337.86	—	—	2.060	—	—	0.515
	810425010	素水泥浆	m³	479.39	0.100	0.100	0.100	—	—	—
	341100100	水	m³	4.42	3.800	4.310	3.600	—	—	—
	002000010	其他材料费	元	—	25.30	—	—	—	—	—
机械	990610010	灰浆搅拌机 200L	台班	187.56	0.363	—	—	0.078	—	—
	990611010	干混砂浆罐式搅拌机 20000L	台班	232.40	—	0.340	—	—	0.078	—

工作内容:1.加浆抹灰:清理基层、调运砂浆、水泥砂浆抹面、压光、养护。
2.人工拉毛:水泥砂浆表面拉毛。

计量单位:100m²

定 额 编 号						AL0020	AL0021
项 目 名 称						加浆抹光随捣随抹	人工拉毛
						水泥砂浆 1:2.5	水泥砂浆
						厚度 5mm	
综 合 单 价 (元)						541.84	193.93
费用	其中	人 工 费 (元)				271.25	140.00
		材 料 费 (元)				145.83	—
		施工机具使用费 (元)				14.63	—
		企 业 管 理 费 (元)				68.90	33.74
		利 润 (元)				36.94	18.09
		一 般 风 险 费 (元)				4.29	2.10
	编码	名 称	单位	单价(元)		消 耗 量	
人工	000300110	抹灰综合工	工日	125.00		2.170	1.120
材料	810201040	水泥砂浆 1:2.5(特)	m³	232.40		0.500	—
	341100100	水	m³	4.42		0.980	—
	002000010	其他材料费	元	—		25.30	—
机械	990610010	灰浆搅拌机 200L	台班	187.56		0.078	

L.1.4 混凝土整体面层(编码:011101007)

工作内容:1.自拌砼:清理基层、自拌混凝土搅拌、运砼、捣固、提浆抹面、养护。
2.商品混凝土:运砼、振捣、养护。

计量单位:100m²

定 额 编 号					AL0022	AL0023	AL0024	AL0025	AL0026
项 目 名 称					自拌砼面层		商品砼面层		人工拉毛
					厚度 80mm	每增减10mm	厚度 80mm	每增减10mm	砼
综 合 单 价 (元)					4366.36	481.83	3978.03	441.03	207.13
费用	其中	人 工 费 (元)			1355.62	152.49	1014.07	114.08	143.75
		材 料 费 (元)			2194.62	235.48	2573.34	283.01	8.01
		施工机具使用费 (元)			212.20	25.35	—	—	—
		企 业 管 理 费 (元)			377.84	42.86	244.39	27.49	34.64
		利 润 (元)			202.56	22.98	131.02	14.74	18.57
		一 般 风 险 费 (元)			23.52	2.67	15.21	1.71	2.16
	编码	名 称	单位	单价(元)	消 耗 量				
人工	000300080	混凝土综合工	工日	115.00	11.788	1.326	8.818	0.992	1.250
材料	800211020	砼 C20(塑、特、碎 5~20.坍 35~50)	m³	233.15	8.080	1.010	—	—	—
	810201010	水泥砂浆 1:1(特)	m³	334.13	0.510	—	0.510	—	—
	810425010	素水泥浆	m³	479.39	0.100	—	0.100	—	—
	341100100	水	m³	4.42	4.400	—	4.060	—	—
	840201140	商品砼	m³	266.99	—	—	8.480	1.060	0.030
	002000010	其他材料费	元	—	72.97	—	72.97	—	—
机械	990602020	双锥反转出料混凝土搅拌机 350L	台班	226.31	0.873	0.112	—	—	—
	990610010	灰浆搅拌机 200L	台班	187.56	0.078	—	—	—	—

L.1.5　金钢砂面层(编码:011101005)

工作内容:.清理基层、撒金钢砂,滚压地面。　　　　　　　　　　　　　　　　　　　　　　　　　　计量单位:100m²

定　额　编　号					AL0027
项　目　名　称					楼地面面层
					金钢砂
					2mm
费用	其中	综　合　单　价　(元)			**2101.94**
		人　工　费　(元)			532.88
		材　料　费　(元)			1363.80
		施工机具使用费　(元)			—
		企　业　管　理　费　(元)			128.42
		利　润　(元)			68.85
		一　般　风　险　费　(元)			7.99
	编码	名　称	单位	单价(元)	消　耗　量
人工	000300110	抹灰综合工	工日	125.00	4.263
材料	040300550	金刚砂	kg	2.72	450.000
	341100100	水	m³	4.42	3.800
	002000010	其他材料费	元	—	123.00

L.1.6　瓜米石(石屑)、豆石整体面层(编码:011101006)

工作内容:1.清理基层、刷素水泥浆、调运砂浆、水泥瓜米石(石屑)浆。
2.抹找平层、抹面、压光、养护。　　　　　　　　　　　　　　　　　　　　　　　　　　　　　计量单位:100m²

定　额　编　号				AL0028	AL0029	AL0030	AL0031
项　目　名　称				楼地面面层			
				水泥瓜米石(石屑)浆		水泥豆石浆	
				面层30mm无垫	厚度每增减5mm	面层30mm无垫	厚度每增减5mm
费用	其中	综　合　单　价　(元)		**3413.93**	**499.03**	**3433.94**	**502.36**
		人　工　费　(元)		1694.50	242.25	1694.50	242.25
		材　料　费　(元)		949.80	143.20	969.81	146.53
		施工机具使用费　(元)		84.40	14.63	84.40	14.63
		企　业　管　理　费　(元)		428.72	61.91	428.72	61.91
		利　润　(元)		229.83	33.19	229.83	33.19
		一　般　风　险　费　(元)		26.68	3.85	26.68	3.85
	编码	名　称	单位	单价(元)	消　　耗　　量		
人工	000300110	抹灰综合工	工日	125.00	13.556	1.938	13.556	1.938
材料	810405020	水泥石屑浆1:2.5	m³	281.89	3.050	0.508	—	—
	810404020	水泥豆石浆1:2.5	m³	288.45	—	—	3.050	0.508
	810425010	素水泥浆	m³	479.39	0.100	—	0.100	—
	341100100	水	m³	4.42	3.800		3.800	
	002000010	其他材料费	元	—	—	25.30	—	25.30
机械	990610010	灰浆搅拌机200L	台班	187.56	0.450	0.078	0.450	0.078

L.1.7 水磨石整体面层(编码:011101002)

工作内容:1.清理基层、刷素水泥浆。
　　　　2.调运砂浆、白石子浆。
　　　　3.抹找平层、嵌条、抹面层、磨光、补砂眼、养护等。
　　　　4.彩色镜面水磨石油石抛光。

计量单位:100m²

定 额 编 号					AL0032	AL0033	AL0034
项 目 名 称					水磨石楼地面		
					普通(不分色),底层20mm,面层15mm		每增加厚度
					嵌条	不嵌条	5mm
					1:2		
综 合 单 价 (元)					**9177.98**	**7896.43**	**589.18**
费用	其中	人 工 费 (元)			4710.88	3877.25	124.75
		材 料 费 (元)			2185.40	2058.58	396.11
		施工机具使用费 (元)			337.19	337.19	14.63
		企 业 管 理 费 (元)			1216.58	1015.68	33.59
		利 润 (元)			652.21	544.51	18.01
		一 般 风 险 费 (元)			75.72	63.22	2.09
	编码	名 称	单位	单价(元)	消 耗		量
人工	000300110	抹灰综合工	工日	125.00	37.687	31.018	0.998
材料	810201040	水泥砂浆1:2.5(特)	m³	232.40	2.020	2.020	—
	810425010	素水泥浆	m³	479.39	0.100	0.100	—
	810401030	水泥白石子浆1:2	m³	775.39	1.730	1.730	0.510
	064500025	玻璃5	m²	23.08	5.380	—	—
	341100100	水	m³	4.42	7.380	6.780	0.150
	002000010	其他材料费	元	—	169.80	169.80	—
机械	990610010	灰浆搅拌机200L	台班	187.56	0.623	0.623	0.078
	990773010	平面水磨石机3kW	台班	20.44	10.780	10.780	—

工作内容:1.清理基层、刷素水泥浆
　　　　2.调运砂浆、白石子浆。
　　　　3.抹找平层、嵌条、抹面层、磨光、补砂眼、养护等。
　　　　4.彩色镜面水磨石油石抛光。

计量单位:100m²

定 额 编 号					AL0035	AL0036	AL0037
项 目 名 称					水磨石楼地面		
					彩色(分色),嵌条	彩色镜面,嵌条	彩色水磨石
					底层20mm,面层15mm		厚度每增减5mm
					1:2		
综 合 单 价 (元)					**10137.69**	**14476.37**	**697.14**
费用	其中	人 工 费 (元)			5125.25	7197.50	124.75
		材 料 费 (元)			2571.11	3521.24	504.07
		施工机具使用费 (元)			337.19	711.20	14.63
		企 业 管 理 费 (元)			1316.45	1906.00	33.59
		利 润 (元)			705.75	1021.80	18.01
		一 般 风 险 费 (元)			81.94	118.63	2.09
	编码	名 称	单位	单价(元)	消 耗		量
人工	000300110	抹灰综合工	工日	125.00	41.002	57.580	0.998
材料	810201040	水泥砂浆1:2.5(特)	m³	232.40	2.020	2.020	—
	810402030	彩色石子浆1:2	m³	987.07	1.730	2.490	0.510
	040100520	白色硅酸盐水泥	kg	0.75	26.000	26.000	—
	810425010	素水泥浆	m³	479.39	0.100	0.100	—
	064500025	玻璃5	m²	23.08	5.380	5.380	—
	341100100	水	m³	4.42	7.380	10.900	0.150
	002000010	其他材料费	元	—	169.80	354.20	—
机械	990610010	灰浆搅拌机200L	台班	187.56	0.623	0.735	0.078
	990773010	平面水磨石机3kW	台班	20.44	10.780	28.050	—

L.1.8　面层打蜡(编码:011101002)

工作内容:清理表面、上草酸、打蜡、磨光等。　　　　　　　　　　　　　　　　　　　　　　　　计量单位:100m²

定　　额　　编　　号					AL0038
项　　目　　名　　称					水磨石整体面层打蜡
					楼地面
综　合　单　价　(元)					**787.27**
费用	其中	人　工　费　(元)			533.60
		材　料　费　(元)			48.13
		施工机具使用费　(元)			—
		企　业　管　理　费　(元)			128.60
		利　　润　(元)			68.94
		一　般　风　险　费　(元)			8.00
	编码	名　　称	单位	单价(元)	消　耗　量
人工	000300010	建筑综合工	工日	115.00	4.640
材料	143100500	草酸	kg	3.42	1.000
	140900720	硬白蜡	kg	4.27	2.650
	002000010	其他材料费	元	—	33.39

L.1.9　防滑条、嵌条(编码:011101002)

工作内容:1.金钢砂及缸砖防滑条包括搅拌砂浆、敷设。
　　　　　2.金属防滑条画线、定位、钻眼、安装。　　　　　　　　　　　　　　　　　　　　　　计量单位:100m

定　额　编　号				AL0039	AL0040	AL0041	AL0042
项　目　名　称				防滑条			水磨石嵌金属条
				金刚砂	金属条	缸砖	
综　合　单　价　(元)				**331.24**	**4543.72**	**1016.16**	**886.69**
费用	其中	人　工　费　(元)		151.80	262.20	257.60	247.25
		材　料　费　(元)		120.97	4180.52	659.34	544.20
		施工机具使用费　(元)		—	—	—	—
		企　业　管　理　费　(元)		36.58	63.19	62.08	59.59
		利　　润　(元)		19.61	33.88	33.28	31.94
		一　般　风　险　费　(元)		2.28	3.93	3.86	3.71
	编码	名　　称	单位	单价(元)	消　　耗　　量		
人工	000300010	建筑综合工	工日	115.00	1.320	2.280	2.240	2.150
材料	810201030	水泥砂浆 1:2 (特)	m³	256.68	—	—	0.070	—
	810425010	素水泥浆	m³	479.39	—	—	0.010	—
	040100120	普通硅酸盐水泥 P.O 32.5	kg	0.30	14.000	—	—	—
	040300550	金刚砂	kg	2.72	42.930	—	—	—
	120302010	金属防滑条(铜)	m	39.32	—	106.000	—	—
	070100710	缸砖防滑条 65mm	m	5.98	—	—	106.000	—
	120301930	金属条	m	5.13	—	—	—	106.000
	341100100	水	m³	4.42	—	—	0.310	—
	002000010	其他材料费	元	—	—	12.60	1.33	0.42

L.2 踢脚线(编码:011105)

L.2.1 水泥砂浆踢脚线(编码:011105001)

工作内容:清理基层、调运砂浆、水泥砂浆抹面、压光、养护。　　　　　　　　　　　　　计量单位:100m

定　　额　　编　　号					AL0043	
项　目　名　称					踢脚板	
					水泥砂浆 1:2.5	
					厚度 20mm	
综　合　单　价　(元)					**791.08**	
费用	其中	人　工　费　(元)			508.25	
		材　料　费　(元)			75.88	
		施工机具使用费　(元)			8.07	
		企　业　管　理　费　(元)			124.43	
		利　　润　(元)			66.71	
		一　般　风　险　费　(元)			7.74	
	编码	名　　称	单位	单价(元)	消　耗　　量	
人工	000300110	抹灰综合工	工日	125.00	4.066	
材料	810201050	水泥砂浆 1:3(特)	m³	213.87	0.180	
	810201040	水泥砂浆 1:2.5(特)	m³	232.40	0.150	
	341100100	水	m³	4.42	0.570	
机械	990610010	灰浆搅拌机 200L	台班	187.56	0.043	

L.2.2 现浇水磨石踢脚线(编码:011105008)

工作内容:1.清理基层、刷素水泥浆。
　　　　　2.调运砂浆、石子浆。
　　　　　3.抹找平层、嵌条、抹面层、磨光、补砂眼、养护等。4.清理表面,上草酸、打蜡、磨光等。　　　　　计量单位:100m

定　　额　　编　　号					AL0044	AL0045	AL0046
项　目　名　称					水磨石踢脚板		整体面层打蜡
					普通(不分色)	彩色(分色)	
					底层 12mm,面层 8mm		踢脚板
					1:2		
综　合　单　价　(元)					**2583.56**	**2792.10**	**476.23**
费用	其中	人　工　费　(元)			1704.25	1831.88	337.50
		材　料　费　(元)			204.91	236.66	8.72
		施工机具使用费　(元)			12.94	12.94	—
		企　业　管　理　费　(元)			413.84	444.60	81.34
		利　　润　(元)			221.86	238.35	43.61
		一　般　风　险　费　(元)			25.76	27.67	5.06
	编码	名　　称	单位	单价(元)	消　　耗　　量		
人工	000300110	抹灰综合工	工日	125.00	13.634	14.655	2.700
材料	810201050	水泥砂浆 1:3(特)	m³	213.87	0.180	0.180	—
	810401030	水泥白石子浆 1:2	m³	775.39	0.150	—	—
	810402030	彩色石子浆 1:2	m³	987.07	—	0.150	—
	810424010	水泥建筑胶浆 1:0.1:0.2	m³	530.19	0.030	0.030	—
	143100500	草酸	kg	3.42	—	—	0.150
	140900720	硬白蜡	kg	4.27	—	—	0.400
	341100100	水	m³	4.42	0.950	0.950	—
	002000010	其他材料费	元	—	30.00	30.00	6.50
机械	990610010	灰浆搅拌机 200L	台班	187.56	0.069	0.069	—

L.3 楼梯面层(编码:011106)

L.3.1 水泥砂浆面层(编码:011106004)

工作内容:1.清理基层、刷素水泥浆。
2.调运砂浆、水泥砂浆抹面、压光、养护。

计量单位:100m²

定 额 编 号					AL0047	AL0048	AL0049	AL0050	AL0051	AL0052
项 目 名 称					楼梯面层					
					水泥砂浆					
					厚度 20mm			每增减 5mm		
					现拌	干混商品砂浆	湿拌商品砂浆	现拌	干混商品砂浆	湿拌商品砂浆
综 合 单 价 (元)					**7630.81**	**6852.34**	**5778.42**	**970.19**	**1046.79**	**899.83**
费用	其中	人 工 费 (元)			4850.13	3879.63	3395.00	568.50	511.38	483.75
		材 料 费 (元)			769.52	1328.91	1075.66	158.03	303.03	229.74
		施工机具使用费 (元)			103.16	107.83	—	17.82	25.56	—
		企 业 管 理 费 (元)			1193.74	960.98	818.20	141.30	129.40	116.58
		利 润 (元)			639.96	515.18	438.63	75.75	69.37	62.50
		一 般 风 险 费 (元)			74.30	59.81	50.93	8.79	8.05	7.26
	编码	名 称	单位	单价(元)	消	耗		量		
人工	000300110	抹灰综合工	工日	125.00	38.801	31.037	27.160	4.548	4.091	3.870
材料	810201040	水泥砂浆 1:2.5(特)	m³	232.40	2.785	—	—	0.680	—	—
	850301050	干混商品地面砂浆 M15	t	262.14	—	4.726	—	—	1.156	—
	850302030	湿拌商品地面砂浆 M15	m³	337.86	—	—	2.924	—	—	0.680
	810425010	素水泥浆	m³	479.39	0.140	0.140	0.140			
	341100100	水	m³	4.42	4.870	5.187	4.670			
	002000010	其他材料费	元	—	33.65	—	—			
机械	990610010	灰浆搅拌机 200L	台班	187.56	0.550	—	—	0.095		
	990611010	干混砂浆罐式搅拌机 20000L	台班	232.40	—	0.464	—	—	0.110	

L.3.2 水泥瓜米石、豆石面层(编码:0111060010)

工作内容:1.清理基层、刷素水泥浆、调运砂浆、水泥瓜米石(石屑)、豆石浆。
2.抹找平层、抹面、压光、养护。

计量单位:100m²

定 额 编 号					AL0053	AL0054	AL0055	AL0056
项 目 名 称					楼梯面层			
					水泥瓜米石(石屑)浆		水泥豆石浆	
					面层 30mm	每增减 5mm	面层 30mm	每增减 5mm
综 合 单 价 (元)					**8795.63**	**1034.77**	**8823.06**	**1039.37**
费用	其中	人 工 费 (元)			5291.00	585.25	5291.00	585.25
		材 料 费 (元)			1298.95	197.32	1326.38	201.92
		施工机具使用费 (元)			120.98	19.32	120.98	19.32
		企 业 管 理 费 (元)			1304.29	145.70	1304.29	145.70
		利 润 (元)			699.23	78.11	699.23	78.11
		一 般 风 险 费 (元)			81.18	9.07	81.18	9.07
	编码	名 称	单位	单价(元)	消	耗	量	
人工	000300110	抹灰综合工	工日	125.00	42.328	4.682	42.328	4.682
材料	810404020	水泥豆石浆 1:2.5	m³	288.45	—	—	4.180	0.700
	810405020	水泥石屑浆 1:2.5	m³	281.89	4.180	0.700	—	—
	810425010	素水泥浆	m³	479.39	0.140		0.140	
	341100100	水	m³	4.42	4.500		4.500	
	002000010	其他材料费	元	—	33.65		33.65	
机械	990610010	灰浆搅拌机 200L	台班	187.56	0.645	0.103	0.645	0.103

L.3.3　现浇水磨石(编码:0111106005)

工作内容:1.清理基层、刷素水泥浆。
2.调运砂浆、白石子浆。
3.抹找平层、嵌条、抹面层、磨光、补砂眼、养护等。
4.彩色镜面水磨石油石抛光。

计量单位:100m²

定　　额　　编　　号					AL0057	AL0058
项　目　名　称					水磨石楼梯	
					普通(不分色)	彩色(分色)
					底层20mm,面层15mm	
					1:2	
综　合　单　价　(元)					**19146.16**	**22205.81**
费用	其中	人　工　费　(元)			11649.38	13496.00
		材　料　费　(元)			2779.25	3280.97
		施工机具使用费　(元)			166.18	166.18
		企业管理费　(元)			2847.55	3292.58
		利　　润　(元)			1526.57	1765.15
		一般风险费　(元)			177.23	204.93
	编码	名　　称	单位	单价(元)	消　耗　量	
人工	000300110	抹灰综合工	工日	125.00	93.195	107.968
材料	810201040	水泥砂浆1:2.5(特)	m³	232.40	2.770	2.770
	810401030	水泥白石子浆1:2	m³	775.39	2.370	—
	810402030	彩色石子浆1:2	m³	987.07	—	2.370
	810425010	素水泥浆	m³	479.39	0.140	0.140
	341100100	水	m³	4.42	9.210	9.220
	002000010	其他材料费	元	—	190.00	190.00
机械	990610010	灰浆搅拌机200L	台班	187.56	0.886	0.886

L.3.4　面层打蜡(编码:011106005)

工作内容:清理表面、上草酸、打蜡、磨光等

计量单位:100m²

定　　额　　编　　号					AL0059
项　目　名　称					整体面层打蜡
					楼梯
综　合　单　价　(元)					**1511.20**
费用	其中	人　工　费　(元)			1049.95
		材　料　费　(元)			56.81
		施工机具使用费　(元)			—
		企业管理费　(元)			253.04
		利　　润　(元)			135.65
		一般风险费　(元)			15.75
	编码	名　　称	单位	单价(元)	消　耗　量
人工	000300010	建筑综合工	工日	115.00	9.130
材料	143100500	草酸	kg	3.42	1.210
	140900720	硬白蜡	kg	4.27	3.200
	002000010	其他材料费	元	—	39.01

L.4 台阶面层(编码:011107)

L.4.1 水泥砂浆台阶面层(编码:011107004)

工作内容:清理基层、调运砂浆、水泥砂浆抹面、压光、养护。 计量单位:100m²

定 额 编 号					AL0060	
项 目 名 称					台阶面层	
					水泥砂浆 1:2.5	
					厚度 20mm	
综 合 单 价 (元)					**6863.00**	
费用	其中	人 工 费 (元)			4302.38	
		材 料 费 (元)			764.86	
		施工机具使用费 (元)			99.97	
		企 业 管 理 费 (元)			1060.97	
		利 润 (元)			568.78	
		一 般 风 险 费 (元)			66.04	
	编码	名 称	单位	单价(元)	消 耗 量	
人工	000300110	抹灰综合工	工日	125.00	34.419	
材料	810201040	水泥砂浆 1:2.5(特)	m³	232.40	2.760	
	810425010	素水泥浆	m³	479.39	0.150	
	341100100	水	m³	4.42	4.270	
	002000010	其他材料费	元	—	32.65	
机械	990610010	灰浆搅拌机 200L	台班	187.56	0.533	

L.4.2 现浇水磨石台阶面层(编码:011107005)

工作内容:1.清理基层、刷素水泥浆。
2.调运砂浆、白石子浆。
3.抹找平层、嵌条、抹面层、磨光、补砂眼、养护等。
4.彩色镜面水磨石油石抛光。 计量单位:100m²

定 额 编 号					AL0061	AL0062	AL0063
项 目 名 称					水磨石台阶地面		整体面层打蜡
					普通(不分色)	彩色(分色)	台阶
					底层 20mm,面层 15mm		
					1:2		
综 合 单 价 (元)					**18751.49**	**20611.95**	**1534.92**
费用	其中	人 工 费 (元)			11423.75	12416.50	1031.25
		材 料 费 (元)			2690.37	3175.68	106.43
		施工机具使用费 (元)			171.05	171.05	—
		企 业 管 理 费 (元)			2794.35	3033.60	248.53
		利 润 (元)			1498.05	1626.31	133.24
		一 般 风 险 费 (元)			173.92	188.81	15.47
	编码	名 称	单位	单价(元)	消 耗 量		
人工	000300110	抹灰综合工	工日	125.00	91.390	99.332	8.250
材料	810201040	水泥砂浆 1:2.5(特)	m³	232.40	2.750	2.750	—
	810401030	水泥白石子浆 1:2	m³	775.39	2.270	—	—
	810402030	彩色石子浆 1:2	m³	987.07	—	2.270	—
	810425010	素水泥浆	m³	479.39	0.140	0.150	—
	143100500	草酸	kg	3.42	—	—	1.130
	140900720	硬白蜡	kg	4.27	—	—	3.100
	341100100	水	m³	4.42	9.960	9.960	—
	002000010	其他材料费	元	—	180.00	180.00	89.33
机械	990610010	灰浆搅拌机 200L	台班	187.56	0.912	0.912	—

M 墙、柱面一般抹灰工程
(0112)

说　　明

1.本章中的砂浆种类、配合比,如设计或经批准的施工组织设计与定额规定不同时,允许调整,人工、机械不变。

2.本章中的抹灰厚度如设计与定额规定不同时,允许调整。

3.本章中的抹灰子目中已包括按图集要求的刷素水泥浆和建筑胶浆,不含界面剂处理,如设计要求时,按相应子目执行。

4.抹灰中"零星项目"适用于:各种壁柜、碗柜、池槽、阳台栏板(栏杆)、雨篷线、天沟、扶手、花台、梯帮侧面、遮阳板、飘窗板、空调隔板以及凸出墙面宽度在 500mm 以内的挑板、展开宽度在 500mm 以上的线条及单个面积在 0.5m² 以内的抹灰。

5.抹灰中"线条"适用于:挑檐线、腰线、窗台线、门窗套、压顶、宣传栏的边框及展开宽度在 500mm 以内的线条等抹灰。定额子目线条是按展开宽度 300mm 以内编制的,当设计展开宽度小于 400mm 时,定额子目乘以系数 1.33;当设计展开宽度小于 500mm 时,定额子目乘以系数 1.67。

6.抹灰子目中已包括护角工料,不另计算。

7.外墙抹灰已包括分格起线工料,不另计算。

8.砌体墙中的混凝土框架柱(薄壁柱)、梁抹灰并入混凝土抹灰相应定额子目。砌体墙中的圈梁、过梁、构造柱抹灰并入相应墙面抹灰项目中。

9.页岩空心砖、页岩多孔砖墙面抹灰执行砖墙抹灰定额子目。

10.女儿墙内侧抹灰按内墙面抹灰相应定额子目执行,无泛水挑砖者人工及机械费乘以系数 1.10,带泛水挑砖者人工及机械费乘以系数 1.30;女儿墙外侧抹灰按外墙面抹灰相应定额子目执行。

11.弧形、锯齿形等不规则墙面抹灰,按相应定额子目人工乘以系数 1.15,材料乘以系数 1.05。

12.如设计要求混凝土面需凿毛时,其费用另行计算。

13.阳光窗侧壁及上下抹灰工程量并入内墙面抹灰计算。

工程量计算规则

1.内墙面、墙裙抹灰工程量均按设计结构尺寸(有保温、隔热、防潮层者按其外表面尺寸)面积以"m²"计算。应扣除门窗洞口和单个面积>0.3m²以上的空圈所占的面积,不扣除踢脚板、挂镜线及单个面积在0.3m²以内的孔洞和墙与构件交接处的面积,但门窗洞口、空圈、孔洞的侧壁和顶面(底面)面积亦不增加。附墙柱(含附墙烟囱)的侧面抹灰应并入墙面、墙裙抹灰工程量内计算。

2.内墙面、墙裙的抹灰长度以墙与墙间的图示净长计算。其高度按下列规定计算:

(1)无墙裙的,其高度按室内地面或楼面至天棚底面之间距离计算。

(2)有墙裙的,其高度按墙裙顶至天棚底面之间距离计算。

(3)有吊顶天棚的内墙抹灰,其高度按室内地面或楼面至天棚底面另加100mm计算(有设计要求的除外)。

3.外墙抹灰工程量按设计结构尺寸(有保温、隔热、防潮层者按其外表面尺寸)面积以"m²"计算。应扣除门窗洞口、外墙裙(墙面与墙裙抹灰种类相同者应合并计算)和单个面积>0.3m²以上的孔洞所占面积,不扣除单个面积在0.3m²以内的孔洞所占面积,门窗洞口及孔洞的侧壁、顶面(底面)面积亦不增加。附墙柱(含附墙烟囱)侧面抹灰面积应并入外墙面抹灰工程量内。

4.柱抹灰按结构断面周长乘以抹灰高度以"m²"计算。

5."装饰线条"的抹灰按设计图示尺寸以"延长米"计算。

6."零星项目"的抹灰按设计图示展开面积以"m²"计算。

7.单独的外窗台抹灰长度,如设计图纸无规定时,按窗洞口宽两边共加200mm计算。

8.钢丝(板)网铺贴按设计图示尺寸或实铺面积计算。

M.1 墙面抹灰(编码:011201)

M.1.1 墙面一般抹灰(编码:011201001)

M.1.1.1 水泥砂浆抹灰

工作内容:1.清理、湿润基层,堵塞墙眼,调运砂浆、扫落地灰,刷素水泥浆或建筑胶浆、
分层抹灰找平、洒水湿润、罩面压光(包括门窗洞口侧壁抹灰)。
　　　　2.清理、湿润基层,堵塞墙眼,调运干混商品砂浆、扫落地灰,刷素水泥浆或
建筑胶浆、分层抹灰找平、洒水湿润、罩面压光。
　　　　3.清理、湿润基层,堵塞墙眼,运湿拌商品砂浆、扫落地灰,刷素水泥浆或建
筑胶浆、分层喷抹找平、洒水湿润、罩面压光。

计量单位:100m²

定　额　编　号			AM0001	AM0002	AM0003	AM0004	AM0005	AM0006
项　目　名　称			墙面、墙裙水泥砂浆抹灰					
			砖墙					
			内墙			外墙		
			现拌砂浆	干混商品砂浆	湿拌商品砂浆	现拌砂浆	干混商品砂浆	湿拌商品砂浆
综　合　单　价　(元)			**2112.96**	**2619.29**	**2114.42**	**2935.08**	**3398.12**	**2806.67**
费用	其中	人　工　费　(元)	1034.88	980.50	871.50	1628.38	1542.75	1371.25
		材　料　费　(元)	578.12	1135.55	831.13	578.12	1135.55	831.13
		施工机具使用费 (元)	73.15	90.64	54.93	73.15	90.64	54.93
		企　业　管　理　费　(元)	267.03	258.14	223.27	410.07	393.65	343.71
		利　　　润　　　(元)	143.16	138.39	119.69	219.84	211.03	184.26
		一　般　风　险　费　(元)	16.62	16.07	13.90	25.52	24.50	21.39

	编码	名　称	单位	单价(元)	消　　耗　　量					
人工	000300110	抹灰综合工	工日	125.00	8.279	7.844	6.972	13.027	12.342	10.970
材料	810201040	水泥砂浆 1:2.5(特)	m³	232.40	0.690	—	—	0.690	—	—
	810201050	水泥砂浆 1:3(特)	m³	213.87	1.620	—	—	1.620	—	—
	810425010	素水泥浆	m³	479.39	0.110	0.110	0.110	0.110	0.110	0.110
	850301030	干混商品抹灰砂浆 M10	t	271.84	—	3.930	—	—	3.930	—
	850302020	湿拌商品抹灰砂浆 M10	m³	325.24	—	—	2.360	—	—	2.360
	002000010	其他材料费	元	—	18.56	14.49	10.83	18.56	14.49	10.83
机械	990610010	灰浆搅拌机 200L	台班	187.56	0.390	—	—	0.390	—	—
	990611010	干混砂浆罐式搅拌机 20000L	台班	232.40	—	0.390	—	—	0.390	—
	990621010	砂浆喷涂机 UBJ3A	台班	211.25	—	—	0.260	—	—	0.260

工作内容:1.清理、湿润基层,堵塞墙眼,调运砂浆、扫落地灰,刷素水泥浆或建筑胶浆、
分层抹灰找平、洒水湿润、罩面压光(包括门窗洞口侧壁抹灰)。
2.清理、湿润基层,堵塞墙眼,调运干混商品砂浆、扫落地灰,刷素水泥浆或
建筑胶浆、分层抹灰找平、洒水湿润、罩面压光。
3.清理、湿润基层,堵塞墙眼,运湿拌商品砂浆、扫落地灰,刷素水泥浆或建
筑胶浆、分层喷抹找平、洒水湿润、罩面压光。

计量单位:100m²

定 额 编 号					AM0007	AM0008	AM0009	AM0010	AM0011	AM0012
项 目 名 称					墙面、墙裙水泥砂浆抹灰					
					砼墙					
					内墙			外墙		
					现拌砂浆	干混商品砂浆	湿拌商品砂浆	现拌砂浆	干混商品砂浆	湿拌商品砂浆
综 合 单 价 (元)					**2289.24**	**2875.44**	**2295.83**	**3152.73**	**3693.58**	**2959.86**
费用	其中	人 工 费 (元)			1088.13	1030.88	916.25	1711.50	1621.50	1395.63
		材 料 费 (元)			665.05	1302.61	950.55	665.05	1302.61	950.55
		施 工 机 具 使 用 费 (元)			84.40	104.58	54.93	84.40	104.58	54.93
		企 业 管 理 费 (元)			282.58	273.64	234.05	432.81	415.99	349.58
		利 润 (元)			151.49	146.70	125.48	232.03	223.01	187.41
		一 般 风 险 费 (元)			17.59	17.03	14.57	26.94	25.89	21.76
	编码	名 称	单位	单价(元)	消		耗		量	
人工	000300110	抹灰综合工	工日	125.00	8.705	8.247	7.330	13.692	12.972	11.165
材料	810201040	水泥砂浆 1:2.5(特)	m³	232.40	1.040	—	—	1.040	—	—
	810201050	水泥砂浆 1:3(特)	m³	213.87	1.620	—	—	1.620	—	—
	810424010	水泥建筑胶浆 1:0.1:0.2	m³	530.19	0.110	0.110	0.110	0.110	0.110	0.110
	850301030	干混商品抹灰砂浆 M10	t	271.84	—	4.522	—	—	4.522	—
	850302020	湿拌商品抹灰砂浆 M10	m³	325.24	—	—	2.710	—	—	2.710
	002000010	其他材料费	元	—	18.56	15.03	10.83	18.56	15.03	10.83
机械	990610010	灰浆搅拌机 200L	台班	187.56	0.450	—	—	0.450	—	—
	990611010	干混砂浆罐式搅拌机 20000L	台班	232.40	—	0.450	—	—	0.450	—
	990621010	砂浆喷涂机 UBJ3A	台班	211.25	—	—	0.260	—	—	0.260

工作内容:1.清理、湿润基层,堵塞墙眼,调运砂浆、扫落地灰,刷素水泥浆或建筑胶浆、
分层抹灰找平、洒水湿润、罩面压光(包括门窗洞口侧壁抹灰)。
2.清理、湿润基层,堵塞墙眼,调运干混商品砂浆、扫落地灰,刷素水泥浆或
建筑胶浆、分层抹灰找平、洒水湿润、罩面压光。
3.清理、湿润基层,堵塞墙眼,运湿拌商品砂浆、扫落地灰,刷素水泥浆或建
筑胶浆、分层喷抹找平、洒水湿润、罩面压光。

计量单位:100m²

定 额 编 号					AM0013	AM0014	AM0015	AM0016	AM0017	AM0018
项 目 名 称					墙面、墙裙水泥砂浆抹灰					
					块(片)石墙			钢板网墙		
					现拌砂浆	干混商品砂浆	湿拌商品砂浆	现拌砂浆	干混商品砂浆	湿拌商品砂浆
综 合 单 价 (元)					**3012.70**	**3689.92**	**2915.70**	**2193.90**	**2762.58**	**2243.85**
费用	其中	人 工 费 (元)			1469.13	1322.25	1175.25	1131.38	1071.75	952.75
		材 料 费 (元)			826.97	1671.62	1211.66	525.39	1152.43	848.01
		施 工 机 具 使 用 费 (元)			108.78	134.79	54.93	73.15	90.64	54.93
		企 业 管 理 费 (元)			380.28	351.15	296.47	290.29	280.14	242.85
		利 润 (元)			203.87	188.25	158.94	155.62	150.18	130.19
		一 般 风 险 费 (元)			23.67	21.86	18.45	18.07	17.44	15.12
	编码	名 称	单位	单价(元)	消		耗		量	
人工	000300110	抹灰综合工	工日	125.00	11.753	10.578	9.402	9.051	8.574	7.622
材料	810201040	水泥砂浆 1:2.5(特)	m³	232.40	0.700	—	—	0.690	—	—
	810201050	水泥砂浆 1:3(特)	m³	213.87	2.770	—	—	1.620	—	—
	810425010	素水泥浆	m³	479.39	0.110	0.110	0.110			
	850301030	干混商品抹灰砂浆 M10	t	271.84	—	5.900	—	—	3.930	—
	850302020	湿拌商品抹灰砂浆 M10	m³	325.24	—	—	3.530	—	—	2.360
	002000010	其他材料费	元	—	19.14	15.03	10.83	18.56	84.10	80.44
机械	990610010	灰浆搅拌机 200L	台班	187.56	0.580	—	—	0.390	—	—
	990611010	干混砂浆罐式搅拌机 20000L	台班	232.40	—	0.580	—	—	0.390	—
	990621010	砂浆喷涂机 UBJ3A	台班	211.25	—	—	0.260	—	—	0.260

工作内容:1.清理、湿润基层,堵塞墙眼,调运砂浆、扫落地灰,刷素水泥浆或建筑胶浆、
分层抹灰找平、洒水湿润、单面压光(包括门窗洞口侧壁抹灰)。
2.清理、湿润基层,堵塞墙眼,调运干混商品砂浆、扫落地灰,刷素水泥浆或
建筑胶浆、分层抹灰找平、洒水湿润、单面压光。
3.清理、湿润基层,堵塞墙眼,运湿拌商品砂浆、扫落地灰,刷素水泥浆或建
筑胶浆、分层喷抹找平、洒水湿润、单面压光。

计量单位:100m²

定 额 编 号					AM0019	AM0020	AM0021	AM0022	AM0023	AM0024
项 目 名 称					墙面、墙裙水泥砂浆抹灰					
					轻质墙					
					内墙			外墙		
					现拌砂浆	干混商品砂浆	湿拌商品砂浆	现拌砂浆	干混商品砂浆	湿拌商品砂浆
综 合 单 价 (元)					**2383.43**	**2945.38**	**2412.64**	**3357.58**	**3868.11**	**3233.02**
费用	其中	人 工 费 (元)			1226.13	1161.63	1032.50	1929.38	1827.75	1624.75
		材 料 费 (元)			583.67	1210.75	906.33	583.67	1210.75	906.33
		施 工 机 具 使 用 费 (元)			73.15	90.64	54.93	73.15	90.64	54.93
		企 业 管 理 费 (元)			313.12	301.79	262.07	482.61	462.33	404.80
		利 润 (元)			167.87	161.79	140.50	258.73	247.86	217.01
		一 般 风 险 费 (元)			19.49	18.78	16.31	30.04	28.78	25.20
	编码	名 称	单位	单价(元)	消		耗		量	
人工	000300110	抹灰综合工	工日	125.00	9.809	9.293	8.260	15.435	14.622	12.998
材料	810201040	水泥砂浆 1:2.5 (特)	m³	232.40	0.690	—	—	0.690	—	—
	810201050	水泥砂浆 1:3 (特)	m³	213.87	1.620	—	—	1.620	—	—
	810424010	水泥建筑胶浆 1:0.1:0.2	m³	530.19	0.110	0.110	0.110	0.110	0.110	0.110
	850301030	干混商品抹灰砂浆 M10	t	271.84	—	3.930	—	—	3.930	—
	850302020	湿拌商品抹灰砂浆 M10	m³	325.24	—	—	2.360	—	—	2.360
	002000010	其他材料费	元	—	18.52	84.10	80.44	18.52	84.10	80.44
机械	990610010	灰浆搅拌机 200L	台班	187.56	0.390	—	—	0.390	—	—
	990611010	干混砂浆罐式搅拌机 20000L	台班	232.40	—	0.390	—	—	0.390	—
	990621010	砂浆喷涂机 UBJ3A	台班	211.25	—	—	0.260	—	—	0.260

M.1.1.2 混 合 砂 浆

工作内容:1.清理基层、修补堵眼、湿润基层、调运砂浆、清扫落地灰。
2.刷素水泥浆或建筑胶浆、分层抹灰找平、面层压光(包括门窗洞口侧壁抹灰)。

计量单位:100m²

定 额 编 号					AM0025	AM0026	AM0027	AM0028	AM0029
项 目 名 称					墙面、墙裙				
					砖墙	砼墙	钢板网墙	轻质墙	块(片)石
综 合 单 价 (元)					**2057.35**	**2232.48**	**2133.68**	**2323.19**	**2821.60**
费用	其中	人 工 费 (元)			1015.75	1068.13	1108.88	1203.63	1369.88
		材 料 费 (元)			549.01	635.99	496.33	554.60	773.36
		施 工 机 具 使 用 费 (元)			73.15	84.40	73.15	73.15	108.78
		企 业 管 理 费 (元)			262.42	277.76	284.87	307.70	356.36
		利 润 (元)			140.69	148.91	152.72	164.96	191.04
		一 般 风 险 费 (元)			16.33	17.29	17.73	19.15	22.18
	编码	名 称	单位	单价(元)	消		耗		量
人工	000300110	抹灰综合工	工日	125.00	8.126	8.545	8.871	9.629	10.959
材料	810201040	水泥砂浆 1:2.5 (特)	m³	232.40	—	0.350	—	—	—
	810425010	素水泥浆	m³	479.39	0.110	—	—	—	0.110
	810424010	水泥建筑胶浆 1:0.1:0.2	m³	530.19	—	0.110	—	0.110	—
	810202080	混合砂浆 1:1:6 (特)	m³	194.55	1.620	1.620	1.620	1.620	2.770
	810202140	混合砂浆 1:0.5:2.5 (特)	m³	246.85	0.690	0.690	0.690	0.690	0.690
	002000010	其他材料费	元	—	10.78	10.83	10.83	10.78	11.40
机械	990610010	灰浆搅拌机 200L	台班	187.56	0.390	0.450	0.390	0.390	0.580

M.1.1.3 其他砂浆

工作内容: 1.清理基层、修补堵眼、湿润基层、调运砂浆、清扫落地灰。
2.分层抹灰找平、面层压光(包括门窗洞口侧壁抹灰)。
3.基层清理、涂刷界面剂。

计量单位:100m²

定 额 编 号				单位	单价(元)	AM0030	AM0031	AM0032	AM0033	AM0034
项 目 名 称						搓砂墙面		界面剂一遍		假面砖墙面
						石英砂(黄、白砂)		砼基层	其他基层面	
						分格嵌木条	不分格嵌木条			
综 合 单 价 (元)						**2533.40**	**2307.74**	**549.56**	**672.95**	**2629.30**
费用	其中	人 工 费 (元)				1018.25	901.13	89.75	89.75	1304.25
		材 料 费 (元)				1013.79	950.37	425.23	548.62	721.33
		施工机具使用费 (元)				78.78	78.78	—	—	73.15
		企 业 管 理 费 (元)				264.38	236.16	21.63	21.63	331.95
		利 润 (元)				141.74	126.60	11.60	11.60	177.96
		一 般 风 险 费 (元)				16.46	14.70	1.35	1.35	20.66
	编码	名 称	单位	单价(元)		消	耗		量	
人工	000300110	抹灰综合工	工日	125.00		8.146	7.209	0.718	0.718	10.434
材料	810201010	水泥砂浆 1:1(特)	m³	334.13		—	—	—	—	0.350
	810201050	水泥砂浆 1:3(特)	m³	213.87		1.620	1.620	—	—	1.620
	810406010	白水泥石英砂浆 1:2	m³	644.54		0.920	0.920	—	—	—
	810202110	混合砂浆 1:1:4(特)	m³	225.72		—	—	—	—	0.035
	143503510	成品界面粉料	kg	1.37		—	—	310.000	400.000	—
	142303000	颜料	kg	21.45		—	—	—	—	11.470
	002000010	其他材料费	元	—		74.34	10.92	0.53	0.62	3.98
机械	990610010	灰浆搅拌机 200L	台班	187.56		0.420	0.420	—	—	0.390

M.1.1.4 钢丝(板)网加固

工作内容: 1.基层清理、运输。
2.翻包网格布。
3.挂贴钢丝(板)网。

计量单位:100m²

定 额 编 号				单位	单价(元)	AM0035	AM0036	AM0037	AM0038	AM0039
项 目 名 称						钢丝网加固		钢板网加固		贴玻纤网格布
						全部铺挂	不同材质处铺挂	全部铺挂	不同材质处铺挂	
综 合 单 价 (元)						**773.70**	**836.07**	**1217.34**	**1330.95**	**599.57**
费用	其中	人 工 费 (元)				288.75	326.38	332.50	397.25	253.75
		材 料 费 (元)				373.72	383.96	756.76	780.68	248.08
		施工机具使用费 (元)				—	—	—	—	—
		企 业 管 理 费 (元)				69.59	78.66	80.13	95.74	61.15
		利 润 (元)				37.31	42.17	42.96	51.32	32.78
		一 般 风 险 费 (元)				4.33	4.90	4.99	5.96	3.81
	编码	名 称	单位	单价(元)		消	耗		量	
人工	000300110	抹灰综合工	工日	125.00		2.310	2.611	2.660	3.178	2.030
材料	032100900	钢丝网 综合	m²	2.56		112.000	116.000	—	—	—
	032101210	钢板网	m²	5.98		—	—	112.000	116.000	—
	023100700	玻璃纤维网格布	m²	2.09		—	—	—	—	112.000
	002000010	其他材料费	元	—		87.00	87.00	87.00	87.00	14.00

M.2 柱(梁)面抹灰(编码:011202)

M.2.1 柱、梁面一般抹灰(编码:011202001)

M.2.1.1 水泥砂浆抹灰

工作内容:1.清理、湿润基层,堵塞墙眼,调运砂浆,扫落地灰,刷素水泥浆或建筑胶浆、
分层抹灰找平、洒水湿润、单面压光。
2.清理、湿润基层,堵塞墙眼,调运干混商品砂浆,扫落地灰,刷素水泥浆或
建筑胶浆、分层抹灰找平、洒水湿润、单面压光。
3.清理、湿润基层,堵塞墙眼,运湿拌商品砂浆,扫落地灰,刷素水泥浆或建筑胶浆、
分层喷抹找平、洒水湿润、单面压光。

计量单位:100m²

定 额 编 号					AM0040	AM0041	AM0042	AM0043	AM0044	AM0045
项 目 名 称					柱面抹水泥砂浆					
					方(矩)形柱、梁面					
					砖柱面			砼柱、梁面		
					现拌砂浆	干混商品砂浆	湿拌商品砂浆	现拌砂浆	干混商品砂浆	湿拌商品砂浆
综 合 单 价 (元)					**2550.32**	**3076.75**	**2465.01**	**2805.00**	**3311.67**	**2694.57**
费用	其中	人 工 费 (元)			1368.25	1296.25	1152.25	1463.00	1386.00	1232.00
		材 料 费 (元)			558.90	1162.07	792.82	666.74	1253.36	911.92
		施 工 机 具 使 用 费 (元)			69.40	85.99	54.93	80.65	99.93	54.93
		企 业 管 理 费 (元)			346.47	333.12	290.93	372.02	358.11	310.15
		利 润 (元)			185.74	178.59	155.97	199.44	191.98	166.27
		一 般 风 险 费 (元)			21.56	20.73	18.11	23.15	22.29	19.30
	编码	名 称	单位	单价(元)	消 耗 量					
人工	000300110	抹灰综合工	工日	125.00	10.946	10.370	9.218	11.704	11.088	9.856
材料	810201040	水泥砂浆 1:2.5(特)	m³	232.40	0.670	—	—	1.110	—	—
	810201050	水泥砂浆 1:3(特)	m³	213.87	1.550	—	—	1.550	—	—
	810425010	素水泥浆	m³	479.39	0.110	0.110	0.110	—	—	—
	810424010	水泥建筑胶浆 1:0.1:0.2	m³	530.19	—	—	—	0.110	0.110	0.110
	850301030	干混商品抹灰砂浆 M10	t	271.84	—	3.770	—	—	4.340	—
	850302020	湿拌商品抹灰砂浆 M10	m³	325.24	—	—	2.260	—	—	2.590
	002000010	其他材料费	元	—	18.96	84.50	5.04	18.96	15.25	11.23
机械	990610010	灰浆搅拌机 200L	台班	187.56	0.370	—	—	0.430	—	—
	990611010	干混砂浆罐式搅拌机 20000L	台班	232.40	—	0.370	—	—	0.430	—
	990621010	砂浆喷涂机 UBJ3A	台班	211.25	—	—	0.260	—	—	0.260

工作内容：1.清理、湿润基层,堵塞墙眼,调运砂浆、扫落地灰,刷素水泥浆或建筑胶浆、分层抹灰找平、洒水湿润、单面压光。
　　　　　2.清理、湿润基层,堵塞墙眼,调运干混商品砂浆、扫落地灰,刷素水泥浆或建筑胶浆、分层抹灰找平、洒水湿润、单面压光。
　　　　　3.清理、湿润基层,堵塞墙眼,运湿拌商品砂浆、扫落地灰,刷素水泥浆或建筑胶浆、分层喷抹找平、洒水湿润、单面压光。

计量单位:100m²

	定　额　编　号			AM0046	AM0047	AM0048	AM0049	AM0050	AM0051
	项　目　名　称			柱面抹水泥砂浆					
				异型柱、梁面					
				砖柱面			砼柱、梁面		
				现拌砂浆	干混商品砂浆	湿拌商品砂浆	现拌砂浆	干混商品砂浆	湿拌商品砂浆
	综　合　单　价　（元）			**3135.24**	**3561.06**	**2963.63**	**3511.98**	**3981.41**	**3289.86**
费用	其中	人　工　费　（元）		1790.50	1696.25	1507.75	1973.38	1869.50	1661.75
		材　料　费　（元）		558.90	1092.30	799.01	666.74	1253.36	911.92
		施工机具使用费（元）		69.40	85.99	54.93	80.65	99.93	54.93
		企　业　管　理　费（元）		448.24	429.52	376.60	495.02	474.63	413.72
		利　　润　　（元）		240.30	230.27	201.90	265.38	254.45	221.79
		一　般　风　险　费（元）		27.90	26.73	23.44	30.81	29.54	25.75
	编码	名　称	单位	单价（元）	消		耗		量
人工	000300110	抹灰综合工	工日	125.00	14.324	13.570	12.062	15.787	14.956	13.294
材料	810201040	水泥砂浆 1:2.5（特）	m³	232.40	0.670	—	—	1.110	—	—
	810201050	水泥砂浆 1:3（特）	m³	213.87	1.550	—	—	1.550	—	—
	810425010	素水泥浆	m³	479.39	0.110	0.110	0.110	—	—	—
	810424010	水泥建筑胶浆 1:0.1:0.2	m³	530.19	—	—	—	0.110	0.110	0.110
	850301030	干混商品抹灰砂浆 M10	t	271.84	—	3.770	—	—	4.340	—
料	850302020	湿拌商品抹灰砂浆 M10	m³	325.24	—	—	2.260	—	—	2.590
	002000010	其他材料费	元		18.96	14.73	11.23	18.96	15.25	11.23
机械	990610010	灰浆搅拌机 200L	台班	187.56	0.370	—	—	0.430	—	—
	990611010	干混砂浆罐式搅拌机 20000L	台班	232.40	—	0.370	—	—	0.430	—
	990621010	砂浆喷涂机 UBJ3A	台班	211.25	—	—	0.260	—	—	0.260

M.2.1.2　混合砂浆

工作内容：1.清理基层、修补堵眼、湿润基层、调运砂浆、清扫落地灰。
　　　　　2.刷素水泥浆或建筑胶浆、分层抹灰找平、面层压光。

计量单位:100m²

	定　额　编　号			AM0052	AM0053	AM0054	AM0055
	项　目　名　称			柱（梁）面			
				方（矩）形柱（梁）面		异型柱（梁）面	
				砖柱面	砼柱（梁）面	砖柱面	砼柱（梁）面
	综　合　单　价　（元）			**2486.58**	**2776.03**	**3059.88**	**3406.64**
费用	其中	人　工　费　（元）		1342.50	1480.75	1756.38	1936.00
		材　料　费　（元）		530.81	613.18	530.81	613.18
		施工机具使用费（元）		69.40	80.65	69.40	80.65
		企　业　管　理　费（元）		340.27	376.30	440.01	486.01
		利　　润　　（元）		182.42	201.73	235.89	260.55
		一　般　风　险　费（元）		21.18	23.42	27.39	30.25
	编码	名　称	单位	单价（元）	消	耗		量
人工	000300110	抹灰综合工	工日	125.00	10.740	11.846	14.051	15.488
材料	810201040	水泥砂浆 1:2.5（特）	m³	232.40	—	0.330	—	0.330
	810425010	素水泥浆	m³	479.39	0.110	—	0.110	—
	810424010	水泥建筑胶浆 1:0.1:0.2	m³	530.19	—	0.110	—	0.110
	810202080	混合砂浆 1:1:6（特）	m³	194.55	1.550	1.550	1.550	1.550
料	810202140	混合砂浆 1:0.5:2.5（特）	m³	246.85	0.670	0.670	0.670	0.670
	002000010	其他材料费	元	—	11.14	11.23	11.14	11.23
机械	990610010	灰浆搅拌机 200L	台班	187.56	0.370	0.430	0.370	0.430

M.3 零星抹灰(编码:011203)

M.3.1 零星项目一般抹灰(编码:011203001)

M.3.1.1 水泥砂浆抹灰

工作内容:1.清理、湿润基层,堵塞墙眼,调运砂浆、扫落地灰,刷素水泥浆或建筑胶浆、
分层抹灰找平、洒水湿润、单面压光(包括门窗洞口侧壁抹灰)。
2.清理、湿润基层,堵塞墙眼,调运干混商品砂浆、扫落地灰,刷素水泥浆或
建筑胶浆、分层抹灰找平、洒水湿润、单面压光。
3.清理、湿润基层,堵塞墙眼,运湿拌商品砂浆、扫落地灰,刷素水泥浆或建筑胶浆、
分层抹灰找平、洒水湿润、单面压光。

定 额 编 号					AM0056	AM0057	AM0058	AM0059	AM0060	AM0061
项 目 名 称					零星项目			装饰线条		
					水泥砂浆					
					现拌砂浆	干混商品砂浆	湿拌商品砂浆	现拌砂浆	干混商品砂浆	湿拌商品砂浆
单 位					100m²			100m		
综 合 单 价 (元)					**4670.83**	**4832.02**	**4334.13**	**1853.33**	**1819.68**	**1649.33**
费用	其中	人 工 费 (元)			2910.25	2619.25	2473.75	1238.13	1114.38	1052.38
		材 料 费 (元)			543.43	1084.72	823.79	117.50	250.29	172.27
		施 工 机 具 使 用 费 (元)			69.40	85.99	60.42	15.00	18.59	13.94
		企 业 管 理 费 (元)			718.09	651.96	610.74	302.00	273.05	256.98
		利 润 (元)			384.97	349.52	327.42	161.90	146.38	137.77
		一 般 风 险 费 (元)			44.69	40.58	38.01	18.80	16.99	15.99
	编码	名 称	单位	单价(元)	消 耗 量					
人工	000300110	抹灰综合工	工日	125.00	23.282	20.954	19.790	9.905	8.915	8.419
材料	810201040	水泥砂浆 1:2.5(特)	m³	232.40	0.670	—	—	0.130	—	—
	810201050	水泥砂浆 1:3(特)	m³	213.87	1.550	—	—	0.360	—	—
	810425010	素水泥浆	m³	479.39	0.110	0.110	0.110	0.020	0.020	0.020
	850301030	干混商品抹灰砂浆 M10	t	271.84	—	3.770	—	—	0.880	—
	850302020	湿拌商品抹灰砂浆 M10	m³	325.24	—	—	2.360	—	—	0.498
	002000010	其他材料费	元	—	—	3.49	7.15	3.49	0.71	1.48	0.71
机械	990610010	灰浆搅拌机 200L	台班	187.56	0.370	—	—	0.080	—	—
	990611010	干混砂浆罐式搅拌机 20000L	台班	232.40	—	0.370	0.260	—	0.080	0.060

工作内容:1.清理基层、湿润基层、调运砂浆、清扫落地灰。
　　　　　2.刷素水泥浆或建筑胶浆、分层抹灰、面层压光。

定 额 编 号					AM0062	AM0063
项 目 名 称					零星项目	装饰线条
					混合砂浆	
单 位					100m²	100m
综 合 单 价 （元）					**4569.38**	**1814.42**
费用	其中	人 工 费 （元）			2851.63	1213.63
		材 料 费 （元）			523.16	112.52
		施工机具使用费 （元）			69.40	15.00
		企 业 管 理 费 （元）			703.97	296.10
		利 润 （元）			377.40	158.74
		一 般 风 险 费 （元）			43.82	18.43
	编码	名 称	单位	单价（元）	消 耗 量	
人工	000300110	抹灰综合工	工日	125.00	22.813	9.709
材料	810425010	素水泥浆	m³	479.39	0.110	0.020
	810202080	混合砂浆 1:1:6（特）	m³	194.55	1.550	0.360
	810202140	混合砂浆 1:0.5:2.5（特）	m³	246.85	0.670	0.130
	002000010	其他材料费	元	—	3.49	0.80
机械	990610010	灰浆搅拌机 200L	台班	187.56	0.370	0.080

N 天棚面一般抹灰工程
(0113)

说　　明

1.本章中的砂浆种类、配合比,如设计或经批准的施工组织设计与定额规定不同时,允许调整,人工、机械不变。

2.楼梯底板抹灰执行天棚抹灰相应定额子目,其中锯齿形楼梯按相应定额子目人工乘以系数 1.35。

3.天棚抹灰定额子目不包含基层打(钉)毛,如设计需要打毛时应另行计算。

4.天棚抹灰装饰线定额子目是指天棚抹灰凸起线、凸出棱角线,装饰线道数以凸出的一个棱角为一道线。

5.天棚和墙面交角抹灰呈圆弧形已综合考虑在定额子目中,不得另行计算。

6.天棚装饰线抹灰定额子目中只包括凸出部分的工料,不包括底层抹灰的工料;底层抹灰的工料包含在天棚抹灰定额子目中,计算天棚抹灰工程量时不扣除装饰线条所占抹灰面积。

7.天棚抹灰定额子目中已包括建筑胶浆人工、材料、机械费用,不再另行计算。

工程量计算规则

1.天棚抹灰的工程量按墙与墙间的净面积以"m²"计算,不扣除柱、附墙烟囱、垛、管道孔、检查口、单个面积在 0.3m² 以内的孔洞及窗帘盒所占的面积。有梁板(含密肋梁板、井字梁板、槽形板等)底的抹灰按展开面积以"m²"计算,并入天棚抹灰工程量内。

2.檐口天棚宽度在 500mm 以上的挑板抹灰应并入相应的天棚抹灰工程量内计算。

3.阳台底面抹灰按水平投影面积以"m²"计算,并入相应天棚抹灰工程量内。阳台带悬臂梁者,其工程量乘以系数 1.30。

4.雨篷底面或顶面抹灰分别按水平投影面积(拱形雨篷按展开面积)以"m²"计算,并入相应天棚抹灰工程量内。雨篷顶面带反沿或反梁者,其顶面工程量乘以系数 1.20;底面带悬臂梁者,其底面工程量乘以系数 1.20。

5.板式楼梯底面抹灰面积(包括踏步、休息平台以及小于 500mm 宽的楼梯井)按水平投影面积乘以系数 1.3 计算,锯齿楼梯底板抹灰面积(包括踏步、休息平台以及小于 500mm 宽的楼梯井)按水平投影面积乘以系数 1.5 计算。

6.计算天棚装饰线时,分别按三道线以内或五道线以内以"延长米"计算。

N.1 天棚抹灰(编码:011301001)

工作内容: 1.清理修补基层表面、堵眼、刷建筑胶浆、调运砂浆、抹灰找平、罩面及压光、清扫落地灰。
2.清理、湿润基层、堵塞墙眼、调运干混商品砂浆、分层抹灰找平、洒水湿润、罩面压光、清扫落地灰。
3.清理、湿润基层、堵塞墙眼、运湿拌商品砂浆、分层抹灰找平、洒水湿润、罩面压光、清扫落地灰。

计量单位:10m²

定 额 编 号					AN0001	AN0002	AN0003	AN0004
项 目 名 称					砼面			
					水泥砂浆			混合砂浆
					现拌	干混商品砂浆	湿拌商品砂浆	
综 合 单 价 (元)					**205.85**	**229.09**	**172.89**	**183.62**
费用	其中	人 工 费 (元)			113.88	107.88	87.13	95.88
		材 料 费 (元)			41.61	71.60	52.19	43.80
		施 工 机 具 使 用 费 (元)			4.69	5.81	—	5.06
		企 业 管 理 费 (元)			28.57	27.40	21.00	24.33
		利 润 (元)			15.32	14.69	11.26	13.04
		一 般 风 险 费 (元)			1.78	1.71	1.31	1.51
	编码	名 称	单位	单价(元)	消 耗 量			
人工	000300110	抹灰综合工	工日	125.00	0.911	0.863	0.697	0.767
材料	050303800	木材 锯材	m³	1547.01	0.002	0.002	0.002	0.002
	810201040	水泥砂浆 1:2.5 (特)	m³	232.40	0.034	—	—	—
	810202110	混合砂浆 1:1:4 (特)	m³	225.72	—	—	—	0.113
	810201050	水泥砂浆 1:3 (特)	m³	213.87	0.113	—	—	—
	810202080	混合砂浆 1:1:6 (特)	m³	194.55	—	—	—	0.045
	850301030	干混商品抹灰砂浆 M10	t	271.84	—	0.250	—	—
	850302020	湿拌商品抹灰砂浆 M10	m³	325.24	—	—	0.150	—
料	341100100	水	m³	4.42	0.019	0.124	0.071	0.019
	810424010	水泥建筑胶浆 1:0.1:0.2	m³	530.19	0.012	—	—	0.012
机械	990610010	灰浆搅拌机 200L	台班	187.56	0.025	—	—	0.027
	990611010	干混砂浆罐式搅拌机 20000L	台班	232.40	—	0.025	—	—

工作内容：1.清理修补基层表面、堵眼、刷建筑胶浆、调运砂浆、抹灰找平、单面及压光、清扫落地灰。
　　　　2.清理、湿润基层、堵塞墙眼、调运干混商品砂浆、分层抹灰找平、洒水湿润、单面压光、清扫落地灰。
　　　　3.清理、湿润基层、堵塞墙眼、运湿拌商品砂浆、分层抹灰找平、洒水湿润、单面压光、清扫落地灰。

定　额　编　号					AN0005	AN0006	AN0007	AN0008
项　目　名　称					钢板网面	装饰线		
					水泥砂浆	三道线以内		
						水泥砂浆	干混商品砂浆	湿拌商品砂浆
单　　　　　　位					10m²	10m		
综　合　单　价　（元）					**221.42**	**129.70**	**123.67**	**118.77**
费用	其中	人　工　费　（元）			124.50	88.50	79.63	75.25
		材　料　费　（元）			41.42	6.07	12.08	14.53
		施工机具使用费　（元）			5.44	0.75	0.93	—
		企　业　管　理　费　（元）			31.32	21.51	19.41	18.14
		利　　　润　（元）			16.79	11.53	10.41	9.72
		一　般　风　险　费　（元）			1.95	1.34	1.21	1.13
	编码	名　称	单位	单价（元）	消　　耗　　量			
人工	000300110	抹灰综合工	工日	125.00	0.996	0.708	0.637	0.602
材料	050303800	木材 锯材	m³	1547.01	0.002	—	—	—
	810201040	水泥砂浆 1:2.5（特）	m³	232.40	0.113	0.023	—	0.023
	810201050	水泥砂浆 1:3（特）	m³	213.87	0.056	0.003	—	0.003
	850301030	干混商品抹灰砂浆 M10	t	271.84	—	—	0.044	—
	850302020	湿拌商品抹灰砂浆 M10	m³	325.24	—	—	—	0.026
	341100100	水	m³	4.42	0.019	0.019	0.028	0.019
机械	990610010	灰浆搅拌机 200L	台班	187.56	0.029	0.004	—	—
	990611010	干混砂浆罐式搅拌机 20000L	台班	232.40	—	—	0.004	—

工作内容：1.清理修补基层表面、堵眼、刷建筑胶浆、调运砂浆、抹灰找平、单面及压光、清扫落地灰。
　　　　2.清理、湿润基层、堵塞墙眼、调运干混商品砂浆、分层抹灰找平、洒水湿润、单面压光、
　　　　　清扫落地灰。
　　　　3.清理、湿润基层、堵塞墙眼、运湿拌商品砂浆、分层抹灰找平、洒水湿润、单面压光、
　　　　　清扫落地灰。

计量单位：10m

定　额　编　号					AN0009	AN0010	AN0011
项　目　名　称					装饰线		
					五道线以内		
					水泥砂浆	干混商品砂浆	湿拌商品砂浆
综　合　单　价　（元）					**229.29**	**227.39**	**202.30**
费用	其中	人　工　费　（元）			150.00	135.00	127.50
		材　料　费　（元）			18.12	36.21	25.69
		施工机具使用费　（元）			2.44	3.02	—
		企　业　管　理　费　（元）			36.74	33.26	30.73
		利　　　润　（元）			19.70	17.83	16.47
		一　般　风　险　费　（元）			2.29	2.07	1.91
	编码	名　称	单位	单价（元）	消　　耗　　量		
人工	000300110	抹灰综合工	工日	125.00	1.200	1.080	1.020
材料	810201040	水泥砂浆 1:2.5（特）	m³	232.40	0.073	—	—
	810201050	水泥砂浆 1:3（特）	m³	213.87	0.005	—	—
	850301030	干混商品抹灰砂浆 M10	t	271.84	—	0.133	—
	850302020	湿拌商品抹灰砂浆 M10	m³	325.24	—	—	0.079
	341100100	水	m³	4.42	0.019	0.013	—
机械	990610010	灰浆搅拌机 200L	台班	187.56	0.013	—	—
	990611010	干混砂浆罐式搅拌机 20000L	台班	232.40	—	0.013	—

P 措施项目
(0117)

说　　明

一、一般说明：

1.本章定额包括脚手架工程、垂直运输、超高施工增加费、大型机械设备进出场及安拆。

2.建筑物檐高是以设计室外地坪至檐口滴水的高度(平屋顶系指屋面板底高度,斜屋面系指外墙外边线与斜屋面板底的交点)为准。突出主体建筑物屋顶的楼梯间、电梯间、水箱间、屋面天窗、构架、女儿墙等不计入檐高之内。

3.同一建筑物有不同檐高时,按建筑物的不同檐高纵向分割,分别计算建筑面积,并按各自的檐高执行相应子目。

4.同一建筑物有几个室外地坪标高或檐口标高时,应按纵向分割的原则分别确定檐高;室外地坪标高以同一室内地坪标高面相应的最低室外地坪标高为准。

二、脚手架工程：

1.本章脚手架是按钢管式脚手架编制的,施工中实际采用竹、木或其他脚手架时,不允许调整。

2.综合脚手架和单项脚手架已综合考虑了斜道、上料平台、防护栏杆和水平安全网。

3.本章定额未考虑地下室架料拆除后超过30m的人工水平转运,发生时按实计算。

4.各项脚手架消耗量中未包括脚手架基础加固。基础加固是指脚手架立杆下端以下或脚手架底座以下的一切做法(如砼基础、垫层等),发生时按批准的施工组织设计计算。

5.综合脚手架：

(1)凡能够按"建筑面积计算规则"计算建筑面积的建筑工程,均按综合脚手架定额项目计算脚手架摊销费。

(2)综合脚手架已综合考虑了砌筑、浇筑、吊装、一般装饰等脚手架费用,除满堂基础和3.6m以上的天棚吊顶、幕墙脚手架及单独二次设计的装饰工程按规定单独计算外,不再计算其他脚手架摊销费。

(3)综合脚手架已包含外脚手架摊销费,其外脚手架按悬挑式脚手架、提升式脚手架综合考虑,外脚手架高度在20m以上,外立面按有关要求或批准的施工组织设计采用落地式等双排脚手架进行全封闭的,另执行相应高度的双排脚手架子目,人工乘以系数0.3,材料乘以系数0.4。

(4)多层建筑综合脚手架按层高3.6 m以内进行编制,如层高超过3.6 m时,该层综合脚手架按每增加1.0m(不足1m按1m计算)增加系数10%计算。

(5)执行综合脚手架的建筑物,有下列情况时,另执行单项脚手架子目：

①砌筑高度在1.2 m以外的管沟墙及砖基础,按设计图示砌筑长度乘以高度以面积计算,执行里脚手架子目。

②建筑物内的混凝土贮水(油)池、设备基础等构筑物,按相应单项脚手架计算。

③建筑装饰造型及其他功能需要在屋面上施工现浇混凝土排架按双排脚手架计算。

④按照建筑面积计算规范的有关规定未计入建筑面积,但施工过程中需搭设脚手架的部位(连梁),应另外执行单项脚手架项目。

6.单项脚手架

(1)凡不能按"建筑面积计算规则"计算建筑面积的建筑工程,确需搭设脚手架时,按单项脚手架项目计算脚手架摊销费。

(2)单项脚手架按施工工艺分项工程编制,不同分项工程应分别计算单项脚手架。

(3)悬空脚手架是通过特设的支承点用钢丝绳沿对墙面拉起,工作台在上面滑移施工,适用于悬挑宽度在1.2m以上的有露出屋架的屋面板勾缝、油漆或喷浆等部位。

(4)挑脚手架是指悬挑宽度在1.2m以内的采用悬挑形式搭设的脚手架。

(5)满堂式钢管支撑架是指在纵、横方向,由不小于三排立杆并与水平杆、水平剪刀撑、竖向剪刀撑、扣件等构成的,为钢结构安装或浇筑混凝土构件等搭设的承力支架。只包括搭拆的费用,使用费根据设计(含规范)或批准的施工组织设计另行计算。

(6)满堂脚手架是指在纵、横方向,由不小于三排立杆并与水平杆、水平剪刀撑、竖向剪刀撑、扣件等构成的操作脚手架。

(7)水平防护架和垂直防护架,均指在脚手架以外,单独搭设的用于车马通道、人行通道、临街防护和施工与其他物体隔离的水平及垂直防护架。

(8)安全过道是指在脚手架以外,单独搭设的用于车马通行、人行通行的封闭通道。不含两侧封闭防护,发生时另行计算。

(9)建筑物垂直封闭是在利用脚手架的基础上挂网的工序,不包含脚手架搭拆。

(10)采用单排脚手架搭设时,按双排脚手架子目乘以系数0.7。

(11)水平防护架子目中的脚手板是按单层编制的,实际按双层或多层铺设时按实铺层数增加脚手板耗料,支撑架料耗量增加20%,其他不变。

(12)砌砖工程高度在1.35~3.6m以内者,执行里脚手架子目;高度在3.6m以上者执行双排脚手架子目。砌石工程(包括砌块)、混凝土挡墙高度超过1.2m时,执行双排脚手架子目。

(13)建筑物水平防护架、垂直防护架、安全通道、垂直封闭子目是按8个月施工期(自搭设之日起至拆除日期)编制的。超过8个月施工期的工程,子目中的材料应乘下表系数,其他不变。

施工期	10个月	12个月	14个月	16个月	18个月	20个月	22个月	24个月	26个月	28个月	30个月
系数	1.18	1.39	1.64	1.94	2.29	2.70	3.19	3.76	4.44	5.23	6.18

(14)双排脚手架高度超过110m时,高度每增加50m,人工增加5%,材料、机械增加10%。

(15)装饰工程脚手架按本章相应单项脚手架子目执行;采用高度50m以上的双排脚手架子目,人工、机械不变,材料乘以系数0.4;采用高度50m以下的双排脚手架子目,人工、机械不变,材料乘以系数0.6。

7.其他脚手架:

电梯井架每一电梯台数为一孔,即为一座。

三、垂直运输:

1.本章施工机械是按常规施工机械编制的,实际施工不同时不允许调整,特殊建筑经建设、监理单位及专家论证审批后允许调整。

2.垂直运输工作内容,包括单位工程在合理工期内完成全部工程项目所需要的垂直运输机械台班,除本定额已编制的大型机械进出场及安拆子目外,其他垂直运输机械的进出场费、安拆费用已包括在台班单价中。

3.本章垂直运输子目不包含基础施工所需的垂直运输费用,基础施工时按批准的施工组织设计按实计算。

4.本定额多、高层垂直运输按层高3.6m以内进行编制,如层高超过3.6m时,该层垂直运输按每增加1.0m(不足1m按1m计算)增加系数10%计算。

5.檐高3.6m以内的单层建筑,不计算垂直运输机械。

6.单层建筑物按不同结构类型及檐高20m综合编制,多层、高层建筑物按不同檐高编制。

7.地下室/半地下室垂直运输的规定如下:

(1)地下室无地面建筑物(或无地面建筑物的部分),按地下室结构顶面至底板结构上表面高差(以下简称"地下室深度")作为檐高。

(2)地下室有地面建筑的部分,"地下室深度"大于其上的地面建筑檐高时,以"地下室深度"作为计算垂直运输的檐高。"地下室深度"小于其上的地面建筑檐高时,按地面建筑相应檐高计算。

(3)垂直运输机械布置于地下室底层时,檐高应以布置点的地下室底板顶标高至檐口的高度计算,执行相应檐高的垂直运输子目。

四、超高施工增加：

1.超高施工增加是指单层建筑物檐高大于 20m、多层建筑物大于 6 层或檐高大于 20m 的人工、机械降效、通信联络、高层加压水泵的台班费。

2.单层建筑物檐高大于 20m 时，按综合脚手架面积计算超高施工降效费，执行相应檐高定额子目乘以系数 0.2；多层建筑物大于 6 层或檐高大于 20m 时，均应按超高部分的脚手架面积计算超高施工降效费，超过 20m 且超过部分高度不足所在层层高时，按一层计算。

五、大型机械设备进出场及安拆：

1.固定式基础：

(1)塔式起重机基础混凝土体积是按 30m³ 以内综合编制的，施工电梯基础混凝土体积是按 8m³ 以内综合编制的，实际基础混凝土体积超过规定值时，超过部分执行混凝土及钢筋混凝土工程章节中相应子目。

(2)固定式基础包含基础土石方开挖，不包含余渣运输等工作内容，发生时按相应项目另行计算。基础如需增设桩基础时，其桩基础项目另执行基础工程章节中相应子目。按施工组织设计或方案施工的固定式基础实际钢筋用量不同时，其超过定额消耗量部分执行现浇钢筋制作安装定额子目。

(3)自升式塔式起重机是按固定式基础、带配重确定的。不带配重的自升式塔式起重机固定式基础，按施工组织设计或方案另行计算。

(4)自升式塔式起重机行走轨道按施工组织设计或方案另行计算。

(5)混凝土搅拌站的基础按基础工程章节相应项目另行计算。

2.特、大型机械安装及拆卸：

(1)自升式塔式起重机是以塔高 45m 确定的，如塔高超过 45m，每增高 10m(不足 10 m 按 10 m 计算)，安拆项目增加 20％。

(2)塔机安拆高度按建筑物塔机布置点地面至建筑物结构最高点加 6m 计算。

(3)安拆台班中已包括机械安装完毕后的试运转台班。

3.特、大型机械场外运输：

(1)机械场外运输是按运距 30km 考虑的。

(2)机械场外运输综合考虑了机械施工完毕后回程的台班。

(3)自升式塔机是以塔高 45m 确定的，如塔高超过 45m，每增高 10m，场外运输项目增加 10％。

4.本定额特大型机械缺项时，其安装、拆卸、场外运输费发生时按实计算。

工程量计算规则

一、综合脚手架：

综合脚手架面积按建筑面积及附加面积之和以"m²"计算。建筑面积按《建筑面积计算规则》计算；不能计算建筑面积的屋面架构、封闭空间等的附加面积，按以下规则计算。

1.屋面现浇混凝土水平构架的综合脚手架面积应按以下规则计算：

建筑装饰造型及其他功能需要在屋面上施工现浇混凝土构架，高度在 2.20m 以上时，其面积大于或等于整个屋面面积 1/2 者，按其构架外边柱外围水平投影面积的 70% 计算；其面积大于或等于整个屋面面积 1/3 者，按其构架外边柱外围水平投影面积的 50% 计算；其面积小于整个屋面面积 1/3 者，按其构架外边柱外围水平投影面积的 25% 计算。

2.结构内的封闭空间（含空调间）净高满足 $1.2m < h < 2.1m$ 时，按 1/2 面积计算；净高 $h > 2.1m$ 时按全面积计算。

3.高层建筑设计室外不加以利用的板或有梁板，按水平投影面积的 1/2 计算。

4.骑楼、过街楼底层的通道按通道长度乘以宽度，以全面积计算。

二、单项脚手架：

1.双排脚手架、里脚手架均按其服务面的垂直投影面积以"m²"计算，其中：

(1)不扣除门窗洞口和空圈所占面积。

(2)独立砖柱高度在 3.6m 以内者，按柱外围周长乘以实砌高度按里脚手架计算；高度在 3.6m 以上者，按柱外围周长加 3.6m 乘以实砌高度，按单排脚手架计算；独立混凝土柱按柱外围周长加 3.6m 乘以浇筑高度，按双排脚手架计算。

(3)独立石柱高度在 3.6m 以内者，按柱外围周长乘以实砌高度计算工程量；高度在 3.6m 以上者，按柱外围周长加 3.6m 乘以实砌高度计算工程量。

(4)围墙高度从自然地坪至围墙顶计算，长度按墙中心线计算，不扣除门所占的面积，但门柱和独立门柱的砌筑脚手架不增加。

2.悬空脚手架按搭设的水平投影面积以"m²"计算。

3.挑脚手架按搭设长度乘以搭设层数以"延长米"计算。

4.满堂脚手架按搭设的水平投影面积以"m²"计算，不扣除垛、柱所占的面积。满堂基础脚手架工程量按其底板面积计算。高度在 3.6～5.2m 时，按满堂脚手架基本层计算；高度超过 5.2m 时，每增加 1.2m，按增加一层计算，增加层的高度若在 0.6m 以内，舍去不计。

5.满堂式钢管支架工程量按搭设的水平投影面积乘以支撑高度以"m³"计算，不扣除垛、柱所占的体积。

6.水平防护架按脚手板实铺的水平投影面积以"m²"计算。

7.垂直防护架以两侧立杆之间的距离乘以高度（从自然地坪算至最上层横杆）以"m²"计算。

8.安全过道按搭设的水平投影面积以"m²"计算。

9.建筑物垂直封闭工程量按封闭面的垂直投影面积以"m²"计算。

10.电梯井字架按搭设高度以"座"计算。

三、建筑物垂直运输：

建筑物垂直运输面积，应分单层、多层和檐高，按综合脚手架面积以"m²"计算。

四、超高施工增加：

超高施工增加工程量应分不同檐高，按建筑物超高（单层建筑物檐高>20m，多层建筑物大于 6 层或檐高>20m）部分的综合脚手架面积以"m²"计算。

五、大型机械设备安拆及场外运输：

1.大型机械设备安拆及场外运输按使用机械设备的数量以"台次"计算。

2.起重机固定式、施工电梯基础以"座"计算。

P.1 脚手架工程(编码:011701)

P.1.1 综合脚手架(编码:011701001)

P.1.1.1 单层建筑综合脚手架

工作内容:场内外材料搬运,搭拆脚手架、斜道、挡脚板、上下翻板子、上料平台,
拉缆风绳、安全网,拆除后的材料堆放。

计量单位:100m²

定 额 编 号					AP0001	AP0002	AP0003	AP0004	AP0005	AP0006
项 目 名 称					单层建筑综合脚手架					
					建筑面积500m²以内		建筑面积1600m²以内		建筑面积1600m²以外	
					檐高(6m以内)	每增高1m	檐高(6m以内)	每增高1m	檐高(10m以内)	每增高1m
费用其中	综 合 单 价 (元)				2348.64	346.51	1310.48	264.97	1208.40	149.73
	人 工 费 (元)				1193.40	144.96	547.32	117.48	510.60	65.64
	材 料 费 (元)				596.14	124.66	463.46	84.71	418.09	48.86
	施工机具使用费 (元)				71.76	15.20	64.16	12.66	59.94	7.18
	企 业 管 理 费 (元)				304.90	38.60	147.37	31.36	137.50	17.55
	利 润 (元)				163.46	20.69	79.00	16.81	73.71	9.41
	一 般 风 险 费 (元)				18.98	2.40	9.17	1.95	8.56	1.09
	编码	名 称	单位	单价(元)	消		耗		量	
人工	000300090	架子综合工	工日	120.00	9.945	1.208	4.561	0.979	4.255	0.547
材料	350300100	脚手架钢管	kg	3.09	55.408	14.548	44.791	10.177	42.018	5.695
	350301110	扣件	套	5.00	22.292	6.040	18.136	4.243	17.007	2.374
	350300710	竹脚手板	m²	19.66	2.080	0.700	2.080	0.400	1.970	0.220
	130500700	防锈漆	kg	12.82	5.395	1.456	4.419	1.026	4.143	0.574
	350500100	安全网	m²	8.97	3.250	0.290	3.250	0.220	4.110	0.220
	002000010	其他材料费	元	—	174.26	14.48	107.68	9.06	74.51	5.74
机械	990401025	载重汽车6t	台班	422.13	0.170	0.036	0.152	0.030	0.142	0.017

P.1.1.2 多层建筑综合脚手架

工作内容:场内外材料搬运,搭拆脚手架、斜道、挡脚板、上下翻板子、上料平台,
拉缆风绳、安全网,拆除后的材料堆放。

计量单位:100m²

定 额 编 号					AP0007	AP0008	AP0009	AP0010	AP0011	AP0012
项 目 名 称					多层建筑综合脚手架					
					檐高(m)					
					20以内	30以内	50以内	70以内	90以内	110以内
费用其中	综 合 单 价 (元)				2645.24	3168.47	3886.22	4251.76	4370.88	4466.86
	人 工 费 (元)				1258.56	1345.80	1696.68	1820.64	1848.00	1875.72
	材 料 费 (元)				785.52	866.72	865.13	948.25	967.88	985.33
	施工机具使用费 (元)				84.00	315.87	484.30	564.23	608.69	637.66
	企 业 管 理 费 (元)				323.56	400.46	525.62	574.75	592.06	605.72
	利 润 (元)				173.46	214.69	281.78	308.12	317.40	324.73
	一 般 风 险 费 (元)				20.14	24.93	32.71	35.77	36.85	37.70
	编码	名 称	单位	单价(元)	消		耗		量	
人工	000300090	架子综合工	工日	120.00	10.488	11.215	14.139	15.172	15.400	15.631
材料	350300100	脚手架钢管	kg	3.09	68.600	71.343	59.784	60.912	61.826	62.753
	350301110	扣件	套	5.00	27.714	29.393	24.691	25.400	26.091	26.796
	010000010	型钢综合	kg	3.09		3.818	6.872	8.181	8.909	9.371
	010100010	钢筋综合	kg	3.07	—	7.350	13.240	15.760	17.160	18.050
	350300710	竹脚手板	m²	19.66	14.875	15.098	15.325	15.554	15.788	16.025
	130500700	防锈漆	kg	12.82	5.258	5.469	4.583	4.669	4.739	4.810
	350500100	安全网	m²	8.97	6.227	8.180	11.270	10.690	10.690	10.690
	002000010	其他材料费	元	—	19.27	24.63	33.93	97.83	99.14	100.47
机械	990401025	载重汽车6t	台班	422.13	0.199	0.207	0.173	0.177	0.179	0.182
	002000182	机具摊销费	元	—	—	228.49	411.27	489.51	533.13	560.83

工作内容:场内外材料搬运,搭拆脚手架、斜道、挡脚板、上下翻板子、上料平台,
拉缆风绳、安全网,拆除后的材料堆放。

计量单位:100m²

定 额 编 号					AP0013	AP0014	AP0015
项 目 名 称					多层建筑综合脚手架		
					檐高(m)		
					150 以内	200 以内	200 以上
综 合 单 价 (元)					**4572.52**	**4665.82**	**4858.38**
费用	其中	人 工 费 (元)			1903.92	1932.36	1980.72
		材 料 费 (元)			1004.15	1025.23	1052.92
		施工机具使用费 (元)			672.15	695.85	766.51
		企 业 管 理 费 (元)			620.83	633.40	662.08
		利 润 (元)			332.83	339.56	354.94
		一 般 风 险 费 (元)			38.64	39.42	41.21
	编码	名 称	单位	单价(元)	消 耗 量		
人工	000300090	架子综合工	工日	120.00	15.866	16.103	16.506
材料	350300100	脚手架钢管	kg	3.09	63.694	64.650	66.266
	350301110	扣件	套	5.00	27.580	29.093	29.820
	010000010	型钢 综合	kg	3.09	9.927	10.309	11.454
	010100010	钢筋 综合	kg	3.07	19.120	19.860	22.060
	350300710	竹脚手板	m²	19.66	16.265	16.509	16.757
	130500700	防锈漆	kg	12.82	4.882	4.956	5.079
	350500100	安全网	m²	8.97	10.690	10.690	10.690
	002000010	其他材料费	元	—	101.82	103.18	105.50
机械	990401025	载重汽车 6t	台班	422.13	0.185	0.187	0.192
	002000182	机具摊销费	元	—	594.06	616.91	685.46

P.1.2 单项脚手架

P.1.2.1 双排脚手架(编码:011701002)

工作内容:场内外材料搬运,搭拆脚手架、斜道、挡脚板、上下翻板子、上料平台,
拉缆风绳、安全网,拆除后的材料堆放。

计量单位:100m²

定 额 编 号					AP0016	AP0017	AP0018	AP0019
项 目 名 称					双排脚手架(高度 m 以内)			
					8	15	20	30
综 合 单 价 (元)					**1862.59**	**2060.83**	**2284.52**	**2513.51**
费用	其中	人 工 费 (元)			752.76	835.80	959.76	1041.60
		材 料 费 (元)			761.40	809.52	861.50	971.28
		施工机具使用费 (元)			42.21	67.54	67.54	71.76
		企 业 管 理 费 (元)			191.59	217.71	247.58	268.32
		利 润 (元)			102.71	116.71	132.73	143.85
		一 般 风 险 费 (元)			11.92	13.55	15.41	16.70
	编码	名 称	单位	单价(元)	消 耗 量			
人工	000300090	架子综合工	工日	120.00	6.273	6.965	7.998	8.680
材料	350300100	脚手架钢管	kg	3.09	50.000	56.014	62.279	72.012
	350301110	扣件	套	5.00	20.659	23.331	25.525	30.486
	350300710	竹脚手板	m²	19.66	3.200	3.900	4.400	6.000
	130500700	防锈漆	kg	12.82	5.247	5.354	6.340	7.334
	350500100	安全网	m²	8.97	32.080	32.080	32.080	32.080
	002000010	其他材料费	元	—	85.67	86.71	85.89	96.59
机械	990401025	载重汽车 6t	台班	422.13	0.100	0.160	0.160	0.170

工作内容:场内外材料搬运,搭拆脚手架、斜道、挡脚板、上下翻板子、上料平台,拉缆风绳、安全网,拆除后的材料堆放。

计量单位:100m²

定 额 编 号					AP0020	AP0021	AP0022	AP0023
项 目 名 称					双排脚手架(高度 m 以内)			
					50	70	90	110
综 合 单 价 (元)					**3537.44**	**3948.58**	**4529.26**	**5226.78**
费用	其中	人 工 费 (元)			1461.84	1723.80	1979.28	2273.04
		材 料 费 (元)			1413.10	1443.83	1664.76	1949.52
		施工机具使用费 (元)			71.76	84.43	88.65	92.87
		企 业 管 理 费 (元)			369.60	435.78	498.37	570.18
		利 润 (元)			198.14	233.62	267.18	305.68
		一 般 风 险 费 (元)			23.00	27.12	31.02	35.49
	编码	名 称	单位	单价(元)	消 耗 量			
人工	000300090	架子综合工	工日	120.00	12.182	14.365	16.494	18.942
材料	350300100	脚手架钢管	kg	3.09	97.426	110.962	132.622	161.105
	350301110	扣件	套	5.00	41.242	47.455	57.458	70.404
	010000010	型钢 综合	kg	3.09	40.926	46.791	54.583	60.531
	010100010	钢筋 综合	kg	3.07	7.740	8.849	10.322	11.260
	350300710	竹脚手板	m²	19.66	9.400	9.800	9.800	9.800
	130500700	防锈漆	kg	12.82	12.522	16.276	20.658	26.793
	350500100	安全网	m²	8.97	32.080	14.980	14.980	14.980
	002000010	其他材料费	元	—	122.53	156.23	175.44	207.55
机械	990401025	载重汽车 6t	台班	422.13	0.170	0.200	0.210	0.220

P.1.2.2 里脚手架、悬空脚手架、挑脚手架、满堂脚手架/支撑架(编码:(011701003−011701006))

工作内容:场内外材料搬运,搭拆脚手架、斜道、挡脚板、上下翻板子、上料平台,安全网,拆除后的材料堆放。

计量单位:100m²

定 额 编 号					AP0024	AP0025	AP0026	AP0027	AP0028	AP0029
项 目 名 称					里脚手架	悬空脚手架	挑脚手架	满堂脚手架		满堂钢管支撑架
							100 延长米	基本层	增加层(1.2m)	100m³
综 合 单 价 (元)					**577.00**	**661.95**	**3924.20**	**1429.34**	**278.39**	**2454.03**
费用	其中	人 工 费 (元)			386.76	427.20	2416.08	866.16	186.24	1609.20
		材 料 费 (元)			30.73	54.40	566.91	203.22	15.15	224.96
		施工机具使用费 (元)			7.60	11.40	7.60	19.00	3.80	—
		企 业 管 理 费 (元)			95.04	105.70	584.11	213.32	45.80	387.82
		利 润 (元)			50.95	56.67	313.14	114.36	24.55	207.91
		一 般 风 险 费 (元)			5.92	6.58	36.36	13.28	2.85	24.14
	编码	名 称	单位	单价(元)	消 耗 量					
人工	000300090	架子综合工	工日	120.00	3.223	3.560	20.134	7.218	1.552	13.410
材料	350300100	脚手架钢管	kg	3.09	0.878	1.673	1.780	7.341	2.447	40.625
	350301110	扣件	套	5.00	0.327	0.312	3.315	2.852	0.951	19.886
	350300710	竹脚手板	m²	19.66	0.440	2.000	4.800	2.200	—	—
	130500700	防锈漆	kg	12.82	0.077	0.144	0.174	0.642	0.215	
	350500100	安全网	m²	8.97	—	—	48.120	—	—	
	002000010	其他材料费	元	—	16.74	6.50	16.60	114.79	0.08	
机械	990401025	载重汽车 6t	台班	422.13	0.018	0.027	0.018	0.045	0.009	

P.1.2.3 水平防护、垂直防护、安全过道

工作内容:场内外材料搬运,搭拆脚手架、挡脚板、上下翻板子、上料平台,安全网,拆除后的材料堆放。　　计量单位:100m²

	定　额　编　号				AP0030	AP0031	AP0032
	项　目　名　称				水平防护脚手架	垂直防护脚手架	安全过道
费用		综　合　单　价　(元)			**1746.30**	**588.65**	**6439.53**
	其中	人　工　费　(元)			688.80	282.00	2488.80
		材　料　费　(元)			665.28	166.44	2876.85
		施 工 机 具 使 用 费 (元)			91.60	22.80	83.16
		企 业 管 理 费 (元)			188.08	73.46	619.84
		利　　　润　　　(元)			100.83	39.38	332.30
		一 般 风 险 费 (元)			11.71	4.57	38.58
	编码	名　　称	单位	单价(元)	消　　耗　　量		
人工	000300090	架子综合工	工日	120.00	5.740	2.350	20.740
材料	350300100	脚手架钢管	kg	3.09	53.352	25.285	83.337
	350301110	扣件	套	5.00	26.120	12.380	40.790
	350300710	竹脚手板	m²	19.66	15.870	—	114.290
	002000010	其他材料费	元	—	57.82	26.41	168.45
机械	990401025	载重汽车 6t	台班	422.13	0.217	0.054	0.197

P.1.2.4 建筑物垂直封闭

工作内容:挂网及拆除。　　　　　　　　　　　　　　　　　　　　　　　　　　计量单位:100m²

	定　额　编　号				AP0033	AP0034
	项　目　名　称				安全网	密目安全网
费用		综　合　单　价　(元)			**384.10**	**1016.27**
	其中	人　工　费　(元)			48.00	40.80
		材　料　费　(元)			317.61	959.76
		施 工 机 具 使 用 费 (元)			—	—
		企 业 管 理 费 (元)			11.57	9.83
		利　　　润　　　(元)			6.20	5.27
		一 般 风 险 费 (元)			0.72	0.61
	编码	名　　称	单位	单价(元)	消　　耗　　量	
人工	000300090	架子综合工	工日	120.00	0.400	0.340
材料	350500100	安全网	m²	8.97	32.080	—
	350500110	密目安全网	m²	8.97	—	105.000
	002000010	其他材料费	元	—	29.85	17.91

工作内容: 平土、安装底座、搭拆脚手架及拆除后的材料堆放等。　　　　　　　　　　　　　　　　　　　　　　计量单位:座

定　额　编　号				AP0035	AP0036	AP0037	AP0038	AP0039	AP0040
项　目　名　称				电梯井架					
				搭设高度(m以内)					
				30	40	50	60	80	100
费用	综　合　单　价　(元)			2862.64	3409.85	4227.48	5866.56	7738.80	11336.11
	其中	人　工　费　(元)		1706.28	1799.64	2208.96	2726.76	3594.72	4670.40
		材　料　费　(元)		420.74	802.38	1036.65	1927.48	2543.04	4578.40
		施工机具使用费　(元)		56.57	82.74	94.56	116.93	156.19	208.11
		企　业　管　理　费　(元)		424.85	453.65	555.15	685.33	903.97	1175.72
		利　　　润　(元)		227.76	243.20	297.61	367.40	484.62	630.30
		一　般　风　险　费　(元)		26.44	28.24	34.55	42.66	56.26	73.18
	编码	名　称	单位	单价(元)	消	耗		量	
人工	000300090	架子综合工	工日	120.00	14.219	14.997	18.408	22.723	29.956	38.920
材料	350300100	脚手架钢管	kg	3.09	60.030	120.763	155.120	285.630	384.129	676.421
	350301110	扣件	套	5.00	16.302	32.851	41.990	80.028	107.445	208.468
	350300700	木脚手板	m³	1521.37	0.057	0.086	0.115	0.215	0.258	0.459
	130500700	防锈漆	kg	12.82	4.734	9.522	12.233	22.524	30.287	53.332
	002000010	其他材料费	元	—	6.33	12.06	15.59	28.89	38.06	63.89
机械	990401025	载重汽车 6t	台班	422.13	0.134	0.196	0.224	0.277	0.370	0.493

P.2　垂直运输(编码:011703)

P.2.1　单层建筑物垂直运输

工作内容: 单位工程在合理工期内完成全部工程项目所需要的垂直运输全部操作过程。　　　　　　　　　　　计量单位:100m²

定　额　编　号				AP0041	AP0042	AP0043	AP0044
项　目　名　称				单层			
				混合结构	现浇框架	预制排架	钢结构
				檐高20m以内			
费用	综　合　单　价　(元)			2306.84	3154.93	1935.32	1577.02
	其中	人　工　费　(元)		300.61	411.13	252.20	205.51
		材　料　费　(元)		—	—	—	—
		施工机具使用费　(元)		1364.74	1866.47	1144.94	932.97
		企　业　管　理　费　(元)		401.35	548.90	336.71	274.37
		利　　　润　(元)		215.16	294.27	180.51	147.09
		一　般　风　险　费　(元)		24.98	34.16	20.96	17.08
	编码	名　称	单位	单价(元)	消	耗	量
人工	000300010	建筑综合工	工日	115.00	2.614	3.575	2.193	1.787
机械	990306005	自升式塔式起重机 400kN•m	台班	522.09	2.614	3.575	2.193	1.787

P.2.2 多、高层建筑物垂直运输

工作内容：单位工程在合理工期内完成全部工程项目所需要的垂直运输全部操作过程。　　　　　　　　计量单位：100m²

定　额　编　号				单位	单价(元)	AP0045	AP0046	AP0047	AP0048	AP0049	AP0050
项　目　名　称						多、高层					
						檐高(m 以内)					
						30	40	70	100	140	170
综　合　单　价　（元）						**2585.43**	**3008.00**	**3845.04**	**4316.30**	**5222.03**	**5909.96**
费用	其中	人　工　费　（元）				210.91	332.12	479.67	640.21	686.09	710.59
		材　料　费　（元）				—	—	—	—	—	—
		施工机具使用费　（元）				1655.55	1839.41	2296.13	2475.80	3083.78	3555.91
		企　业　管　理　费　（元）				449.82	523.34	668.97	750.96	908.54	1028.23
		利　　　润　（元）				241.15	280.56	358.63	402.59	487.07	551.23
		一　般　风　险　费　（元）				28.00	32.57	41.64	46.74	56.55	64.00
	编码	名　　称	单位	单价(元)		消　　耗　　量					
人工	000300010	建筑综合工	工日	115.00		1.834	2.888	4.171	5.567	5.966	6.179
机械	990306005	自升式塔式起重机 400kN·m	台班	522.09		2.207	2.452	—	—	—	—
	990306010	自升式塔式起重机 600kN·m	台班	545.50		—	—	2.344	—	—	—
	990306015	自升式塔式起重机 800kN·m	台班	593.18		—	—	—	2.301	—	—
	990306020	自升式塔式起重机 1000kN·m	台班	689.89		—	—	—	—	2.269	2.603
	990506010	单笼施工电梯 1t 提升高度 75m	台班	298.19		1.655	1.839	—	—	—	—
	990507020	双笼施工电梯 2×1t 提升高度 100m	台班	510.76		—	—	1.966	2.145	—	—
	990507040	双笼施工电梯 2×1t 提升高度 200m	台班	580.03		—	—	—	—	2.590	3.006
	873150102	对讲机(一对)	台班	4.16		2.354	2.615	3.204	3.681	3.881	3.981

工作内容：单位工程在合理工期内完成全部工程项目所需要的垂直运输全部操作过程。　　　　　　　　计量单位：100m²

定　额　编　号				单位	单价(元)	AP0051	AP0052	AP0053	AP0054	AP0055
项　目　名　称						多、高层				
						檐高(m 以内)				
						200	250	300	350	400
综　合　单　价　（元）						**6487.88**	**7071.86**	**7362.70**	**7601.13**	**8402.03**
费用	其中	人　工　费　（元）				749.46	826.05	846.98	906.78	933.92
		材　料　费　（元）				—	—	—	—	—
		施工机具使用费　（元）				3934.25	4279.25	4468.28	4580.61	5131.66
		企　业　管　理　费　（元）				1128.77	1230.38	1280.98	1322.46	1461.80
		利　　　润　（元）				605.14	659.60	686.73	708.97	783.67
		一　般　风　险　费　（元）				70.26	76.58	79.73	82.31	90.98
	编码	名　　称	单位	单价(元)		消　　耗　　量				
人工	000300010	建筑综合工	工日	115.00		6.517	7.183	7.365	7.885	8.121
机械	990306020	自升式塔式起重机 1000kN·m	台班	689.89		2.845	—	—	—	—
	990306025	自升式塔式起重机 1250kN·m	台班	712.42		—	3.089	3.223	—	—
	990306030	自升式塔式起重机 1500kN·m	台班	770.01		—	—	—	3.385	3.554
	990507040	双笼施工电梯 2×1t 提升高度 200m	台班	580.03		3.370	3.553	3.713	3.370	4.094
	873150102	对讲机(一对)	台班	4.16		4.042	4.263	4.448	4.670	4.904

P.3 超高施工增加(编码:011704)

工作内容:1.工人上下班降低工效、上下楼及自然休息增加时产。
　　　　2.垂直运输影响的时间。
　　　　3.由于人工降效引起的机械降效。
　　　　4.高层施工用水加压水泵台班。

计量单位:100m²

定　额　编　号					AP0056	AP0057	AP0058	AP0059	AP0060	AP0061
项　目　名　称					檐高(m 以内)					
					40	60	80	100	140	170
综　合　单　价　(元)					**3511.42**	**4169.54**	**4873.83**	**5553.09**	**6115.22**	**6769.89**
费用	其中	人　工　费　(元)			2523.33	2943.66	3414.47	3860.09	3994.87	4297.55
		材　料　费　(元)			—	—	—	—	—	—
		施工机具使用费　(元)			11.85	68.52	108.53	156.79	450.55	640.65
		企　业　管　理　费　(元)			610.78	724.10	845.15	961.13	1044.71	1145.99
		利　　润　　(元)			327.44	388.19	453.08	515.26	560.07	614.37
		一　般　风　险　费　(元)			38.02	45.07	52.60	59.82	65.02	71.33
	编码	名　称	单位	单价(元)	消　　耗　　量					
人工	000300010	建筑综合工	工日	115.00	21.942	25.597	29.691	33.566	34.738	37.370
机械	990803010	电动多级离心清水泵 出口直径50mm扬程50m	台班	50.56	0.218	—	—	—	—	—
	990803020	电动多级离心清水泵 出口直径100mm扬程120m以下	台班	154.20	—	0.395	0.599	0.830	—	—
	990803040	电动多级离心清水泵 出口直径150mm扬程180m以下	台班	263.60	—	—	—	—	1.290	1.736
	002000190	其他机械降效费	元	—	—	0.83	7.61	16.16	28.80	110.51	183.04

工作内容:单位工程在合理工期内完成全部工程项目所需要的垂直运输全部操作过程。

计量单位:100m²

定　额　编　号					AP0062	AP0063	AP0064	AP0065	AP0066
项　目　名　称					檐高(m 以内)				
					200	250	300	350	400
综　合　单　价　(元)					**8068.77**	**8438.72**	**8725.56**	**9298.93**	**9570.76**
费用	其中	人　工　费　(元)			4905.90	5091.97	5161.78	5523.80	5689.51
		材　料　费　(元)			—	—	—	—	—
		施工机具使用费　(元)			1009.49	1098.46	1249.22	1301.59	1330.11
		企　业　管　理　费　(元)			1347.26	1406.64	1448.10	1547.57	1596.12
		利　　润　　(元)			722.27	754.10	776.33	829.65	855.68
		一　般　风　险　费　(元)			83.85	87.55	90.13	96.32	99.34
	编码	名　称	单位	单价(元)	消　　耗　　量				
人工	000300010	建筑综合工	工日	115.00	42.660	44.278	44.885	48.033	49.474
机械	990803060	电动多级离心清水泵 出口直径200mm扬程280m以下	台班	326.06	2.099	2.284	—	—	—
	990803070	电动多级离心清水泵 出口直径200mm扬程280m以上	台班	364.90	—	—	2.321	2.460	2.558
	002000190	其他机械降效费	元	—	—	325.09	353.74	402.29	403.94	396.70

P.4 大型机械设备进出场及安拆

P.4.1 塔式起重式及施工电梯基础

工作内容：1.土石方开挖及凿打，弃渣于坑边1m以外、5m以内。
　　　　　2.路基场地平整、挖排水沟。
　　　　　3.模板及支撑制作、安装、拆除、堆放、运输及清理模内杂物、刷隔离剂。
　　　　　4.钢筋制作、运输、绑扎、安装等。5.混凝土浇筑、振捣、养护等全部操作过程。

计量单位：座

定 额 编 号					AP0067	AP0068	AP0069	AP0070
项 目 名 称					塔式起重机		施工电梯	
					固定式基础（带配重）		固定式基础	
					商品砼C30	自拌砼C30	商品砼C30	自拌砼C30
综 合 单 价 （元）					**19773.45**	**22875.90**	**7182.18**	**8013.40**
费用	其中	人 工 费 （元）			6089.60	8211.75	1987.00	2556.25
		材 料 费 （元）			10757.99	10861.61	4217.28	4244.62
		施 工 机 具 使 用 费 （元）			418.81	461.58	153.41	164.50
		企 业 管 理 费 （元）			1568.53	2090.27	515.84	655.70
		利 润 （元）			840.89	1120.59	276.54	351.52
		一 般 风 险 费 （元）			97.63	130.10	32.11	40.81
	编码	名 称	单位	单价（元）	消 耗 量			
人工	000300040	土石方综合工	工日	100.00	41.770	41.770	10.250	10.250
	000300080	混凝土综合工	工日	115.00	10.110	28.680	2.700	7.650
	000300050	木工综合工	工日	125.00	3.110	2.830	2.380	2.380
	000300070	钢筋综合工	工日	120.00	3.010	3.190	2.950	2.950
材料	840201170	商品砼C30	m³	266.99	30.600	—	8.119	—
	800218040	砼C30(塑、特、碎5～31.5,坍55～70)	m³	268.66	—	30.450	—	8.080
	010100013	钢筋	t	3070.18	0.396	0.396	0.387	0.387
	350100011	复合模板	m²	23.93	3.870	3.870	2.960	2.960
	050303800	木材 锯材	m³	1547.01	0.140	0.140	0.110	0.110
	341100120	水	t	4.42	7.310	28.310	1.910	7.400
	002000010	其他材料费	元	—	1030.80	1030.80	611.98	611.98
机械	990701010	钢筋调直机 14mm	台班	36.89	0.105	0.105	0.064	0.064
	990702010	钢筋切断机 40mm	台班	41.85	0.050	0.050	0.026	0.026
	990703010	钢筋弯曲机 40mm	台班	25.84	0.140	0.140	0.075	0.075
	990304004	汽车式起重机 8t	台班	705.33	0.108	0.108	0.011	0.011
	990401025	载重汽车 6t	台班	422.13	0.029	0.029	0.029	0.029
	990402040	自卸汽车 15t	台班	913.17	0.286	0.286	0.075	0.075
	990406010	机动翻斗车 1t	台班	188.07	0.215	0.215	0.218	0.218
	990706010	木工圆锯机 直径500mm	台班	25.81	0.093	0.093	0.080	0.080
	990901020	交流弧焊机 32kV·A	台班	85.07	0.159	0.159	0.155	0.155
	990910030	对焊机 75kV·A	台班	109.41	0.030	0.030	0.030	0.030
	990602020	双锥反转出料混凝土搅拌机 350L	台班	226.31	—	0.189	—	0.049

P.4.2 大型机械设备安拆

工作内容:机械运至现场后的安装、试运转,工程竣工后拆除。 计量单位:台次

定 额 编 号				AP0071	AP0072	AP0073	AP0074	AP0075	AP0076
项 目 名 称				自升式塔式起重机安拆					
				400kN·m 以内	600kN·m 以内	800kN·m 以内	1000kN·m 以内	1250kN·m 以内	1500kN·m 以内
综 合 单 价 (元)				**14197.80**	**16238.96**	**18294.13**	**21704.70**	**25451.14**	**29197.56**
费用	其中	人 工 费 (元)		6256.00	6992.00	7728.00	9200.00	10672.00	12144.00
		材 料 费 (元)		137.12	151.14	179.18	207.22	235.26	263.30
		施工机具使用费 (元)		3894.65	4622.08	5349.50	6319.40	7531.78	8744.15
		企 业 管 理 费 (元)		2446.31	2798.99	3151.68	3740.18	4387.11	5034.04
		利 润 (元)		1311.46	1500.54	1689.61	2005.11	2351.93	2698.75
		一 般 风 险 费 (元)		152.26	174.21	196.16	232.79	273.06	313.32
	编码	名 称	单位	单价(元)	消 耗 量				
人工	000300010	建筑综合工	工日	115.00	54.400	60.800	67.200	80.000	92.800	105.600
材料	002000010	其他材料费	元	—	137.12	151.14	179.18	207.22	235.26	263.30
机械	990304020	汽车式起重机 20t	台班	968.56	1.400	1.700	2.000	2.400	2.900	3.400
	990304036	汽车式起重机 40t	台班	1456.19	1.400	1.700	2.000	2.400	2.900	3.400
	002000184	试车台班费	元	—	500.00	500.00	500.00	500.00	500.00	500.00

工作内容:机械运至现场后的安装、试运转,工程竣工后拆除。 计量单位:台次

定 额 编 号				AP0077	AP0078	AP0079	AP0080	AP0081
项 目 名 称				施工电梯				
				75m 以内	100m 以内	200m 以内	300m 以内	400m 以内
综 合 单 价 (元)				**15048.33**	**18537.66**	**22677.01**	**23948.98**	**25220.95**
费用	其中	人 工 费 (元)		6210.00	8280.00	10350.00	10350.00	10350.00
		材 料 费 (元)		155.92	155.92	183.96	212.00	240.04
		施工机具使用费 (元)		4541.09	4990.10	5888.12	6786.14	7684.16
		企 业 管 理 费 (元)		2591.01	3198.09	3913.39	4129.81	4346.23
		利 润 (元)		1389.04	1714.50	2097.97	2213.99	2330.01
		一 般 风 险 费 (元)		161.27	199.05	243.57	257.04	270.51
	编码	名 称	单位	单价(元)	消 耗 量				
人工	000300010	建筑综合工	工日	115.00	54.000	72.000	90.000	90.000	90.000
材料	002000010	其他材料费	元	—	155.92	155.92	183.96	212.00	240.04
机械	990304016	汽车式起重机 16t	台班	898.02	4.500	5.000	6.000	7.000	8.000
	002000184	试车台班费	元	—	500.00	500.00	500.00	500.00	500.00

工作内容: 机械运至现场后的安装、试运转,工程竣工后拆除。　　　　　　　　　　　　　　　　　计量单位:台次

定　额　编　号					AP0082	AP0083	AP0084
项　目　名　称					潜水钻孔机	旋挖钻机	砼搅拌站
综　合　单　价　(元)					**6579.20**	**12050.18**	**20232.84**
费用	其中	人　工　费　(元)			2760.00	1380.00	8280.00
		材　料　费　(元)			109.40	124.69	—
		施工机具使用费　(元)			1910.66	7229.22	6326.44
		企　业　管　理　费　(元)			1125.63	2074.82	3520.15
		利　　润　(元)			603.45	1112.31	1887.15
		一　般　风　险　费　(元)			70.06	129.14	219.10
	编码	名　　称	单位	单价(元)	消　　耗		量
人工	000300010	建筑综合工	工日	115.00	24.000	12.000	72.000
材料	002000010	其他材料费	元	—	109.40	124.69	—
机械	990401015	载重汽车 4t	台班	390.44	—	—	5.000
	990304020	汽车式起重机 20t	台班	968.56	—	1.000	4.000
	990304052	汽车式起重机 75t	台班	3071.85	—	1.000	—
	990304004	汽车式起重机 8t	台班	705.33	2.000	—	—
	990403040	平板拖车组 60t	台班	1518.95	—	1.000	—
	990403025	平板拖车组 30t	台班	1169.86	—	1.000	—
	002000184	试车台班费	元	—	500.00	500.00	500.00

P.4.3　大型机械设备进出场

工作内容: 机械整体或分体自停放地点运至施工现场或由一施工地点运至另一施工地点所发生的运输、装卸、辅助材料等费用。　　　　　　　　　　　　　　　　　计量单位:台次

定　额　编　号					AP0085	AP0086	AP0087	AP0088	AP0089	AP0090
项　目　名　称					自升式塔式起重机					
					400kN·m 以内	600kN·m 以内	800kN·m 以内	1000kN·m 以内	1250kN·m 以内	1500kN·m 以内
综　合　单　价　(元)					**12266.26**	**14346.05**	**16425.84**	**19487.66**	**22161.74**	**24835.82**
费用	其中	人　工　费　(元)			2649.60	2870.40	3091.20	3312.00	3532.80	3753.60
		材　料　费　(元)			56.11	56.11	56.11	56.11	56.11	56.11
		施工机具使用费　(元)			6528.20	7884.25	9240.31	11347.06	13157.41	14967.76
		企　业　管　理　费　(元)			1897.19	2211.85	2526.51	2985.91	3388.15	3790.40
		利　　润　(元)			1017.08	1185.77	1354.46	1600.74	1816.39	2032.03
		一　般　风　险　费　(元)			118.08	137.67	157.25	185.84	210.88	235.92
	编码	名　　称	单位	单价(元)	消　　耗			量		
人工	000300010	建筑综合工	工日	115.00	23.040	24.960	26.880	28.800	30.720	32.640
材料	002000010	其他材料费	元	—	56.11	56.11	56.11	56.11	56.11	56.11
机械	990304004	汽车式起重机 8t	台班	705.33	1.000	1.250	1.500	2.000	2.500	3.000
	990304020	汽车式起重机 20t	台班	968.56	1.500	2.000	2.500	3.000	3.500	4.000
	990401030	载重汽车 8t	台班	474.25	2.000	2.500	3.000	4.000	4.500	5.000
	990401045	载重汽车 15t	台班	748.42	1.000	1.250	1.500	2.000	2.500	3.000
	990403030	平板拖车组 40t	台班	1367.47	1.000	1.000	1.000	1.000	1.000	1.000
	002000060	回程费	元	—	1305.64	1576.85	1848.06	2269.41	2631.48	2993.55

工作内容:机械整体或分体自停放地点运至施工现场或由一施工地点运至另一施工地点所发生的运输、装卸、辅助材料等费用。

计量单位:台次

定 额 编 号				AP0091	AP0092	AP0093	AP0094	AP0095
项 目 名 称				施工电梯				
				75m 以内	100m 以内	200m 以内	300m 以内	400m 以内
综 合 单 价 (元)				15379.57	18707.36	25810.26	29616.75	33577.28
费用	其中	人 工 费 (元)		1150.00	1610.00	2300.00	2530.00	2875.00
		材 料 费 (元)		29.45	38.03	53.66	69.71	80.49
		施工机具使用费 (元)		9931.52	11867.71	16294.14	18800.52	21306.92
		企 业 管 理 费 (元)		2670.65	3248.13	4481.19	5140.66	5827.84
		利 润 (元)		1431.73	1741.32	2402.36	2755.90	3124.30
		一 般 风 险 费 (元)		166.22	202.17	278.91	319.96	362.73
	编码	名 称	单位	单价(元)	消	耗	量	
人工	000300010	建筑综合工	工日	115.00	10.000	14.000	20.000	22.000	25.000
材料	002000010	其他材料费	元	—	29.45	38.03	53.66	69.71	80.49
机械	990304004	汽车式起重机 8t	台班	705.33	3.000	3.500	5.000	6.000	7.000
	990401030	载重汽车 8t	台班	474.25	4.000	5.000	6.000	7.000	8.000
	990401045	载重汽车 15t	台班	748.42	3.000	3.500	5.000	6.000	7.000
	002000070	回程费	元	—	3673.27	4408.33	6179.89	6758.27	7336.67

工作内容:机械整体或分体自停放地点运至施工现场或由一施工地点运至另一施工地点所发生的运输、装卸、辅助材料等费用。

计量单位:台次

定 额 编 号				AP0096	AP0097	AP0098	AP0099	AP0100	AP0101
项 目 名 称				履带式单斗挖掘机		履带式推土机		履带式起重机	
				1m³ 以内	1m³ 以外	90kW 以内	90kW 以外	30t 以内	50t 以内
综 合 单 价 (元)				5105.68	5630.37	4041.29	4962.79	6413.44	8032.42
费用	其中	人 工 费 (元)		1380.00	1380.00	690.00	690.00	1380.00	1380.00
		材 料 费 (元)		76.16	94.60	115.52	115.52	82.22	82.22
		施工机具使用费 (元)		2383.46	2770.45	2270.36	2974.77	3378.52	4616.12
		企 业 管 理 费 (元)		792.11	866.72	604.01	739.83	983.96	1222.57
		利 润 (元)		424.65	464.65	323.81	396.62	527.50	655.42
		一 般 风 险 费 (元)		49.30	53.95	37.59	46.05	61.24	76.09
	编码	名 称	单位	单价(元)	消	耗	量		
人工	000300010	建筑综合工	工日	115.00	12.000	12.000	6.000	6.000	12.000	12.000
材料	002000010	其他材料费	元	—	76.16	94.60	115.52	115.52	82.22	82.22
机械	990106030	履带式单斗液压挖掘机 1m³	台班	1078.60	0.500	—	—	—	—	—
	990106070	履带式单斗液压挖掘机 2m³	台班	1394.81	—	0.500	—	—	—	—
	990101020	履带式推土机 90kW	台班	897.63	—	—	0.500	—	—	—
	990101045	履带式推土机 240kW	台班	1721.73	—	—	—	0.500	—	—
	990302030	履带式起重机 30t	台班	870.89	—	—	—	—	0.500	—
	990302040	履带式起重机 50t	台班	1354.21	—	—	—	—	—	0.500
	990401045	载重汽车 15t	台班	748.42	—	—	—	—	1.000	2.000
	990403030	平板拖车组 40t	台班	1367.47	1.000	—	1.000	—	—	—
	990403040	平板拖车组 60t	台班	1518.95	—	1.000	—	1.000	1.000	1.000
	002000060	回程费	元	—	476.69	554.09	454.07	594.95	675.70	923.22

工作内容:机械整体或分体自停放地点运至施工现场或由一施工地点运至另一施工地点
所发生的运输、装卸、辅助材料等费用。

计量单位:台次

定 额 编 号					AP0102	AP0103	AP0104	AP0105	AP0106
项 目 名 称					工程钻机	潜水钻孔机	锚杆钻孔机	履带式旋挖钻机	履带式抓斗成槽机
							200mm		
综 合 单 价 (元)					**3086.02**	**3688.22**	**13030.31**	**8341.24**	**6569.97**
费用	其中	人 工 费 (元)			575.00	575.00	1380.00	1380.00	1380.00
		材 料 费 (元)			12.10	12.10	27.52	82.22	82.22
		施工机具使用费 (元)			1644.11	2078.85	8698.02	4852.19	3498.17
		企 业 管 理 费 (元)			534.81	639.58	1829.88	1268.08	1007.03
		利 润 (元)			286.71	342.88	981.00	679.82	539.87
		一 般 风 险 费 (元)			33.29	39.81	113.89	78.93	62.68
	编码	名 称	单位	单价(元)	消		耗	量	
人工	000300010	建筑综合工	工日	115.00	5.000	5.000	12.000	12.000	12.000
材料	002000010	其他材料费	元	—	12.10	12.10	27.52	82.22	82.22
机械	990133020	履带式锚杆钻孔机 锚杆直径 32mm	台班	1874.38	—	—	0.500	—	—
	990212060	履带式旋挖钻机 孔径 2000mm	台班	3228.75	—	—	—	0.500	—
	991109030	履带式抓斗成槽机 槽宽 1000mm	台班	3257.35	—	—	—	—	0.500
	990401030	载重汽车 8t	台班	474.25	1.000	1.500	1.000	—	—
	990401045	载重汽车 15t	台班	748.42	—	—	2.000	1.000	—
	990304020	汽车式起重机 20t	台班	968.56	—	—	2.000	—	—
	990403025	平板拖车组 30t	台班	1169.86	1.000	—	—	—	1.000
	990403030	平板拖车组 40t	台班	1367.47	—	1.000	1.000	—	—
	990403040	平板拖车组 60t	台班	1518.95	—	—	—	1.000	—
	002000060	回程费	元	—	—	—	2485.15	970.44	699.63

工作内容:机械整体或分体自停放地点运至施工现场或由一施工地点运至另一施工地点
所发生的运输、装卸、辅助材料等费用。

计量单位:台次

定 额 编 号					AP0107	AP0108	AP0109	AP0110	AP0111
项 目 名 称					强夯机	压路机	摊铺机	架桥机	砼搅拌站
								160T 以内	
综 合 单 价 (元)					**10549.59**	**3492.13**	**5833.66**	**16212.18**	**13656.88**
费用	其中	人 工 费 (元)			690.00	575.00	920.00	3450.00	4186.00
		材 料 费 (元)			82.22	66.92	82.22	27.52	34.86
		施工机具使用费 (元)			7459.23	2009.48	3422.41	8944.66	6135.44
		企 业 管 理 费 (元)			1450.34	526.00	881.56	2371.21	2065.00
		利 润 (元)			777.53	281.99	472.60	1271.20	1107.05
		一 般 风 险 费 (元)			90.27	32.74	54.87	147.59	128.53
	编码	名 称	单位	单价(元)	消		耗	量	
人工	000300010	建筑综合工	工日	115.00	6.000	5.000	8.000	30.000	36.400
材料	002000010	其他材料费	元	—	82.22	66.92	82.22	27.52	34.86
机械	990127020	强夯机械 2000kN•m	台班	1125.57	0.500	—	—	—	—
	990120030	钢轮内燃压路机 12t	台班	480.22	—	0.500	—	—	—
	990142070	沥青混凝土摊铺机 15t	台班	2740.91	—	—	0.500	—	—
	990401015	载重汽车 4t	台班	390.44	2.000	—	—	—	—
	990401030	载重汽车 8t	台班	474.25	—	—	—	—	2.000
	990401045	载重汽车 15t	台班	748.42	2.000	—	—	1.000	2.000
	990304020	汽车式起重机 20t	台班	968.56	1.000	—	—	3.000	2.000
	990403030	平板拖车组 40t	台班	1367.47	—	1.000	1.000	2.000	—
	990403040	平板拖车组 60t	台班	1518.95	1.000	—	—	—	—
	002000060	回程费	元	—	2131.21	401.90	684.48	2555.62	1752.98